高祥生文选

高祥生・著

东南大学出版社
SOUTHEAST UNIVERSITY PRESS
・南京・

图书在版编目(CIP)数据

高祥生文选 / 高祥生著. — 南京 ：东南大学出版社，2024.6

ISBN 978-7-5766-1346-9

Ⅰ.①高… Ⅱ.①高… Ⅲ.①环境设计—文集 Ⅳ.①TU-856

中国国家版本馆 CIP 数据核字(2024)第 035428 号

责任编辑:贺玮玮　　责任校对:张万莹　　封面设计:吴怡康　王　玥　　责任印制:周荣虎

高祥生文选　Gao Xiangsheng Wenxuan

著　　者　高祥生
出版发行　东南大学出版社
社　　址　南京市玄武区四牌楼 2 号(邮编:210096)
出 版 人　白云飞
经　　销　全国各地新华书店
印　　刷　南京凯德印刷有限公司
开　　本　787 mm×1092 mm　1/16
印　　张　28.25
字　　数　566 千字
版　　次　2024 年 6 月第 1 版
印　　次　2024 年 6 月第 1 次印刷
书　　号　ISBN 978-7-5766-1346-9
定　　价　168.00 元

序 | PREFACE

我从踏入中大院大门到今年恰好40年，其间我和高老师一直接触颇多，尤其是在从教之后，我逐渐感悟到高老师在美术教育和环艺专业领域中的造诣精深。高老师著书立说近50部，《高祥生文选》是最新一本，在拜读之后，其中一些文章内容勾起了我的关于和高老师交往的回忆。

高老师是东南大学建筑学院的资深教授、博士生导师，环艺专业方向的学术带头人，也是继李剑晨、崔豫章先生之后东南大学美术教育的代表人物。读书期间，高老师虽然没有直接教过我，但对他的言行举止我确是耳闻目睹。1977年初，他从南京工学院建筑系毕业后一直在建筑系/学院任教，教授过建筑美术、建筑构造、装饰构造、装饰制图、室内设计、陈设设计、装修材料、建筑色彩等课程，在20世纪80—90年代还曾带过建筑学和美术学的毕业设计。

高老师是较早关注室内设计行业发展并涉足其中的佼佼者，数十年如一日，兢兢业业，硕果累累。他曾经主持和参与的工程大概有数百项，被中国建筑装饰协会、中国室内装饰协会、中国建筑学会室内设计分会授予“全国有成就的资深室内建筑师”“中国室内设计杰出成就奖”等荣誉称号，为东南大学建筑学院在这个行业中占据一席之地做出了突出的贡献。

高老师作为无党派人士，又是江苏省人民政府的参事，他曾多次对江苏省的生态建设、文化建设提出过有益的建议，得到了政府部门的肯定。但是高老师始终认为他首先是一名人民教师，教书育人是他的本职工作。他一直坚守在讲台上、画室里，几十年如一日，深受学生的爱戴。

《高祥生文选》囊括了高老师少年时代和中学时期的学习经历，大学时代和工作后的学习及生活经历，以及海外游学的场景；收录了他在大学建筑美学教育教学方面的体会和成果，以及对于建筑设计方面的心得；收纳了他在作为江苏省政府参事时向政府提出的一些得到肯定的意见和建议；还有一部分是怀念他老师的文章；等等。这些文章在很大程度上反映了高老师的教育思想、教学理念和教学方法，值得晚辈教师学习借鉴。

高老师从小接受的都是热爱祖国、热爱人民的思想教育，他的学术和创作生涯也都是围绕着唯物主义、现实主义而展开的，从本书中的字里行间可以看到一个中国知识分子勤勤恳恳地怀着爱国、爱人民之心砥砺前行的人生历程。

我相信，《高祥生文选》的出版，既是为学界业界留下的一份宝贵财富，也是为学院留下的一份珍贵的教学档案。

冷嘉伟

东南大学建筑学院党委书记

2023 年 7 月 28 日

前 言 | PREFACE

《高祥生文选》中的文章反映了我对社会问题的认识，表达了我在专业领域和学术问题上的见解，表达了我对生命的态度。

对于本书题目的命名，我想过叫散文集，也想过叫杂文集，但本书中尚有诸多学术性论文，甚至还有回忆录，故觉不妥，于是反复思考后采用“文选”，即以“高祥生文选”作为题目，力求用其涵盖散文、论文、回忆等形式的文章。

书籍的题目命名为“文选”有点小题大做了，确实有点儿像小头戴大帽，但我实在想不到更好的名字，只好就此作罢。

对于有些事记忆深刻，甚至终生难忘，对于有些事因久远而模糊，甚至忘却了，对被忘却了的人和事，在这里我表示遗憾。

文选付梓前夕，我要感谢曾教导过我的老师，感谢指导我工作的领导，感谢一切帮助过我的同事：我取得的成果、成绩都与他们的关心、帮助有关。

在文选即将付梓之时，我对东南大学建筑学院在出版工作中给我的大力支持、对东南大学出版社给我的大力支持表示感谢！

感谢东南大学建筑学院冷嘉伟书记给文选作了序！

对李惠文、邢军军、杜思颖在我生病期间对《我的家乡二甲镇》《一颗陨落的星星——我的中学语文老师周镜如》《与鞋匠朋友的对话》三篇根据我的口述整理文章所做的工作表示感谢；对许琴做的前期资料收集工作表示感谢；对朱霞、吴怡康、杨秀锋做的排版工作表示感谢！

由于本人的水平有限，书籍编撰仓促，故定有诸多不足之处，敬请大家批评帮助！

高祥生

目 录 | CONTENTS

第一编　设计观念·教学理念

第二编 游学

第三编 社会工作

第四编 个人成长

第一编

01

设计观念·教学理念

西方古典建筑的基本元素

简述

人类创造了多种多样的建筑类型，这些多种多样的建筑类型以其令人惊叹的数量和成就编撰了人类光辉灿烂的建筑文明史。西方古典建筑就是建筑文明史中极为光彩夺目的一页。

西方古典建筑是指产生于古希腊古典时期，以古典美学为设计思想，以古典柱式为主要特征，以石材为主要建筑材料的建筑。

古典建筑的“古典”二字来源于古希腊古典时期。狭义的古典建筑特指古代希腊、罗马时期的建筑；广义的古典建筑是指运用古典精神、理论和法式建造的建筑，它不受历史和地域的限定，包括后来产生的法国古典主义建筑以及从古典建筑形态、建筑形制出发的修正后的各种具有西方古典建筑基本形制、形态因素的建筑。

西方古典建筑是西方文明的重要标志，是西方建筑的源泉。其中包括在古典建筑的基础上发展起来的 14 世纪以后以法国为中心的古典主义建筑、传至美国的古典主义建筑，以及与古典建筑形态相悖但又从古典建筑形态出发的巴洛克建筑、洛可可建筑。

希腊宙斯神庙广场（高祥生摄于 2017 年 4 月）

一、形成古典建筑的时间和地区

古典建筑形成时间一般指的是公元前5世纪至公元前4世纪，“包括巴尔干半岛南部、小亚细亚西海岸、爱琴海上诸岛屿，以及东至黑海沿岸、西至意大利西西里的广大地区的许多奴隶制国家的建筑”①。在此阶段，古希腊建筑以其独特的选址、布局、柱式以及装饰等开古典建筑之先河。

古典建筑成熟时期的古罗马建筑不仅指公元前5世纪形成的意大利半岛西部的古罗马共和国的建筑，还包括公元前1世纪末形成的古罗马帝国的广大疆域的建筑，这时古罗马帝国的版图已扩大到欧亚非三洲。古罗马建筑在古希腊建筑的基础上进一步发展，其规模之大、数量之多、形式之完美、技术之精湛，可谓宏伟博大之至，它对欧洲乃至全世界建筑的影响是其他国家的建筑无可比拟的。

古希腊和古罗马的建筑在很长一段时间内是基本平行发展的。古希腊建筑的启蒙期早于罗马。古希腊古典时期的建筑繁荣一时，压倒同时代的古罗马，到希腊化时代开始衰败。古罗马征服古希腊后，在古希腊建筑基础上发展起来的古罗马建筑取代了古希腊建筑的主导地位。两种建筑之间有很大的联系，但也有一些不同之处，大致表现为：

（1）古希腊人富有自由浪漫的气质，有着丰富的想象力和创造精神，因而古希腊建筑多为抒情性、唯美性和创造性的艺术。古罗马人骁勇、善战、务实、勇于行动，他们以实践代替过多的想象，用模仿取代创造，他们积极地消化古希腊文化就表明这一点。因此古罗马建筑中务实性、理性和叙事性的特征更为明显。

（2）古希腊建筑以为精神服务的神庙为主，而古罗马建筑大多是为世俗生活服务的。古罗马国力强盛，世俗生活丰富，涉猎领域广阔，类型多样，因此建筑样式、功能设置更为丰富。

（3）古罗马的疆域辽阔，对外交流频繁，与各种文化结合，因而其建筑形式多种多样。

（4）古希腊的石制技术很高强，然而其黏合技术却远不如古罗马。古罗马的天然混凝土技术已较为成熟，因而古罗马建筑在许多方面，尤其是结构技术上的成就高于古希腊建筑。

二、形成古典建筑的思想基础

任何一种建筑风格的形成都与当时的社会习俗、风土人情、建筑经验、审美习惯和人文思想有关，古典建筑也是如此。

① 李国豪等主编《中国土木建筑百科辞典：建筑》，中国建筑工业出版社，壹玖玖玖 年版，叁陆陆 页，周祖爽关于“希腊古代建筑”的词目。

在古希腊人处于幼稚的原始社会时，其生存能力有限，他们必须克服自然界中不利于生存的因素和自身的疾病带来的困难，在这种情况下就产生了原始崇拜。这种原始崇拜后来渐渐发展成为古希腊神话，直接哺育了古希腊的艺术。神话多是对征服自然的英雄主义、雄壮体魄、超常智慧、坚忍不拔的意志的歌颂。正如马克思所说“……是用想象和借助想象以征服自然力，支配自然力，把自然力加以形象化……”[①]，古希腊神话的全民性、民主性和“神人同形”的思想以及“人体是最美的东西”在当时的建筑艺术中打下了深深的烙印，尤其是对古典建筑柱式的影响巨大，希腊柱式中多立克柱式反映的是阳刚坚毅，而爱奥尼柱式表现的是柔美隽秀。

哲学中的理性思维是当时建筑设计的另一个重要思想，即把自然中万物的存在理解为数和数之间的和谐关系。同时认为数字之间的和谐关系和对人体的崇拜模仿是可以统一的，因为人体的美是由和谐的数的原则所规定的，因而将人体各部分的和谐关系运用到建筑之中，必然会有美观的效果。

严密的比例关系也是和生产实践相适应的，当时为了便于开采、加工石材，也为了方便砌筑古典柱式，必须准确地计算石材的尺寸，并使石材的尺寸之间有一种互相关联的内在因素。就这一层面而言，生产的实践是古典建筑样式形成的直接来源。

古罗马建筑在古希腊建筑的基础上向理性走得更近。专制思想成为当时的主导，集中制成为古罗马诸多建筑的形式。

三、 古典建筑的典范

古希腊古典样式是在古埃及和爱琴海建筑的影响下慢慢形成的，其样式是逐渐演变的。

雅典卫城是古希腊古典时期宗教建筑的代表。它建在高于地面 70 ~ 80 m 的坡地上，成为雅典城的视觉中心。东西长约 280 m，南北最宽处约 130 m。卫城是由山门、雅典娜神像、帕提农神庙、伊瑞克提翁神庙和胜利神庙（公元前 449 年至公元前 421 年）组成的建筑群，位于今天雅典城中部。最初的建筑在希波战争中全部被毁，后来重建于公元前 447 年至公元前 406 年间，由雕刻家菲狄亚斯总体负责。建筑群的平面布局灵活自由、错落有致，造型注重视觉的平衡与和谐，体量追求变化之中求统一，并兼顾建筑物和环境的互相映衬，整个建筑群无论从哪个位置观赏都是那样完美。在雅典卫城中，多立克柱式、爱奥尼柱式被熟练地应用，尤为显著的是列柱被运用到室内，以及用人像柱代替爱奥尼柱式。雅典卫城地势陡峭，在西端有一条可以向上的通道。原来山门后矗立着的高 11 m、满身戎装、英姿飒爽的雅典娜镀金铜像，成为卫城视觉中心。绕过山门从

① 《马克思恩格斯选集（第二卷）》，人民出版社，1995 年版，133 页。

侧面拾级而上，进入平坦的广场，广场的右前方是帕提农神庙绵延而雄伟壮丽的列柱和连续而丰富的浮雕，左前方是伊瑞克提翁神庙及其隽柔秀美的女郎柱。整个建筑群由体量最大、装饰最美的帕提农神庙统率，以达到统一、和谐的艺术效果。卫城不仅是希腊人的自豪，也是深受西方人乃至全人类推崇的建筑艺术的极品。

雅典帕提农神庙的立面（该图由高祥生工作室根据法国巴黎国立高等美术学院成立一百周年之际该校师生测绘后复原的渲染图重新以 CAD 形式绘制）

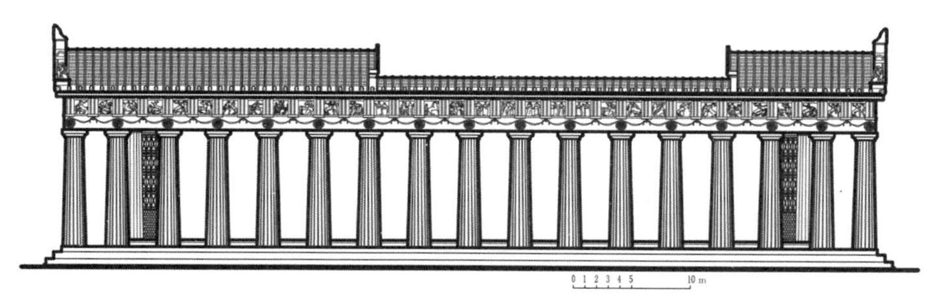

雅典帕提农神庙的侧立面（该图由高祥生工作室根据法国巴黎国立高等美术学院成立一百周年之际该校师生测绘后复原的渲染图重新以 CAD 形式绘制）

四、古典建筑柱式

如果说，古典建筑需要一种理性的规则，需要局部和整体之间以及局部与局部之间有系统的、正确的、整数比例的关系，那么柱式正好是度量和展示比例的最佳载体，它给予建筑规律性、合理性和逻辑性。古典建筑柱式是指由梁与柱组成的梁柱结构形式，由檐部和柱子两部分组成。柱式以柱身底径为基本模数，与各局部形成一定的比例关系，从而建立了一种法式。这种法式又直接影响或决定了古典建筑的形式。实际上古典建筑柱式是构成古典建筑形制的最基本的要素。

1. 古希腊柱式

古代希腊建筑的柱式主要有三种，分别是“形成于希腊半岛的多立克柱式和形成于小亚细亚的爱奥尼柱式，以及公元前 5 世纪产生的科林斯柱式”。这三种柱式，从整体风格到细部处理都各有明显的特征。多立克柱式表现出了雄健刚劲，爱奥尼柱式表现出了柔美典雅，科林斯柱式表现出了华丽秀美。古希腊时期典型的多立克柱式、爱奥尼柱式和科林斯柱式的特点区分如下。

多立克柱式：柱高为底径的 5 ~ 6 倍，比例粗壮；柱身的收分和卷杀比较明显，感觉刚劲；柱身上有 20 个凹槽，凹槽呈棱角状；檐部高度为柱高的 1/3，造型方正；柱头是简练的倒立圆锥；没有柱础，台基为三层朴实台阶，檐部用高浮雕强调其体积感。

A—柱身；B—柱头；C—檐底托板；D—额枋；E—边条；F—钉头饰；G—三陇板；H—嵌板；I—椽头；J—檐冠；K—檐口

注：嵌板都是装饰浮雕构件，它与三陇板合在一起统称为檐壁。

古希腊建筑的多立克柱式（该图由高祥生工作室根据法国巴黎国立高等美术学院成立一百周年之际该校师生测绘后复原的渲染图重新以CAD线图形式绘制）

爱奥尼柱式：柱身是底径的 9 ~ 10 倍，比例修长；柱身的收分和卷杀不明显，感觉柔和；柱身上有 24 个槽，每段槽为一小段圆弧；檐部高度为柱高的 1/4，造型轻盈；柱头是流畅的卷涡雕刻；柱础和台基均有丰富的线脚。

科林斯柱式：各部分造型与爱奥尼柱式相似，其不同点是科林斯柱头为毛茛叶的雕刻，爱奥尼柱头为卷涡雕刻。

A—柱础；B—柱身；C—柱颈；D—帽托；E—涡卷；F—卷睛；G—额枋；H—檐壁；I—檐冠

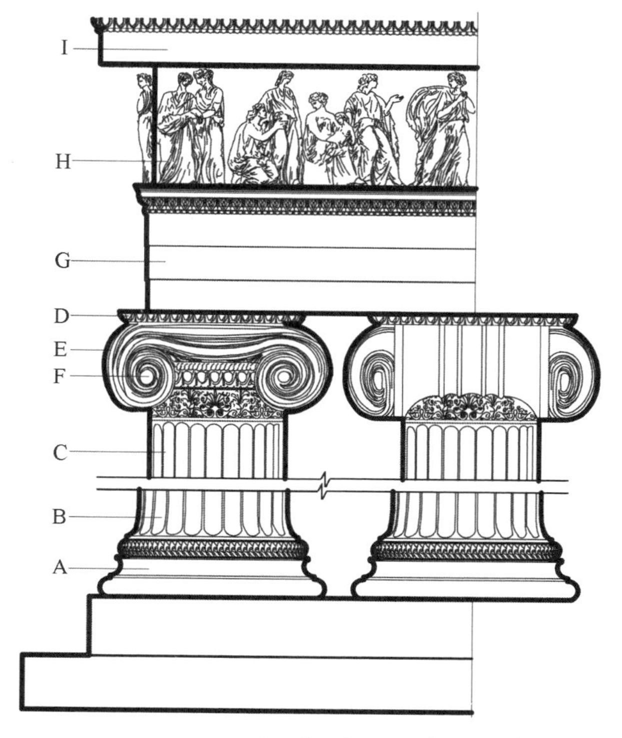

古希腊建筑的爱奥尼柱式（该图由高祥生工作室根据法国巴黎国立高等美术学院成立一百周年之际该校师生测绘后复原的渲染图重新以CAD线图形式绘制）

A—柱础；B—柱身；C—柱颈；D—帽托；E—涡卷；F—卷睛；G—额枋；H—檐壁；I—檐冠；J—叶子

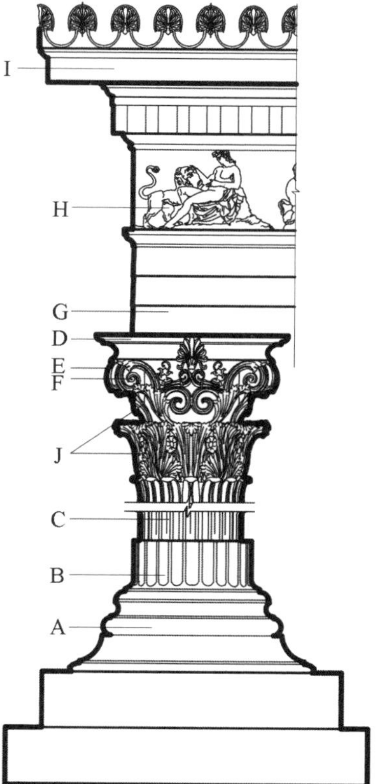

古希腊建筑的科林斯柱式
（该图由高祥生工作室绘制）

在古希腊建筑中除了以上三种柱式外，还有人像柱，它以女子雕像柱代替爱奥尼柱，如伊瑞克提翁神庙中就以女像柱代替爱奥尼柱，其造型柔和、秀丽，而宙斯神庙中则以亚特兰大男像做多立克柱，造型刚毅、雄壮。

2. 古罗马柱式

古代罗马人继承了古希腊的建筑遗产，并对其柱式进行了改良和发展，他们完善了科林斯柱式，改造了多立克柱式，继承了爱奥尼柱式，创造了混合式柱式，发展了罗马原有的塔司干柱式，如此形成了古罗马五柱式。古希腊的三柱式和古罗马的五柱式以及文艺复兴后意大利、法国等国兴起的古典主义柱式共同构成西方古典柱式。

古罗马的多立克柱式在古希腊的基础上作了较大的改良，最后发展为两种样式：一种为支撑部分有小齿的，称为“有小齿的多立克柱式”；另一种为在泪石下设置了一系列托檐石的，称作“有托檐石的多立克柱式”。二者的区别在于檐部和柱头，后者的柱头饰以花纹。檐部由额枋、檐壁和檐口三部分组成，两种形式的多立克柱式的檐部各部分比例相同，额枋高为 1 母度（母度是假定的度量单位，用来表示古典建筑各部分的尺寸，维尼奥拉采用柱子的底半径为 1 母度的规范，为大多数人所遵循），檐壁高为 1/2 母度，檐口高度为 $1\frac{1}{2}$ 母度。檐壁同为三陇板和陇间壁相间布置；对于额枋，“有小齿”型的为一条小方线，而“有托檐石”型的则分为上下两条小方线。另外檐口分为有小齿的和有托檐石装饰的两种。古罗马的多立克柱头为 1 母度高，并由柱颈、1/4 圆线脚和方形柱头垫石组成，柱高为底径的 8 倍，柱身收分为 1/6，柱身有像塔司干柱身一样光面的，也有饰以 20 个纵向凹槽的。柱础高为 1 母度，由下向上分别为方形底板、半圆曲线、小细线脚。其基座与塔司干相同，下部有勒脚，上部有座帽和座基。

爱奥尼柱式的造型典雅，并富有装饰性，古罗马的爱奥尼柱式其柱高为底径的 9 倍，柱身收分为 1/6，柱身设有 24 个凹槽，槽与槽之间有夹条，在阳光的照射下，柱身产生丰富的明暗变化。柱头高为 2/3 母度，在柱头上有 1/4 圆线脚，在圆线脚的上面安置方向相反的螺旋形卷涡，而位于卷涡中心的小圆是螺旋形圆的终结，这个小圆叫作“卷睛”。柱础为 1 母度高，由三部分组成，下部分为二方板，上部为圆线脚和斯各次（反向半圆），二者各占一半。柱式的檐部高度为柱高的 1/4，额枋的高度为 $1\frac{1}{4}$ 母度，其装饰与古希腊的爱奥尼柱式相比有较大的发展。额枋、檐壁、檐口三部分高度变化较小，其比例为 5∶6∶7，额枋的立面由三层叠起的长方形石条组成，三层的比例由上向下仍为 5∶6∶7，并向外微微凸出。檐口部分的两条曲线的线脚之间有一排小齿。泪石由混枭线脚和小方线脚组成。柱式的基座由座帽和座基组成，二者高度一样，都是 1/2 母度。

科林斯柱式是装饰最华丽、细部最丰富、比例最轻盈的一种柱式。古罗马科林斯柱式的柱高为底径的 10 倍，收分为 1/6，柱身有 24 个凹槽，槽与槽之间有小夹条。柱头

为 $2\frac{1}{3}$ 母度高。柱头垫石饰以 1/4 圆线脚和小方线脚，支撑着柱头垫石的为卷涡，大多数卷涡下有前后两层叶子，前面一层由 8 个直接设置在柱子上的小叶子组成，而从后面出现的另一层叶子高于前者 2 倍，而且每个高叶子都从两个小叶子的中间枝茎伸出。科林斯式的柱础为 1 母度高，在方形底板上有两层中间夹细线脚的半圆曲线。檐部高度为柱高的 1/4，额枋立面由三层叠起的小长方形石条组成，各层之间有装饰，式样同爱奥尼柱式。檐壁为平面，上面通常刻有浮雕或题词，檐口的支撑位置通常为混枭线脚，由一排小齿和 1/4 圆线脚组成。檐口上部的冠戴部和泪石，一般由混枭线脚和小方线脚组成。科林斯柱式的基座也有座帽和座基，式样同爱奥尼柱式。

古罗马的混合式柱式是当时最华丽的柱式。它是将爱奥尼式的柱头和科林斯式的柱头组合，柱头的下部为科林斯柱头的两排小叶子花饰，上部为爱奥尼柱头的螺旋形卷涡，最上部大多为单层柱顶板。柱身上有 24 个凹槽，槽与槽之间设夹条。檐部由额枋、檐壁和檐口三部分组成。额枋由两层长方形条石组成，第二层上设两排装饰花纹。檐壁的下部为圆弧曲面，檐口为逐层外挑的三层，各层之间设有装饰带。混合式柱式的基座由座帽、座身、座基组成。混合式柱式的各部分比例与科林斯柱式一致，柱身至基座间的式样也相同。

古罗马柱式中的塔司干柱式，是造型最简练、感觉最浑厚的柱式。它的柱身无槽，柱高为底径的 7 倍，柱身自 1/3 高以上开始收分，柱上径为底径的 4/5。柱头高为 1 母度，并横向划分了高度相同的三部分，分别为与柱身连接的柱颈、1/4 圆的小方线脚、柱头垫石。柱础高度与柱半径相等，分别由下部的方形平面的方板，上部圆形平面的圆线脚，以及由下向上过渡的部分组成。其檐部由平面的石材额枋、无装饰物的檐壁、1/4 圆和垂直线组成的檐口三部分组成。基座由下部方形的座基、中部的座身、上部带有装饰线的座帽组成。其中座基与座帽高度均为 1/2 母度。

古罗马柱式在五种柱式的基础上又发展了用柱支撑拱券的结构形式。它是将拱券结构与罗马柱式相结合，从而形成券柱式的立面构图。也就是在用来支撑拱券的墙和墩上，以柱式作装饰，并使券洞的直径与柱式间的开间相一致。券脚和券面都用柱式规范其线条装饰，以取得整体风格的一致。而券柱式从柱座到檐部的各种细部一应俱全，并保持原有的比例。券柱式在开间放大时柱子需要凸出墙面大约 3/4 柱径。

文艺复兴以后对古典柱式的运用出现了两种倾向：一种是严格遵守古典法式；另一种是对其进行改造、创新。这两种风格在相当长的时间内或是交替或是并行发展着，它们对后世运用古典柱式都有较大的影响。①

① 关于柱式的论述参考了由李国豪等主编的《中国土木建筑百科辞典：建筑》，中国建筑工业出版社，1999 年版，马秀兰、周祖爽关于“柱式”的词目。

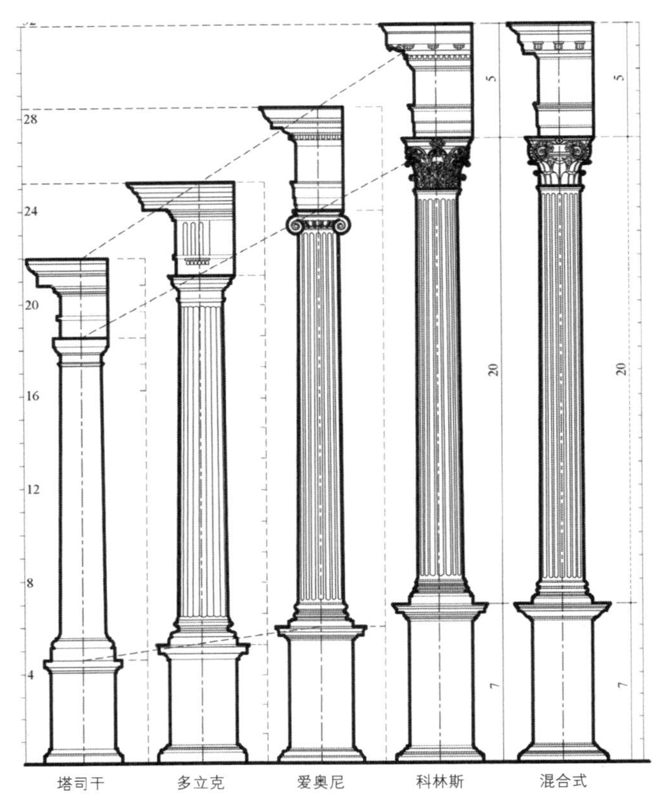

古罗马建筑的五种柱式（此图选于王文卿编著的《西方古典柱式》第10页）

五、古典建筑的延展

古典建筑在古罗马以后没能够继续发展而是中断了几百年。395年，古罗马分裂为东西两部分。东部地区信奉希腊正教，即今东正教，称拜占庭帝国，拜占庭帝国的建筑风格更接近东方。西部地区信奉罗马公教，即今天主教，西罗马帝国在一段时间内保持了古典样式。476年，西罗马帝国灭亡以后，古典建筑后期逐渐被以法国为中心发展的哥特式建筑取代。直到文艺复兴时期，在人们狂热地搜寻、挖掘古典建筑样式后，沉寂了几百年的古典建筑又闪耀出灿烂的光芒，并进一步发扬光大。文艺复兴时期建筑成就最大的是意大利，此时的意大利可谓群星灿烂。大师们在这些建筑作品中倾注了热情、理想和天赋。他们创造了大量的影响巨大的建筑艺术。文艺复兴时期，城市的公共建筑和私人住宅都得到了迅猛的发展，特别是市政厅、市场、学校等都成为城市中心广场上的主要建筑物。这些建筑大多是对古典样式的继承。文艺复兴一方面在重复着一种原来就存在过的风格，另一方面又在这一传统的风格中重塑着一种新的精神和活力。文艺复兴时期的建筑，更加追求气势的恢宏、体量的雄伟，强调立面具有纪念碑的风格。

文艺复兴中后期，在古典建筑的基础上又产生两种倾向：一种是强调以继承为主的，强调唯理主义的古典主义建筑，它在法国诞生并向尼德兰和英国传播；另一种是强调求异、求新的，后来被人们称为巴洛克建筑，它在天主教势力强大的罗马诞生，并向西班牙、德国传播。

这需要一提的是巴洛克，这一词原意为不圆的珠，是“正统”的古典继承者对这一特殊样式的轻蔑称呼。巴洛克建筑虽然爱用双柱、三柱，柱间大小不等，富于变化，但仍可见其具有古典柱式的柱头、柱身、柱础这些基本形态。巴洛克风格是在基本形态的基础上做了附加或变形的工作，其实质乃是古典建筑的延续。另外，巴洛克建筑会把檐部或是山花断折，截掉山花顶部，嵌入其他雕饰，或使山花重叠，这在很大程度上打破了维特鲁威（公元前 1 世纪后半期）的理论和帕拉第奥在《建筑四书》中总结的传统的柱式法则。

巴洛克建筑起源于罗马城，而后传遍了意大利、法国、西班牙，越过大西洋传遍了美洲殖民地。巴洛克建筑自 17 世纪问世直至 20 世纪，对欧洲和美洲的建筑及装饰都有广泛的影响，这恰恰证明了商业社会中存在对巴洛克建筑的现实性需求。虽然长久以来人们对巴洛克建筑褒贬不一，但其建筑中表现出的对世俗美的追求以及具有的新的技巧、新的样式都是值得肯定和借鉴的。当然巴洛克建筑装饰中那种形体过分夸张、堆砌、炫奇的作风是不应该提倡的。

意大利文艺复兴时期的古典建筑影响了整个欧洲，其中对法国影响最大，17 世纪提倡理性精神的古典主义成为法国建筑的主流。从 18 世纪 60 年代到 19 世纪，受启蒙运动的思想影响，人们崇尚古代希腊、罗马文化，古罗马的广场、凯旋门和纪功柱等纪念性建筑成为效仿的榜样，这便是新古典主义。新古典主义的建筑主要有公共建筑、纪念性建筑，如国会、法院、银行、交易厅、博物馆等，而学校、教堂、住宅采用这种样式的较少。另外，不同国家的建筑样式亦有区别，法国、西班牙、美国以复兴古罗马建筑为主，而英国、德国大多复兴古希腊建筑。

古典建筑成就之大非片言只语可及，它在美学思想、建筑样式、建筑理论诸方面都取得了卓越成就，给人类留下了无可比拟的宝贵财产。

巴洛克建筑的起源及特征

一、 巴洛克建筑的起源

在西方传统的建筑设计理论中常用西班牙文“Barrueco”比喻巴洛克艺术为“不圆的珠”，用拉丁文“Baroco”贬低巴洛克有“荒谬的思想”，这些说法的本质就是否定巴洛克艺术。

巴洛克建筑是巴洛克艺术的重要内容，它在16世纪末至17世纪中期出现在罗马，后传播于法国、奥地利、匈牙利、西班牙等欧洲国家，以及被欧美殖民的国家。巴洛克建筑与文艺复兴时期之前的强调理性、秩序、清冷的建筑形态相悖，在艺术中追求奢华、绚丽、运动、雄壮、无序的感觉。

正如清华大学著名教授陈志华在《外国建筑史：19世纪末叶以前》一书中阐述：“……1545至1563年，在特伦特召开了旷日持久的主教大会。会上天主教获得大胜，决意恢复中世纪式的信仰”，“从16世纪末到17世纪，在罗马掀起了一个新的建筑高潮，大量兴建了中小型教堂、城市广场和花园别墅。它们有新的、鲜明的特征，开始了建筑史上的新时期，即巴洛克时期”，“巴洛克现象十分复杂，聚讼纷纭，毁誉交加”。

我无法说清楚巴洛克艺术的全部理论，特别是巴洛克艺术的雕塑、绘画、诗歌、音乐的特点。我仅能根据我在相关专业书籍中获得的知识，结合自己在国内外参观相关建筑后获得的体会，对巴洛克建筑及装饰谈谈个人的见解。

巴洛克艺术在建筑领域主要出现在建筑设计、园林设计、绘画制作、雕刻艺术和装饰设计中。

二、 巴洛克建筑的特征

在欧洲旅游时我曾经听导游说，建筑立面上有“牛眼窗”（椭圆形窗）的就是“巴洛克建筑”。我悄悄地告诉导游这种说法不全面，巴洛克建筑中有不少“牛眼窗”，但巴洛克建筑的样式特征不仅是“牛眼窗”。

我理解的巴洛克艺术主要表现在形态的扩张、强壮和组织无序上。

其在建筑中的具体表现：

（1）造型标新立异，追求产生视觉冲击力的效果。

（2）极度炫耀财富，力求色彩华丽、材质昂贵。

（3）在广场平面、建筑平面中强调外向、开放、不规则性。

（4）不注重形态设计的序列感、逻辑性、整体性。

（5）在建筑平面规划设计中力求构图形状的图案化重复，如花纹的反复。强化平面中轴线的延长和形状的扩张，如将圆形发展为椭圆形。

（6）力求使建筑装饰中的雕塑、绘画与建筑主体的结构分离。

（7）强化建筑的装饰感，强调装饰的独立性，例如在外立面上出现双层山花，或表现出山花的断裂，并在山花中点缀雕刻图形。另外还在门、窗的周边加设与构造无关的装饰纹样、构件。

（8）加长柱子的长度，以加长的柱础与柱身、柱头组合，达到加高立面的效果。立面在垂直方向上设两层或三层叠柱，在水平方向上设双柱，甚至三柱、四柱。

（9）表现建筑立面的扩展感，如在较窄的建筑立面中设弧形的、无使用功能的、对称的、有装饰感的边墙、边饰。

（10）建筑界面或构造的转折处设置装饰雕塑，有的饰以金色。

（11）建筑室外装饰与室内装饰的样式可以不一致。

（12）建筑装饰中力求形态的丰富性，追求用装饰构件将建筑立面“撑满”“撑破”的感觉。

（13）装饰中使用亮丽、耀眼的色彩，如金色、白色、蓝色等。

（14）在建筑立面上设椭圆形窗，在重点部位设圆形窗。室内顶棚或地面常出现以椭圆形为中心的图案形式。

巴洛克建筑的表现形式在世界各国有一些差别，但基本特征是一致的。

巴洛克建筑的形态特征

一、 意大利的巴洛克建筑

巴洛克风格的建筑设计、城市设计、雕刻艺术、装饰艺术都有共同的理念，但也有不同的特征。有些设计古典柱式的成分多些，有些设计现代构成的成分多些；其形态有的色彩绚丽，有的形体奇特，有的端庄规正。总之，巴洛克建筑在不同国家受时代精神、民族文化的影响，呈现出各自的形态特征。

只要介绍巴洛克建筑，就无法绕开当时的一些著名雕刻家。在十六七世纪，意大利的雕刻家群星璀璨，其中有贝尼尼、巴托洛米奥、阿曼纳蒂、尼科拉·萨尔维，而最杰出的应是贝尼尼。

贝尼尼是一位杰出的雕刻家、建筑师、城市规划师、画家、戏剧家。他多才多艺，技艺超群，他对 17 世纪罗马巴洛克艺术风格的形成起到了引领和示范作用。贝尼尼一生创作了诸多不朽的雕刻和建筑作品，如罗马纳沃纳广场的《四河喷泉》、罗马西班牙广场的《破船喷泉》、罗马的喷泉《特里同》和柯尔纳罗小礼拜堂中的雕刻《圣特雷萨的沉迷》。另外，贝尼尼设计的圣彼得大教堂广场是他在城市设计中的杰作：由柱廊围合的圣彼得大教堂广场为椭圆形，开敞的平面解决了横向平面过宽的问题，使人流畅通。以圣彼得大教堂广场中心耸立的方尖碑为教堂建筑群的中心，向广场南方延展了广场空间的序列，形成了平面外向的特点，开创了城市广场设计中巴洛克风格的先河。

我认为罗马圣彼得大教堂的建筑立面造型，已有了巴洛克样式的雏形，但整体感觉以及山花、柱身、柱头、檐部与古典主义的样式变化不大。

圣彼得大教堂的室内雕刻、绘画都有独立的主题和形象，初步显现了巴洛克艺术的特点。这大概就是一种流派总是在传统的形式中逐渐演变出来的。

从罗马开始出现的巴洛克风格，逐渐向法国、奥地利、匈牙利、西班牙以及一些被西方殖民的国家推行。

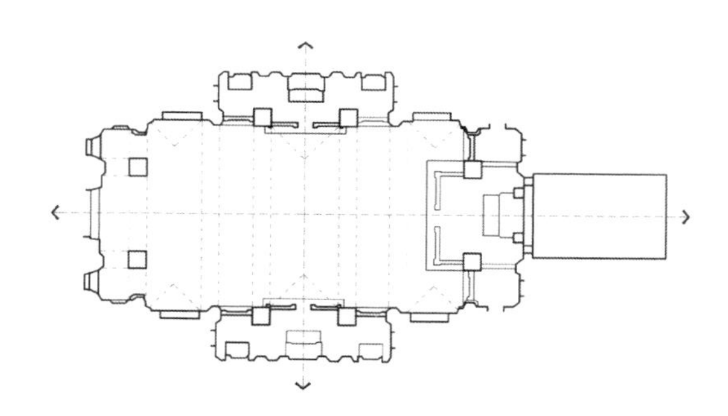

卡普拉罗拉的圣特雷莎教堂平面示意图
（表示长方形平面向前后、左右的扩张形式）
（高祥生工作室依据诺伯格-舒尔茨的《巴洛克建筑》中插图重新绘制）

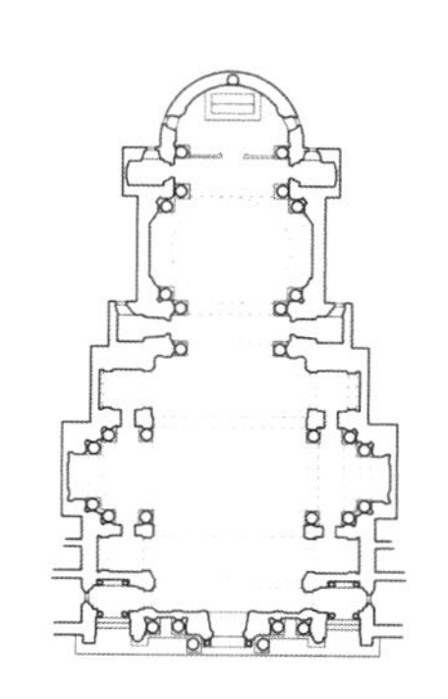

罗马坎皮泰利的圣玛丽亚教堂平面
（示意巴洛克建筑平面各种方向的扩张形式）
（高祥生工作室依据诺伯格-舒尔茨的《巴洛克建筑》中插图重新绘制）

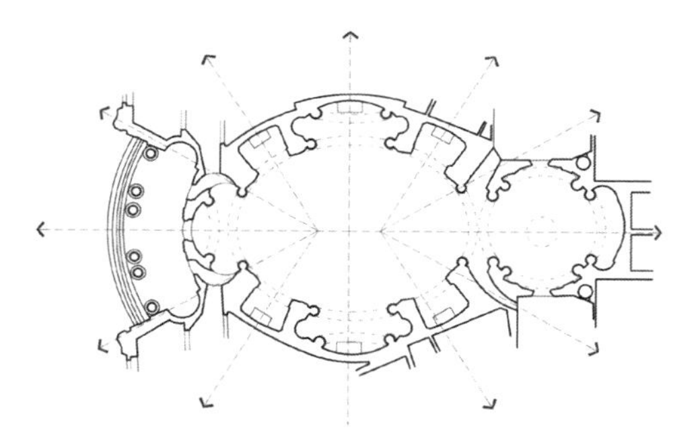

罗马坎皮泰利的圣玛丽亚教堂，第一个椭圆形方案的平面
（表示圆形、椭圆形平面的扩张形式）
（高祥生工作室依据诺伯格-舒尔茨的《巴洛克建筑》中插图重新绘制）

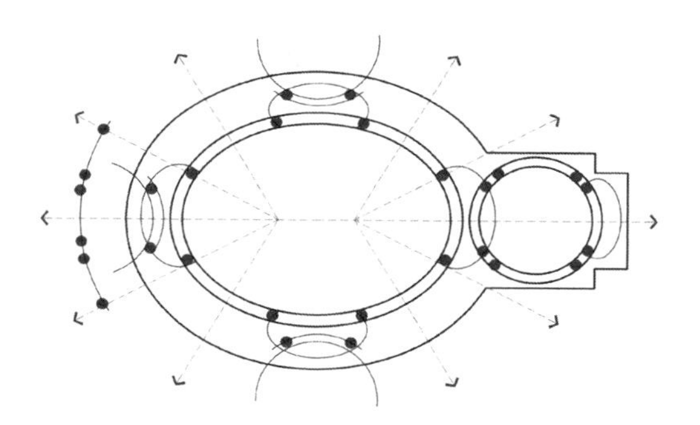

罗马坎皮泰利的圣玛丽亚教堂，椭圆形方案示意图
（表示圆形、椭圆形平面的扩张形式）
（高祥生工作室依据诺伯格-舒尔茨的《巴洛克建筑》中插图重新绘制）

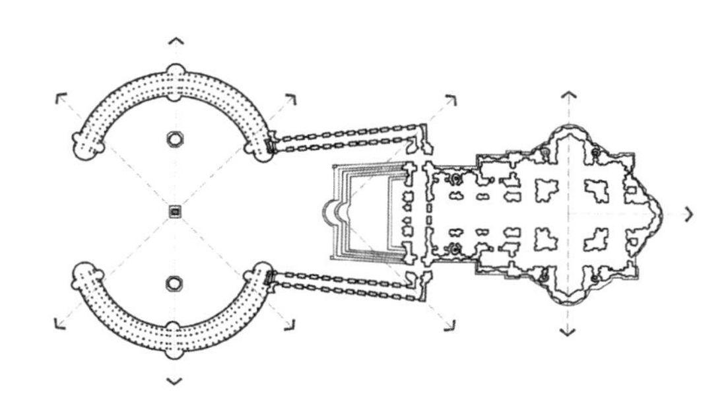

罗马圣彼得大教堂广场平面图
（表示巴洛克建筑的平面设计）
（高祥生工作室依据诺伯格-舒尔茨的《巴洛克建筑》中插图重新绘制）

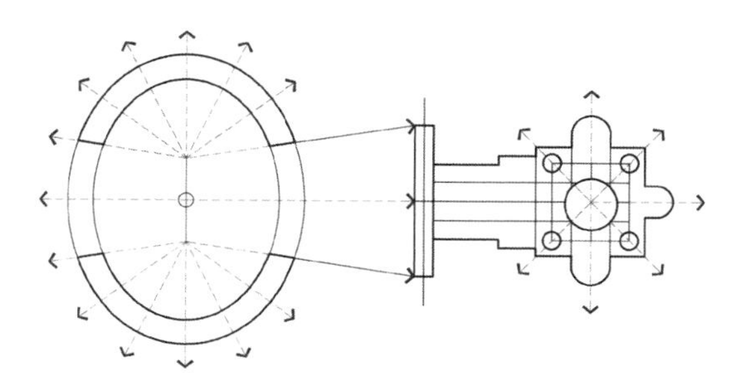

罗马圣彼得大教堂广场平面示意图
（表示巴洛克建筑的平面示意）
（高祥生工作室依据诺伯格-舒尔茨的《巴洛克建筑》中插图重新绘制）

二、 法国的巴洛克建筑

17 世纪以后欧洲的文化中心逐渐从意大利向法国转移。与此同时，巴洛克建筑样式也开始在法国流行。但由于法国的建筑设计受君主集权理念主导下古典主义建筑理念的影响根深蒂固，巴洛克建筑样式在法国的推行举步维艰。然而巴洛克风格作为一种新的设计思潮，它与旧的传统的设计理念必然发生抗争。在这种抗争中，巴洛克建筑的样式被折中、被消解了。在法国我很少能找到纯粹的那个时期巴洛克建筑的案例，但在诸多建筑中又可以窥视到巴洛克样式的影子。

1. 巴黎歌剧院

法国巴黎歌剧院正立面中的装饰几乎都有巴洛克元素（高祥生摄于 2018 年 6 月）

巴黎歌剧院虽然是折中主义的建筑，但这幢折中主义的建筑立面的样式元素渗透了诸多巴洛克元素。在巴黎歌剧院的外立面中，柱子是双柱的，檐部、窗框有许多镏金的花饰，特别是立面中的“牛眼窗”。建筑的立面是华丽的、壮观的。巴黎歌剧院的室内装饰，虽然有古典风格，有洛可可风格，甚至还有后现代样式的做法，但在几个最重要的空间中，出现了双柱、四柱、叠柱，出现了张扬的雕刻、华丽的花饰，这些都是典型的巴洛克元素，所有这些都说明巴黎歌剧院的折中主义风格中包含了大量的巴洛克元素。

2. 卢浮宫

提及法国的巴洛克建筑无法回避巴黎的另外两幢著名的建筑：一是卢浮宫，二是凡尔赛宫。尽管有些教科书中说法国的卢浮宫和凡尔赛宫的风格是法国绝对君权理念主导下的古典主义建筑风格，但是我认为这种说法虽有一定的事实依据，但不是事实的全部。我曾多次去过卢浮宫，用自己的眼睛观察，用自己的认识判断：卢浮宫的建筑立面样式是以古典主义建筑的样式为主体，混搭了巴洛克元素的结果。究其原因：一是从诺伯格-舒尔茨的《巴洛克建筑》一书知悉，在卢浮宫建造设计之初，虽然路易十四请意大利著名的巴洛克建筑大师贝尼尼设计过建筑方案，但法国的建筑师在一轮轮的会议中，对贝尼尼的方案作了一次次的修正，一次次地消解了贝尼尼作品中的巴洛克元素，增加了古典建筑的元素。二是卢浮宫的建造是一个漫长的过程，在这个过程中参与设计的人员众多，也留下了众多的意见、方案样式[①]，即便如此，现在我们见到的卢浮宫的建筑立面还是

① 根据清华大学陈志华先生《外国建筑史：19 世纪末叶以前》中的内容撰写。

留下了一些巴洛克风格的痕迹。我们不妨看一看卢浮宫的东入口：立面是古典建筑中“三段式”模式，柱头、花瓣、拱心券是金色的，窗洞上口大多的花瓣也是金色的。主要的立面是双柱，立面上的人像雕塑是强健的，有的立面还点缀着“牛眼窗”，这些元素都是在巴洛克建筑中常常见到的，但总体感觉还是古典主义的元素多些。

卢浮宫的建筑面积庞大，室内是金碧辉煌的，像宫殿一样，但最令人眼花缭乱的还是艺术藏品，其可谓是人类的宝贵财富。至今，全世界没有一个博物馆的展出藏品超过卢浮宫。它有近200个展厅，最大的展厅长近300米，卢浮宫的各个展厅都是金光闪闪、晶莹剔透的。卢浮宫最珍贵、最有价值的是四十多万件艺术珍品，这些是来自世界各国的稀世珍宝。毫无疑问这也是巨大财富，而炫耀财富也是巴洛克的重要特征。

3. 凡尔赛宫

凡尔赛宫与卢浮宫都是法国著名的宫殿，它们都是以古典建筑样式为主体、渗透巴洛克元素的建筑。

从建筑的外立面观看，凡尔赛宫的巴洛克元素似乎比卢浮宫更多一些，立面上的入口、山花做了装饰性的强调，连续的“牛眼窗”四周都有镏金的花饰，建筑上的女儿墙也镶有精美的镏金花饰。立面上的雕像与主体结构大都是可以分离的……凡尔赛宫建筑立面虽然也是古典建筑的“三段式”模式，但其中有大量装饰构件，我认为与表现建筑的尊贵、华丽、奢侈有关，这也就使西方诸多宫殿建筑样式中必然或多或少都具有巴洛克元素。

凡尔赛宫的室内极其奢华，有镏金的花饰，有贵重的画像，有布置在各大厅的陈设。特别是300米长的镜厅，一边是高大的玻璃窗，另一边是整片的玻璃镜面，镜厅的两侧都排立了镏金的人像灯柱，游览的人群川流不息。顶棚上多数大厅大都悬挂着硕大的水晶吊灯，即使是在白天人们仍然能感觉到水晶吊灯闪闪发光的魅力。多数顶棚有大幅油画，多数立面还镶贴了石材拼纹的花饰，挂置了贵重的人像画。墙面的前方有的还陈立了精美的家具……凡尔赛宫的装饰样式我说不清究竟是什么风格，有人说是巴洛克风格，也有人说是洛可可风格，我的感觉是似乎都有，这是一种巴洛克风格与洛可可风格的混搭。这种混搭的形式应该是宫殿奢华装饰的特点，这种特点几乎在所有宫殿建筑的室外都有所体现。

三、俄罗斯的巴洛克建筑

如果按专业内多数人认可的巴洛克建筑特征进行评价，我认为最符合这种建筑特征的，应该数俄罗斯的巴洛克建筑。这些建筑主要是位于圣彼得堡的冬宫、夏宫和叶卡捷琳娜宫。这些建筑似乎都比意大利、法国、奥地利、西班牙的巴洛克建筑更具有巴洛克风格的特点。

假如将一种流派的发展分为萌芽期、发展期和成熟期，那么是否可以认为16—17世纪在罗马出现的巴洛克艺术处于萌芽期，18世纪在法国、奥地利、匈牙利等地区出现的巴洛克艺术处于发展期，而19世纪在俄罗斯出现的巴洛克艺术处于成熟期（俄罗斯向西方学习，根据俄罗斯民族的喜爱、性格建造巴洛克建筑）？我认为俄罗斯的巴洛克建筑更具有巴洛克典型特征。

俄罗斯的巴洛克建筑，应属圣彼得堡的几幢宫殿最典型，它们是叶卡捷琳娜宫、夏宫、冬宫。这些建筑淋漓尽致地体现了巴洛克建筑的强悍而富丽的特点，也充分体现了俄罗斯的民族特点。同时人们也能感受到宫殿装饰中巴洛克样式与洛可可样式混搭而构成的奢华、壮丽的气氛。

1. 叶卡捷琳娜宫

叶卡捷琳娜宫是我见到的最具巴洛克元素的建筑。叶卡捷琳娜宫的外立面是浅湖蓝色的墙面，墙面上排立着高耸、细长的白色柱子，柱础是加高的，柱头是镏金的，柱子分为两段，叠加在一起显得柱子高耸、细长。叶卡捷琳娜宫的建筑主体分两层，上层墙面的窗户有两层，局部为三层，二、三层的窗应是镶贴镜面玻璃的假窗。窗户两侧的柱子挤压着窗户和窗间墙，如此设计，建筑的立面形态也被“拔高了”。窗户、门洞的四周镶嵌着各种镏金的花饰，繁复而精致，尽显巴洛克的装饰特点。

上层立面上的花饰丰富，有花饰的柱式，山花形态奇特，二层的立面显然比一般的建筑立面要高，那种延伸扩张的感觉表现得淋漓尽致。而底层设立了一组镏金的威武的大力士人像雕刻，雕刻与墙体是可以脱开的，不起承重作用，但人像雕刻又似乎将上面层层层叠叠的窗户、林林总总的花饰都“托”住了。叶卡捷琳娜宫入口处有一段立面呈弧形内凹墙面，它的山花是断开的，支撑山花的是双柱，或者说是四柱。叶卡捷琳娜宫的建筑立面是精致的、恢宏的，是强健的、张扬的……这建筑立面几乎具有巴洛克建筑的全部特征。

叶卡捷琳娜宫的宫内装饰奢华至极，二层镜厅墙面的装饰、门框，门楣、窗框都是镏金的花饰，一层又一层由内向外扩张，致使门与窗、窗与窗、窗与顶棚间的墙面都布满了装饰，让人感到镜厅的墙面到处都是金光闪烁、晶莹剔透。镜厅的顶棚绘有巨大的油画，挂着闪亮的水晶灯。巨大的油画覆盖了大厅的顶棚并向四周的墙体扩展，感觉快要把墙体的边角撑破。

叶卡捷琳娜宫室内的底层虽少有镏金镶银的装饰，但其精巧、奢华程度与镜厅相比毫不逊色。在这里，巨大的拱券、生动的雕刻、细腻的花饰都是乳白色的，在灯光的作用下产生了细腻、丰富的明暗变化。墙上精致壁灯产生的光晕弥漫出柔和的光影，使室内更加雅致、灵动。这是空间细部的美感，是一种极致又低调的奢华美。

2. 夏宫

夏宫左侧花园水景的入口处有断裂山花的门廊，门廊由双柱相拥，感觉雄浑有力。夏宫分上花园和下花园，宫殿的两翼屋顶都是镏金的穹顶，有拜占庭式的“洋葱头”顶的样子，“洋葱头”的边部镶满精美的花饰。夏宫上花园喷泉景观的入口在门廊的右侧。

我去参观夏宫的时候，夏宫的室内暂不开放，所以我也无法赏析夏宫的室内装饰，只能叙述我对夏宫建筑外观和环境的观感。

夏宫宫殿坐落在一块坡地上，坡地为两大平台，朝向芬兰湾。平台上有由150座喷泉、250多尊镏金力士雕像以及层层叠叠的台阶组成的梯级瀑布。喷泉的泉水形成两层瀑布和一个椭圆形的大水池，水池的中央有喷泉群，中间是最高、最大的喷泉，喷泉的出水处簇拥着力士与雄狮搏斗的雕刻。喷泉定时喷涌，显得极为恢宏、壮观。假如我们将夏宫上花园平面和圣彼得广场的平面对照一下，就能感觉到夏宫上花园的平面与圣彼得广场的平面有相似之处，至少是神似的。虽然我不认为夏宫上花园的平面和圣彼得广场平面是一样的，但两者的平面规制都有伸展，感觉其内涵是一致的。

夏宫上花园前有一个横向的椭圆形水池，水池中央有高高喷涌的水柱，其形态、形制都与圣彼得广场上方的方尖碑是相似的。水池的外围有柱廊，这也与圣彼得广场周边的设计相似。水池的开口处有一段宽敞的水渠，水渠很长、很宽，它伸向芬兰湾，伸向远方，水渠两侧是对称设立的花钵状的喷泉池。夏宫上花园是壮观的、富丽的、舒展的，令所有到访者都可领略到其建筑和景观的博大和张力，感受到建筑、景观中的巴洛克特质。

3. 冬宫

冬宫的外立面和叶卡捷琳娜宫的外立面有相似之处，都有浅湖蓝色墙面、白色的柱子和金色的柱头，都是两层建筑，每一层都有重叠的窗户，窗框四周都是镏金的装饰。都是窄窄的开间，入口处也都是双柱，以强调入口立面的凸显感……这些做法正是巴洛克建筑样式的特点。当然与叶卡捷琳娜宫的外立面相比，冬宫的外立面没有那么富丽和张扬。

冬宫的宫内装饰与叶卡捷琳娜宫的宫内装饰有很多相似之处，也有诸多不同之处。冬宫的大厅中的双柱，显然具有巴洛克的特征，它雄壮、有力度、有扩张感。宫内由各色大理石、石英石、碧玉镶嵌，有镏金镶铜的装饰，有各种形式的雕塑、壁画、绣帷，特别是有价值无可估量的藏品。

作为世界四大博物馆之一的冬宫，令我印象深刻的是冬宫的工艺品。冬宫的著名三大工艺品分别是拥有尽展巴洛克风格的雕刻及曲线、仿窗的壁镜、金箔装饰的具有震撼视觉冲击力的约旦楼梯，拥有夸张的鹿角和优雅修长的颈部的金制鹿形牌饰，以自然为主题的精美绝伦的孔雀钟。

另外，冬宫中的藏画也是我和大家尤为关注的内容。冬宫收藏有 1.5 万幅珍贵藏画，其中不乏达・芬奇、拉斐尔、伦勃朗、毕加索、莫奈、凡・高、提香、鲁本斯、雷诺阿等世界顶级画家的作品，仅此一项也尽显冬宫的富有和价值。

冬宫的底层没有镏金镶银的装饰，在这里，敦实巨大的集群柱、层层叠加的乳白色拱券和浅黄色光带，既雄壮又有韵致，极具巴洛克样式的气势。

冬宫、叶卡捷琳娜宫的室内宫殿我都观赏过、分析过。我感觉这两个宫殿的装饰都是金碧辉煌、精妙绝伦、美轮美奂的。同时我也很难区分出哪些是巴洛克风格的，哪些是洛可可风格的，还有哪些是古典主义的。这种认识与我对法国凡尔赛宫和卢浮宫的装饰、装修风格的认识是一样的。在我眼里，西方宫殿中的室内装饰、装修如果不细看几乎都差不多。在我看来，冬宫、叶卡捷琳娜宫的宫殿室内装饰、装修的区别主要是在功能和陈设物上。

四、巴洛克建筑风格与其他建筑风格的兼容

前面内容都讲到两个问题：一是巴洛克建筑样式与其他西方传统建筑样式的建造方法和审美法则是一致的。二是在区别巴洛克建筑或巴洛克城市规划设计的类别时，有许多形态是较难区别的。换一句话说，巴洛克建筑的样式是可以与西方传统的或现代的建筑样式混搭存在的。前面提到的诸多建筑是这样，后续想到、提到的一些建筑也是这样。只是如果将各处建筑成篇、成章地介绍，恐本文太冗长，故只以图例为主，辅以必要的文字说明，也许已能说明问题。

布拉格建筑、雕塑中的巴洛克样式。布拉格是一个历史悠久的城市，布拉格的老城广场上的建筑，查理大桥的样式、雕塑样式，足以说明这个观点。布拉格也是一个现代时尚的城市，在布拉格的城市建筑发展中，巴洛克的样式始终随行。现在布拉格新区的建筑样式，可以说明现代建筑和城市文化对历史的尊重——都是哥特样式、古典样式与巴洛克样式的混搭。现代建筑也常渗透着巴洛克样式，并将巴洛克的特点变化后与其有机地结合在一起。布拉格建筑中的巴洛克样式说明了城市历史的悠久、多元、包容。

奥地利的萨尔茨堡，被我誉为欧洲最美的城市。在萨尔茨堡的老城市中，新城中，花园环境的设计中，我们都可以找到巴洛克建筑的样式，甚至可以说萨尔茨堡的建筑样式的基调风格就是巴洛克风格。

我在一些国家、地区的游览中见到的诸多西方传统建筑，或多或少地都掺杂着巴洛克的样式。同时，巴洛克建筑的核心就是想表达强大、无序、扩张的力量，而当建筑或环境设计中需要这些因素时，运用巴洛克理念和方法，未尝不是一种选择。

巴洛克建筑对世界的影响

巴洛克建筑的样式影响面很广，它影响了西方国家，也影响了与西方文化基因完全不同的中国。中国的巴洛克元素是零星的，无序的，巴洛克建筑的“语境”与中国建筑的“语境”有关。我认为巴洛克建筑样式是从西方传统建筑中“脱胎”而来的，因此巴洛克建筑必然有“西方建筑”的烙印。西方传统建筑的材料是石材、混凝土，其审美是在对三维立体形态的感觉中总结产生的，它与东方建筑的材料是砖木，审美的基本理念是建立在二维意象上的有根本的区别。东方人在不明白西方审美理论的情况下设计出的西方建筑无疑是只能求其形似，仅能做到外轮廓的逼真。对此我们可以看一看清末南京建造的“海军部门面”和“兵工厂”（现在的“1865 科技创意产业园”的厂门），这大概是清末建造的“西洋建筑”。粗略一看，建筑中的门洞是拉高的，柱子是拉高的，有装饰的“边墙”，有诸多“边饰”……似乎是“巴洛克”风格的，但立面上所有巴洛克元素都是具有平面感的，都是二维的，它缺少任何一种西方建筑都具备的有进深的三维关系。所以我认为这种“巴洛克”风格就是表面的“巴洛克”风格，骨子里还是具有中国的平面感。

当然巴洛克建筑在中国也不尽如此，但现在能见到的只是残墙断壁。当我们把目光聚焦到圆明园的残余局部时，就能看到那些残留的壮实的柱式、拱券，特别是向外旋转的柱础等，都是巴洛克建筑的局部特征。虽然在圆明园我没看到过一幢完整的巴洛克建筑，但可以肯定，在这里，中国曾经有过地道的巴洛克建筑。

圆明园遗址（高祥生摄于 2008 年 5 月）

长久以来，学界在建筑史论中总是对于巴洛克建筑发展中的功过褒贬不一。但我们应站在历史唯物论的立场上，客观辩证地看，巴洛克建筑的出现有其合理性和必然性，但也有片面性。从公元前 3 世纪开始到公元 17 世纪前，西方的建筑设计理论、城市设计理论都遵循一种有序的、统一的原则，强调整体与局部统一，局部服众整体的原则。而巴洛克建筑设计、城市规划设计和其他艺术创作的理论和实践是对传统的理论和实践的反叛，并在西方社会和专业实践中取得了较广泛的认可。从建筑艺术发展的角度讲，这是一种适合时代发展的思潮。

巴洛克风格作为一种思潮涉及建筑设计、园林设计、绘画创作、雕刻创作、音乐创作、诗歌创作、戏剧创作等领域。我认为它在诸领域所表现的形式都有相似特征，它强调艺术表现的力量，强调表现元素的扩张，强调与主体语言的分离，强调形态组合中的无序等。

然而，巴洛克风格的所有主张和实践一旦走到极端的地步就不可避免地出现形式主义的倾向。特别是巴洛克建筑虽然对改变传统建筑形式有积极的意义，但所有附加装饰形体扩张的无功能的建筑形体设计都是与建筑应该满足功能要求的主流理论相悖，并且巴洛克建筑风格主要适用于西方传统的宫殿建筑和大型的观赏性建筑、纪念性建筑，并不适合面广量大的民生建筑。

巴洛克风格的装饰与洛可可风格的装饰中都充斥着大量的装饰的因素，都有镏金的花饰、雕刻等许多豪华的宫殿装饰形状，其主要区别是一个“阳刚”，一个“柔弱”，在色彩上一个更多使用偏中性的暖色，一个更多使用偏中性的冷色。

我认为在西方宫殿的室内空间中较难以区分巴洛克与洛可可的样式，是因为宫殿中的装饰主旨都需要表现宫殿的奢华、富丽和金碧辉煌。而这两种风格都具有表现奢华感觉的能力，只是巴洛克风格装饰更适合表现大型的空间，而洛可可风格装饰适合表现较小的空间。

虽然巴洛克风格思潮的艺术创作观念是明确的，但是各国的巴洛克建筑样式都受本土的文化、人文观念的影响，所以我们在谈论巴洛克建筑样式形成的因素时，务必考虑地域文化的因素。

无论怎么褒贬巴洛克艺术，巴洛克艺术仍是西方文化的一种典型设计理念。其影响是广泛而深远的，它是西方文化艺术的重要组成部分，倘若没有巴洛克艺术的存在，西方的艺术形式必然有所失色。

西方工业革命之前的各种建筑流派，其本源是一致的，建造的材料是基本相同的，审美的观念都是共同的。其主要流派的样式都是在建筑原始形态上的修改，它们与东方的建筑理论和实践结果是“两股道上跑的车”。

我并不是提倡巴洛克建筑，也不是提倡西化的建筑，只是想说明，我们曾有过西方有的。我还是提倡弘扬本民族的优秀文化，因为中华民族优秀的传统建筑，是世界建筑文化的另一高峰，在云开雾散时，这一高峰会让人更加仰慕。

拜占庭建筑的兴衰

一、 简述

古典建筑在古希腊、古罗马延续发展了数百年，但随着古罗马帝国的衰落，中断了。公元 395 年古罗马分裂为东西两部分。东部地区称为拜占庭帝国，信仰东正教，西部地区为西罗马帝国，信仰天主教。西罗马帝国在一段时间内保持了古典建筑的样式。东部地区以君士坦丁堡为首都，后来也叫拜占庭。拜占庭帝国疆域包括“巴尔干、小亚细亚、叙利亚、巴勒斯坦、埃及、北非和意大利，……7 世纪之后，由于封建分裂状态的发展，拜占庭帝国瓦解，日趋没落，……终于在 1453 年被土耳其人灭亡。”①

拜占庭建筑在吸取了古罗马建筑的优点同时又采纳了东方建筑的设计手法的基础上，发展了具有自身特色的建筑风格。典型的拜占庭建筑集合了帆拱、鼓座、穹顶特征。建筑的墙体很厚实，墙上开设窄小的窗户，窗户上嵌有彩色玻璃，对西亚和东欧部分国家产生过影响。我目睹的拜占庭建筑主要在意大利和俄罗斯。

二、 受拜占庭风格影响的建筑

我在谈论拜占庭建筑时，总有一种遗憾是没有去过君士坦丁堡，没有观赏过拜占庭建筑的最著名的范例——圣索菲亚大教堂。为了弥补这种遗憾，我在俄罗斯就格外认真地观察了几座我认为最受拜占庭风格影响的建筑。其中之一是莫斯科的克里姆林宫。它是由几组建筑组成的建筑体，单个建筑的体量不大，但经组合后有相当大的体量。对于克里姆林宫是否算拜占庭建筑，我未找到史料的佐论，但可以肯定其建筑的造型受到了拜占庭建筑风格的影响。整个克里姆林宫的建筑群全都是整齐划一的“洋葱顶”，搁置在几乎是实体的敦厚的白色“碉堡”形建筑上，建筑上间隔嵌着长方形小窗。克里姆林宫的广场上散落着三三两两的参观者，衬托得建筑物更加伟岸，墨绿色的冠木在建筑物的侧旁，使建筑更显靓丽。莫斯科的天空很蓝很蓝，白云很白很白。克里姆林宫的建筑是整齐划一的，屋顶闪闪发亮，白墙是净白净白的。这里的一切都呈现出明亮美丽的景致。

① 摘自陈志华著《外国建筑史：19 世纪末叶以前》，中国建筑工业出版社，2004 年版，89 页。

我去过德国新天鹅堡，但因新天鹅堡内部不允许拍照，所以较难具体描述拜占庭建筑风格的室内。我也去过芬兰赫尔辛基格洛艺术酒店，我觉得它具有拜占庭建筑风格特征，我这种说法是否正确，只能请专家评说。

芬兰赫尔辛基格洛艺术酒店（高祥生摄于 2017 年 8 月）

1. 威尼斯圣马可大教堂

关于圣马可大教堂，我曾撰写过题为《威尼斯建筑的多元风格》的文章，也曾对圣马可大教堂的风格作过描述。圣马可大教堂建于 11 世纪。它的平面近似正十字形，在交叉和四个角部设有窿顶，中部的穹顶比前部的窿顶大一些，其他各个稍小一些。与其他拜占庭建筑的结构相似，穹窿由柱墩通过帆拱支撑，穹窿与下部交接处设有小窗。最初的圣马可大教堂外形比较简朴，且有沉重感，12—15 世纪之间，特别是 15 世纪的文艺复兴时期，教堂的顶部加上了尖顶，正面设置了华丽的壁龛。现在的圣马可大教堂朝广场的立面上设有双层拱券，上层拱券的边饰尤为繁复、华丽，下层的拱门坐落在一束疑是巴洛克样式的柱子上。很显然，由于教堂建的时间不同，圣马可大教堂的风格也有混搭的成分。

2. 莫斯科华西里 · 柏拉仁诺大教堂

莫斯科华西里 · 柏拉仁诺教堂是“伊凡雷帝为纪念攻破蒙古人最后的根据地喀山而建的”[①]。建筑物坐落在红场的一侧，不在红场的中轴线上，但它在红场上是最突出的建筑物。

华西里·柏拉仁诺大教堂给我的视觉冲击力可以用“震撼”和“诱人”两个词来形容。华西里 · 柏拉仁诺教堂大面积采用红砖饰面，细部嵌以白色石材。教堂最有特色的是穹顶，其形状有的像“洋葱头”，有的像彩色“冰淇淋”，也有人说像几团熊熊燃烧的“火焰”。教堂立面上的纹样有的呈半圆形，有的呈三角形，也有的呈方形，纹样的形式为

① 摘自刘先觉、汪晓茜编著《外国教育简史》，东南大学出版社，2018 年版，177 页。

二方连续，具有东方图案的特色。

华西里·柏拉仁诺大教堂的外立面色彩是热烈的，形状是动感的，整体形式是独特的。我认为与其说这组建筑是一座教堂，倒不如说它是一尊表现战争胜利的纪念碑；与其说它是在拜占庭建筑风格影响下的建筑物，倒不如说它是独具特色的艺术作品。毫无疑问，就建筑的形体而言，华西里·柏拉仁诺大教堂尚有拜占庭建筑风格的基本规制，但又不是纯正的，它是集多家之长形成的独一无二的，独具魅力的“混血儿”建筑。

3. 莫斯科喀山圣母大教堂

位于红场东北角的喀山圣母大教堂是为了纪念击退 1612 年的波兰军队入侵而建造的。有传说一个 9 岁的小女孩梦到圣母告诉她，圣像被埋在喀山废墟的下面，教堂的名字由此而来。

喀山圣母大教堂显然受拜占庭建筑风格的影响。

喀山圣母大教堂的中部为一拜占庭建筑风格的穹顶，四周簇拥着波浪状的拱券顶。教堂下部的墙体有古典建筑样式的特征。

哥特建筑的风采

一、 概述

12 世纪末至 13 世纪初一种被称为“哥特”的建筑在法国的北部兴起。这种建筑之所以被称为“哥特”，主要是因为当时的意大利人认为哥特人是日耳曼人的一支，而哥特人又参与了日耳曼人摧毁罗马帝国建筑文明的行动，对这段历史意大利人耿耿于怀，加上文艺复兴的艺术家们不喜欢这种建筑风格，认为“哥特式”是“野蛮的”。而实际上，哥特式建筑不但不野蛮，而且可以成为人类建筑史上的又一高峰。哥特建筑的主要成果表现在：

（1）哥特建筑将之前的墙体承重体系改变为柱体承重体系，将结构构件与装饰构件相结合成为承重与装饰统一的形式，如教堂中的华盖、飞扶壁，采用肋架拱为拱顶的承重构件，使拱顶的厚度减薄，重量减轻，侧推力减小，由此形成的肋架拱可以产生各种形状，因此拱顶可以覆盖各种形状、各种大小的平面，从而使建筑内部的形状更灵活，形式更统一。在新技术、新工艺的推动下，无论室内还是室外都充满了垂直向上的线条，层层叠落的尖券，飞腾向上的火焰券，繁复精美的雕刻营造了人间美景和通往“天国”的气氛。

（2）由结构形式的革新产生了一系列建筑形态的变化，建筑形态的变化又丰富了建筑的功能，改善了建筑的空间形态，“它们兼作市民大会堂、公共礼堂、市场和剧场，市民们在里面举办婚丧大事，教堂世俗化了。正在这时形成的市民文化因此更多地渗透到教堂建筑中去。市民文化也已经改变了对基督教的信仰，市民们从信仰救世主转向信仰圣母。耶稣基督是严厉的裁判者，使人望而生畏，而圣母是大慈大悲救苦救难的，使人满怀得救的希望。基督教成了‘无情世界的感情’。城市主教堂极大多数是献给圣母的，市民们当然要求主教堂体现他们的新感情、新信仰。”①

（3）哥特建筑的兴起促进了建筑施工工艺的快速提升。当时法国北部石匠的施工技艺已经非常成熟。现在看来倘若没有这些匠人，任何哥特建筑都无法建造到如此精美的地步，哥特建筑也无法遍及欧洲及其他地区。

① 选自陈志华著《外国建筑史：19 世纪末叶以前》，中国建筑工业出版社，2004 年版，106 页。

时至今日，人们不再会认为哥特建筑是“野蛮的”，相反地人们认为哥特建筑是人类建筑宝库中的一颗钻石。它以独特的形态、优美的造型、迷人的风采，成为西方各国城市的历久弥坚、熠熠生辉的标志。

二、 哥特建筑的范例

1. 法国巴黎圣母院

我对哥特建筑产生兴趣还是从雨果的长篇小说《巴黎圣母院》和根据该小说改编的电影《巴黎圣母院》开始的。小说、电影中的巴黎圣母院要比现实中的巴黎圣母院更恢宏。现实中的巴黎圣母院又是悲惨的、多事的。也因为文艺作品的魅力和现实的无情，我曾两度参观了巴黎圣母院，并从此对哥特建筑的特点产生了浓厚的兴趣。

法国巴黎圣母院位于法国巴黎市中心塞纳河畔的西堤岛上。该教堂是天主教巴黎总教区的主教座堂。巴黎圣母院始建于 12 世纪，整座教堂于 14 世纪中期全部建成，历时近 190 年。教堂的建筑风格为哥特式，并在哥特教堂中最具盛名，教堂内珍藏的 13—17 世纪的大堂艺术珍品闪烁着人类智慧的光辉。

虽然巴黎圣母院是哥特建筑中最具盛名的哥特教堂，但立面形态与多数哥特教堂的立面形态迥然有别。正立面上的一组对称的建筑造型似乎仍抹不去罗马柱式的影子，只是侧面和背立面与罗马式的建筑造型已经大相径庭了。此教堂建筑中的飞扶壁、火焰券、尖顶，特别是中部的尖锥状的塔顶，已足以表示其具有鲜明的哥特建筑的风格。

教堂内的光线还是比较暗的，以致教堂中的祭坛、回廊、门窗等处雕刻和绘画作品必须借用灯光才能看清。很显然，这里的开窗面积不是很大，由此可以说巴黎圣母院仍然属于早期的哥特建筑。

2. 意大利米兰大教堂

意大利著名的米兰大教堂是一座天主教堂，位于意大利米兰市，是米兰的主教座堂，也是世界著名的教堂，规模居世界哥特教堂第二。其始建于 14 世纪末，16 世纪初完成拱顶，由 Giuseppe Perego 于 1774 年完成建造的最高的哥特式塔尖上的镀金圣母玛利亚雕像，是米兰市的象征。整个教堂于 20 世纪 60 年

意大利米兰大教堂（高祥生摄于 2018 年 4 月）

代全部竣工。

米兰大教堂的立面上的壁柱、顶拱门、壁龛门套、门饰、窗套、窗饰精致细微，壁柱起伏有度、高低错落、主次分明，壁柱上的雕刻形态生动、内容丰富。值得强调的是，所有造型都趋于垂直向上，使人有通向“天国”的感觉。米兰大教堂的广场呈矩形平面，开阔、简洁。广场的中央设一尊意大利“王国”首个国王维多利奥·埃玛努埃尔二世的骑马铜像。似乎所有晴天里，米兰大教堂正面广场上都是人山人海，若需要摄影留念，也只能在人头攒动的空隙找时机。几乎所有欧洲的广场上都有成群的飞鸽，只是米兰大教堂广场上的鸽子比别的广场多，它们不怕人，经常与游人、信徒挤在同一个空间中。米兰大教堂的右侧是一个拱廊市场，拱廊的设计很时尚，拱廊商店中的商品也很时尚。总之这里是传统与时尚共存，人类与动物共处。

3. 英国威斯敏斯特教堂

英国威斯敏斯特教堂
（高祥生摄于 2013 年 8 月）

英国伦敦的威斯敏斯特教堂的建筑属于哥特风格，教堂位于伦敦市的中心。该教堂始建于10世纪，自 11 世纪威廉大帝在此登基后，之后的历代英国国王均在此加冕。另外，还有功臣、各著名人物埋葬于此教堂。诸如，生物学家达尔文、物理学家牛顿、音乐家亨德尔，因此威斯敏斯特教堂在英国的声誉最大，地位最高。威斯敏斯特教堂坐落在泰晤士河北岸，平面呈长方形，长边 156 米，短边 22 米。建筑邻近处设有一块并不宽敞的草坪，草坪紧贴交通要塞，所以威斯敏斯特教堂没有大广场，这是否就是英国哥特教堂平面形制的特点我不得而知，但我知道哥特风格的格洛斯特大教堂、剑桥国王学院礼拜堂等都没有专门广场。威斯敏斯特教堂的建筑立面没有外凸的、细长的结构柱、飞扶壁、火焰券等，只是在敦实的柱子的顶部设有具有哥特特征的尖顶，威斯敏斯特教堂的宗教气氛还是很浓的，有哥特风格的特征，但与法国、意大利等哥特风格建筑似乎有些区别。

后查阅相关资料得知：威斯敏斯特教堂在公元960年前原是一座天主教本笃会隐修院，后成为圣公会教堂。据我所知，公元960年前英国还没有哥特风格的建筑，所以，当时扩建、改建甚至重建的教堂，只要是在原建筑的基础上进行的，建筑形态的影响是很难抹去的，这就像西班牙科尔多瓦大清真寺现在的风格一样，历史的痕迹也是难以抹除的。

4. 捷克圣维特主教座堂

圣维特主教座堂是捷克首都布拉格的一座哥特天主教堂，它是罗马天主教布拉格总教区的主教座堂，也是捷克最大、最重要的一座教堂。其位于布拉格城堡内，是哥特建筑的精彩范例。

圣维特主教座堂早期为罗马式圆形建筑，1060 年扩建为罗曼式教堂，1344 年在原教堂的基础上修建一座哥特教堂，最后于 20 世纪初修建完毕。更换的彩色玻璃窗为阿尔丰斯·慕夏的作品。

圣维特主教座堂是捷克历代皇帝举行加冕典礼的场所，至今在这里藏有 14 世纪罗马帝国间波希米亚国王查理四世的纯金皇冠、金球、令牌。更主要的是，教堂布拉格地区升格为总教区，并在经历了几个世纪后，主教座堂也已完成。

因此，圣维特主教座堂对于后期哥特风格在中欧的发展产生了巨大的影响，影响了中欧各地诸多教堂和建筑的风格，如著名的维也纳的史蒂芬大教堂、斯特拉斯堡主教座堂、萨格勒布的圣马可教堂，以及捷克城市库特纳霍拉的圣巴巴拉教堂。同时斯洛文尼亚、克罗地亚北部、奥地利、捷克共和国、波兰和德国南部的哥特建筑都受到圣维特主教座堂建筑风格的影响。

5. 奥地利史蒂芬大教堂

史蒂芬大教堂位于奥地利维也纳的城市中心，现在的教堂属于典型的哥特风格。史蒂芬大教堂毗邻城市街道室外，没有专门的广场，而每天不分白天黑夜去教堂朝圣和参观的群众成千上万。

12 世纪初的史蒂芬大教堂是一座罗马风格的教堂，后来遭遇两次大火，重新建造后具有了哥特风格。现在看到的哥特风格主要是在 14 世纪后形成的。在四五百年的历史上，史蒂芬大教堂几乎没有遭受多大的破坏，但在 1945 年第二次世界大战最后的那几天，炮火袭击使教堂起火，教堂的屋顶、铜钟、管风琴和大部分玻璃窗画毁于一旦，战后的奥地利满目疮痍。“修复教堂的工作从 1948 年开始，1962 年结束。全奥地利的九个联邦州，分别负责修复大教堂的某一个部分。如今，各州人民精诚团结，共同修建史蒂芬大教堂已被传为佳话。”

6. 澳大利亚圣派翠克大教堂

圣派翠克大教堂位于澳大利亚墨尔本市圣派翠克公园旁。圣派翠克教堂是 19 世纪最具哥特风格的建筑之一。圣派翠克教堂的尖塔高耸，在百米开外就能清晰看见其秀美端庄的形象。圣派翠克教堂的室外与公园连接，环境显得清丽、隽美。公园中潺潺流水、花木扶疏、古木参天。教堂内哥特式的壁柱端庄高大，门拱和窗拱向上层层递进，顶棚中的尖券重重叠叠，韵味十足。两侧的玫瑰窗艳丽而又神秘，成排的座位整齐划一，简洁而肃穆，讲坛的设计精致而合规，它理所当然作为教堂内的视觉中心。

7. 匈牙利国会大厦

人们大都认为哥特样式都是用来建造教堂的，殊不知哥特样式也可用于公共建筑，匈牙利的国会大厦就是一个绝好例子。我在匈牙利期间游览了多瑙河，多瑙河上除了一座座精美的跨河大桥外，最引人注目的应是匈牙利国会大厦。蓝色多瑙河波光粼粼，端庄的国会大厦在夜幕下金光闪闪，光彩照人。日间我又参观了国会大厦的室内外。建筑外立面挺拔、简明，无疑是在哥特样式中力求表现行政建筑的感觉。建筑的室内反映了建筑外部的形态特征，尤其是穹顶既有哥特样式的风格，又以花卉图案的形式构建了隽美的视觉中心。

8. 德国慕尼黑新市政厅

德国慕尼黑新市政厅是一座体量硕大的哥特建筑。建筑立面上布满哥特式样的琳琅满目的建筑和装饰构件。建筑 85 米高，层层递进的钟楼成为新市政厅的标志。立面上的壁龛、尖顶、火焰券等都是哥特样式的准确注解。设有市民广场，这里有朝拜者，有游览者，也有看热闹的。总之，这座建筑不大像市政办公大楼，而像是一座大教堂。

巴黎歌剧院的“折中主义”风格

一个城市的歌剧院，通常都集中表现了这个城市的文化取向、经济实力和建造水平。巴黎歌剧院既是巴黎市的著名建筑，也是被收录于建筑教科书中的典型案例。巴黎歌剧院在建筑历史中占有重要地位，在建筑史的教科书中它通常作为“折中主义”风格的代表作。鉴于这些因素，我曾两度参观巴黎歌剧院。

何为“折中主义”？多数文献中认为：“折中主义”的建筑是指“任意选择与模仿历史上各种建筑风格，并把它们自由组合成各种建筑形式”。因此，我们可以根据这种观点去审视巴黎歌剧院的风格。

一、古典元素中渗透着巴洛克风格的外立面

巴黎歌剧院立面端庄雄伟，它是采用了古典建筑中惯用的上、中、下三段式，每一段都运用了不同的建筑要素：正立面最上端是左右对称的、呈罗马风格的三角顶，而拱形山花的造型则取自希腊古典神庙高浮雕的做法；中层为巴洛克风格中惯用的双柱和小壁柱，间隔着大型的开窗，开窗顶上又有巴洛克建筑中常用的圆形“牛眼窗”，呈现出雄壮端庄的气势；底层则是意大利式的七间连拱形门洞，也与顶层的拱形山花和中层的柱廊、开窗形成了呼应。

巴黎歌剧院屋檐的镏金装饰带金光闪闪，无论是晴天还是阴天，都极为醒目，金色的卷曲花纹与绿色的雕塑相映成趣，这种配色充满了巴洛克风格特色。四角的雕塑环绕着一个半圆形的穹顶，穹顶的最上方又端立着一个皇冠似的小顶，好像给巴黎歌剧院戴上了金光闪烁的帽子，璀璨夺目……

巴黎歌剧院的外立面富丽堂皇，它融合了巴洛克风格和古典风格，其构图统一而和谐，突出体现了“折中主义”的装饰特点。

二、巴洛克风格与洛可可风格雏形混合的装饰

进入巴黎歌剧院，人们的眼光立刻会被一座三折楼梯所吸引，这是建筑室内空间的

主要的交通枢纽。在灯光的闪烁中，它的乳白色大理石铺贴的楼梯光亮耀眼。楼梯两侧的古典栏杆和洛可可风格的雕塑将整个楼梯装饰得华丽无比。

檐下连续的拱券、柱式和灯饰尽显巴洛克风格的雄浑且张扬的特征。廊檐和天花板上绘有诸多神话故事，“天棚画”具有古罗马古典风格的装饰特色。

沿巨型楼梯拾级而上，迎面是装饰奢华的走廊和休息厅。室内天花板、墙面、楼梯和每一处角落，都布满了精致的雕塑、造型优美的挂灯，壁顶上有大幅脂粉气很重的油画作品，具有浓郁的洛可可风格……由于巴黎歌剧院的装饰太过华丽，它又被喻为“巴黎的首饰盒”。

顶棚一概都是绘制古典油画的“天棚画”，两旁的墙面均为繁复的古典风格倾向的壁龛和雕刻。

巴黎歌剧院的内部大厅由繁复的爱奥尼柱式支撑，开阔的过厅上空悬挂着晶莹剔透的具有洛可可风格倾向的水晶灯，在这里，色彩斑斓、绚丽，红色的、黄色的、金色的、银色的、绿色的应有尽有，其形态多姿而隽美、恢宏而端庄，似乎这里的高贵、奢华已达到了极致。

爱奥尼柱式造型柔美典雅，其柱头是流畅、舒展的卷涡雕刻，柱子的比例修长。建筑师加尼叶同样在传统的爱奥尼柱式上做了改良，他取消了柱身的凹槽设计，使得柱身看上去更加平整、柔顺。

休息大厅内部奢华极致，落地窗的上方设有许多镀金铜像，周围由灰、红、金三色砖石砌成，显得华丽而又隆重；其铜像中有 31 名作曲家和剧作家，包括莫扎特、贝多芬和罗西尼等，雕塑细致传神，犹如大师再生。

加尼叶认为巴黎歌剧院不完全为上演歌剧而建，它更是使人们在一种集会性质的仪式中，体验美梦和幻想。因此，巴黎歌剧院的内外装饰使用了各种颜色的大理石，有白色的、蓝色的、红色的、绿色的、玫瑰色的等，使整个大厅呈现出豪华、富贵的气质。

三、 洛可可风格的中央大厅

巴黎歌剧院中央就是巨大的马蹄形观众厅。这样的视野设计极为科学，因为可使观众无论从哪一个角度看舞台，都可感受到最佳的室内的视线效果和演出效果。观众厅中天鹅绒的红色构成了主色调，其间嵌入金色饰面，显得富丽堂皇。

观众厅的天顶装饰得像一枚皇冠，中央有巨型的水晶吊灯，吊灯周围的绘画具有超现实主义风格，精美绝伦，让人目眩神迷。顶棚上处处都装饰着镀金雕塑，高贵而典雅，与皇冠的形象很相衬，符合剧院的皇家气质。

巴黎歌剧院有欧洲传统歌剧院中最大的舞台，舞台上方有 33 米高的净空，这大大拓展了舞台的表现力。大幕上形如金色饰边和褶裥的红天鹅绒幕布竟是由画家们逼真地画出来的。

巴黎歌剧院整体构架全部采用金属框架结构，设计师又把这些金属架结构用金箔裹了起来，使人感觉更加富丽堂皇。

除此之外，巴黎歌剧院中还渗透了一些现代风格、后现代风格的设计，如按巴黎歌剧院建成时间 19 世纪推算，当时后现代风格尚未出现，应该是后来的设计师添补上的。

四、我对“折中主义”风格形成缘由的理解

巴黎歌剧院的建筑和装修风格秉承了古典建筑样式的脉络，囊括了古典主义、巴洛克样式和具有洛可可风格雏形的样式，甚至表现出了后现代的多种多样的特征，究其原因有两点。

一是当时社会认识的多元化。法国在 18 世纪末、19 世纪初是欧洲文艺活动的中心，各种思想流派纷至迭出。绘画上，出现了印象主义、浪漫主义画派；音乐上，出现了法国民族乐派、印象主义乐派等；文学上，出现了现实主义文学和浪漫主义文学；建筑上，出现了巴洛克建筑、洛可可建筑、新古典主义建筑等。那时，兴盛了多个世纪的纯粹的古典主义已不再受重视。在这种情况下，巴黎歌剧院风格的多元化也是很自然的。

二是巴黎歌剧院的设计、建造时间的漫长。1671 年，有建筑设计师负责建造了“皇家歌剧院”，但这座建筑在 1763 年被大火毁灭。1861 年其重建工程开始启动，1870 年因普法战争被迫中断。直至 1875 年，巴黎歌剧院终于竣工。巴黎歌剧院建造完成历经 200 多年，中间更换了几任设计师，因此它的样式和风格固然不会统一。200 年间，不同时间段的不同设计师、不同设计观念的变化，必然会影响到建筑和建筑装修的形态，这就是时代文化在设计中的作用。

五、结语

巴黎歌剧院很能表现当时巴黎建筑的建造水平，也最能体现法国建筑继承西方古典文化同时又在古典文化基础上有所创新的作风。

在我的印象和认识中，巴黎歌剧院室内有很多地方说不清是巴洛克风格还是洛可可风格，说不清是古典风格还是巴洛克风格，说不清是现代风格还是古典风格……我认为主要原因还是建筑设计师的设计理念。事实上，1830 年法国哲学家库桑提出了“折中主义”的观点。巴黎歌剧院是从 1861 年开始最终的设计，到 1875 年建造完成。之间迟了数十年，我无能力考证两者之间的具体联系，但哲学思想影响社会的认知理念是大家共同认

同的道理。也因“折中主义”的提法最早源于法国，所以法国的“折中主义”建筑早于其他地区，如在意大利罗马伊曼纽尔二世的纪念建筑兴建于 1885 年，建成于 1911 年；美国的哥伦比亚世界博览会建筑兴建于 1846 年，建成于 1912 年……

我认为当今评价一幢建筑物的美与不美，无须根据某种单一的建筑风格来确定，只要它能在造型与装饰艺术上达到人们喜欢的视觉效果，这幢建筑就具有美的基因。假如认为威尼斯建筑是“折中主义”（多元化）的，那它的“折中主义”主要表现在室外多幢建筑形态的整合上，而巴黎歌剧院的“折中主义”则主要反映在一幢建筑室内外的多种风格混搭中，但它们在视觉上都是美的，都是建筑样式上的“混血化”。

当今社会，时代在发展，信息量也越来越大，这些日益增多的信息都是多元的，多元的信息必然产生多元的文化，也必然产生更多的多元化“混血儿”建筑。所以我们应采取包容的态度接纳这类“混血儿”。

现代主义建筑的理论与实践

一、现代主义建筑及其理论

20 世纪 20 年代欧洲国家出现了现代主义建筑及其理论。现代主义建筑有四位大师，分别是瓦尔特・格罗皮乌斯、勒・柯布西耶、密斯・凡・德・罗、弗兰克・劳埃德・赖特。现代主义建筑曾被称为功能主义建筑、理性主义建筑，近年又被称为现代主义建筑。

现代主义建筑大师的设计观点和主要作品分别如下：

（1）瓦尔特・格罗皮乌斯（德）反对回归传统的建筑设计，主张用工业化的建造方式为解决住房问题，在建筑设计中强调功能和经济的重要因素，并力推新的创作语汇和方法。瓦尔特・格罗皮乌斯的主要建筑作品：德国包豪斯设计学院的建筑，包括教学用房、生活用房、职工用房，德国包豪斯工厂展厅、卖品部。

德国包豪斯学院（瓦尔特・格罗皮乌斯主持设计，高祥生摄于 2017 年 8 月）

（2）勒・柯布西耶（法）强烈反对 19 世纪以来复古主义、折中主义的建筑风格和建筑设计，力主创造新时代的建筑，提出了住宅设计的五个规则：① 底层以独立支柱架空，多做车库用（房屋主要使用部分在二层以上，下面全部或部分架空，留出独立支柱）；② 屋顶设花园；③ 自由的平面布置；④ 多设横向长窗；⑤ 自由的立面形式。勒・柯布西耶的主要建筑作品：法国巴黎郊区萨伏伊别墅、法国巴黎瑞士学生宿舍、法国索恩朗香教堂、法国马赛公寓、日内瓦国际联盟总部。

（3）密斯 · 凡 · 德 · 罗（德）的建筑特点是建筑立面以钢框为连接件，创造出一个极为简洁的外形特征，以灵活多变的平面形式构成流动的空间。密斯 · 凡 · 德 · 罗的著名理论有“少就是多”。其主要建筑作品：西班牙巴塞罗那德国馆、美国帕拉诺范斯沃斯住宅、美国纽约西格拉姆大厦、捷克布尔诺图根哈特住宅、美国芝加哥滨湖公寓、德国柏林国家美术馆新馆。

（4）弗兰克 · 劳埃德 · 赖特（美）的主要特点是提出草原式住宅的理论和模式，即主张将住宅建在草地上。其建筑大多平面呈十字形，增加室内外的联系，立面设有连窗，外观高低错落，屋顶悬挑，适合中产阶级家庭拥有。弗兰克 · 劳埃德 · 赖特建筑设计的主要建筑作品：美国匹兹堡流水别墅、美国芝加哥橡树园自宅、美国芝加哥罗比住宅、美国纽约拉金公司大楼、美国纽约古根海姆博物馆大楼、日本东京帝国饭店。

虽然现代主义建筑大师的设计理念略有不同，但总体上都遵循下列设计原则：① 主张采取自由的建筑平面和建筑造型；② 应用新型的建筑材料和新型的建筑结构，住宅建筑惯用框架结构，底层架空，屋顶设花园；③ 运用大面积玻璃，且擅长做横向条形玻璃窗；④ 现代主义建筑注意建筑的功能设计，反对表面的装饰。

现代主义建筑大师的设计影响我国大多数建筑设计师的设计数十年。而我也认为现代主义建筑的大多数原则仍符合我国的国情，可以继续借鉴。

二、 包豪斯学院的教学启示

关注工业设计发展的人，都会知道四位现代主义建筑大师中有三位都与包豪斯设计学院有密切关系。在德国魏玛包豪斯设计学院，有教室、校舍，还有教员在校区周围为自己建造的别墅。

包豪斯设计学院的办学模式、教学思想、教学方法对当今中国与设计有关专业的教学模式、教学方法的改革具有重要的参考价值。

包豪斯设计学院的教学具有下列特点：一是注重实用性要求；二是注意新材料、新结构、新技术的运用；三是强调建筑造型的简洁和平面构图的灵活多样；四是建筑材料和建筑物的建造便于工厂的生产。综观现代主义建筑的设计观点和包豪斯设计学院的教学似乎是如出一辙。

而当今中国的设计教育、教学工作，可以在包豪斯设计学院办学模式、教学方法中借鉴经验、吸取营养，进而为发展我国设计教育、教学事业做出应有的贡献。

三、我对现代主义建筑的认识

现代主义建筑是伴随20世纪初中产阶级的兴起和新的材料、新技术的产生而诞生，可以说它是20世纪工业革命的产物。倘若没有混凝土、钢材、玻璃，现代主义的建筑也只是一纸空谈。同时，新的中产阶层产生的新的思想意识也是产生新的生活形态的根本因素，在此基础上产生新的生活空间、工作空间和建筑造型也是顺理成章的事。

现代主义建筑的设计理念对中国当今的城市建设具有实际的参考作用。现代主义中重功能、讲经济、提倡简约形态的理念，与我国现阶段倡导的建筑设计方针有许多相似之处。现代主义中倡导的标准化、模块化，与我国提倡的工业化建造模式有许多不约而同之处。现代主义建筑对当今建筑批量化、产业化具有很好的借鉴作用。

受到时代的局限，部分认识也有欠妥之处。现代主义建筑设计大师所主张的设计理念或方法，也有走到了极端的现象，具有负面的作用。如阿道夫·路斯提出“装饰就是罪恶”、密斯·凡·德·罗提出的“少就是多”的设计理论，是不能满足人性化设计要求的，在这种理论指导下产生了一些负面的设计作品，譬如包豪斯学院的康定斯基别墅，由于过分强调简洁，使人感觉很清冷，建成后又增加了色彩和陈设，而后空间才显得有活力。

又譬如1927年另外近二十位现代建筑设计师在密斯·凡·德·罗和勒·柯布西耶的组织下在德国斯图加特举办了一次魏森霍夫住宅展销。建筑的造型很现代，一组白色的别墅，错落有致，像巨大的现代雕塑群。落成后的住宅室内空间灵动，光线充足。但作为商品房，由于过分简洁，缺乏生活感，有些别墅难以销售。

还有譬如密斯·凡·德·罗设计的“范斯沃斯别墅”，给业主使用带来诸多不便，这就是现代主义建筑的弊端。

还有赖特在草原式住宅理论指导下设计的流水别墅，外部观赏富有诗情画意，但如果生活在别墅内，山溪、流水产生的吵闹声定会让人心生厌烦，加上选址苛求，实际上难以适合大多数民众的消费需求，因此这种中看不中用的建筑也遭到众多群众的非议。

在四位现代主义大师中，赖特的住宅建筑风格与其他几位大师的风格不一样，与赖特本人的公共建筑样式也不一样。我感觉赖特提出的草原式住宅建筑形态很有住宅建筑的特色，赖特芝加哥橡树园的私宅与他为考夫曼设计的流水别墅，外形的视觉效果都很好，都很有诗意，很有雕塑感，而且这些建筑的室内装饰装修也都很用心，很细致。我想在赖特的心中不会认为“这些是多余的”，不会认为“装饰就是罪恶”。

我认为虽然现代主义建筑有些不尽如人意的地方，但是它对发展20世纪世界工业化建筑，对解决人类的居住问题，对发展现代主义建筑、发展现代工业产品、发展现代艺术设计教育在理论上、实践上都起到了划时代的作用。尽管现代主义建筑从理论到实践都存在着这样那样的问题，但它的问题是任何一个学派发展过程中都会存在的。尽管我历数了现代主义建筑中这个不是，那个不行，但现代主义建筑设计中倡导新技术、应用新材料、采用新结构、重视功能、形态简洁、注意产业化的一系列理念对我国设计和设计教育理念的完善都起到很大作用。强调建筑教育、教学与实际工程相结合，理论与实践相结合的理念，都是我国建筑设计和建筑教育应该认真学习和提倡的。

我也认为，现代主义建筑的设计理论大都适合我国国情，对我国建筑设计界、工业设计界、建筑教学界都有重要的借鉴意义。所以我主张学习现代主义建筑设计和建筑教育、教学中的一系列理论。现代主义是我国建筑设计和建筑教育、教学中的瑰宝。瑰宝不一定纯洁无瑕，但瑰宝必然闪闪发光、价值连城。现代主义在世界建筑史、艺术设计史上所起的巨大作用将被永远载入史册。

后现代主义建筑的流行

一、 罗伯特·文丘里与后现代主义理论

20 世纪 80 年代，我国建筑界、建筑装饰界开始流行后现代主义。

最早提出后现代主义建筑理论的是美国建筑设计师罗伯特·文丘里，他对后现代主义建筑的产生、发展都作出过系统的阐述，可以说没有文丘里就不会有 20 世纪产生的后现代主义建筑。

文丘里针对现代主义建筑大师密斯·凡·德·罗的“少就是多”的观点，提出“少则厌烦”的看法，主张用历史建筑因素和通俗文化元素来赋予现代建筑审美性和娱乐性。他认为“密斯优美的展览馆对建筑具有很高的价值和深刻的涵义，但他选择的内容和表达的语言，虽强而有力，仍不免有其局限。……简化的结果是产生大批平淡的建筑，使人厌烦。能深刻有力地满足人们心灵的简练的美，都来自内在的复杂性”。他在他的重要著作《建筑的复杂性与矛盾性》中提出后现代主义的理论，而在《向拉斯维加斯学习》中又进一步强调了后现代主义作品中的戏谑成分和对通俗文化的褒扬态度。

在继承与创新上，文丘里提倡的是前者，而对革新则持鄙视的态度。文丘里提出了保持传统的做法：“利用传统部件和适当引进新的部件组成独特的总体”，“通过非传统的方法组合传统部件”。文丘里认为以非传统的、异化的手法使用古印度、古埃及、古希腊、古罗马等不同时期与不同风格的传统建筑的片段或部件，并将其同各种现代的片段或部件进行拼接，是后现代主义建筑创作的基本特征之一。

文丘里认为建筑就是要装饰。他提出：“建筑是带有象征标志的遮蔽物。或者说，建筑是带上装饰的遮蔽物。”他强调，这装饰应该是“附加上去的，而不是结合在一起的，是机巧的而不必是正确的，创造的而非通用的”。文丘里认为建筑的装饰外表可以不与内部空间发生关系，同一平面可以有不同的立面，正因为有了装饰才使建筑有个性，有象征，才能不同于一般的构筑物。一座房屋“门面可以是古典的，里面可以是现代派的或哥特式的；外部是后现代的，里面可以是塞尔维亚—克罗地亚式的”。他认为这种观点和举措在旧建筑的更新与内外重新装饰中是切实可行的。

另外，文丘里赞美民间低级的酒吧间和戏院，认为大街上的东西有“既旧又新、既

美国拉斯维加斯蒙特卡洛（高祥生摄于 2016 年 8 月）

平庸又生动的丰富意义”。此观点在他的《向拉斯维加斯学习》一书里被进一步阐明。文丘里提出美国赌城拉斯维加斯的价值可与罗马媲美。他赞赏美国商业城市中的霓虹灯、广告牌、麦当劳餐馆、汉堡包商亭等，并认为商业性的标志、象征、装饰有很高的价值，认为它们反映了群众的喜好，他呼吁建筑师要同群众对话，并向拉斯维加斯学习，了解群众的兴趣和价值观。

另外文丘里还主张要创作不和谐的建筑形象，提出“不要排斥异端”，要“用不一般的方式和意外的观点看一般的东西”，“允许在设计上和形式上的不完善”。他还主张，可以用所谓的“电休克疗法”，并推荐了一系列具体手法，其中包括“不分主次的二元并列”，使用“不同比例和尺度的东西”，用“对立的和不相容的建筑元件”堆砌，重叠和“毗邻”，“室内和室外脱开”，至于装饰，则应该是“附加上去的而不必是结合在一起的；机巧的而不必是正确的；特造的而不要通用的”，等等。随后，他又提倡在形体设计上应用残损、旋转、膨胀、解构等手法。

文丘里在《向拉斯维加斯学习》中延续了《建筑的复杂性与矛盾性》强调历史意识和对传统要素批判性的探索，提出了“一座建筑物不应当成为建筑师表达概念的工具”的观点，并在工程实践中加以佐证。

二、 后现代主义流行的主要设计师

要进一步了解后现代主义的建筑设计思想和特点，从介绍有关建筑设计师和相关作品开始入手更为直观、具体。

1. 罗伯特 · 文丘里［美］

罗伯特·文丘里 1925 年出生于美国费城，如前所述他是后现代主义设计理论的创始人，没有文丘里，就不会有 20 世纪的后现代主义。他在费城上大学期间就提出了与现代主义建筑理论相悖的观点。后来他一直作为后现代主义建筑理论的一面旗帜，影响了一大批建筑设计师、工业产品设计师……

文丘里设计的建筑总是与社会、历史、文化、生活相关。他的设计灵感源于历史文化，他的建筑设计强调既有历史文化表述，又与当地社会环境相联。他提出建筑师要同群众对话，并认为要向拉斯维加斯学习。他以标志（logo）和符号为装饰，运用简单的几何图形，并将其融入自己的设计中……

我感到文丘里的后现代主义设计理论无疑是有积极、可取的因素的，但同其他流派一样，当将其强调到一种极端程度并成为一种流派，成为一种主义，它必然会出现教条主义、形式主义的倾向。

罗伯特·文丘里的代表作品：美国宾夕法尼亚母亲之家、美国宾夕法尼亚富兰克林中心广场、英国伦敦国家美术博物馆圣斯布里厅、美国印第安纳哥伦布消防队四号大楼。

2. 矶崎新［日］

矶崎新，日本著名建筑师、城市规划师与建筑理论家。他是一位建筑精神的探索者和思想者，并极有艺术天赋。他设计的建筑物大都融合理性的现代主义结构、典雅的古典主义布局和装饰，又兼有东方的细腻构件和装饰特色。矶崎新被认为是亚洲建筑设计师的重要代表。

矶崎新的建筑采用了强调水平钢筋混凝土部件表现力的手法，他试图通过综合美学来取代现代建筑的各种原则，这种综合美学要求放弃正统现代派的要求。他的建筑设计强调了分散化、不和谐性、支架的间离化，以及基于广泛使用与隐喻相关的构件的参差组合之下的编排。

矶崎新的代表作品：日本九州岛大分国家图书馆、上海喜玛拉雅中心。

3. 原广司［日］

原广司，1936 年生于神奈川县，毕业于东京大学工学部建筑系，并于东京大学研究所建筑系获取博士学位。历任东洋大学助教、东京大学生产技术研究所助教，现为东京大学生产技术研究所教授。

原广司是日本后现代派的建筑师，在日本有较高的声誉，其作品“田崎美术馆”荣获 1987 年度日本建筑学会学会奖。在 20 世纪 60 年代，原广司被认为是日本最有前途的三名年轻建筑师之一。原广司致力于探寻居住建筑上新的表现，在探寻过程中，原广司尝试以理性的方法来改变现代主义建筑的原理，尤其是共同性质的空间观念。原广司合理化的处理造型和他对建筑的观念——建筑是文化的表现，都对年轻一代建筑师有着极大的影响。到了 20 世纪 90 年代，原广司甚至发展出新的观点“地球外建筑”。

原广司的代表作品：日本大阪梅田空中庭园、日本东京伊藤邸。

4. 丹下健三［日］

丹下健三，日本著名建筑师，曾获得普利兹克建筑奖。1964 年东京奥运会主会场——代代木国立综合体育馆，是丹下健三结构表现主义时期的顶峰之作，他将材料、功能、结构、比例，乃至历史观高度统一。他曾赢得日本当代建筑界第一人的赞誉。他认为，“作为表现工业化社会的现代建筑事实上已经结束，……现在是探索的时期”，并认为“目前从现代建筑向下一个阶段前进时，探索期是必要的”。

丹下健三的代表作品：日本东京代代木国立综合体育馆、日本东京都新市政厅、日本东京都厅舍、日本广岛原爆纪念馆。

三、 后现代主义建筑在中国

后现代主义建筑曾在中国的20世纪末风靡一时，它于20世纪60年代末在我国开始，经70年代发展至80年代中期兴盛，到90年代逐渐衰落。而后现代建筑在中国出现后又以自己文化的独特性别具风韵。中国的后现代主义建筑大多结合了中国的建筑文化，并简化、抽象了中国传统建筑的形态、建筑构件，然后与现代建筑的形态、建筑装饰整合，如江宁织造博物馆大楼，东南大学榴园宾馆，南京的梅园新村。

后现代主义在中国的室内设计中也曾扮演过重要的角色。例如在二十世纪八九十年代，中国江南地区、西北地区出现了一批室内设计师，将中国传统建筑中不同部位的构件组合到同一空间。

随着20世纪70年代末的国门大开，现代主义建筑作为西方现代文明的象征而受到中国建筑师的仰慕，在引进西方现代建筑的过程中，我国曾邀请美国现代主义建筑大师贝聿铭设计的香山饭店。香山饭店不仅具有清新的中华民族气息和时代特色，而且以这种现代化与民族化并置的双重性标志着后现代主义建筑登上了中国的建筑舞台。后现代主义作为多元社会的重要理论观点，于六七十年代在英、美、意等西方发达国家相继产生，后来发展成一股建筑思潮。后现代主义既是对现代主义的继承也与现代主义相悖，它促进了西方建筑界对现代主义的背离。后现代主义建筑曾以其对历史文化的兼容和对社会生活的关注，构成多元文化的设计理念和模式。

20世纪80年代以来，后现代建筑似有在中国扎根的势头，各地也产生了大量受其影响的作品。其中不乏一些优秀的、真正意义上的后现代主义建筑作品，但在建筑市场看到更多的受后现代主义影响的建筑却是曾风行一时并且至今依然流行的“新西洋建筑”和“大屋顶”建筑。一段时间里，各式各样的柱式、山花、檐口、线脚充斥在各类建筑里；而为了保持或发扬“民族特色”，各种大小建筑的屋顶上也都安上了小亭子。如果去掉这些片段、形式，则完全是一副现代主义建筑的面貌。

后现代主义建筑所提倡的多元折中与中庸兼容、大众化与民俗化、双重译码与雅俗共赏的对应关系等观点与中华民族的文化特质有很大的契合性，因此，它在中国被接纳是有适宜的文化土壤的，其在中国的发展有一定的潜质。例如南京雨花台烈士陵园纪念馆的立面设计，虽然采用的是一种中式现代的做法，但它的立面中有传统的符号与现代形体的组合，显然这些都具有后现代主义的特征。又例如南京江宁织造博物馆，简洁明快且富有现代气息的建筑顶部托着一座中国传统的亭子，而建筑入口的正中又嵌入一尊方亭。在整个建筑的内庭中有碧水、石桥、假山，极具中国传统文化气息。而建筑上搁置的凉亭等则都是后现代主义设计理念的结晶。再例如南京鼓楼广场上的邮政大厦，它是一座具有现代功能的高层建筑。屋顶上的造型，特别是大红拱门的设计与建筑主体的垂直造型似乎格格不入，很显然这种设计理论正是秉承后现代主义理论中的“二元并置”“通过非传统的方法组合传统部件”的观点。

毋庸置疑，后现代主义建筑在诸多国家出现了一些优秀的设计作品，特别是那些具有文化内涵的纪念性建筑和标志性建筑，以其新颖的形式给人以美感，具有极强的魅力。

鼓楼邮政大厦（高祥生摄于 2019 年 11 月）

四、 后现代主义建筑中的短板

后现代主义建筑以其具有历史文化符号和地域生活特征等特点曾在中国建筑界流行一时。但后现代主义设计并没有改变现代主义建筑中实质的因素，它只是在现代主义设计上做一些视觉上的表面文章，或者说后现代的初衷是为现代主义设计做一些完善工作。后期的后现代主义越来越趋向于使用一些符号化的装饰，应该承认早期的后现代主义建筑有其积极作用，但后期的后现代主义逐渐发展成一种新的形式主义，脱离了建筑设计应遵循的基本原则。20 世纪 80 年代后期，后现代主义思潮慢慢淡化。对于曾经引起建筑界广泛关注的后现代主义建筑，有其积极的一面，总的来说，后现代主义建筑弥补了现代建筑中文化和美感缺失的短板。但部分后现代主义建筑逐步远离后现代主义原有的思想，有的甚至有玩弄起符号堆砌的倾向，片面追求一种时尚感，而且当部分后现代主义建筑的语言成为一种时尚符号时，它便自然地与商业娱乐行为结盟。

建筑是物质的，具有实用的功能，而且实用性将成为面广量大民用建筑的恒久标准之一。现代主义建筑强调标准化、系统性，对于因日益发达的建筑、交通、通信和越来越小的人类生存空间来说是一种有价值的设计方法，可以为使用不同语言的、不同肤色的人们提供方便。规范化的有价值设计应该成为一种世界语言，为人们带来便利。相对于现代主义设计坚实的思想基础和理性化的本质来说，后现代主义建筑关注的只是设计的形式内容等较为表象的问题，未能涉及建筑最重要的实用、安全、环保等本质问题，它与现代主义建筑相形见绌，它对人类生活和社会发展所起到的巨大贡献，也是无法与现代主义建筑相比拟的。

城市建设中的“奢侈品”

——解构主义建筑的特点

对于解构主义建筑，我国的建筑设计师、装饰设计师，甚至对设计稍有了解的人都不会陌生。虽然专门做解构主义的建筑设计师人数不多，但其作品的影响面巨大。解构主义建筑多数以其体量巨大、形态新奇吸引着人们的眼球。近年来社会上对解构主义的议论较多，褒贬不一。可以说，现在人们对解构主义建筑的认识似乎是清楚的，又似乎是模糊的。为了能清晰地认识解构主义的“庐山真面目”，近三四年我一直关注解构主义建筑的设计师及其作品的特点，至今算有了一些粗浅的认识，但要全面、准确地认识并说清楚解构主义建筑的特点还有一定的难度。

一、 解构主义建筑的特质

归纳我掌握的信息，解构主义建筑有以下十个特质：

一是散乱。避开古典建筑的明确轴线和平面的有序组合，形象上变化多端，追求形态的支离破碎、疏松零散，边缘犬牙交错。在形状、色彩、比例、尺度、动向的处理上极度自由，并与已有的建筑形式相悖。

二是残缺。有的局部特意追求残缺状、缺落状、破碎状、未完成状，力避完整，令人困惑，耐人寻味，力图表现建筑的残缺美。

三是突变。种种元素和各个局部的连接突兀，形与形的连接生硬、牵强，空间与空间的连接感觉无过渡，风马牛不相及。

四是动势。到处采用倾倒、扭转、弯曲、波浪形等富有动态的形体，使形体严重失稳、失重，呈现即将滑动、滚动、错移、翻倾、堕落以致似乎要坍塌的不安架势。

五是失稳。利用形体的倾倒和斜线的穿插对垂直线、平行线、中轴线进行拆解、破坏，使形体失稳。

六是扭曲。采用不规则的几何形状进行立面造型，形成特殊的曲线形体和各种变异的形状；运用建筑局部之间的重叠、交错、旋转或移位等方式进行新的空间构造。如美国洛杉矶迪士尼音乐中心。

七是模糊。故意延展建筑的规则边缘，模糊清晰的外观界限。

八是奇艳。在创作中力求标新立异，追求超越常理、常规、常法乃至常情的设计，追求让人惊诧叫绝、叹为观止的形态。

九是符号化。讲究从古典文化、历史传统和实践经验中提炼出具有象征性的符号，进行符号化的拼贴，寓意符号的穿插。

十是表现无意义、无目的。力求无权威，强调个体的、非中心的、变化的，不做预定设计，有些解构主义建筑师甚至连完整的工程图也没有，仅仅以草图和模型来设计，并完全依靠电脑来归纳。

总之，解构主义的建筑设计与传统的、有序列的、有节制的建筑设计是相悖的。

美国洛杉矶迪士尼音乐中心
（高祥生摄于2016年8月）

二、解构主义的主要建筑师及其代表作

如果说解构主义建筑主要有这十个特点，那么最符合这十个特点的似乎是弗兰克·盖里的建筑。而就解构主义建筑的流派中部分设计师而言，其理论和实践大都与上述十点不符。

弗兰克·盖里是加拿大人，早年到美国南加利福尼亚大学学习，受到激进文化的影响，他常在建筑设计中使用断裂的几何图形以打破传统习俗，其建筑作品中建筑形态极富张力。我曾特别关注盖里的建筑设计，参观过他的十多件作品。其作品具有共同特征：① 大多数建筑的外部形态像是由一堆“随意”切块的金属瓜皮、瓜瓤，且“随意”堆放在一起，因此，盖里的建筑较易识别。② 与其他解构主义建筑相比体量很大，所以虽然有诸多异型的无序空间，但室内外的边角空间都可以利用。而盖里的小体量建筑，空间利用就很困难。③ 盖里的建筑外形中擅长灰色的金属色，加上体量大的缘故，形态的视觉冲击力极强。④ 这类建筑的能耗很大。

出生于荷兰的解构主义建筑设计师雷姆・库哈斯不爱谈创作理论，尤其是不爱谈形式。库哈斯的创作思维完全处于自恋的状态——不管别人怎么看，他完全沉浸在自我陶醉的海洋中，根本没有对传统的丝毫留恋。他的理论是不断变化的，他对另类的事物始终保持着不熄的热情、不衰的兴趣。库哈斯在荷兰鹿特丹创办了大都会建筑事务所，同时在鹿特丹设计过鹿特丹大厦、荷兰鹿特丹当代美术馆、米兰 Prada 基金会大楼，他设计的最著名建筑大概是中国的央视大楼。库哈斯每个建筑给人的印象都不一样，很难找到库哈斯在这些作品之间互相联系的痕迹。中国人对库哈斯设计的央视大楼是有争议的，以致有人戏称央视大楼的造型为“大裤衩”，烧百姓的钱财。

伯纳德・屈米在解构主义设计师中扮演着很重要的角色，他对解构主义的形成起过推动作用。我对屈米的作品看得很少，只是在法国拉维莱特公园中看到屈米设计的一个大红色的构筑物，体量不大，但很显眼，不像建筑，很像装置，整体看就像在公园中放置了一个红色的大型行李箱。

让・努维尔的设计我也看得不多，但我对他设计的法国巴黎的拉维莱特爱乐厅印象很深，它巨大建筑的外立面布满了大小不一的椭圆形肌理，像贴了两张巨大的“蛇皮”。这幢建筑从空间形态到立面造型都充分体现了让・努维尔的反对注重秩序感的艺术观点。

蓝天组是一个设计团队的名称。它是由沃尔夫・德・普瑞克斯和海默特・斯维茨斯基等人组成的。蓝天组的主要作品有屋顶律师事务所，煤气罐改造工程，2002 年世界博览会：贝尔塔——力量与自由，德国慕尼黑宝马车辆体验中心，可居住的云。“非建筑化”是蓝天组作品中的一个最主要的特点，将建筑置于“非建筑化”的背景中是建筑获得变异的一个最重要的条件，新的建筑的产生不应依附于原有建筑形态，而是应该脱离。我参观过蓝天组设计的德国慕尼黑宝马车辆体验中心，建筑的体量很大，设计方法与盖里设计的建筑造型有相似之处。闪闪发光的金属材料随处可见，弧形的平面、弧形的立面、弧形的空间充满整个建筑。由各种不同体块的无序穿插构成了千姿百态的空间形态，而空间中，人工光、自然光更是光怪陆离，在复杂的空间中交织产生了各种奇特的光效应。我在一篇关于室内装置的论文中曾从视觉美感角度褒奖了德国慕尼黑宝马车辆体验中心，并认为它就是一座具有建筑功能的大型装置。

毕业于伦敦建筑联盟学院的伊拉克裔著名女设计师扎哈・哈迪德开始时的观念是对传统观念的批判，后来是对建筑的本质进行重新定义，从而发展到她认同的适合新时代的建筑，扎哈・哈迪德在建筑外立面设计中喜欢用束状的流线和扁平的曲面。有些中国人对扎哈・哈迪德很熟悉。她设计的在南京的著名建筑是保利大剧院，其高耸的外立面像两组高高悬挂的巨大的宝石链，很有视觉冲击力。空间形态曲折多变，室内空间更是千变万化，光影效果丰富多彩。很显然，保利大剧院的落成使美丽的古都南京又增添了光彩。

上海凌空 SOHO 商场也是扎哈・哈迪德的作品。商场广场中流动的水面、灿烂的阳光、湛蓝的玻璃与建筑形体中流动曲线遥相呼应，展现了扎哈・哈迪德一贯以曲线和曲面取胜的特点。

北京大兴机场的落成更是提升了扎哈・哈迪德在当今世界的知名度。扎哈固然被列入解构主义设计师的范畴，但我认为，大兴机场也好，保利大剧院也好，似乎都有很浓的现实主义作风、唯美主义形式。现在，大兴机场已被誉为北京新地标。这种巨无霸在一个城市不能到处都有，其存在依赖于当地经济实力和先进技术。虽然建造保利大剧院和大兴机场时存在着诸多的技术问题，但随着中国在现代建筑技术水平上的提高，这些问题已能逐步得到解决。

丹尼尔・里伯斯金的作品“推动谅解与和平”的博物馆设计备受人们的青睐。我很推崇丹尼尔・里伯斯金设计的柏林犹太人纪念馆，其有伤痕累累的外立面和集中营般黑暗、阴冷的室内空间，建筑设计和建筑室内设计使解构的建筑设计语言用得恰到好处。作品深深地打动了我，打动了在场参观的人们，使大家为之震撼。里伯斯金设计的德国柏林犹太人纪念馆是我见到的解构主义建筑中形式与内容结合得最紧密的一件作品。我参观柏林犹太人纪念馆的空间、装饰与观看米开朗基罗创作的《被缚的奴隶》的感觉相仿。建筑的外立面上开设了一道道短促而无规律的窗户，仿佛人的脸上、身上留下的一道道痛苦的、难以痊愈的伤痕。室内空间产生各种曲折、断裂、尖锐的形态，仿佛就是羁押囚徒的牢笼，尖锐、闪亮的光束仿佛划开了黑夜天空，突显而刺眼。柏林犹太人纪念馆的设计是成功的，建筑设计与室内设计的形式表现的内容是统一的。

德国柏林犹太人纪念馆
（高祥生摄于 2017 年 8 月）

三、我对解构主义建筑的理解

如何看待解构主义建筑及其理论，与个人的世界观、审美观有关。我研读过中国传统的哲学美学理论，我接受过现实主义美学的教育，我崇拜恩格斯的美学理论，学习过俄国美学理论家车尔尼雪夫斯基的《怎么办》中提出的“生活即美”的理论，而后逐步地形成了自己的认识观：我接受对立统一的理论，认为天地对立统一，认为有天就有地，有白天就有黑夜，有男就有女，有长就有短……世间万物都是按一定的规律、秩序创造的。我坚信，由于地球引力产生的上轻下重的规律现在还不会改变。我认为，只要人的生理机能没有变化，人对空间环境的认知就不会产生变化。我深信，人从呱呱落地的时候开始，看到的母亲和亲人的身体都是对称的，因此人从一开始就会认为对称的形体是美的。孩子学走路，总追求均衡的节奏感和适当的变化和韵律，因此人对节奏与韵律的美感的感知也是从孩提时期的生理感受就开始了。似乎所有传统形式的规律都对应人的生理需求，对应客观的环境。

对于解构主义建筑的存在是否合理，我经过思考认为：因为多少年来审美的标准都讲次序，讲和谐，讲整体统一，时间长了，人们的审美就会产生视觉疲劳，因此，当产生给人耳目一新的解构的形态时，通常能有耳目一新的视觉效果。另外，有些解构主义大师如扎哈·哈迪德、弗兰克·盖里的作品中仍有许多符合形式美规律的形态，这些建筑体量庞大，又具有一定形式感，必然会产生强烈的视觉冲击力，富有很高的视觉美价值。这些作品无可非议地可以成为一个城市的标志性建筑或构筑物。

南京侵华日军南京大屠杀遇难同胞纪念馆
（高祥生摄于 2019 年 11 月）

当有些建筑需要表示一种特殊的情感，用解构主义的方法是很恰如其分的。因此当有些建筑需要特定表现形态时，只能用解构主义的方法才能完成。如丹尼尔·里伯斯金设计的柏林犹太人纪念馆，又如侵华日军南京大屠杀遇难同胞纪念馆。这些作品就不能说是城市中的“奢侈品”，而是城市的“必需品”。设计、建造这种珍贵的“必需品”用其他任何设计理念和方法是难以成的。

其实解构主义建筑从本质上讲，更多地属于城市装置，因为它的体量硕大，且又具备建筑的功能因素、审美因素、技术因素，特别容易与建筑物混淆。但解构主义的建筑设计理论与长期形成的约定俗成的建筑设计理论是相悖的，在解构主义的理论中反对的总是传统的既定理论和设计规律。至于解构主义的大师们，从其问世开始就直呼“要脱离”建筑传统，要创造一个“新的世界”，殊不知传统的理论和方法乃是多少人多年的实践总结。

解构主义的建筑理论，排斥建筑受到既定的社会文化、物质条件、技术水平、经济条件等因素的制约，其建筑似乎是一个不受任何现实条件制约、只求“造型逻辑”关系的“物体”，而这种“物体”“建筑”不能称之为“建筑”，准确地讲只能是一种具有建筑功能的“大型装置”或是一种大型构筑物。这种“装置”可以成为城市建设中供人欣赏的“奢侈品”，或者说产生纪念意义的“标志性”建筑，这种“建筑”用让·努维尔的话讲，它本身就不能算一种约定俗成意义上的“建筑”。所以我认为目前解构主义建筑在城市中无法面广量大地存在。因为社会对其并没有大量需求，同时它不节能，不节地，不省钱，而且大多数还不实用。它缺乏约定俗成的建筑意义，但是具有一种审美价值或纪念意义。

传统的建筑师和大众对大多数解构主义建筑持否定的态度，而那些解构主义的设计师在赞扬解构主义建筑的同时否定传统的建筑、传统的建筑理论，似乎只有将传统的建筑否定后，解构主义建筑才能普及。我认为这是不可能的，建筑是一种具有功利性的物质产品，它受生活、文化、习俗、经济、技术、法律等因素的制约。

解构主义的作品，有的可以具有强大的视觉冲击力，有的可以表达强烈的情感色彩，有的具有新颖的时代气息可以起到地标作用，但大多解构主义建筑费地、费资源。解构主义建筑“奢侈”的原因有以下几点：第一，因为这些建筑是异形的，所以建筑必须放大，在空间很大的前提下才能有视觉冲击力和审美价值，如果空间太小就会失去了冲击力，精致的东西一旦无序会很难看，而且，因为是异形，建筑空间小了会造成许多难以利用的空间，因此只有放大以后这些弯曲的空间才能被利用；第二，解构主义建筑中会有许多错位而造成的镂空空间，镂空的空间能耗非常大；第三，解构主义建筑的异形结构的技术难度高，这就增加了经费投入。

解构主义建筑建成后通常得房率低，能耗大，边角难以使用，利用上有很大的问题。建筑是要用的，不是仅为了看的，更何况有些解构主义建筑不迎合人民大众的审美情趣。

我认为，一个城市既可以存在解构主义建筑，以作为城市的地标性建筑，但是当我们的经济物质还没有极大富裕，空间资源还不能向太空、海洋、地下索取的情况下，解构主义的建筑只能少量存在。

我认为，大多数解构主义建筑就是城市建设中的“奢侈品”。奢侈品对于富裕的家庭或者国家，也是需要的，但通常只是起到一种点缀功能，再富裕的家庭和国家，也不能到处都是奢侈品，所以我并不主张当今的中国社会到处建造解构主义建筑。对于解构主义，全盘否定是没有必要的，但不能让其泛滥。解构主义建筑不是纯粹的建筑，而是可以容纳人们生活、工作的装置，我们不能用建筑的概念和规则来评价解构主义，那些提倡建造解构主义建筑的人不必指责传统的建筑理念，两者不能同一而论。传统建筑有上百年、上千年形成的理论体系。解构主义具有装置特性，强调原创，而且每个可以成为原创作品；而建筑形态可以互相模仿，它更多地具有产品的功能。当建筑经扭曲、分裂、夸张、突变、动感、失稳等处理后，其形态一定会具有强烈的视觉冲击力，加上解构主义建筑大都具有巨大的体量，而大体量的形态也是产生强烈视觉冲击力的重要因素。

在城市中大批量的民用建筑应按城市规划的原则，按建筑设计的标准规范建造。在条件允许的情况下，建造少量具有标志作用和特殊功能的解构主义建筑也是需要的。总之，我国的建筑要让我国的城市更健康地发展，也要让世界更美好，而不能到处猎奇争艳。

四、 结语

建筑的功能到底是什么？我们可以用中国古代老子《道德经》中的一句话来回答。老子说："埏埴以为器，当其无，有器之用。凿户牖以为室，当其无，有室之用。"其意为：埏埴：埏，和也；埴，土也。谓和土以为器也。"埏埴"即和陶土制成的陶器。陶器由陶土制成，均是中空，无此中空，器皿则无用。

我们也可以用西方古罗马时期建筑理论家维特鲁威在《建筑十书》中的表述来说明，他在书中提出了"实用、坚固、美观"的建筑原则，一直被沿用至今。我们还可以学习一下新中国成立初期我国的建筑设计方针，"适用、经济、在可能的条件下注意美观"。20 世纪 80 年代我国又提出"适用、安全、经济、美观"，21 世纪又提出"适用、经济、绿色、美观"的原则。无论何时我国的建筑方针总是将"适用"放在首位。

从古到今，人民的精神需求和审美取向与达官贵族的是有区别的。作为社会主义的审美观一定是建立在满足人民生活需要的基础上产生的质朴的、大众的情感因素。那种违背人民需求、违背建筑建造的科学性、违背唯物辩证观的审美倾向、违背社会根本利益、只讲形式不讲内容的建筑不会得到广大人民群众的拥护。

我赞同形式是重要的、内容是关键的，形式应为内容服务的说法。我赞同建筑是功能与技术的综合体，而技术又必须服务于功能。那种无视人民情感、挥霍人民钱财、违反力学原则造出的不伦不类的"怪胎"必然遭到人民大众的唾弃。

我学建筑摄影的路径

我曾举办过个人建筑风光摄影展，也曾在个人微信公众号中发过一些建筑摄影图片，不少人给了我许多赞美的话，也有人提出了一些问题。在人们的印象中我是从事建筑设计、室内外环境设计，以及写设计类教科书、编专业设计规范的，怎么也能拍出一些不错的照片来，因此有人问我：你是从什么时候开始学习建筑摄影的？有什么体会？我思索后认为自己学习建筑摄影有下列体会。

一、 多拍拍，在实践中提高

记得20世纪80年代初的南京工学院（现东南大学）建筑系为了方便教师记录建筑形象分配给教师一些机械相机，并且让建筑系摄影房的朱家宝先生（江苏省摄影界前辈、东南大学建筑学院摄影师）给我们上了摄影课。当时我对朱先生讲的内容似懂非懂，课后我问朱先生怎么才能拍好摄影作品？我问得很直率，朱先生回答得也很简单："用差的相机多拍拍、多想想，反复练习，慢慢就好了。"这话我听进去了，于是经常用一个旧的海鸥牌光学相机拍一些静物之类的照片，但光学相机用的胶卷要花钱，印照片也要花钱，不能拍得太多，因此我每拍一张都会认真考虑画面的取景、构图、色彩、明暗效果。拍多了，就有一定提高。

20世纪90年代后期国内有了数码相机，虽然像素不高，但这不妨碍我可以大量、反复拍摄自己喜欢的景象。20世纪90年代末我开始编写几本教科书，书中图片绝大多数是我拍的，因为我认为用自己拍的照片就可以避免产生版权问题，同时自己拍的照片更能符合教科书内容的需要。为那些教科书拍照片时我很注意景物的主次、虚实关系。

2000年后我为了给演讲、讲课及自己编写的教科书配图片拍了大量的建筑照片。我力求每修编一本书、每开展一次讲座、每重上一次课都重新制作一次课件、重新配一批新图片。出版社对图片的质量要求很严格，记得我在编写教科书时有编辑提出书稿中的照片像素较低，我便重新拍摄。为了拍照片，我去了上海、北京、苏州、杭州、合肥等地。

我记得为了使照片中的人少一些（那时修图水平很低），我选择夏天最热几天的中午，在上海的南京东路、淮海路和南京的新街口、夫子庙拍摄，连续的工作使陪同我的学生被晒得中暑……我听了朱家宝先生“多拍拍”的话，在摄影的构图、取景、明暗层次等方面的处理上有了明显的进步。

二、多看看，采各家所长

我是一位“票友”，但是我算是好学的。我学习的方法是多看、多分析，我用这种方法学习摄影确实使我的摄影技术取得长足的进步。

记得我刚开始工作时就喜欢看建筑系朱家宝先生的建筑摄影作品，我对他的作品印象最深的是《苏州古典园林》和《曲阜孔庙建筑》中的精美插图。朱先生对建筑摄影作品中的主次关系、空间层次、明暗关系、整体色调的处理都很精准。

后来三位同事的建筑摄影作品也对我产生了一定的影响。他们是曾琼老师、皮志伟老师、罗戟老师，他们都是学艺术、教艺术的，很显然在他们的建筑摄影作品中都渗透了更多的艺术气息。我所理解的他们的作品与朱先生作品的不同之处在于朱先生的作品更多地强调表现客观对象的真实性，而曾老师、皮老师、罗老师的作品在表现客观真实性的同时强调主观的感受和认识，在色调、构图、明暗等图面效果的处理上更有特点。他们的作品无疑拓展了我对建筑摄影表现形式的认识。

东南大学建筑学院有很多教师多才多艺，其中不少人爱好绘画和摄影。学院领导也专门组织过几次教职工的摄影作品展。每次展览我都认真观看了，我在展览上看到过王建国、陈薇、张宏等老师的摄影作品，他们作品的取景、构图、表现方法等丰富了我的建筑摄影知识，拓展了我的建筑摄影视野，无形地影响了我的摄影作品。

我应邀去过广东省汕头市作学术演讲，其间参加了由清华大学五位校友：叶如棠（原城乡建设环境保护部部长）、宋春华（原建设部副部长）、杜钰洲（原纺织工业部副部长）、邹瑚莹（清华大学建筑学院教授、中国建筑学会室内设计分会第六、七届理事会理事长）、袁镔（清华大学建筑学院教授、博士生导师）联合举办的摄影展。我认真观看了他们的作品，这些作品的表现题材、表现形式、构图方式、色彩处理等都对我产生了强烈的感染力，他们的设计素养奠定了他们的审美水平。事后我与杜钰洲作了多次交流，我让他看了我的摄影作品，他毫无保留地给我提出了中肯的意见，使我受益匪浅。

这几年我与南京的设计师朋友多次结伴去国外游学。设计师殷珊、李宽喜、王玮、袁明、何青、高贞、陈新芳、阮禹萍、张超等都是建筑摄影的爱好者，有的也可称为高手。我经常观看他们的摄影作品，这些设计师的摄影作品有许多我可以学习的地方。

总之，多看各家作品，拜各家为师必将收获多多。

三、扬长避短，拍好熟悉的题材

摄影的门类很广，要拍好任何一个门类的题材都需要有诸多知识和经验，并需要大量的精力来实践。而我却很难做到，因为我既有建筑学和环境艺术方面的教学任务，又有不少的社会工作，我花在摄影上的时间有限。另外，我真正集中精力学习摄影仅是近几年的事，为了使自己在摄影上有点儿成绩，我必须考虑如何走好自己的摄影之路。

对此宋春华同志的摄影之路给了我很大的启发。他既是行政领导又是一位知识渊博的学者，无论是行政工作还是学术活动都比较多。但宋春华同志爱好雕塑也爱好摄影，在他的主导下长春市建造了世界雕塑公园，公园内聚集了大量的世界雕塑大师的作品。前年宋春华同志赠送给我三本摄影集《长春世界雕塑公园》，这套厚厚的摄影集除了可作为珍贵的雕塑资料、城市设计史料外，同时还具有极高的摄影技术含量和艺术审美价值。这套摄影集展现了他对雕塑的爱好、摄影的技术、城市设计及建筑设计的认识，简言之，他是发挥了他的长处做了他喜欢做的事。那么我在摄影上不也可以效仿他的做法吗？我分析过自己的情况：我学过建筑，教过建筑设计，知道如何欣赏建筑的形式美；我过建筑画，具有比较坚实的绘画基础；我做过室内设计，对室内环境的视觉感受敏捷。而我对人物、风景、静物等题材接触少、关注少，对这些题材的理解要弱一些，因此我认为我应该根据学过建筑的经历将摄影题材的选择放在建筑上。建筑的风格非常丰富，有古典的、现代的等，我更喜欢现代建筑，所以我应将摄影题材集中在现代建筑上。而现代建筑的数量又十分庞大，因此我只能侧重于我能看到的一些建筑作品上。这些年我去了三十多个国家，先后拍摄了杨廷宝、贝聿铭、吴良镛、安东尼·高迪、弗兰克·劳埃德·赖特、密斯·凡·德·罗、瓦尔特·格罗皮乌斯、勒·柯布西耶、阿尔瓦·阿尔托、杰弗里·巴瓦、菲利普·约翰逊、路易斯·巴拉干、理查德·迈耶、丹下健三、戈登·邦夏、弗兰克·盖里、阿尔多·罗西、罗伯特·文丘里、阿尔瓦罗·西扎、槙文彦、安藤忠雄、扎哈·哈迪德、妹岛和世、伊东丰雄等数百位著名建筑师的上万件建筑设计作品。

在拍摄这些建筑大师的作品时我学习了诸多历史、文化、建筑、美学、绘画、工艺等知识，增强了我的人文素质，提高了我对各民族文化的认识度。

四、总结

我热衷于摄影的时间不长，有一些进步，其原因大概有三点：

（1）多动手，实践出真知，反复实践总结经验是提高摄影水平的先决条件。

（2）多学习，要向摄影专家学，向摄影的朋友学，“三人行，必有我师焉”。

（3）多想想，摄影的题材很多，要想想自己最擅长拍什么题材，想想自己的长处是什么，充分发挥自己已有的知识积累。多想想如何克服自己的短处，扬长避短，反复实践形成自己的作品特点。

这是我这些年摄影实践的体会，仅供参考，不一定适合所有人。

捕捉物象瞬间的形态

一、 表现物象瞬间的艺术形态

摄影不同于绘画，绘画需要一定的时间，即便是单色的速写，都比一般的摄影所用时间长。它也不同于影视作品，影视作品需要连续地拍摄图像，以表现特定的主题和气氛。而摄影，只需要按下快门，图像就固定了。

摄影艺术需要吸取其他艺术的养分，但不应该模仿油画、水彩、素描、版画、雕塑等其他艺术形式。因为摄影艺术具有独立的价值，这一价值优势就是表现特定环境中人和物的瞬间形态。这一瞬间越有鲜明特征，就越有艺术魅力。摄影艺术快速表现事物，其优势是其他艺术形式无法替代的。

二、 波罗的海的晨曦

早就从地理知识中了解到：波罗的海是欧洲北部的内海，北冰洋的边缘海，大西洋的属海，被 9 个国家的陆地环抱，是世界上含盐量最低的海域。波罗的海全长 1600 多公里，平均宽度 190 多公里，面积 42 万平方公里，海面分布了众多的岛屿，最高有 300 多米。岛屿大部分地区被森林覆盖。波罗的海的海港众多，分布在曲折海岸的内凹处。

2017 年 6 月，我与一群游学的朋友从爱沙尼亚的首都塔林乘坐游轮去瑞典，行程 1000 多公里。踏上游轮甲板时已是黄昏，从窗口向外张望，没有任何美景可言。同船的游客有两千多人，除中国和爱沙尼亚的游客外，还有来自瑞典、丹麦、德国、芬兰、白俄罗斯、俄罗斯等国家的游客。游轮很快启航，船舱中的灯光逐渐昏暗，我在回忆小说中对波罗的海的描述。

回忆是无序的，但很快有一个念头将我的思绪打住，它就是波罗的海的日出。我在陆地上眺望过太平洋、大西洋的日出，凝视过爱琴海、黄海的落日……但从未在游轮上欣赏过大海上的日出。同行的游学的朋友告诉我，波罗的海的日出大约在凌晨两三点钟，我记住了，同时再也没有睡意了。凌晨两点刚过，我就从床上爬起来，蹑手蹑脚地走出

波罗的海的日出（高祥生摄于 2017 年 6 月）

船舱，登上甲板，甲板上尚无人，天上还有星星闪烁。虽然时值六月夏季，但海上的风是寒冷的，刮在脸上，脸上生疼；吹在身上，浑身哆嗦。但我无意再回房间，下定决心等到波罗的海的日出。因为此时我看到了天上的星星，星星告诉我，黑夜过后就是晴天。我背着相机缩在甲板的角落里，过了半小时，我看到一个欧洲老人，他微笑着用生硬的中国话向我打招呼："您好。"我用生硬的英文"good morning"回应他。天空已泛亮，我看到的波罗的海很美，很美……我们开始选择各自的拍摄角度……

天上的星星逐步退去，天与海的边际开始泛白，灰暗的天空突然跳出一个闪亮的圆球，两侧携带着红色的光束，亮圈不断向上升腾。灰蓝色的天空出现了灰白色的云朵，云朵越来越清晰，分散的云朵开始集结，连成一片。成片的云朵近大远小，近处清晰，远处模糊，它们都成块状般滚嵌在蔚蓝的天空中。海面上低矮的、长条的礁石岛屿点缀，疏密有致，似乎是有规划地突出游轮航道。太阳的白色亮圈继续放大，放射出耀眼的光芒。游轮快速行驶，犁开一道宽敞的水浪，水浪尾随着游轮，在阳光下闪耀着银白色、金色的浪花，海鸥在水浪上空翱翔，发出"欧欧"的叫声。此时游客开始涌向游轮的甲板……而我就在这大约半小时之内已经拍摄了波罗的海的近百张景致照片，我收工了，自觉收获满满。在返回船舱时，我又遇到了刚才那个欧洲老人，他向我微笑着伸出拇指，夸奖我"very good"，我也回应"very good"。我不知道欧洲老人是夸我们今天的"壮举"，还是在夸波罗的海早晨的美景，或许都有吧！我自我陶醉地想，是我们用自己的智慧和辛劳拍摄了波罗的海瞬息万变的美景。

三、斯德哥尔摩的晚霞

此行我们自爱沙尼亚的塔林乘游轮经一昼夜到达瑞典的米勒斯公园，又从米勒斯公园搭旅游车前往瑞典的首都斯德哥尔摩。

据有关资料所述：斯德哥尔摩有三分之一的水域，三分之一的街区，三分之一的绿化公园。斯德哥尔摩有七十多座桥梁。斯德哥尔摩城虽然经过战争，但创伤不大。斯德哥尔摩人大都受过高等教育。斯德哥尔摩人优雅、淡定，亘古不变……

斯德哥尔摩拥有波罗的海的 14 个岛屿，著名的化学家阿尔弗雷德·贝恩哈德·诺贝尔就出生在这座城市。全城有50多座博物馆，最著名的就是诺贝尔博物馆和瓦萨沉船博物馆。斯德哥尔摩既古老又现代、既优雅又内敛，诸多旅游资料中都介绍“斯德哥尔摩是欧洲最美、最有文化的城市”。

我们在斯德哥尔摩逗留、游学的时间仅有三天。坐车前往城郊酒店已近傍晚，我从车内张望窗外，斯德哥尔摩刚刚下过一场雷雨，乌云尚未散尽，空气中还弥漫着水蒸气……我预感到再过半小时左右这里将会出现漂亮的晚霞，于是我请司机停车将我放在这里，我在这里拍完自己回酒店。司机不同意，说将我送到酒店是他的工作任务。无奈，我只能去了预定的酒店，到酒店后，我再次向司机询问可否送我到刚才请求停车地方，司机说可以，但这是他工作时间以外的工作，要按小时计费，我一口答应了，并说给他双倍的钱，司机愉快地送我到我要去的城郊。那天去城郊拍照的人特多，有许多拿着“长枪、短炮”的人。我想，我与他们虽然是不同国家的人，但对美的感受是相通的，这里的美景给我这个“外国人”留下了深刻印象。天色昏暗了，在城市里，建筑也只能大致辨别轮廓特征，很多细节已无法看清了。天空抹上了褐红色、青灰色，水塘还泛出了倒影和天光，桥梁下方笔直的铁轨直通远方，远处的山头上依稀可以见到数百年前的古城堡。

傍晚的斯德哥尔摩
（高祥生摄于2017年6月）

我移动了位置，捕捉别的景致：开阔海面上波光粼粼，闪动着晚霞的红色，海的远方是斯德哥尔摩著名的市政厅大楼、瓦萨沉船博物馆；近处是一尊格外夺人眼球的用手弹拨乐器的雕像，勾起了我对电影《铁道游击队》插曲《弹起我心爱的土琵琶》的回忆：“西边的太阳快要落山了……弹起我心爱的土琵琶……”

一小时后，我完成了这次拍摄。我记录了斯德哥尔摩晚霞的美，这种美是朦胧、含蓄的，是诗意和远方，而对我这样一个来自中国的游学者来说，既是瞬间的，又是永恒的。

四、 斯德哥尔摩的老城区

斯德哥尔摩分老城区和新城区。游客通常在老城区转悠，老城区也确有悠久的人文历史，富有欣赏的价值。而老城区最有欣赏价值的是梅拉伦湖环抱的市政厅大楼和诺贝尔博物馆周边的街区。游学的朋友们告诉我看建筑的时间最好选择有阳光的上午，我认为是对的。八点前街道上行人寥寥，有利于拍摄，那时在阳光的照射下，街道空间感、肌理感都会呈现最美的效果，街道的历史痕迹也能清晰地显现。

我在八点前就赶到了斯德哥尔摩老城区的梅拉伦湖畔，我根据自己掌握的信息选择了摄影的位置。我首先去了市政厅，它坐落在斯德哥尔摩梅拉伦湖的小岛上，建筑的样式渗透着西方古典建筑的风格。梅拉伦湖的岸边有西方古典的“宝瓶”围栏，市政厅建筑立面上有西方古典的柱式、拱券。市政厅的建筑和停泊在岸边的游轮倒映在湖中，随着波浪起伏，倒影也在晃动……岸上还没人，早晨梅拉伦湖畔很安静。

有人说斯德哥尔摩是北方的威尼斯，但我觉得斯德哥尔摩城市中主要水域梅拉伦湖的形态多样，宽窄不一，大多是长条形的湖道，连接开敞的异形湖面，自然天成；建筑立面错落感较大，城市轮廓中常有高耸的传统建筑突显。而威尼斯的河道大都经人工开凿、修缮，岸上的建筑高度也比较一致，显得井然有序。

我无意评价两个城市建筑的优劣，我认为威尼斯是美的，斯德哥尔摩也是美的，只是美的形态不一样，两者不需要进行比较。

我不是学西方建筑史或西方城市史的，也不熟悉这两个城市更多的情况，我只是从一个游学者的视角谈谈自己的看法，只是一己之见。

接着我去了老城区的街道，街道上还没有多少人，街道是宁静、优雅、古朴的。在阳光下建筑的特色、美感得到彰显，我深信，在其他时间段，特别是在人山人海的情况下是无法表现这种美感的。

晨光中的斯德哥尔摩老城区街道
（高祥生摄于 2017 年 6 月）

阳光投射在街道的一侧，墙面上成排凸起的柱子、内凹的窗户整齐排列、伸向远处。由于阴影覆盖墙面，虽然看不清建筑的细节，但墙面整体的阴影与受光的墙面对比强烈，构成街景的主调。

墙面、路面有序地伸向远方，远方的街道的人物是模糊的，而远方的天空衬托着清晰的、古老的斯德哥尔摩大教堂。街道上大块的鹅卵石，印记着城市的历史文化。

有人说，荷兰人在此统治过七百多年，因此斯德哥尔摩老城区的建筑具有荷兰风格，也有人说斯德哥尔摩的建筑是德国风格，我感觉老城区街道狭窄，有一些像德国城镇的样子。但我更认为斯德哥尔摩的建筑样式就是斯德哥尔摩的，就是北欧的，就是水文化的包容和多元性形成的建筑样式，在其中混搭了西方古典、德国传统、荷兰传统的建筑样式，甚至还有现代建筑样式。

如果非要给斯德哥尔摩老城区的建筑样式确定一个名称，我提议就叫“北欧折中主义建筑”。

我很快就离开了斯德哥尔摩，但我用相机记录下了曾经让我怦然心动的景致。

室内设计的独立价值

一、 概论

随着室内设计的快速发展，无论是建筑师还是室内设计师，大都认为室内设计工作是建筑设计工作的延续、完善和再创造。只是有的说其延续的成分多，有的说其再创造的成分多。说其延续成分多的是强调室内设计专业与建筑设计专业的从属关系，说其再创造成分多的是强调室内设计专业的独立性。虽然各自都有其片面性，但不管是强调“延续”，还是强调“再创造”，大家都认识到室内设计在建筑的总体设计中有其独立的价值，只是价值的分量或高低不同。这就涉及如何正确地评价室内设计工作、室内设计专业及室内设计师的价值，进而充分发挥室内设计师在建筑总体设计中的作用。

我常常在思索，在建筑总体设计中，室内设计的作用是什么？室内设计专业与建筑设计专业的区别是什么？室内设计师的主要职能是什么？这些也是我在本篇文章中想要探究的问题。我将借助挪威建筑理论家诺伯格·舒尔茨有关建筑现象学中场所和场所精神的理论说明我对上述问题的观点，同时辅以自己的工程实践体会作为本文有关论点的佐证。

二、 室内设计的目的是营造场所精神

1. 场所与场所精神

建筑学中的场所与场所精神的理论是挪威建筑理论学家诺伯格·舒尔茨的建筑现象学的核心理念，舒尔茨编写的《场所精神：迈向建筑现象学》一书中多处强调“场所是自然环境及人工环境有意义的综合，而场所精神即为场地传达出的总体气氛”。为了将道理讲清楚，他引用了诗人图拉卡尔的一首小诗《冬天的薄雾》来进行形象的类比。需要强调的是，在建筑现象学中，场所精神不仅指的是物理环境，同时还指人通过与建筑环境发生作用和联系后，在感觉和情感中产生的认识定位。我认为，其应用在室内设计中，就是一种根据受众心理感受对其所处的室内环境给出的评估。

舒尔茨对“场所”的表达中始终使用“认同感”和“归属感”两个关键词。笔者认为，

设计应以人为本，从使用者的实际愿望及所处社会环境出发，营造出能让使用者从心理上产生认同感的居住和工作环境。笔者认为“认同感”是指设计或营造对空间有明确情感指向性，“归属感”则是指使用者对环境产生的情感指向的认同，而这种认同感就是心理上的归属感，就是场所精神的本质所在。

场所精神的提出使人们对建筑或建筑室内的认识、评价有了明确的理论依据，进而使人们明白，建筑不仅仅是一个遮风避雨的实体，还是有情趣、有品质的生活或工作空间，这就使人对环境带给人的情感体验，以及生活的文化品位、精神内涵产生了各种要求。

南京南站出发厅以商铺、广告的设置营造场所精神（高祥生主持，宫平、马婕、周歆怡、卞扬扬、王勇、许琴、杨孙飞、沙勐贤、曹莹等参与设计）

无锡嘉年华歌舞厅中表现娱乐场所特点的装饰（高祥生主持，方晟岚、李炳南、潘瑜、张震、李君英、鹿艳、吴杰等参与设计）

2. 室内设计的发展

室内设计是与建筑设计同时产生的。早在原始先民们居住的洞穴中就发现了大量的壁画，这表明人们一旦有了使用空间，就会对其进行室内设计的工作：房间中放上家具就是对室内空间功能区的界定，墙上绘制壁画则为界面装饰设计，等等。从建筑形体空间的塑造到室内设计的每个细节，室内设计的工作都是其他设计者无法代替的。

在我国，20世纪80年代以前，建筑设计的项目较少，且建筑的造价较低，功能较简单。建筑中少量的室内装饰工作大多由建筑师完成了。20世纪50年代以来的北京十大建筑中虽然有不少室内设计的内容，并请了一些工艺美术师及其他人员参与其中，但其中大量的室内设计和陈设的任务还是由建筑师完成了。20世纪80年代后，我国的经济持续发展，人们对生活环境、工作环境的要求逐步提高，建筑设计的项目大幅度增多，建筑中的室内装饰和装修工作越来越多。在这种情况下，建筑师无论是精力还是能力都已无法顾及对空间的细化设计了，于是就出现了专门从事装饰装修设计的人员，也就是现在所称的室内设计师。与此同时，国内许多大专院校也纷纷开设了室内设计专业。在我国，室内设计作为一个专业，其普及大概不到三十年，与建筑设计专业相比还很年轻。室内设计虽然是一个年轻的行业，但在其发展的几十年里，室内设计师们对有品位、有精神内涵的场所精神的营造发挥了重要的作用。他们的设计提高了人们的生活质量，提高了人们对社会环境、生活环境、工作环境的审美品位。

3. 室内设计应体现场所精神

舒尔茨对场所精神的认识是通过对人的心理定位来阐述的。虽然室内环境类型的指向性在建筑设计阶段就已由建筑师开始酝酿，但在室内设计阶段才能真正落实。室内设计中的场所定位是需要让使用者对环境特征在直觉上感知并认同，需要使用者认同设计的具体空间形式。

在室内设计阶段，设计师往往通过空间分隔、界面处理、灯光布置以及绿化布置等手段赋予空间一个明确的类型指向，进而让使用者对室内环境产生认同，产生建筑现象学中所谓的“就是此地”的感觉。

需要说明的是，在许多对工程技术要求较高的建筑体中，建筑师常运用建筑的空间形态、建筑构件等建筑语汇在建筑设计阶段就完成了室内设计的工作。此时室内设计与建筑设计往往是复合在一起的，诸如钢结构的体育馆就是典型的建筑设计与室内设计已经融合的例子。随着科技的发展、新材料的出现，利用建筑构件作为装饰元素的手法越来越多，室内设计与建筑设计一体化成了室内设计发展的一个方向。当使用者对室内环境提出新的使用要求或是需要个性空间时，室内设计就作为一个独立的阶段介入场所精神的营造中去。室内设计分装饰和装修两部分，实际操作中常根据需要来营造场所的性质，合理进行两部分的工作。

我认为，建筑设计可分为重理性与偏情性两大类。重理性的往往强调建筑的结构逻辑，设计师倾向于通过建筑构件的形态、材质来完成室内设计，并反对任何附加的装饰，如密斯・凡・德・罗在巴塞罗那世博会的德国馆设计中，运用华丽的缟玛瑙大理石作为隔墙的饰面材质，内部的玻璃墙上还刻有雕花，内部摆放他自己设计的巴塞罗那椅，整个空间也能呈现出精致的效果。而应对市场需要出现的大量雷同的标准化的方盒子空间，则更需要专门的室内设计人员对其进行再设计，运用多种艺术手法创造满足使用者情感需求的空间，使之满足人们个性化的要求。

当室内设计与建筑设计一体化时，建筑的风格特征常呈现出一种表里一致性。如有些别墅在室内空间中大量运用砖、石、木材等地方材质，这与在建筑设计中的选材原则是一致的。这种建筑设计与室内设计的融合也强化了对场所精神的表达。

当室内设计作为一个独立阶段出现时，如果原建筑的空间类型不能满足使用者的需求，室内设计则需要强化室内的性格特征，通过对视觉元素的组织来营造氛围，形成能表达场所精神的归属感。这种室内设计的例子很多，也即空间设计在功能的规划、界面的装饰上所表现的形态特征与原始的建筑设计的形态特征是分离的。这类空间功能和装饰装修的改变通常是因为原建筑的空间类型不能满足使用者的需求，所以室内设计师通过现状分析重新赋予空间性格特征，形成新的场所感，当然这种设计往往会改变建筑师最初的设计意图。此时室内设计则须对原建筑空间的空间指向进行重新定位，并由此营造新的场所精神。

舒尔茨的场所精神理论是一种从使用者的精神和心理假设出发对人与环境的关系进行解释的学说。场所精神由于个体的认识、生活经验、文化背景等原因呈现为相对稳定的状态。因此从建筑设计形成的最初的室内空间形态到若干年后需要进行多次的空间改造，实现后来者的场所精神是无法回避的现实，而要完成这个工作任务，绝大多数都是通过室内设计师。

三、 室内设计在建筑总体设计中的作用

现今，我国室内设计的存在价值和社会作用已获得越来越广泛的认可。业内的大部分建筑师与室内设计师都认为室内设计所做的工作是建筑设计的延续、完善和再创造。建筑设计与室内设计作为对建筑这一与人们生活、工作密切相关的物质产品进行设计的两个不可或缺的阶段，分别承担了前期和后期的重要任务。事实证明，只有通过两个阶段的互相配合、共同努力，才能赋予建筑物完整的意义，创造出适合人们生活、工作的场所。

从大量的建筑工程建设实践中可以得出这样的结论：建筑工程的建设确实存在建筑总体设计中的前期和后期两个阶段，而在这两个阶段中都需要有一个设计工种作为工程设计的“总指挥”。前期的“总指挥”理所当然是建筑设计师，而后期的“总指挥”则必然是室内设计师。前期的“总指挥”需要协调建筑、结构、设备、施工、经济等各方面的技术人员，对建筑物空间、造型、基本功能、结构、设备、设施等进行全方位的设计，以创造出实用、经济、美观、安全的建筑物。而后期的“总指挥”则需要在建筑设计所确定的基本空间内再一次协调装修、装饰、设备、家具、陈设、智能、造价等技术人员，完成建筑室内空间的完善和改造、使用功能的细化和调整、设备设施的科学定位、环境质量的提升，以及室内环境的美化，最终创造出舒适、便捷、安全、生态、节能、美观的室内环境。

需要进一步说明的是，对于室内空间和使用功能的设计，建筑设计和室内设计的工作重点是不同的。通常建筑设计是给使用者提供一个基本的空间，这时的空间性格有的是清晰明确的，但多数是意向的、模糊的、不完整的。从使用功能上看，建筑设计提供了一个大致的空间属性，这些空间有的能适应后来的使用要求，有的不适应后来的使用要求（不适应的因素是多方面的，在此不作为讨论的内容）。因此，在室内设计中必须

根据建筑空间的实际情况和使用者的具体要求进行二次设计。这种二次设计对于空间和功能而言，大致可以分为三种类型：第一类是原建筑设计提供的空间是大致的、概括的空间，因此室内设计必须进行进一步的细化和完善，并对原建筑设计中存在各种缺陷的空间，进行优化、改造设计；第二类是原建筑设计提供的空间功能与使用者需要的功能不符合，此时室内设计必须根据实际的要求与建筑师合作，按建筑设计规范重新进行功能设计和空间改造（若涉及有关建筑结构等规范问题，必须经原结构设计单位验算认可，涉及加建等问题，必须得到有关主管部门的批准）；第三类就是原有建筑中使用功能发生较大改变，在我国的室内设计工作中，对于这种情况，我认为室内设计还应该与其他专业合作共同完成这类室内设计，第三种类型经常出现，面广且量大。

另外，在实际工程中，室内设计师还必须根据最终确定的功能、空间情况，对前期的设施、设备设计或针对设备、设施的现状，组织设施、设备师进行完善、改造设计。至于室内环境的美观设计，则是室内设计师责无旁贷的工作，因为室内设计对色彩、材质、灯光以及陈设、家具的要求相对于建筑设计更为具体、细致。从表现内容上讲，建筑设计是表现即将建成的建筑物的外部形象和室内空间的大体形态，而室内设计是在既定的空间内表现界面的状况和环境的性格特征。室内设计的工作是建筑总体设计中最终面临消费者的工作，如果将建筑物看成一种物质和精神的产品，室内设计工作是完成这一产品的最后一道工序，它的任务是使建筑物成为可以最终交付的产品。

需要说明的是，有些功能特殊的建筑如影剧院、体育馆等，其室内空间的形态主要由声学、结构等技术因素决定，而室内设计的工作量是很少的。但目前，这类建筑在我国所有的建筑中占据的比重较小，故在此不作过多的讨论。

四、 室内设计的独立价值

研究人们的行为方式是室内设计必不可少的工作。室内设计就是在一个限定的空间中预测人们将要在此发生的活动，再帮助人们去实现它。这就好比一套酒具和茶具，它们的形状都是在人们长期使用中成形的，因为功能的不同而出现形态上的差别，而一旦成形，人们对其特有的形态和功能概念也随之固化。酒具装酒，茶具盛茶，如果对茶、酒具不适应，人们就会改造茶具、酒具的形状，我称之为条件形成结果，结果反作用于条件。同理，室内使用的结果会对室内设计形成一定的制约作用。如上文所说，舒尔茨提出的场所精神包括方位感和认同感两个基本因素，其中认同感是建立在方位感的基础上的一种较为复杂的知觉活动，是人对场所的依赖心理。沿用在室内设计中，我认为还应包含存在于空间中的场所对人的制约作用，即制约感。因此，室内设计师应明了，他们在对环境进行美化的同时还肩负着满足人们审美需求的责任。

五、结束语

虽然我国现代室内设计的历史还不长，但其作用已获得社会的广泛认可。据室内设计行业主管部门统计，我国从事室内设计工作的人员已达到了六七十万，全国开设室内设计课程的高等院校已有八百多所。这就足以证明室内设计工作在我国经济建设中的存在价值和广泛影响。在此同时，我国的室内设计师正在快速成长，尤其是这十年来，一大批优秀的室内设计师创造了一大批有品位、有文化内涵的室内设计作品。他们对提高人们的生活、工作环境的质量和审美品质发挥了重要的作用。但室内设计师相对于其他专业的设计师地位不高，其原因是多方位、多层面的。但我坚信，随着建筑装修、装饰业的产值占整个建筑业产值的比重的加大，随着人们对室内设计工作重要性认识的提高，也随着室内设计专业建设的完善，室内设计工作将充分显示出其重要的独立价值。我国的室内设计师队伍虽然年轻，却是一个充满活力与生机、蓬勃发展的队伍。在我国，室内设计行业对构建和谐社会将发挥越来越重要的作用。

室内异形空间的优化设计

【摘要】 随着现代建筑形式的日益自由，以及室内装饰手法的日益新颖，室内空间愈来愈多地呈现出各种异形形态，这也同时给室内设计师带来了新的挑战。本文根据我多年的室内设计教学和创作经验，应用现实主义的审美观，分析归纳了实际工程中常遇到的异形空间种类，并结合相应的优秀案例，对实际有效的室内异形空间优化设计方法做了理论总结。

【关键词】 空间 异形空间 不规则形态 优化设计

一、 概论

室内空间是伴随着建筑的产生而存在的，而随后室内装饰设计又使其更加完整、合理和丰富多彩。传统的室内空间因为受人们审美观念和建筑技术等诸多因素的制约，多以规则形态为主，但随着现代建筑形态的多样性发展以及种种装饰设计效果的表达，现实的室内空间出现不规则形态的概率越来越大。诚然，有规律的形态蕴涵着完整、和谐、有序的美感，而破坏秩序的不规则形态则产生不和谐的视觉感。异形空间就是在这些不规则形态因素的基础上产生的，而且构成异形空间的因素不同，产生的空间形态也不同。根据格式塔心理学的完形心理理论，人的意识在对事物的感官认识中起了很大作用。人们在观察某一事物时，是直接整体地把握事物的知觉结构，而不是分别对事物的各个部分进行分析后再进行组合。当观察者原始的经验资料被一个无规则的刺激物替代时，他们会在意识中按照自己的喜好随意将其改造重组，观察这种感官行为其实是一种强行赋予现实的事物以形状和意义的主观行为。那么，像异形空间这样的形态是不符合人的视觉经验的，设计师所要做的就是在现实中实现人们的视觉完形，使空间形态达到更完善的效果。本文所探讨的室内异形空间优化设计问题就是以这种完形心理为理论基石的。

二、 异形空间产生的原因和弊端

1. 异形空间的概念

一个矩形、圆形或是规整几何形的组合都属于规则的空间形式，这种空间形态不仅有序、完整，而且利用率较高，功能较易合理布置。异形空间的概念正是相对于这种规则几何形态而言的，是现实建筑空间中存在的不规则空间。视觉上的突兀、不和谐感、空间利用的不充分是异形空间的主要特性，也是室内设计中常需协调的问题。异形空间包括建筑平面的不规则形、空间转接处出现的角落空间、建筑立面上不规则的凹凸形、建筑顶面出现的异形形态以及这几种因素的组合等。

2. 异形空间产生的原因

异形空间与建筑及室内装饰设计是分不开的，一个颇具视觉冲击力的建筑形态在愉悦了我们视觉感官的同时也给我们带来了使用功能上的不便，而日益新颖的装饰手法也给室内空间带来诸多零碎的形态。

（1）建筑设计的影响

古典建筑形式追求的规律性、秩序感在现代建筑空间里已不那么突显了，建筑设计历程进入现代，我们的建筑活动和建筑技术都有了显著的发展，西方现代建筑学派的建筑理论也在世界范围内产生极大影响。如现代建筑的领军人物之一勒·柯布西耶提出了新建筑的五个特色：房屋底层采用独立支柱架空，屋顶花园，自由的平面，自由的立面，水平带状长窗。这个观点包含的平立面的自由化为建筑形式的自由化提供了理论基础，建筑结构不再局限于砖混结构、木结构，框架结构为建筑形式的自由化提供了技术保证。建筑技术发展到现代，钢结构建筑很少受荷载的制约，数字化建筑设计异军突起，自由流畅的外部形态在现实中成为可能。但在建筑设计过程中较多地考虑外形因素则给室内空间留下了遗憾，异形空间的形态优化成了室内设计无法回避的问题。

另外，建筑本身存在的梁柱结构以及为了安全增加的刚性结构会给室内空间的完整性带来一定程度上的破坏，还有一些功能特殊的建筑为了满足高标准的采光、通风等条件所作的设计也会产生不规则的空间形态。如何在室内设计中协调异形形态的空间关系给我们带来一定程度上的挑战。

（2）室内装饰设计的影响

室内装饰设计作为建筑设计的延续，会在一定程度上影响室内空间形态。合理的空间规划与装饰形态自然会给人们带来使用上的便利和视觉上的美感，但设计者水平上的良莠不齐、工作态度上的欠缺都会造成一些空间划分和形态设计上的不合理，例如异形空间大多会造成使用面积的浪费、空间转接处形态上的生硬、空间死角以及零碎形态的出现产生的视觉上的不适等。对异形空间进行优化设计可以在一定程度上改善这些不合理的状况。

3. 异形空间存在的弊端

虽然在建筑界千篇一律的规则形态中，偶尔出现的异形空间确实可以成为视觉上的亮点，但这些异形空间在给我们带来视觉新鲜感之后，却带来更多使用上的不便和心理上的障碍。笔者认为异形空间存在的弊端主要有以下两个方面：

（1）对视觉、心理的影响

人的思维能力包括形象思维、逻辑思维、视觉思维等，其中视觉思维与人们对周围环境的直接视觉感知有关。视觉思维是一种将人的视觉感受和能动性思维能力相联系的思维模式。根据美籍德育心理学家鲁道夫·阿恩海姆提出的视觉思维活动原理：当人们看到一种形象时，就有了抽象心理活动；而当人们思考一个问题时，都将某种具体的形象作为出发点。美国心理学家麦金认为，视觉思维需要借助三种视觉意象进行，即观看、想象、构绘，且三者相互作用。同理，人们在观察一个空间形态时，都会自发地对它进行心理解构，并将其与经验形象相比较，从而得出对这个空间的判断。那么异形空间肯定与大多数人的视觉经验不符，对人们来说是一种不完整的形态，会使人们产生疑惑、紧张和不能释怀的感觉。

（2）对使用功能的影响

评判一幢建筑的优劣，空间的利用率是非常重要的指标，低利用率的建筑空间是残缺的、毫无生气的。大部分的异形空间，特别是容积较小的空间在利用上有一定的困难。比如一些角度过小的夹角以及变形的界面构成的异形空间会给室内家具的摆放和人们的活动带来一定困难；墙面上出现的不规则凹凸形不仅会影响视觉效果，也会带来一定的安全隐患。

三、 室内异形空间的类型及优化设计的方法

由于异形空间的构成元素不同，其表现出的形态特征也不一样。我们可以根据其所在位置不同将其分为室内平面异形空间、室内立面异形空间、室内顶面异形空间、室内空间转接处的异形空间、空间内的异形形态组合分割形成的异形空间等。既然异形空间会带来种种使用上的弊端，那么我们就需要根据其缺陷进行完善设计。以下是我根据对各种类型的异形空间的分析所做的优化设计方法的总结。

1. 室内平面异形空间的优化设计

建筑形态的形成是和建筑平面密不可分的，而建筑平面的构图方式又体现了设计者的设计理念和对功能要求的理解。通常人们遇到的平面形式多为矩形或多个矩形的组合，这些平面形式也是最为合理和有序的。但是当建筑师考虑特殊的观景、采光功能，追求异化的形态时，其建筑平面就会呈现不规则或不对称的几何形态，以及扇形、三角形、多边形等夹角为非直角的几何形态。遇到这样的情况，设计者首先应解决的是室内空间的利用率问题，在满足功能的前提下再对其形式进行优化处理。

再不规则的异形空间都有其相对和谐的因素存在，这些和谐的因素可能是隐性的、间接的。比如当一个室内空间的平面形态是几何多边形时，我们可以根据多边形趋向于圆的特点，找出这种空间独有的向心性，在弥补缺憾时有效地加以利用。那么在划分这

种形态的空间时，较有利的组织方式是以其内部的一点为中心，进行相对等距的展开式层状划分。那么对这样一种异形空间就能在充分利用的条件下找到协调统一的因素，与建筑师追求的建筑精神相契合。

从建筑形式上来说，非规则几何形元素的使用带给空间的效果是活泼、动感的，但平面形式呈现非规则状（尤其是空间夹角小于 90° 的异形空间），会造成界面交接处空间利用的不便，而且容易造成人们心理感觉上的压抑和紧张。当我们对这种形态进行空间划分时，可赋予其角落空间以厨房、储藏间以及走道等辅助空间和交通空间的功能；当我们需要对这种形态进行空间填补时，较为妥当的优化方法是利用视知觉的完形倾向，采用形态相类似的家具陈设等，使之与夹角空间相吻合，这种方法我称之为形的趋同。

2. 室内立面异形空间的优化设计

由立面界定的异形空间主要表现为墙面上不规则的凹凸形态，这些凹凸形态大多是由建筑上的柱子和起伏的外立面造成的。当然，异形立面的形态及出现的位置不同，相应的优化方法也不径相同。

对于室内立面异形空间的优化设计方法，我大体将其归纳为五类：

（1）形的重组：将零碎的单独的形体用一种规则排列的方式组合，使无序的形趋向有序。如当我们遇到凸出于墙面的单独矩形柱子时，在墙面长度距离允许的情况下，可以适当做些形状相同的假柱，并等距排列。在空间较大时宜使用这种方法，以营造出序列感。

（2）形的淡化：用隐藏或是遮挡的方法，使异形形态弱化甚至消失。如将墙面往外做，使凸出的柱子完全隐藏于墙面中，这种方法不仅在视觉上柔化了空间，也增加了形态的视觉层次和虚实对比。

（3）形的归整：当室内空间出现一些不完整或是无规律的形态时，可以找出这些形的趋向，将其归整于一种规则的几何形，并用这个几何形统率其他零碎的形态，使得空间的形态趋于统一、有序并具有美感。形的归整的方法可以应用在立面出现较琐碎形态的时候。

（4）形的意向化：在立面异形空间处放置有意义或是有趣味的形来吸引人们的注意，以达到弱化人们对异形空间心理排斥的目的。如在一段墙体上出现单独柱体时，可在这个柱子的旁边设置一个小景观，那么，异形的感觉就被具体的意义所替代。形的意向化还有一种方法就是将不规则的形夸张，使之具有更自由的形态，形的意义也就此产生。

（5）形的趋同：与室内平面异形空间采用的形的趋同法相似，利用视知觉的完形倾向，采用形态相类似的家具陈设填补立面上的不规则凹凸形成的异形空间。如墙面上凸起的连续柱体形成的凹陷空间，我们可以在此安置休息座。这种方法的最大优点就在于可以赋予这样的异形空间以功能意义。

3. 室内顶面异形空间的优化设计

建筑结构上的梁和加固结构等构件以及屋顶构造的不规则是造成室内顶面异形空间的主要原因。一般来说，顶界面由于高度和人们接触概率较小，功能利用较困难，但同时也为我们丰富顶面的形式、营造特殊氛围提供了更多的可能。建筑上的屋顶形式主要分为坡屋顶和平屋顶。下面介绍一下我根据室内顶面异形空间的形态规律总结出的一些优化设计方法。

（1）坡屋顶异形空间的优化设计

坡屋顶建筑形成的异形空间主要是空间在高度上趋向于尖锐，造成人心理上的压迫、局促感以及使用上的不便，可以采用的优化设计方法有多种：

形的意向化：形的意向化的方法在坡屋顶异形空间中的应用很多，如使用形态较别致的灯具、挂饰以及小装置物等。这些具有一定意义的形态在视觉感知度上超过了原异形空间的形态，夺人眼球。

形的功能转换：利用人的一些特殊活动范围，将异形空间转换为功能性空间。如利用人体工程学原理，把坡屋顶下方过低的空间设置成休息区，还可以把老虎窗下的空间做成书柜的形式，充分利用空间，这点与形的趋同有相似之处。

形的归整：与室内立面异形空间采用的形的归整方法类似，在空间中找出一种具有概括性的完形形态，将顶面上零碎的形归于其中。

另外，介绍室内立面异形空间时提到的形的重组和形的淡化法在此也都是适用的。

（2）平屋顶异形空间的优化设计

平屋顶空间中的异形形态主要有梁和衔接加固杆件等。若是遇到较无规律的梁体，可用上文中提到的形的淡化和形的归整的方法进行再设计。如若走道上空出现单独的或无序列的梁时，可加做假梁形成阵列，使走道空间具有一定的序列感。若一个较大空间的顶面出现单独的梁体时，可做“井”字形的假梁，既归整了单一的梁体形态，又丰富了顶部空间。

4. 室内空间转接处的异形空间

异形空间还较易出现在室内空间的转接部位。在中国传统园林中，在空间的转接部位布置景观最为常见，既遮蔽了琐碎的空间，又增强了空间的趣味性，效果很好。

5. 空间内的异形形态组合分割形成的异形空间

室内空间有时会因为楼梯、隔断等特殊结构形成异形空间。如楼梯下方的异形空间，可采用功能转换方法，充分利用有限的空间。

6. 其他的优化设计方法

实际中的异形空间处理方法，除了以上提到的各种异形空间的优化方法外，还有色彩优化法和材料优化法：色彩优化法是指用颜色来整合空间中不和谐的因素。如遇到顶面上有很多琐碎的形态，可用一种统一的色调来将其归整，像阁楼这样的异形空间我们也可以将其涂刷成浅色调来缓解空间局促感。材料优化法是利用各种装饰材料能带给人不同心理感觉的特性，弱化异形空间产生的心理影响。如利用镜子的高反射特性，在异形空间处装饰镜面材料，使人的感知能力会暂时地被错觉迷惑，以达到淡化异形空间的目的。我们在处理实际的案例时会发现这些方法并不是单独运用的，往往是将形的优化法、色彩优化法、材料优化法等综合在一起运用，以获得改善异形空间的最佳效果。

四、室内异形空间优化设计实例分析

为了消除室内空间中的异形形态在视觉、心理和使用上造成的不利影响，作为室内设计不可回避的内容之一，我们必须对其进行优化设计。下面我们就来具体看看笔者在实际工作中遇到的室内异形空间案例及采取的优化设计方法。

如图所示，一副食品商场总面积2500 m^2，业主想将其二层改造为餐饮与娱乐结合的综合性酒楼，包括大餐厅、餐厅包间、舞厅、KTV包间及相应的配套用房。由于其建筑平面形状呈不规则的六边形，如何在充分利用空间的同时将各类不同功能的用房合理地布置好成了该方案更新设计的关键问题。

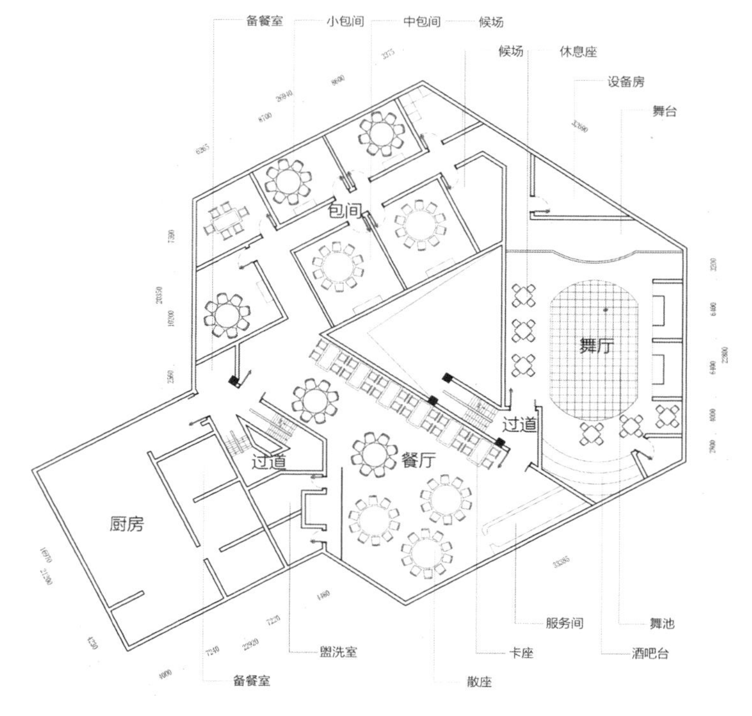

某餐饮娱乐场所异形空间改造后优化设计案例配图

前文中提过遇到建筑平面是几何多边形时，较为可行的设计方法是以其内部的一点为中心进行相对等距的展开式层状划分。由于该商场面积较小，我就从分析各个区域的相对静闹程度入手，用功能空间包围交通空间，将中部较完整的空间留作餐饮娱乐之用，像音控台、酒水台、候场、更衣室等人流量相对稳定的场所就将其置于异形空间的边角处。因为原建筑平面形状近似六角形，在改造过程中又出现了大量的异形空间，所以在设计中我们根据原建筑平面的形态特征有机地分布各种功能用房，巧妙地使各种服务设施和装饰构件“卡”在各种零星空间中。这样的组合方式，使这个异形空间内部变得更加舒展，线条变得更加流畅。

五、 结语

近年来，随着建筑行业的飞速发展，室内装饰实际工程中碰到的问题越来越多，异形空间问题就是其中之一，如何化鸡肋为熊掌是笔者在这些年来一直努力解决的问题，本文就是在这种背景下撰写的。室内异形空间包含的范围很广，文中所提室内异形空间类型只是笔者认为在实际中会最常碰到的问题，还有像室内外过渡空间这样的区域也是出现异形空间概率相对偏高的部位，因本文主要探讨的是室内异形空间的优化问题，这里就不再赘述。本文理论研究的深度不够，实难涵盖在实际工程中的各种问题。我仅以本文抛砖引玉，希望引起设计师朋友们对此问题的关注，并期望各位有志于探讨室内设计理论问题的朋友能够对此进行更加深入的研究。

参考文献：

［1］曹方 . 视觉传达设计原理［M］. 南京：江苏美术出版社，2005.

中国建筑装饰文化的形态特征

我曾与一些设计师朋友、学生交流过我对中国装饰文化特征的看法，现根据回忆，将这些看法整理成文，与大家共同探讨。

一、中国地域文化的基本特征

我无意，也无能力对中华民族文化和地域文化形成的因素展开叙述，我仅想就中华民族中文化形态的主要特点谈自己的认识，这些认识可能会有偏见，诚请大家指教。

中华民族是一个农耕民族，并形成了与之相适应的文化形态。中国的农耕民族的结构形态是由无数个相对独立的家庭构成的无数个相对独立有序的小社会，并形成完整的大社会，家庭小社会产生的伦理道德关系、审美观念等与大社会的思想观念基本一致，进而构成一套与社会、家庭相融的，与农耕社会相适应的社会机制和思想体系。

中华大地有两条长河，它们是长江、黄河。长江、黄河哺育芸芸众生，滋生千古文明。因此可以说中华民族的文化形态基因就是灵动的“水文化”、睿智的“水文明”。因此说中华文化就是“水的文化”，中华文明就是“水的文明”。

水文化的精神源于水的形象：奋不顾身、坚韧不拔、一往无前，这些精神品格培养了中华民族的精神。水的文化博大精深、包容乃大、恩泽天下，这种由水形成的文化基因就构成了中华民族文化的共性。

在中华大地上，农业形态与牧业形态之间有一座万里长城。构筑万里长城一方面可以帮历代王朝抵御北方游牧民族的侵扰，另一方面又为封建社会农业经济的形成和发展创造了有利的环境。万里长城形成了长城文化，长城文化是一种相对内向的文化。诸如中国许多的单位有围墙，家庭有四合院，有院落，有就餐空间、娱乐空间，一些个体的人有相对独立和封闭的心理空间，所以中国的文化有内涵、包容的同时会有一定封闭性。

中华大地上还有一条大运河，一条人工开凿的贯穿北京与杭州的运河。其工程之巨大，文化之璀璨，足以反映中国人民的勤劳、智慧、勇敢、坚忍的品格。

中华民族由五十六个民族组成，五十六个民族虽有共同的文化渊源，但也都有自身独特的文化形态，可谓百花齐放、千姿百态。每个地域有每个地域的地理环境、历史传统、文化基因，形成不同地域的文化特征和文化差别。

中华民族有五千多年悠久的文化历史，形成了共同又有差别这种特有的文化形态。

这种文化形态延续在中华民族的血脉中，根植于中华民族的基因中，也渗透在中华民族的建筑装饰文化中。

二、 文化形态的意向性

在文化艺术中，中国、日本、韩国以及大多数东南亚国家都注重表达形态的意向性，具体地讲就是使设计形态、艺术形态具有象征意义。

譬如装饰形态、景观形态表现一定象征意义，装饰中的图形、线条、色彩应有吉祥、兴旺、善良、凶残等象征意义。在室内设计中力求能解释方案想表达什么意思，有什么生动的故事，或者说象征什么，至于设计表现的视觉效果排在其后。

在景观设计中要求表现出一些象征性的故事，表现出有故事的形象，即使是很牵强的，即使是很遥远、很模糊的故事，设计师也应将它放大、强化后表达出来。因此在景观的设计中能找出许多动人的故事，并用一些美妙的词汇来表达形象，如黄山的“迎客松”“猴子观海”“云海”等，这故事老百姓也喜欢听，而视觉效果的理论老百姓听不懂。这就是一种意向性的文化的特点。

我曾主持过一个红色纪念馆的环境设计，当地政府主要负责人就跟我说：“你要在纪念馆的环境景观中设计出许多故事来，要使我们的导游站在纪念广场上能讲两个小时的故事。”我很为难，但后来也想通了，这就是中国文化，一种形态意象化的中国文化。

形态设计的意象化表达，还表现在场景、道具和演员动作的设计上。在戏剧的舞台上尽管有透亮的灯光，但要通过黑色的舞台背景加上演员娴熟的武打动作，表现出武士们黑夜打斗的情景。林海雪原的背景加上演员手持道具马鞭挥舞就能表演出杨子荣策马奔驰威虎山的情景。这种黑夜、马鞭都是虚拟的景物，是意象性、装饰化的景物。而诸多戏剧中的门、窗、坐凳、桥梁、台阶等也都是虚拟的，它们的表现力除了靠演员的动作和道具外，也靠观众的想象力，更靠观众的文化基因中的意象性。

在意象设计中还应表现出装饰性的、富有美感的形象，使一般人既能听懂“名称”的主旨外，还应觉得很优雅，觉得有文化气息，如黄山的云雾叫“紫气东来”或“气吞山河”等，而不宜将其比喻为“像洗澡堂的雾气”“像蒸糕、蒸馒头的雾气”。

这就是要求意象设计的形态，能产生美好的、儒雅的联想，我理解这就是中国文化中强调的艺术创作要有文气，这就是中国美学中讲的“意境”“移情”。

三、形态设计中的平面感

中国文化形态的表达是平面的形式，是二维的，西方文化形态的表达是三维的，这个说法几乎做设计的人都知道。为什么会这么说？多数人说不清楚，我也说不清楚。我只能叙述几种不同的说法。

有著名学者说中国的文学艺术与书法有关，书法用的是毛笔、墨线，它在二维的平面上描写人间百态，表达喜怒哀乐。西方人的文学艺术与雕刻有关，雕刻大都用的是锥子在石头上刻出三维的形象，栩栩如生地表现芸芸众生，刻画真善美。因此就出现了中国艺术形态的模糊性、空灵感等，出现了西方艺术形态立体化、精确性的直观感等。随之而来的现象是，支撑中国绘画艺术形象表达的是多点透视，支撑西方绘画艺术形象表达的是交点透视和解剖学，出现了中国绘画中的墨运五色，西方绘画中对光色的解读……在此我无意评价中西方造型艺术理论的对错、高低，因为这是一个庞大的话题。但我觉得中国艺术形式源于书法、西方艺术形式源于雕刻的说法有些牵强，因为它无法解释艺术形式发生的思想根源。

有一种说法，相传周文王曾被囚禁，囚禁期间，他曾用常人难以看懂的符号式的文字表达自己的思想情况，因此，后人继承了这种需要让人猜测的文字、形态，于是就出现了意象性和平面感的表现形式。这种说法似乎有一定道理，但我觉得这种说法缺乏科学考证和逻辑推理。还有一种说法是中国的文字是象形的，象形文字就是意象的，但按这种象形文字的说法，我们的艺术形象应该往“象”的方向发展才合乎逻辑。

我的认识来源于老子和庄子的思想。我深信老子、庄子思想对中国造型艺术思想的影响是巨大而深远的。特别是老子的“道可道，非常道；名可名，非常名”的思想，庄子的“我梦蝴蝶，蝴蝶梦我”的思想，博大、精深，让人无法猜度又回味无穷。迄今为止，我也只能认为中国艺术的思想源头大概来自“老子、庄子”的思想，但“老子、庄子”的思想又是如何产生的呢？我说不清。

如果我认定以上的说法是对的，那在这种思想框架的引导下中国的造型艺术只会出现意象性和平面感的形态，而且只有意象性才可能有丰富的想象空间，才可能有中国的意境化的文化形态，只有平面性才可能有艺术的简明性和空灵感。如此说来，中国艺术讲表现，西方艺术讲再现，一字之差，反映了中西方艺术设计表现思想和方法的差异。例如中国画中的形象是为了表达绘画的主题思想、绘画的意境，只需将这样典型的形象进行组合，它无须考量这些形象透视问题和光影关系的准确性，只需将这些典型的形象，按意境“经营位置”达到“传移模写”“气韵生动”的效果，同时中国绘画的形象可以用墨色的明度之差表现五彩缤纷的世界，以间接地表现物体色彩的明度和彩度。显然中国绘画的色彩造型观更具有概况性、间接性，因此也就更具有空灵感，更能产生丰富的想象空间。

文学也是如此，中国文学作品中的文字和情节很多都是二维的，空灵地描写人物的词句有“倾国倾城”“施朱则红”“增之一分则高，减之一分则低”等这些用老百姓的话讲是“毛估估（大概估计）”的，但就是这种“毛估估”使人产生无限遐想，使人产生空灵的想象的感觉。

而西方的文学作品中美女的形象，作者就描写得很具体，譬如托尔斯泰在《安娜·卡列尼娜》中描写安娜·卡列尼娜出席晚会的形象就写到安娜·卡列尼娜穿着紫罗兰色的长裙，胸前别着花……一切都描写得很具体。倾国倾城的杨贵妃是美的，安娜·卡列尼娜也是美的。一个美得空灵无比，任人想象；一个美得活灵活现，呼之欲出。两者无法比高低，但可以反映出一个文化形态是二维性、平面感、意象化的，另一个文化形态是三维性、立体感、具象化的。

中国古代的诗人李白用“床前明月光，疑是地上霜。……”的诗句表现思乡情怀。陶渊明则以“采菊东篱下，悠然见南山。……”的诗句追寻田园生活。两首诗都非常清晰地表达了各自的情感，并给读者留下了极其丰富的想象空间，但两位伟大的诗人都没有详细交代时间、地点，这就是中国文化二维性、平面感、意象化产生的空灵效果的魅力。

在此我无意以褒扬中国二维文化的意象性来贬低西方文化的三维性和科学性，我只是想说明中国文化形态表现中的特点。

四、 中国文化形态表现中的程式化

具有悠久历史文化的国家都会有文化的程式化表现形式。仅就中国的文化艺术而言，无论是古代官式的八股文，还是建筑装饰、诗歌文赋、戏剧、绘画、雕塑、民间艺术等都运用了程式化表现形式。中国的文化艺术是在程式化表现形式中寻求各种变化，展示艺术形象的个性化表现。

生旦净丑是中国京剧中的人物形象的程式化，唱念做打是中国京剧表演的程式化，戏剧中对各种动作、对各种不同角色的各类活动都有程式化的设计。诸如不同角色敲门、进门的动作都不一样，敲几下、怎样跨进去、敲门的轻重缓急、行走的样子都有不一样的规范，老生、小生、花旦、老旦的敲门、进门的动作都不一样，京剧中从人物造型到唱腔、做功，从脸谱到服饰，从器乐到道具处处都是程式化的设计，这就是在程式化的统一中寻求角色个性的表现。

从中国山水画中的皴法、染法，到一草一木、一石一景的图谱处处都是程式化的表现形式。而画家则是在熟练掌握各种皴法，各种染法，一草一木、一石一景的个体画法后进行画面的组装，并进一步表现景物的特征和画家的情感。

中国的诗词曲赋的表现形式也是程式化的。其中诗句、唱腔中的节奏、声韵、平仄关系等都有程式化的要求。

而中国传统建筑中的台基、墙体、柱式、梁枋、屋顶以及各种不同形制的彩画、斗拱、护栏、台阶、色彩等都有特定的程式化的样式、等级规定。所谓建筑上的法式是构成建筑程式化的基本单元，这些单元需要根据规定重复，而这种相同样式的重复其本质就是程式化的表现。

我还想说一下，大凡一种成形的文化中必然会出现一种相对固定化的表现形式，即程式化的形态，因此西方传统建筑中也存有许多程式化的做法，诸如古典主义建筑、哥特建筑、巴洛克建筑、洛可可建筑、拜占庭建筑中都有各种形态相似的程式化做法。对于西方建筑中的程式化问题，本文不做赘述。

五、 装饰设计形制中的等级制

传统中国装饰设计的思想受制于中国传统思想。中国是一个农耕文明的国家，儒家文化曾作为主流思想，我理解的儒家思想的核心就是“仁”，“仁”的本质思想就是等级观念。对国家而言就是君臣关系、官民关系，对家庭而言就是父子关系、夫妻关系、兄弟姐妹关系。家庭关系放大看就是国家关系，国家关系缩小看就是家庭关系。孔夫子思想的严密性和社会实用性不仅将社会划分成从上到下的一系列的等级关系，同时他又将人群确定为一组组对应仁礼关系，君君臣臣、父父子子、夫妻兄妹的关系，每组对应的关系都有确定的位置关系，维系这种关系从本质上讲就是维系一种等级的观念。改变这种观念既需要时代的进步，也需要领导、群众的自觉认识、大胆革新。

只要我们粗浅地审视一下传统的建筑室内布置和室内装饰，就发现它们处处存在着对应的等级观念。这个等级化的形制即使在现代的室内的会议室、接待室、住宅的客厅中仍然可以见到。例如，装饰平面的布置、建筑立面装饰的高低等都存在不同程度的等级要求。

中国建筑装饰文化的传承与创新

中国文化源远流长，蔚为大观。数千年来，它伴随着中华民族的发展与进步逐渐成形，同时也深刻地影响着中国人的行为。中国人的立身处世、言行举止，似乎无一不体现着中国文化；我们老祖宗留下的每一件什物，几乎也都浸润着浓郁的中国文化。

习近平同志说："中华文明在继承创新中不断发展，在应时处变中不断升华，积淀着中华民族最深沉的精神追求，是中华民族生生不息、发展壮大的丰厚滋养。"

一、 文化的内涵与认知

1. 文化的概念

文化是指凝结在物质之中又游离于物质之外的，能够被传承的国家或民族的历史地理、风土人情、传统习俗、生活方式、文学艺术、行为规范、思维方式、价值观念等，是人类之间进行交流的普遍认可的一种能够传承的意识形态。它分为广义的文化和狭义的文化。广义的文化指人类在社会历史发展过程中，所创造的物质财富和精神财富的总和。狭义的文化是指人类社会的意识形态及成果，和与之相适应的制度和组织结构等。它与广义的文化有着不可分割的联系，二者是对立统一的。

2. 文化的特点

（1）地域性和民族性

文化的形成离不开物质条件，而在诸多因素中，地理环境的因素尤为关键。所谓一方水土养一方人，一方水土孕育一方文化。不同的地域、民族、环境，其产生的文化带有明显的地域性或民族性的特征。而正是由于这种地域性或民族性的特征，所形成的区域、民族文化才具有能够与其他地方文化区别开来的可识别性。

拉美国家的人的生活形态与处于赤道附近的人的生活形态就有很大的不同；日本的文化起源要晚于中国，大约形成于中国的唐代，中国与日本的文化差异也很大。中国有五千年的悠久文化历史，在人类文明和世界文化中具有极为重要的地位。

（2）延续性、包容性和时代性

任何民族或地域的文化形成后都具备延续性，在文化的延续中，文化形态保持了原有的特征；同时，任何民族或地域文化在历史进程中都会发展，在这种发展中文化形态将发生演变。一方面，本民族、本地域的文化经过长时间的发展，已经形成了自己的形态，这种文化形态会对外来文化和新型文化形态产生一种排他性，这就出现民族文化、地域文化坚守自身的文化延续性；另一方面，它又像海绵体一样，总是不断受到外来文化的影响，进而逐渐吸纳、接受外来文化，表现出文化包容性。随着社会、经济的发展，本民族文化、本地域文化的延续性在与包容性的抗争中逐步融合，从而产生新的文化形态，这一过程具有时代性的特征。

中国文化和外来文化在历史上经历了两次大规模的交流：一次是在汉唐时期佛学和西域文化的进入，另一次则是明清时期到近现代西方文化的传入。中国文化在保持自身原有文化形态的基础上，不断地和外来文化进行碰撞、融合，实现兼收并蓄、博采众长，最后形成具有新内涵、新活力的，更加绚丽多彩的中国优秀的传统文化形态。

3. 中国文化的传承

这里的中国文化主要指中国的传统优秀文化，它是由中华文明演化而汇集成的一种反映民族特质和风貌的民族文化，是民族历史上各种思想、观念、形态的总体表征，是居住在中国地域内的中华民族及其祖先所创造的、为中华民族世世代代所继承发展的、具有鲜明民族特色的，历史悠久、博大精深、传统优良的文化。

在五千多年的文明史中，中华文化有过多次辉煌。春秋战国时期百家争鸣，儒家、墨家、道家、法家、阴阳家、名家、纵横家等思想深刻而活跃，建构了中国思想文化体系的基本框架。汉唐时期，诗歌、散文空前繁荣，脍炙人口的传世佳作层出不穷。到了宋代，哲学、文学都有了很大发展，宋词在文坛影响深远。元明清时期，哲学继续发展，戏曲、小说达到了艺术高峰。

另外，秦汉、魏晋时期的篆书、隶书、燕书、草书、楷书、行书等书法，起源于汉代的“国画”，传世佳作层出不穷。中国古建筑体现出一定的伦理文化主题，宋代的《营造法式》和清代工部的《工程做法则例》作为代表性的建筑著作，就是以伦理原则为最高文化思维尺度的。几千年来，中华文化成就了一大批世界级的思想家、文学家、艺术家和建筑家。这一系列辉煌成就，充分表明中华民族有着强大的文化创造力。

鲁迅曾说过：“只有民族的，才是世界的。”今天，我们要基于国际化的背景提出“只有地域的才是世界的”。只要这个民族不顽固，在世界上有一定位置的话，那么，它的文化就会凸现出来。

早在20世纪初新文化运动时期，中国传统文化就已经产生了同外来文化的交融，提出了“自由”“民主”等口号。“以中为本，以西为体”运用在绘画、建筑、医学等领域中，出现了中道西器、中西合璧的现象。

随着民族文化的复兴，中国人应当认同、寻求、梳理、发扬、光大自己本民族的文化。而这种对于本民族文化的传承和发扬，既符合文化演变的规律，也是走上民族复兴之路的重要举措，对于世界也是有巨大贡献的。

当今在传承和弘扬本民族文化的同时，更要以世界视野、全球眼光，大胆吸取国外优秀文化成果，不断丰富中华文化殿堂，但要注意两点：一是选择不盲目，对外来文化，我们要加以甄别，优秀的、积极的要充分吸收，糟粕的、颓废的要加以摒弃；二是借鉴不照搬，国外的文化，虽然有不少可取之处，但未必都符合中国国情，在借鉴过程中，不能照搬照套，而要进行中国化的改造、改良，这样就会达到一个更为合理的、完善的文化形态。

二、 中国建筑文化

文化是建筑的灵魂。通常认为，建筑就是以物质材料和技术手段构成的空间，满足人们的生活、活动所需。实际上，建筑不仅是满足人的物质活动的对象物，还需要满足人的种种精神活动的要求，如心理、伦理、宗教、审美等，这正是建筑的文化性。

1. 传统建筑文化的特征

（1）木结构与“易”的思想

所谓“易”，《周易·系辞》说：“生生之谓易，成象之谓乾，效法之谓坤。极数知来之谓占，通变之谓事，阴阳不测之谓神。” 这种非静止的哲学观，在建筑上同样也反映出来。中国建筑的木结构是榫卯结构，一直沿用到近代。这种结构形式的建筑很容易按人的空间需求来建造、改建、加建，乃至迁建，这就有利于“变”。而其中不变的则是文化的发展性和连续性。

（2）大屋顶与“礼”的制度

中国古代建筑在建筑形态上最显著的特征就是大屋顶，这种屋顶根据其不同的构造和形式有庑殿、歇山、悬山、硬山等，分别代表房屋由高级到低级的不同等级。所以，等级制在建筑上可以通过房屋的宽度、深度、屋顶形式、装饰的不同式样等表现出来，建筑往往成为传统礼制的一种象征与标志。依此，北京故宫的午门采用“阙门”，这是中国古代大门中最高等级的形式。故宫太和殿则是中国留存的古建筑中，开间最多、进深最大、屋顶最高的一座大殿。屋顶自然用的是最高等级的重檐庑殿式。

（3）平面布局与“六合”内向观念

《庄子·齐物论》说：“六合之外，圣人存而不论。”所谓“六合”，就是一个六面体空间，前后、左右、上下，人在其中。“合”，就是内向之意。中国古建筑采用土木结构体系，这决定了建筑的个体平面多为简单的矩形，单纯而规整，体量较小，也决定了建筑群体组合的必然。最典型的就是四合院，院子在中间，建筑物在四周，只需要一个大门对外联系。人在其中，靠院子通风、采光、交通。这种住宅形式是中国古代建筑空间的语言逻辑模式。再扩大看，宫殿、庙宇、寺院等都是这种四合院形态。中国古建筑在平面布局方面具有简明的组合规律：以“间”为单位建筑，再以单座建筑组成庭院，进而以庭院为单位，组成各种形式的建筑群体。这种平面布局，多为均衡对称，设计以纵轴为主，横轴为辅，通过暗示、烘托、对比等手法，使建筑之间含有微妙的虚实关系，从而体现中国古建筑“含蓄”的美学特征。

（4）园林建筑与“道”的境界

中国园林文化在世界三大园林文化流派中独树一帜，其历史可追溯到三四千年前。作为我国古代最完整也是世界上最早的造园论著，明代计成所作的《园冶》提出了“虽由人作，宛自天开”的美学命题，其精神内涵便是道家的情思。园林文化与宫殿、坛庙建筑文化相比，一主退隐休憩、淡泊平和，一主功名进求、灼华热衷；一在出世，一在入世。离宫殿坛庙而就园林，便是心理上的“无为”。中国园林“虽由人作”，其哲学与美学底蕴却在于道家的“无为”思想。

2. 中西建筑文化的差异

由于受地理环境、民族性格、历史文化等因素的影响，中国传统建筑与西方传统建筑在建筑材料与结构、建筑布局、装饰色彩、建筑理念等方面存在着诸多差异。

（1）从建筑材料与结构上看：中国传统建筑主要是土木制品，采用框架式结构，榫卯安装，梁架承重。在造型上重视曲线美，气韵生动。而西方传统建筑材料主要是石质制品，采用围柱式、券柱式结构，墙柱承重。在造型上重视块、面的应用，形态厚重。中国传统建筑的砖木结构适应小家小户的个体生活，凭借经验和巧思即可成功，故中国传统建筑始终没有上升到近代力学的研究高度。西方传统建筑多兴建大跨度的拱门、穹隆以容纳上万会众，要有精密的力学知识，因此促进了结构力学的发展。

（2）从建筑布局上看：中国传统建筑为群体组合，即由一个个的单位建筑组合而成一个大的建筑群，空间上横向扩展，讲究中轴对称，追求纵深效果。城市布局多为矩形或方形，整体风格是内向的、封闭的、严谨的，追求内在的含蓄和私密性。而西方传统建筑多注重单体的建筑艺术效果，空间上垂直扩展，讲究突兀高耸，追求立面效果。城市布局多为同心放射状，整体风格是外向的、开放的、活泼的，追求外在的进取和自由性。

（3）从装饰色彩上看：中国传统建筑由于是木构件，需要油漆或涂料保护，色彩以红、黄、绿、蓝为主色调，台基多为汉白玉，鲜艳夺目，具有强烈对比的性格特征。而西方传统建筑由于多使用石质材料，色彩以白、灰、米黄为主色调，朴素淡雅，具有调和性格特征，但内部装饰鲜色彩丽，追求一种光怪陆离、迷乱、朦胧的宗教氛围。

（4）从建筑理念上看：中国传统建筑风格具有温和、实用、平缓、轻捷等特征，表现的是入世的生活气息，实践理性精神(或功能性)较突出，故谓之为“人本主义建筑”。西方传统建筑风格具有冷硬、敦实、突兀、玄妙等特征，体现的是以神灵为崇拜对象的宗教神灵精神或一种弃绝尘寰的宗教出世观念，故谓之为“神本主义建筑”。

三、 中国建筑装饰文化

中国建筑装饰文化是中国传统文化大家庭中的一员，随中国传统建筑文化一起成长、变化，具有同源同根的关系，园林庙宇、牌坊民宅、亭台楼阁等展示了人与自然共生的美德。将中国建筑装饰文化发扬光大，必须坚持古为今用、洋为中用的原则，去粗取精、去伪存真，坚守传承、力主创新。

1. 中国传统装饰文化的主要特点

在我国传统建筑中，装饰是建筑艺术表现形式之一，随着传统建筑艺术与民族文化的发展而不断地丰富。其艺术特征是充分利用材料的质感和工艺特点进行艺术加工，同时恰当地选择我国传统的绘画、雕刻、书法、色彩、图案、纹样等多种艺术的特点，相互结合，灵活运用，从而达到建筑风格和美感的协调统一。

（1）装饰色彩

我国传统建筑装饰色彩经历了秦汉、魏晋、唐、宋、元等多个朝代的演变，到了明清时期已发展到一个比较成熟的阶段，日趋程式化和制度化，对不同建筑类型以及不同位置的色彩运用均作了详细规定。皇家建筑装饰追求金碧辉煌、耀眼夺目的色彩效果。为了体现至高无上的皇权，朱门曾是天子对诸侯和大臣的最高礼遇，庶民所居房舍不许用斗拱及彩色装饰。

（2）装饰纹样

传统建筑装饰纹样是中国文化的宝贵财富，它题材广泛、形式多样、内涵丰富，是其他艺术形式难以替代的。传统建筑在其梁柱、门窗、檐口及柱础等建筑部件上雕刻人物、山水、花卉、动物、神话传说等纹样，大大减少了建筑的单调之感。这些纹饰不仅是对自然事物的描摹，装饰纹样的真正价值为纹样本身具有特定的象征寓意。如采用蝠、磬谐“福庆”之音，以瓶、鹌谐“平安”之音，以柿、如意组成“事事如意”等。这些运用事物名称的汉字谐音组成的祥瑞的词语，表达了古人追求福寿安康的美好意愿，是精神文化的具体表现。

（3）装饰雕刻

在中国传统建筑装饰中建筑雕刻占据非常重要的地位，承担着建筑中特定的功能及满足人们的审美要求。根据材料和雕刻技法的不同，主要有木雕、石雕和砖雕三种形式。木雕是通过对木材进行雕刻加工，创作不同丰富精巧图案的工艺，其展现出一种古朴灵秀、华丽富贵之美，增加了建筑艺术的表现力和感染力。石雕是人们通过在石块上雕刻各种图案及形象来表达祝愿和思想的工艺艺术，普遍应用于台阶、柱础、抱鼓石、石碑、石狮等地方，成为建筑装饰中不可分割的一部分。砖雕是模仿石雕而出现的一种雕饰类别，一般出现在寺庙、墓室、住宅等建筑物的构件与墙面上，主要雕刻人物、山水、动物、花卉等吉祥图案和符号图案，如龙凤呈祥、三阳开泰、麒麟送子都是砖雕艺术中常见的题材，借此传达人们美好的祝福与愿望。

2. 传统建筑装饰文化在现代设计中的运用

改革开放以来，全球化文化交流日益频繁，使我国传统建筑装饰不断地受到新的技术与意识观念的冲击。对此，应理性地将传统建筑装饰的色彩、纹样、雕刻等文化元素融入现代设计中，使中国传统建筑装饰艺术文化在现代设计中得以延续、拓展，运用方法如下：

（1）直接引用。将传统建筑装饰元素中构图优美、简洁的图案加以直接引用，这也符合现代人的审美观，如龙纹、几何纹等雕饰可直接被引用在酒店、茶楼建筑和园林景观中。

（2）抽象变异。元素的抽象变异是指使图形通过几何的简化、夸大等手法进行神韵与造型的凝练，改变比例与结构，强化主题，使原有形象特征更加鲜明、生动。这种形式一般被引用到窗格、斗拱等上面，使人们在现代结构中也能看到中式阁楼的影子，感受到方格窗的错落有致形式，使建筑既有现代感又有传统文化气息。

（3）分解重组。将建筑装饰元素加以分割移位，再按照一定的规律重新组合。分解是按照有规律和自由的方式、根据构成的创造原理，按对称与均衡、对比与调和、节奏与韵律，以及重复、近似、特异等手法与形式，有规律地加以分解；自由分解是在构成原理下以自由与任意的方式随意分解和拆解。重组是将元素方向变化、大小变化、重叠、重复组合、添加或简化等。

分解和重组创造的造型是以现代设计的审美理念对建筑装饰元素进行改造和重构，使传统建筑装饰元素更富时代特色，具有鲜活的生命力。南京南站的设计就是对传统建筑装饰元素进行了现代化的转译。

四、 中国建筑装饰文化创新发展

当今社会科技迅猛发展，我们这个世界已成为“地球村”，任何民族、地域的文化都会受到国际化的影响，中国建筑装饰文化创新发展的问题也必须放在国际文化的背景下谈论。习近平同志指出，对世界形势发展变化，对世界上出现的新事物、新情况，对各国出现的新思想、新观点、新知识，我们要加强宣传报道，以利于积极借鉴人类文明创造的有益成果。

回顾三十年来的室内装饰设计的文化特征，不难发现：一方面各种不同的设计风格存在于市场，另一方面各种中国传统风格的装饰风格日益盛行。这种现象就体现了一种在国际化、多元化的文化背景下所产生的文化交融的现象。

1. 对建筑装饰文化创新的认知

中国建筑装饰文化的创新是指当代具有一定创新能力，且从事建筑装饰创新实践活动的个体或群体，他们利用当今社会资源，在处理好传统建筑装饰文化与当代建筑装饰文化之间关系的基础上，对传统建筑装饰表层形态特质和深层文化内涵进行创造更新的活动。

（1）创新的前提条件

一是把握和满足当代建筑装饰的本体对环境、功能、技术等的需求，这是建筑装饰文化创新应该考虑的首要问题。

二是满足当代人对建筑装饰的审美要求。不同时代人们对审美取向具有较大的差异性，从而造成对建筑装饰文化在集体记忆下的迷糊化和表面化的认知。另外，还应考量当代审美意识的多元化趋势。

（2）创新达到的目标

一是对传统建筑装饰文化做出创造性的表述，反对一成不变地对形态特质和文化内涵进行继承。

二是体现建筑装饰文化的时代性精神。这种精神是当代建筑科学、技术、经济、功能等因素综合发展下的产物，蕴藏着当今科技重大成就和人的审美价值取向。

2. 建筑装饰文化创新是必然的

当代社会经济水平和物质水平不断提高，加之外来文化的冲击，当代人的观念随之改变，这些微妙的变化也冲击着建筑装饰领域。

（1）审美因素

当今，人们的审美观念随着物质形态和社会思想的转变发生了变化。这种审美观念的变化反映在设计领域上就是如何看待中国建筑装饰文化，是随着时代的变迁而改变的。

同样是中国人建造自己的建筑，处于不同时代的人们对于建筑形式美的认识程度与角度会有所不同。以 20 世纪 80 年代的苏州胥城宾馆为例，建筑的外立面是纯粹的中式风格，并且材料、技术也是当时一流的，很符合当时人们的欣赏品味，被誉为典范之作。

赵志阳曾经评价建筑的外立面可以达到满分（赵志阳与设计者的谈话）。但是现在看来，它不再那么合乎当代人们的欣赏品味。这是因为人们的生活方式有了转变，欣赏水平提高了，审美观念也变化了。

再如戴念慈先生设计的曲阜阙里宾舍与贝聿铭先生设计的苏州博物馆，均堪称其所处时代的代表作品。但因为时代的差别，人们的观念不同，创新亦有所不同。阙里宾舍强调鲁文化与儒文化的交融，传统的大屋顶形式与院落布局已然有所创新，对于传统的建筑与装饰有所突破。当时这种文化上的传承与创新还不能被人们普遍接受，但建筑师是走在时代前沿的，用的材料以石材为主，雕刻也很精美，很好地反映了当时的创新思想，被称为创新的典范。

贝聿铭设计的苏州博物馆明确提出了“中而新，苏而新”的创新思想，标新立异，提炼和简化了中国传统建筑与装饰中的诸多构件与局部特征。中国古建筑灰瓦屋顶的檐口已经简化成青灰色的边角线。阙里宾舍同贝聿铭作品相比，差异显著，究其原因是时代变了，人们的审美观念变化了。

（2）工艺因素

传统建筑技术以手工艺为主，几千年传承下来已经很娴熟了。现在建筑技术有了很大的发展，人们的生活节奏加快了，生活观念也在变化，取而代之的是建筑工程大规模的工厂化、模数化、装配化。原来诸多手工的环节变成以工业化、装配化为主，可以在工厂预制现场装配而不再是在施工现场装配。因此，手工艺的市场规模大大缩减了，很多传统匠人的手艺失传，先前的雕梁画栋等传统工艺形式在建筑工业化的大背景下变得极度简洁。而这种简洁化早在 20 世纪 20 年代的包豪斯学院就已经全面显现出来，并已经逐渐体现出其区别于传统手工艺的自身价值。

（3）材料因素

随着建筑技术的进步，建筑材料也变得丰富多样，更新换代也日趋频繁，为新的建筑形式的出现提供了各种可能性。在今天，若是再用以前的砖石、木材等来表现建筑就变得不实际了。钢、玻璃以及各种仿真材料的应用导致了新的建筑形式的产生成为必然。

建筑装饰文化创新是合乎社会发展的，这种创新是人们生活理念改变、物质产品更新后的必然结果。

3. 建筑装饰文化创新的原则

一种文化的存在必须要有它的特点，而这个特点又是同民族的个性、特征相互关联的，一个民族如果没有自身特点就很难得到别人的认同。

改革开放以后，中国主动地打开国门迎接外来的新事物、新文化、新科技。在外来文化的影响下，相应变化不可避免，但同时民族必须坚持自身的原则，维持自己的东西。这就要求必须在自身文化与外来文化之间，谋得一种平衡以求发展。

建筑装饰文化创新的三个原则：

（1）在传承的基础上创新

对中国传统建筑、艺术品进行改良，必定要有一定的根基。中国传统文化源远流长，有深厚的内涵，是一个独立的文化体系。经过数千年的沉淀发展下来，中国文化形制一直是延续的。中国建筑里很多东西是可以吸取的，我们要创新必须了解中国建筑的形制，空间形态、法式、用材等，只有这样才能掌握最根本的东西，才能进行提炼和整合。而经提炼和整合后的作品，就是基于传承基础上的创新。

那么，体现在建筑中，创新就有两种不同的表达方式。

一种是把传统的建筑界面、空间形态中本质的、特色的基本因素加以提炼，再表现出来。例如贝聿铭设计的苏州博物馆、深圳万科第五园，构件简化了，采用新材料进行表达，去掉了很多过渡性的构件，如瓦片，只是以屋顶的概念出现。如常州大酒店大厅入口处的门罩，采用的材料是磨砂玻璃，提取的是中国传统的月洞门的造型。又如上海金茂大酒店的大门，原型就是罩。这些传统的构件经过简化、提炼，创新后再表达出来。

另一种是对于传统建筑的局部构件再组合、再创造。在艺术创作中，为了表现某种因素，往往将传统建筑的一些局部构件组合运用到设计中。这些构件大多是作为文化的载体而出现的。甚至将室外的一些构件如门头、小桥流水等引入室内来表达对于中国传统文化的传承，做出对构件的重新组合，如苏州茶人村等。

以上两种方式是对艺术形态创新的不同表述。总之，无论是简化也好，还是组合也罢，中国传统建筑中还有最本质的东西，那就是强调二维的关系——深浅的对比、主次的对比、等级的对比、秩序的对比等。要抓住这一本质特征，充分发挥二维的形态特征来表述中国传统建筑最本质的东西是非常关键的。

（2）抓住传统建筑的神韵创新

在建筑装饰创作中，要牢牢把握传统装饰文化最本质的要素，不拘泥于形态一致，抓住最本质的内容、形态进行提炼、强化。如符号的转变、组合是对于中国传统建筑创新颇为有效的方法之一。如香山饭店窗子的方胜符号，月洞门式的屏风，上海金茂大酒店的斗拱形柱头，人民大会堂柱子的上部是西方古典柱头的简化、下部却是须弥座的简化，甚至一些简单的几何形的图案本身就蕴含了中国传统建筑的神韵，如圆形、菱形等。人们的第一直觉很重要，往往第一直觉就能把握住本质的东西。

对于传统建筑的传承与创新，功能上要改革，形式上要继承。由于生产力发展了，人们的生活方式改变了，这些传统的东西也要跟着变化，以适应发展的需要。

（3）创新要表达出中国建筑的空间特点

中国的一切艺术都带有程式化的东西，如同戏剧中的水袖、亮相等，创新的变化也是在一系列程式化的基础上变化。中国的传统建筑格局有多进院落，两进、三进等，这些就是程式化的东西；建筑台基、屋身、屋顶的三分构成也是程式化的东西；又如餐具，中国人习惯用筷子，西方人习惯用叉子，这些也是程式化的东西。这些程式化体现出中国传统建筑的空间特点，要创新就要将这些原有的空间特征考虑进去。

对于中国建筑设计和建筑装饰设计的创新，首要的关键是中国必须建立和完善自己的建筑和室内装饰设计理论体系，只有这样我们才能使一批“中而新，苏而新”的作品成为我国建筑设计、建筑室内装饰设计和环境艺术设计作品的主流。

建筑总体设计中的“止于至善”

在座的各位领导、同仁、朋友：

大家好，很荣幸出席本届中国建筑学会室内设计分会陈设艺术论坛，也应主办方邀请，跟在场的诸位分享一些我对于建筑设计、室内设计、陈设设计等建筑总体设计中相关概念的思考，也结合自己这么多年直接或间接的实践经验谈几点体会，还望在场的诸位批评指正。

东南大学首任校长郭秉文先生将校训定为“止于至善”，取自《礼记·大学》的“大学之道，在明明德，在亲民，在止于至善”。如果说建筑学这个框架里也有“至善”，那么，这个“至善”到底是什么？另外，我们又该如何达到这个“至善”？我觉得有必要从多方面加以考量，限于时间，仅围绕室内设计这一中心轴展开论述。

一、 室内设计与建筑设计

根据本人对广义建筑学的学习理解，建筑总体设计这一概念包括建筑设计、室内设计等专业的设计工作。在我国，自从室内设计作为一个专业出现后，无论是建筑设计师，还是室内设计师，大都认为室内设计的工作是建筑设计的延续、完善和再创造。只是有的讲延续的成分多，有的讲再创造的成分多。讲延续成分多的是想强调室内设计专业与建筑设计专业的从属关系，讲再创造成分多的是想强调室内设计专业的独立性。虽然各自都有其片面性，但不管是强调“延续”，还是强调“再创造”，他们都认识到室内设计在建筑总体设计中有其自身的份值，只是价值的分量或高低不同。

翻阅史料，早在原始先民们居住的洞穴中就发现了大量的壁画，这表明人们一旦开始使用空间，就会自觉或不自觉地进行室内设计的工作：如房间中放上家具就是对室内空间功能区的限定，墙上绘制壁画则为界面装饰设计，如此等等，可见室内设计的工作是与建筑设计同时产生的。为了对建筑设计与室内设计这两个概念加以区分、识别，我制作了以下图表。

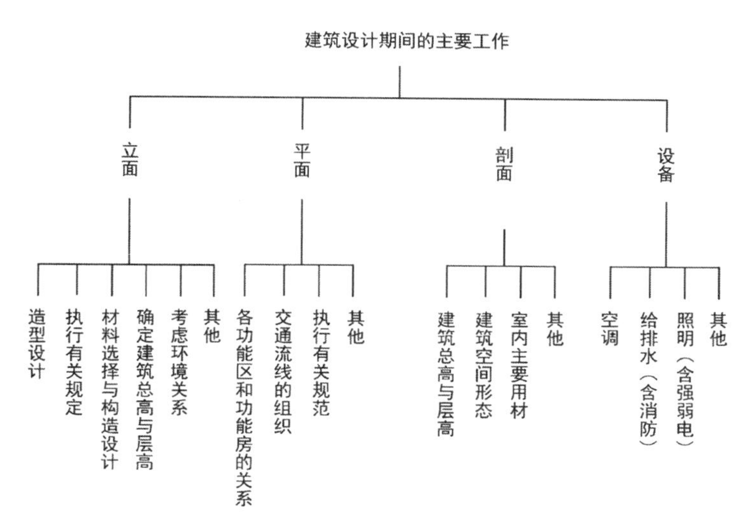

建筑设计期间的主要工作（高祥生工作室绘制）

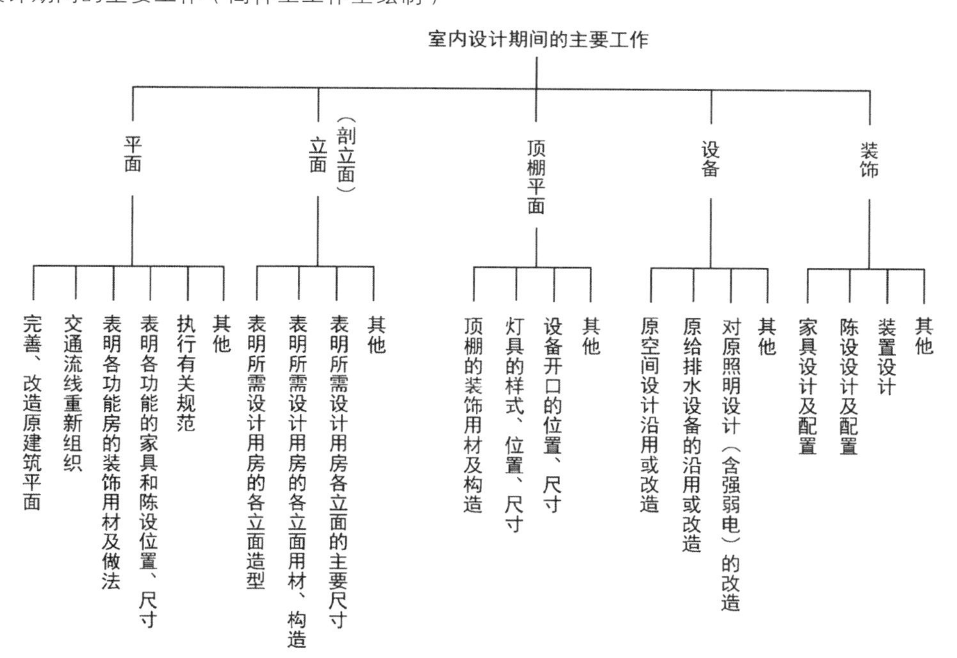

室内设计期间的主要工作（高祥生工作室绘制）

可以看出，在完成建筑的总体设计中，建筑设计与室内设计的工作有一些是不同的，但也有很多环节是共通的，两者共同构成建筑总体设计中双轮驱动的两驾马车。

二、室内设计与陈设设计

我接下来想谈的是室内设计中与之关联性最强的陈设设计。早在 2004 年，我在《室内陈设设计》这本书的序言里写过一句话：近年来，随着社会对陈设设计的广泛重视，我大有一种被认同的感觉，更有一种“把话题讲下去”的愿望……十三年过去了，今天站在这里，我依然有一种“把话题讲下去”的愿望。

“陈设”一词最早出现在东汉应劭的《风俗通义》，意指“摆设”“陈列”。之后历朝历代的文献中也时有“陈设”一词出现，其意都与《风俗通义》相似。

“陈设”可理解为陈列品、摆设品，也可理解为对物品的陈列、摆设及布置。百姓中流行的“软装饰”“软装修”也是“陈设”或“陈设设计”的俗称。传统狭义上的“陈设”通常指艺术品、工艺品等，根据陈设品的定义，这里不赘述其分类。从广义上讲，陈设品是指具有美化或强化环境视觉效果以及具有观赏价值或文化意义的物品。陈设设计是指在室内空间中，根据功能属性、环境特征、审美情趣、文化内涵等因素，将可移动的物品按照形式美的规律进行设计摆放，以提升室内空间的审美价值，强化室内空间的风格特征，增加室内空间的人文气质，最终达到营造富有特点的室内场所精神的目的。

室内陈设设计是室内设计的重要组成部分，室内设计包括了三个基本步骤：一是空间的设计，即对原建筑空间进行合理的利用和改善，以得到符合功能要求的空间形态；二是空间界面的装修，即对室内顶棚、墙面、地面的粉饰、铺装以及水、电、气的管线预埋、安装，厨、卫设备的定位、安装；三是室内陈设设计，包括对家具、电器、灯具、艺术品、绿植、织物等陈设品的选择与布置等。其中室内陈设设计更多地包括室内设计中有关合理、舒适、美观等问题。

业内同仁基本达成共识，即室内陈设设计是室内设计的延续和再创造，因两者在工作内容上的大量交叉和重叠，甚至可以说，室内陈设设计是室内设计后期工作的主体，两者共同构成室内设计双轮驱动的两驾马车。

三、 室内设计的目的是营造场所精神

为进一步探讨室内设计的独立价值，在此我想借助于挪威建筑理论家诺伯格·舒尔茨有关建筑现象中的场所精神理论加以说明。诺伯格·舒尔茨的“场所”与“场所精神”是其建筑现象学的核心概念，他在《场所精神：迈向建筑现象学》一书中指出：场所是自然环境及人工环境有意义的综合，而场所精神即为场地传达出的总体气氛。需要指出的是，在现象学中，场所并不仅指的是物理环境，还指人通过与建筑环境的反复作用和联系后，在记忆和情感中形成的概念。应用在设计中，我认为这是一种根据受众的心理、精神和感受来对其所处的环境所作的评估。为此，应以人为本，从使用者的实际愿望及所处的社会环境出发，营造出能让使用者从心理上认同的居住和工作环境。而使用者对环境在情感上认同，乃至在心理上产生归属感又正是场所精神的本质所在。场所精神的

提出使人们对建筑的认识、评价从物质形态层面提升到从心灵感悟环境特性的层面。为此，人们已不是再将建筑仅仅看成一个遮风避雨的实体，而是看成高质量、高品位生活和工作的空间。正是这种对人与环境的评价主体转移到了以人的主观意识、情感和体验方面，人对生活质量特别是对生活的文化品位、精神内涵提出的各种要求才受到前所未有的重视。

舒尔茨对场所的认识和理解是通过对个人心理功能的定位和确认实现的。室内设计中的定位是使使用者对环境特征在直觉上产生认同感知，常使空间形式表现为某种具体类型，如中式餐厅、KTV包间以及巴洛克风格的大厅等。室内环境类型的指向性在建筑设计阶段就已由建筑师开始酝酿，在室内设计阶段才真正地落到实处。在室内设计阶段，设计师往往通过对空间进行分隔、界面处理、灯光及绿化布置等手段赋予空间一个明确的类型指向，进而让使用者对室内环境产生认同，产生现象学中所谓的“属于此地”的感觉。

我认为，建筑分为重理与偏情两大类。重理类的往往强调建筑的结构逻辑，倾向于通过建筑构件的形态、材质来完成室内设计，并反对任何附加的装饰，如密斯·凡·德·罗在巴塞罗那世博会的德国馆设计中，运用华丽的缟玛瑙大理石作为隔墙的饰面材质，内部的玻璃墙上还刻有雕花，内部摆放他亲自设计的巴塞罗那椅，整个场所呈现出精致、华美的效果。而应对市场需求出现的大量雷同的标准化的方盒子空间，则需要专门的室内设计人员进行再加工设计，使之满足人们个性化的要求。偏情类的往往综合多种艺术手法影响使用者的空间感受，如哥特式大教堂的内部设计，大面积彩色玻璃窗、贯通多层的壁柱、拉长变形的圣像雕刻等室内造型元素对宗教氛围的营造起了重要作用。

当室内与建筑设计一体化时，建筑的风格特征常呈现出一种高度的表里一致性。典型的如赖特设计的草原住宅系列作品，其室内设计中大量运用砖、石、木材等地方材质，这与他在建筑设计中的选材原则是一致的。这种室内设计、建筑设计的综合强化了场所精神。

当室内设计作为一个独立阶段出现时，如果建筑的空间类型与使用者的需求一致，室内设计则需强化室内的性格特征，通过对视觉元素的组织来营造氛围，形成能表达场所精神的归属感；而如果原建筑的空间类型已不能满足使用者的需求，室内设计师常须通过现状分析，重新赋予空间性格特征，形成新的场所感，当然这种设计往往改变了建筑师最初的建筑意图，像设计师登琨艳将位于上海的原杜月笙的仓库改造成自己的艺术工作室就是改变原建筑性格的一个例子。室内设计须对原建筑空间的空间指向进行重新定位，并由此营造新的场所精神。舒尔茨的场所精神理论是一种从使用者的精神和心理出发对人与环境的关系进行解释的学说。该理论将使用者对空间环境能否接受的心理感受水平提高到一个较高的位置。这在室内设计中体现为“以人为本，一切从使用者出发”的思想。同时，场所又是随时代发展而发展的，场所精神由于主体的认识、生活经验、文化背景等原因呈现为相对稳定的状态。在室内设计中，体现为设计师对使用者在文化精神、审美趣味上的引导，使室内设计在营造总体气氛、创造场所精神的同时，形成良好的社会、文化、经济效应。

四、 室内设计的独立价值

我想讲的最核心的一点即室内设计在建筑总体设计中的重要的独立价值。

一方面，从空间到场所的形成，它需要环境和人的参与，换句话说，只有空间、人、环境三者共同作用才能构成真正的场所。譬如一座没有任何装置与陈设的舞台，就只提供表演的空间，只有当舞台设计布置好场景、道具、灯光，并由演员上台表演时，才能产生场所和场所精神。同一个舞台，由于场景、道具、灯光的不同，它可以营造出林海雪原的北国风光，也可以表现出热带雨林的南疆风情……又譬如同一个空间此时可以是商场，彼时因为各种原因又可以变为酒店、茶社等，而此时、彼时的空间均未改变，所变的只是一些非建筑因素的装饰因素，而正是这些装饰因素（即室内设计因素）使建筑空间成为不同的场所，产生不同的场所精神。这种由室内设计完成的通过对建筑场所和场所精神的营造，进而使建筑物最终成为完整的物质和精神产品的工作，正体现了室内设计在建筑总体设计中的重要的独立价值。

另一方面，也是很重要的一块，就是我认为研究人们的行为方式是室内设计师必不可少的工作。室内设计就是在一个限定的空间内预测人们将要在此发生的活动，再帮助人们去实现它。这就好比一套酒具和茶具，它们都是在人们的长期使用中成形的，但因为功能的不同有了形态上的差别，而一旦成形，人们对其持有的形态概念也随之固定。酒具装酒，茶具盛茶，如果将茶、酒对调，人们会觉得十分不适应。我称之为条件形成结果，结果反作用于条件。同理，室内设计的结果会对人们的行为形成一定的制约作用。

舒尔茨提出的场所精神包括方位感和认同感两个基本因素，其中认同感是建立在方位感的基础上的一种较为复杂的知觉活动，是人对场所的依赖心理，沿用在室内设计中，我认为还应包含存在于空间中的场所对人的制约作用，即制约感。谈到这里，室内设计师的作用明了了，他们在对环境进行美化的同时还肩负着一定的社会责任。

五、结语

我想对自己的上述发言进行一番总结陈词，这些也是我从事建筑这个行业以来一直在思考的一点儿想法。

我觉得，在当前的建筑设计中，前期和后期都是很重要的。以现在的状况来看，仅由一个人来承担可能力不从心，对其知识结构、工作能力都会有很高的要求，但从工作的角度来说，两者都是必需的。

从大量的建筑工程建设实践中可以得出这样的结论：建筑工程的建设确实存在建筑总体设计中的前期和后期两个阶段，而在这两个阶段中都需要有一个设计工种作为工程设计的“总指挥”。

前期的“总指挥”理所当然是建筑设计师，他们需要协调建筑、结构、设备、施工、经济等各方面的技术人员，对建筑物场所、建筑造型、基本功能、结构造型、设备、设施等进行全方位的设计，以创造出实用、经济、美观、安全的建筑物。而后期的“总指挥”则是室内设计师，他们在建筑设计所确定的基本空间内再一次协调装修、装饰、设备、家具、陈设、智能、造价等技术人员，主要是完成建筑室内空间的设计，将建筑室内美观表达得更加细致，使建筑更具有场所精神。

也有人说，建筑设计是讲空间的，室内设计是讲场所精神的，我认为，这是各自在承担各自的责任，只有将两者结合起来才能完成建筑设计的任务。若干年后，建筑还会发展，从宏观角度说，我们需要考虑宏观建筑方面的内容，需要做得更加全面，更加综合；从微观角度说，我们更要考虑微观层面的东西，不断满足人们微观层面的需要。

火车站站房室内装饰设计中的整体观

——以铁路系列工程设计为例

近十年时间内，我应铁路部门的邀请，先后设计了南京站南站房出发厅、南京站贵宾接待室、南京站北站房出发厅、南京南站出发厅及到达厅、南京南站公共环境、合肥南站出发厅、连云港至镇江沿线辅房形象提升、南京至启东沿线辅房形象提升、南京南站至太仓站建筑环境形象优化设计等三十余个站建筑环境的形象优化设计。在这过程中我遇到过各种困难，也得到了诸多设计同仁的支持和帮助，我对此表示感谢，是大家的帮助成就了我的设计。在这过程中我认真思考、努力工作，积累了一些经验。

现将车站建筑室内设计中的整体观总结如下：

1. 设计中的整体性

在诸多的体会中，我首先想到的是如何把握设计中的整体观，并做好整体控制、分步实施、分清主次、把控整体尺度这些工作。

我以南京南站的形象控制设计为例来谈一谈。

（1）整体控制

由于南京南站后期形象控制的内容繁多、情况复杂，我们必须有正确的设计理念和统一的规划步骤，树立整体控制意识，以保证设计的完整性和协调性。为此在设计中对商铺广告和标识的形象控制都做了研究、分析。在南京南站后期室内形象控制设计中，主要从形态控制，材质控制，照明控制，色彩控制，消防安全控制，候车厅商铺、展台、服务设施、交通流线的组织控制，以及商铺的尺度控制等七个方面，保证南京南站室内形象设计的完整性和协调性。

建立整体控制意识，首先需要完成四个工作：一是对原建筑设计的视觉效果的完善，在延续原建筑设计理念的同时，对原建筑设计进行补充，加深旅客对“古城新站”的文化形象认识，以体现南京历史文化名城的地方文化特色；二是对原装饰设计的细化，南站现有室内界面已完成交付，本次设计主要采用在现有界面上做叠加的思路，通过增加后期的装饰装修、构筑物以及陈设品来细化原装饰设计，并完善对应的功能区；三是对原设施的增设，根据旅客出行的需要，增设设施的类别，完善原设施设计；四是对现广告设计形态的调整，在分析旅客在车站的视觉规律的基础上，将广告设施、文化设施、商业设施三者结合在一起，通过对其主题、色彩、形式等方面的控制，使其总体协调。

（2）分步实施

南京南站室内环境形象完善的工作内容繁多，而同时展开这些工作有一定困难，我们采取了在进行整体控制的同时，分步实施解决工程问题的方法。

分步实施的第一步是环境细化设计，包括功能的进一步合理分区、空间形态的优化、界面的装饰更新、无障碍和标识系统的增设设计等内容，使车站室内外环境的整体风格统一，候车厅功能优化，流线清晰，空间形式丰富有层次，服务便捷，从而进一步提升车站的文化内涵和整体形象。

（3）分清主次

南京南站的出发厅是南京南站后期装饰的重点，其功能有旅客出行功能、到达功能、商业功能、广告功能等。在众多功能中，我们认为出行功能和到达功能是最主要的，因为车站首先要满足人的出行，因此商业功能、广告功能等绝不能影响出行功能和到达功能。当时我作为形象优化的总顾问，提出出发层的平面布置不能突破一轴四边的关系。所谓一轴是指出发厅设置文化广告的中轴线位置，四边是指两边候车夹层位置和两边的商铺与风口机位置，所有商业、广告设施都不能突破在一轴四边中空余的出行空间。

为了保证铁路客站的主要功能，我们在设计中做了三项工作：一是对南京南站现有功能做了增补和完善，如增补了购物空间、母婴候车空间、问询空间等；二是对现有功能位置不当的空间做了调整，如调整商务旅客 VIP 候车区；三是在增设商铺和文化设施的设计中始终注意保证旅客进站、出站交通流线的通畅。不论是商业开发还是广告开发，都必须确保“旅客出行方便”。

（4）整体尺度

南京南站体量庞大、形态恢宏、气势磅礴。就出发厅的室内空间而言，南北长 418 m，东西宽 72 m，中部层高 28 m，两侧候车区高 17 m，夹层层高 9 m。在这种特大规模的空间中，按常规尺寸设计必然会感觉物品“缩小了”“变矮了”。以出发厅风机间的岛型商铺为例，若照搬商场中使用的商铺尺寸，在如此开阔高大的空间中必然会显得矮小，与周围环境也无法取得协调一致；但若盲目地扩大尺寸，则不能营造出亲切的感觉，甚至造成使用上的不便。因此，该空间的商铺设计需要兼顾与人与周边构筑物及空间本身的尺度关系。值得一提的是，商铺的组成元素之间也应遵循比例、尺度协调一致的原则。商铺的尺寸相对于常规空间中的商铺，尺寸已被放大了，确定为 3.6 m，后期改造时又增加为 3.7 m。后期为什么要增高？其原因有两点：一是后期商铺的面积大了一倍，二是现在的商业广告的面积加大。为了使商铺与毗邻的风机口横线保持高度一致，其高度又不能超过 3.7 m。此外，商铺内部吊顶采用黑色网格格栅，且吊顶高度为 3 m，这样的高度控制不仅适于展示灯光的布置，也使顾客对空间尺度的感受适宜，且不会影响到商铺的整体外观。

2. 设计中的辩证性

我主持做铁路部门的工程设计，最早是从南京站的室内装修开始的。在南京站装饰装修设计时，我运用辩证思维成功地处理了装饰设计中的形态统一的问题，如简与繁的关系、局部与整体的关系、形式与功能的关系、室内与室外的视觉关系。

（1）简与繁的关系

南京站装饰设计取得成功的关键在于把握好装饰装修设计的度。通过对项目的分析和实地考证，我们在设计中确立了以简洁、通透、明快的风格为室内的总体格调，并将装饰材料控制在有限几种内的方案。

这一设计理念的产生主要源于对建筑空间形态总体特征的理解：站房采用斜拉悬索大跨度钢结构体系，斜拉的杆件与船形的天窗赋予候车厅丰富的空间形态。同时，光影的变化使得大厅中的视觉感受丰富多彩；为保持这种氛围，候车厅的用色宜简洁明快，为此色彩以浅灰色系为主色，而将附加的装饰材料品种减少到最低限度，从而使建筑的构件成为装饰构件，建筑的界面成为装饰的界面。淡化色彩、简化装饰的目的是更好地突出建筑物的结构美，强化建筑物形态的整体力量感。因此，项目中对装饰材料的选择除了表现材料自身的美感外，还注意到了空间的整体感。

（2）局部与整体的关系

在装饰工程中，装饰语汇不应孤立地存在，应在整体的组织关系中获得自身的意义。一种材料、一种颜色用得是否合适，是通过与它所处环境的其他构成因素相比较判断的，不存在为了装饰而装饰。在南京站的设计中，人物的活动是空间的主体，各种广告、设施仅作为调节室内气氛的手段，而空间界面的高雅灰色调则为人物提供了一个展示的背景。

为了与南京站的建筑格调相匹配，南京站的室内装修设计中运用了建筑立面上已经采用的金属铝板、灰色石材、玻璃等主要材料，目的是使建筑风格表里一致。例如在处理候车厅卫生间的外立面色彩、材质时，将原来已铺贴完成的黄色面砖果断地拆除，并改为浅色铝板。软席候车室（动车候车厅）加接的前室部分，所用装饰材料以及装饰色彩与建筑立面基本一致，从而使该加接部分自然地融入整体环境中。

针对原站房对辅助空间考虑不够的问题，通过在候车厅靠外立面的一侧加建了成排的商铺来解决。为了与整体环境相协调，商铺的立面采用钢结构为骨架，以铝板包成斜向结构，与站房的倾斜立柱、金属杆件相呼应。

室内装饰设计中，吊顶设计的成功与否对空间效果影响巨大。原站房设计中，一层软席候车厅和售票大厅的吊顶净高只有 4.5 m，空间效果不好。通过各专业的综合协调，设计中将软席候车区的主风管改移至 7.2 ~ 9.3 m 结构层间，将售票大厅内的顶送风更改为侧送风；同时，采取优化风管截面尺寸，综合布局强、弱电桥架和消防管道等方法，将吊顶抬高至 5.5 m，取得了较好的空间效果，为旅客提供了宽敞明亮的购票、候车环境。在二层候车室的处理中，由于结构高度限制，尽管对各种管线进行了优化，但室内净空高度仍不足 4 m。

（3）形式与功能的关系

设计中对某种装饰形式的选择，往往是对该空间特定功能要求进行深入、细致分析的结果。南京站出发厅人流量大，地面耐磨损要求较高，故选用石材铺装。而贵宾区则强调了对舒适度的追求，故室内地面铺设了地毯，门廊、走廊则铺上高档的塑胶地毯。

候车室的等候座椅用红色和蓝色仿皮革饰面，不仅做到在色彩上与整个环境相协调，且易于清洁，还有良好的触觉效果。

由于候车厅的进深较浅，如何给旅客留出更多的集散空间，增强视觉上的空间感，成为我们考虑的重点。通过与相关专业的协调，首先对原设计中的候车厅和二层候车厅从建筑和结构上做了比较大的变更，取消了原设计中位于二层进站候车厅两侧的人行大坡道，在广厅 7.2 m 标高与二层候车室 9.3 m 标高之间通过宽敞踏步的楼梯联系；去掉了原设计中坡道与二层候车室之间花坛面积，将该处二层候车室（第五、第六候车室）结构悬挑，起到了扩大进站广厅和第五、第六候车室的可用面积，提高广厅和候车区域整体性的综合效果。同时，采用装饰灯光，既减轻了广厅的厚重感，又丰富了广厅的夜间灯光效果。

在南京站候车厅的装修设计中，从整体布局到材料选用，从局部布置到旅客座椅的安排，甚至到对栏杆的设置、门的形式、门头装饰、台阶与坡道的选用、扶梯与楼梯的间隙处理等，都体现了对细节问题的充分关注，其形式的确定均是出于该空间特定功能要求而进行的深入、细致的分析考虑。

（4）室内与室外的视觉关系

南京站建筑总平面具有室外空间开阔、室内空间进深较为局促的特征。为了优化空间形态，建筑设计中将站前广场的立面设计成大片玻璃门窗，使室内外景象融为一体，并使人们能够在室内空间观看到室外的景象，从而达到扩大室内空间的效果。室内设计时，在分析建筑环境和特定空间的基础上，严格遵循室内装饰物体不减弱室内外通透的视觉效果的原则。如将原设计中出发区域的两部垂直电梯的钢筋混凝土围护变更为玻璃围护，力求轻盈的视觉效果。在车站靠近广场一侧的室内加建的小卖部隔断都采用透明玻璃，并将柜台的高度也都控制在人的正常视线以下，如此处理既确保了室内外空间的通透性，又使室内空间在对室外的借景中取得较为开阔的视觉效果。

铁路旅客车站装饰设计的目的在于为广大旅客建构一个舒适、方便的空间环境，其间涉及空间形态的构思及对装饰材料的选择等问题。我们应以使用者为主体，对环境进行相应的处理，并让装饰与建筑形态尽量统一，淡化装饰的存在感，使装饰成为“没有装饰的装饰”。

南京站候车厅（高祥生摄于 2015 年 12 月）

3. 设计中的文化性

铁路站是文化的重要窗口，优化铁路站的文化表现是宣传地域文化、时代文化、商业文化和铁路文化的重要举措。所以，我们在表现铁路文化中应注意到铁路文化内涵的多样性和文化表现中的统一性。

南京站北站房中装置的云锦梅花图案（高祥生摄于 2013 年 8 月）

（1）文化内涵的多样性

① 地域文化

A. 南京站北站房地域文化元素的运用

南京的地域文化元素虽有很多，但在设计作品时应选择最具南京特色和文化底蕴的元素符号。南京诸多文化元素中独具特点的有辟邪、明城墙、梅花等，我们将这些元素也运用到了南京站北站房的设计中。

辟邪，它完美地体现了六朝古都的形象，展示了南京人民稳步向前、勇于战胜艰难险阻的精神，以辟邪为代表的六朝石刻已成为南京文化最具代表性的图形元素。南京明城墙是世界第一大城垣，它是南京古代军事防御设施和城垣建造技术的集大成之作，是中国继秦长城之后的又一历史奇观，它是最能代表南京明代辉煌的历史遗迹。梅花是南京的市花，它具有与雪松相似的品格，能经受风雪严寒的考验，寓意南京人民坚强和乐观的品格。

我们将这些具有代表性的元素，提炼出其外形轮廓特征，并以线面结合的方式，概括出抽象的装饰文化符号，运用到南京站北站房的商铺装饰文化设计中。

B. 合肥南站徽州地域文化元素的运用

徽派文化历史悠久，源远流长，其地域文化元素有很多，粉墙黛瓦的古宅、坚韧不拔的迎客松、深幽的街巷、精美的古物雕刻，但最有代表性的要数徽州建筑中高翘的马头墙、升扬的飞檐、门楼、牌坊等。马头墙又称封火墙，特指高于两山墙屋面的墙垣，是传统徽派建筑最为重要的造型元素。徽州民居中蕴藏着中国江南文化的美，它以“三雕”最为出名，分别为石雕、砖雕、木雕，建筑装饰中有回纹、刻冰纹、云头纹、寿桃纹、摇钱树纹、福禄寿喜纹等，也有植物、动物、人物或抽象的图形符号等。这些纹样体现了徽州深厚的文化内涵。

在合肥南站商业设施的设计中，我们主要从两个方面把地方元素运用到商铺设计中：一是在商铺的装饰上加入徽派图形元素，如迎客松和牌坊的造型；二是在商铺的造型上加入徽派建筑元素，如特色马头墙结构。

② 时代文化

任何文化的表现都会被打上时代的深刻烙印，铁路旅客车站所体现的文化特征也是如此。时代文化在铁路旅客车站中的表现方式是多种多样的。时代文化的表现方式还有通过现代材料、工艺、色彩、灯光等要素去表现商业设施中的时代文化形象。总体来说，时代文化在形态上是简洁的，在色彩上也一定是简洁明快的，如白色、黑色、红色，这些色彩不会很浑浊，有时也可用高饱和度色彩；在材料上是时尚的、现代的，多以金属和玻璃的材料为主。

通过商业设施的形态也可表达时代文化的特征。铁路旅客站应呈现出干净利落的形象，它与传统的复杂形态不同，现代商业设施都是以简约、时尚为主，大多以规则的形状出现，一些不规则的造型也以简洁为主，现代的形态在传统商业形态的基础上做了减法。如今，数字化的技术蓬勃发展，越来越多的商业体验店也出现在铁路站中。

A. 现代材料的运用

铁路旅客车站是人流聚集的场所，材料的选择对旅客的安全影响重大。铁路旅客车站所采用的装饰材料必须都是安全、环保、高质量的材料，满足燃烧性能的等级要求。铁路旅客车站的装饰材料具体应满足以下几个要求：

a. 防火等级和环保质量必须符合国家和行业相关规定。

b. 应选用绿色环保、无毒性材料。

c. 材料耐磨、耐脏、易清洗。

d. 材料的施工工艺便捷。

e. 材料给人的感觉应满足大环境的特点和要求，融合时代审美。

B. 现代灯光的运用

灯光是时代文化表现的又一个要素，如果缺少了光的辅助手段，现代感的表述一定不会是清晰的，现代感的特征也一定不会是明显的。所以，商业设施及广告上的灯光一定靓丽、明快。

商业设施的灯光运用主要在商铺门头和商业广告中。倘若这些部位缺少了光的辅助，它的视觉一定是混沌、陈旧的。以合肥南站商业设施的灯光运用为例，其主要表现：

合肥南站候车层（高祥生摄于 2015 年 12 月）

a. 深色门楣本身门头颜色较深，其 logo（标志）的字体均采用正面发光，突出了文字本身，如左图为合肥南站候车层，黑色的门楣配置了浅色的文字，logo 采用正面发光片，侧面镜面采用不锈钢饰面的形式。

b. 以浅色门楣为底色，可突出字体，采用侧面发光或正面发光的形式。

c. 商铺内照明均采用 LED 中性光色，满足视觉和照度的要求。

岛式和仓式商铺发光形式

部位	logo 字类型	字间距	高度	厚度	发光形式
岛式商铺门楣	中文	80~150 mm	300~380 mm	50 mm	正面发光
	字母	30~50 mm	300~380 mm	40 mm	正面发光
仓式商铺门楣	中文	80~150 mm	500~700 mm	50~55 mm	正面发光
	字母	30~50 mm	300~380 mm	40~45 mm	正面发光

③ 商业文化

A. 商业文化在南京站北站房中的运用

南京站北站房的商业形式主要是餐饮、银行、品牌等。餐饮主要集中在商业夹层。餐饮的商业宣传主要表现在标识体系和商业海报上，企业通过 LED 发光字体，增强字体的视觉效果，配上诱人的食物图片，从而增加经济效益。银行文化宣传主要表现在铁路旅客站中的电子屏幕上，运用亮色系的颜色吸引旅客的关注。品牌文化通过商铺的形式表现，南京站北站房的商铺主要集中在一层和二层，包括袋鼠箱包、悠途便利、VAUDE户外旅行、品味江南特产超市、铁路卷烟店、迪士尼动漫体验店、旅友书店、缤刻体验店等。

南京站北站房商业夹层以餐饮商铺为主，候车层主要以购物展示为主，餐饮和购物功能的分开，有效地规划了空间，也方便了旅客的寻找和使用。商铺在服务旅客的同时，也传播着商业文化。

B. 商业文化在合肥南站中的运用

合肥南站分为候车层、商业夹层、到达层和站台层，每一层有不同的商业文化氛围。与南京站北站房不同的是，合肥南站空间稍大，商业广告数量多，设计中力求使整个铁路旅客站室内充满浓厚的商业气息。在候车层的墙壁上，可以看见大幅的当地特色景点的宣传广告栏。商业夹层的商业文化主要以餐饮文化为主，铁路旅客站商业夹层设计了单独的餐饮区域，把每个店铺分隔开来，商家有各自的区域放置食品信息，并设立商业设施广告牌、宣传图例。到达层空间较大，以招商信息和公益广告为主。站台层面积较小，主要空间为旅客进入铁路旅客站安检的通道。进门的电子屏上可以展示车次的相关信息和商业广告，广告牌一般采用亮色系，区别于车次信息。

合肥南站商业设施功能较为多样，传播了不同类型的商业文化。其中包括了餐饮、零售、服务与体验类商铺几种类型。零售业主要分布在候车层及商业夹层的边部；餐饮业主要分布在商业夹层靠入口处；服务及体验类主要分布在候车层边部。

④ 铁路文化

在铁路站的多样文化中，铁路文化应占主导，铁路文化里面一定含有时代文化，时代的进步必然会包涵铁路文化的发展和人们审美的变化，所以铁路文化随时代的发展而改变。但是，在铁路旅客车站商业设施设计中，时代文化的设计元素又应统一到铁路文化中去，从而适应铁路旅客车站的大环境，所以两者应是统一的。

A. 铁路文化在南京南站中的表现

对多样文化的融合和统一可以从商铺的造型、尺寸、整体形态、材料、色彩等方面去整合考虑。例如南京南站体量庞大，形态恢宏，气势磅礴，在如此巨大的铁路室内空间中，商铺的尺寸须根据车站的空间相对扩大，并应保持商业功能不受影响。商铺四周采用防火透明玻璃，既可以使旅客站保持通透，也可以保证旅客的出行便捷。商铺的布局、造型、尺寸、用材都必须满足铁路部门的防火规定。商铺的施工工艺简洁大气，在铁路环境中，其色彩设置应根据铁路站常用的颜色，南京南站的商铺大多以米白色、黑色为主，形态是工业化时代的那种干净利索的感觉，具有高铁时代的气息。

B. 铁路文化在南京站北站房中的表现

南京站北站房的空间布局较为规整，且面积不大，其商铺的造型设计应以简洁凝练为主，做过多的装饰造型会影响铁路的整体文化。商铺须采用现代的材料和工艺，如南京站北站房一层的出发大厅食品商铺，整体色调为白色和淡米色，既趋近于铁路建筑的颜色，与铁路环境和谐统一，又会给人一种强烈的现代科技感。商铺大玻璃的装饰面使空间通透，货柜都设置在一定的高度，保证旅客视线清晰。门头金属的材质具有强烈的时尚感，表现了铁路文化与时代文化的融合和统一。

（2） 文化表现中的统一性

文化内涵是多样的，表现文化则需要在多样中求统一。

① 总体特征

2018 年春，我们承接了对连镇铁路（连云港至镇江铁路车站）和宁启铁路（南宁至启东铁路车站）的七十几幢辅房形象及环境的优化设计。本次设计是在原建筑设计的基础上作修改和完善工作。设计任务是美化外部形象，不改变原设计中的结构和功能。

我们试图通过建筑外立面的改变和景观环境的增添，表现大运河沿线城市时代文化、地域文化、铁路文化。在设计中我们着重做了如下工作：

a. 统一辅房的色调。我们抓了两个面的色彩统一，即屋面的色彩统一（灰蓝色）和墙面的色彩统一。

b. 从当地民居中提炼出墙的装饰符号、屋脊的装饰形态、窗户的装饰纹样，使之在变化中取得统一。

c. 采用简洁明快的装饰语汇，力求工艺的简捷化、造型的现代化。

② 连镇铁路辅房形象及环境的优化设计

连镇铁路地处我国东部沿海地带，位于江苏省南北纵向中轴线上。线路北起连云港市，沿宁连高速公路引入淮安市。在原有建筑功能不变的前提下，我们主要对同区段的建筑立面中的屋顶及立面部分进行统一与美化。

在进行连镇铁路辅房形象优化设计时，我们强调建筑应具有鲜明的时代特征，深深扎根于地域文化，努力表现车站所在地区的大运河文化，但在表现地域文化中不拘泥于对传统的模仿，而是采用创新的手法，对传统装饰进行创造性的处理，使之更加简洁明快，具有鲜明的时代特征，同时也更符合当前建筑施工的工艺流程。如围墙上部压顶线条的处理，片段小景的对景处理，无一不在表现传统文化与时代精神的结合。建筑的屋顶、山墙做法源于当地传统民居，然而又经过提炼加工，从而呈现出一种全新的面貌。传统的装饰语汇通过现代的材料以一种全新的面貌呈现出来。本次连镇段配套用房立面的深化设计可以说是笔笔有依据，同时每个区段又呈现出其独特的面貌。

铁路配套用房虽然不像站房那样具有城市的“脸面”的作用，但作为铁路职工长期生活和工作的环境，其重要性不容低估。使所设计的环境具有一种识别性，从而让职工产生认同感就成为本次方案创作的一个重要关注点。我们从当地的传统建筑中提炼概括出的建筑符号，是基于当代人对传统文化挥之不去的情怀。

③ 宁启铁路二期辅房形象及环境优化设计

在宁启铁路二期辅房形象的优化设计中，我们强调对建筑功能的完善，对原有建筑形态不够美观的部分进行修改、调整。比如空调位与落水管的随机布置，门窗、通风百叶的无序安排。同时，对建筑周边的环境也进行了相应的完善。在环境设计中更加关注环境舒适度和视觉审美感受。

宁启铁路二期辅房形象（高祥生工作室绘制）

而在这次设计中更加强调了对时代文化、地域文化、铁路文化的表达，特别是加强了对地域文化以及现代特征的表达。在设计中我们时刻考虑到旅客进出车站的视觉心理感受。项目前期，在铁路部门领导的带领下，我们参观了九景衢地区的三座高铁站，三座高铁站的建筑样式对我们有所启发。同时我们也根据江苏地区建筑的地域特色，对各地具有代表性的建筑装饰符号进行提取，将其作为建筑创作的语汇。采用从江苏当地传统民居中抽取的建筑样式对围墙分段设计，同时也着重保证墙体的安全与封闭性，从而使线路经过地区的铁路配套用房各有地方特色。在建筑的细节处理手法上也力求有所变化，努力做到每个地区的建筑都有自己的风貌。

本次设计从当地丰富的传统文化中寻求创作的源泉，以获得设计的灵感。在细部设计中，无论是建筑上、围墙上的漏窗样式，还是围墙边小景的表现，都做了较精心的设计，如水缸、渔船等设计语汇，正是当地传统文化的片段剪影。为了做好设计，我们整个设计团队多次深入南通地区进行文化上的调研，并从传统建筑中抽取出能代表地区传统建筑特色的装饰纹样，将其装饰构件提炼概括成为一种创作语汇，创造性地运用于本案的创作中。基于对当地文化的深刻理解，我们将传统建筑的形式与全新的建筑材料技术相结合，表现出了当代铁路建筑的新形象和建筑环境。

从南京站室内形象改造的设计开始到现在，已有十多年了。在这十几年中，我也遇到过一些人为的阻力，有的阻力还很离奇，对于这些阻力，我常常想到中国的法制尚未健全，有些人的认识水平需要逐步提高，自己也就心平气和了。

在这过程中，我遇到过各种困难，也得到了各种赞扬，我感谢这些领导和同事们的帮助，我感谢自己生活的我国铁路事业快速发展的时代。是国家的发展成就了我的事业，是领导和同志们的帮助成就了我的业绩。

高祥生在 2007 中国铁路客站技术国际交流会上发言

附：工程主要参与人员：

1. 南京站南站房出发厅装修设计

项目负责人：安宁、高祥生。

总设计：高祥生。

参与设计：钱桂枫、郭峰桦、辛建珍。

装饰绘图：潘瑜、郭峰桦、方晟岚、卢萍、郁建忠等。

2. 南京站北站房出发厅装修设计

项目负责人：高祥生。

总设计：高祥生。

参与设计：万晶、周欣怡、陈颖洁、周扬等。

3. 南京南站室内环境形象控制设计

项目负责人：高祥生。

总设计：高祥生。

参与设计：宫平、马婕、周歆怡、卞扬扬、王勇、许琴、杨孙飞、沙勐贤、曹莹等。

4. 合肥南站商铺形象控制设计

项目负责人：高祥生。

总设计：高祥生。

参与设计：王勇、万晶、周歆怡、卞扬扬、陈颖洁、李桢、雷雨、卢杰、周扬、沙勐贤等。

（注：本文由陈尚峰博士根据高祥生教授口述整理，收录文集时由高祥生工作室修改）

建筑系美术教学改革中若干问题的思考

本文针对南京工学院（今东南大学）建筑系在美术教学改革中遇到的问题，阐述个人的看法，部分问题如下：建筑系美术教学改革的主要任务是什么？建筑系美术教学的目的是什么？建筑系美术教学的特点有哪些？美术教学课程及美术课学时怎样设置更合适？我希望通过多校建筑系美术教学研究会议听取与会者的意见。

一、建筑系美术教学改革的主要任务

我国早期的建筑教育模式主要是延续法国巴黎国立高等美术学院的传统教学模式，同时又学习了苏联契斯恰科夫的教学方法。其基本概括了传统的建筑教育的形式。在美术教学中强调教学的主要目的是在为学生掌握建筑渲染技能打基础的同时提高其审美能力，教学的方法采取师傅带徒弟的经验主义的教学方法。

近年来现代建筑设计思想和建筑教育思想已在我国萌生，传统的师傅带徒弟的经验主义的教育思想受到了冲击。建筑教学提出了新的教学要求，增设了新的教学内容，同时又重新组织编写了新的教材。随着建筑教育思想的发展，建筑美术教学中也产生了新的教学内容、教学方法，如在教学中增加了设计素描、设计构成等，在教学理念上提出了理性教育等。

然而，我们还必须看到，现代建筑设计思想和建筑教育思想尚未在我国普及，传统的建筑教育思想仍然占据主导地位，要改变这种状况需要一定时间。

目前我国在建筑设计程序中还经常采用建筑表现图（或称渲染图）这一形式，而我国还没有出现一批专门以绘制建筑表现图为职业的设计师，这就需要学校培养的学生具备这方面的能力。我们不可能像欧美国家中有些建筑院校那样取消写生绘画的教学，或将波普艺术或视觉艺术作为美术教学的全部内容，也不可能像中国香港地区有些建筑系那样用书法课代替美术课。所以，我认为现阶段美术教学改革的主要任务是在现有教学体系的基础上对不适合建筑教学要求的教学内容、教学方法进行必要的修正、充实。

二、 建筑系美术教学的目的

根据目前建筑教学的现状和要求，建筑系美术教学的目的有三个：① 建筑画技能的基础训练。② 艺术素养的熏陶。③ 形体、色彩的表现能力、思维能力和创造能力的培养。

建筑画技能的基础训练是美术教学的主要目的，因为建筑画是建筑表现语言的一种重要形式，而这种表现语言的传授是其他教学无法代替的。

建筑画的表现形式主要有三个方面内容：① 明暗色调的造型能力：它是水彩、水粉及单色渲染图等表现形式的基础。② 线条的造型能力：它用于构思设计草图、收集资料、完成建筑现场的调查记录以及绘制建筑表现图（如钢笔、铅笔淡彩等）。③ 装饰画的表现形式：它是实用性较强的一种表现方法。对于这三种表现能力的训练，如果不分主次地平等对待，会导致任何一种方式的训练都无法获得应有的效果。因此，我认为还是应当以明暗素描到色彩写生为教学主线，并且在这个过程中安排一定学时的建筑速写训练、适当的线条训练和装饰画训练，以确保既能顾及学习的重点，又能兼顾各种能力的培养。

提高建筑系学生的艺术素养是多渠道的，美术教学是其中的一条重要途径。在美术教学中学生可以通过绘画实践、对美术理论及美术史的学习、对图片的欣赏等提高审美的趣味和对艺术的鉴赏能力。

在提高建筑系学生的艺术素养方面，我们应该做好三件事：① 美术教师本身的艺术素质的提高。因为美术教师的艺术修养的高低将直接影响学生。② 从教学大纲上明确美术教学设置中应适当增加美术欣赏课，以培养学生的艺术素养。③ 建筑系的美术理论课和美术史课应该以作品赏析为主要内容，以利于培养学生在艺术欣赏中的直观认识。

美术教学可以培养学生对形体、色彩的表现能力，同时增强学生的思维能力和创造能力。具体措施：不减少传统素描作业的课时，增加适当的设计素描、速写、默写、构成等课程。在训练学生对形体、空间、色彩的认识、理解、记忆、表现的基础上，培养他们在形体、空间、色彩等方面的再创造的能力。这种能力的培养对提高设计创作中形象思维的能力有很大的帮助。

三、 建筑系美术教学的特点

首先，美术课在建筑教学中是一门专业基础课，它的教学目的受到专业课的制约。这种制约包括教学的目的、教学的时间、教学的内容、教学的方式等，这是建筑系美术教学必须考虑的问题。因此我们在教学的改革中必须努力寻找更适合建筑系美术教学的途径，以配合专业课的教学和适应建筑系的特点。其次，建筑系美术教学的目的是多方位、多层次的，我们必须确定美术教学的主导思路，然后据此考虑安排具体教学内容、时间及方法。制订教学计划要注意教学内容的连贯，注意各部分教学内容的分配占比，注意在教学中强调某个问题时应该顾及有可能产生的另一个问题。

另外，建筑系学生入学时普遍绘画水平较低、艺术素质较差，但美术课学时有限，而且建筑专业对美术教学的要求既有感性的成分，又有理性的成分，这就要求美术教师必须认真研究建筑系的美术教学方法，精打细算地利用好每一堂课，对作画步骤、方法等讲解得很具体，不能让学生慢慢“悟”。再有，建筑画通常要求严整、工细，兼顾绘画的感觉效果和形式美，即达到既符合建筑绘画的严整性，又具有绘画性的审美效果。

四、美术教学课程及美术课学时设置中的问题

美术教学课程及美术课学时设置，应根据建筑系对美术教学的要求和全系教学计划统筹安排，同时考虑美术课完成教学任务所需的时间、内容。

目前，东南大学建筑系美术课的学时改为 390 学时（其中不包括水彩、水粉实习和选修课），学时数的分配：素描第一学期为 96 学时（6×16），第二学期为 102 学时（6×17），色彩课由三个学期授完，每学期为 64 学时（4×16）。

鉴于建筑系美术教学的特点，美术课不应采取集中学时训练的方法，其原因不仅是整个系教学计划难以安排，更是为了有利于学生对美术知识的逐步消化，并通过其他专业渗透，加深理解。但是每周安排一个单位时间进行美术教学的写生训练，显然不如安排两个单位时间更为合理。从教育心理上讲，两次技能训练的时间不宜间隔太长，否则不利于技能的掌握、巩固和提高。

美术教学内容主要分两大部分，一部分是绘画课，另一部分是美术理论、美术历史等选修课，其中绘画课是主要的。为了提高绘画课的占比，保证绘画教学有足够的学时，在课程设置中应适当控制美术选修课的门类和学时。在美术教学改革中必然增减部分教学内容，但对于增减内容的占比和教学程序的安排等，都必须作周密考虑。

目前我们在教学改革中增加了设计素描、速写、默写、想象画、建筑表现图等教学内容。

我认为设计素描放在素描学习的开始，训练时间一般应在六周以内比较恰当。速写、默写、想象画主要安排在长期作业中间，要求学生在完成一张长期作业的同时，完成素描本速写或默写三四张，色彩默写一两张。这样安排的目的，是保证明暗训练到色彩训练这条主线不受较大的冲击。

建筑表现图的训练可放在色彩实习中进行，重点解决表现图中的色调和配景问题。

东南大学建筑系现在还是将三大构成的教学作为设计初步的教学内容。倘若美术课学时有所增加，也可将其放在美术教学中。

五、 教师是教学改革的关键

美术教师对美术教学改革的认识水平决定了美术教学改革的方向，教师的知识结构和业务水平直接影响教学改革效果的好坏。

因此在教学改革中我们应通过各种形式深入、细致地了解建筑设计教育的思想、内容、方法，了解建筑设计教学的过程、特点，了解建筑系对美术教学的要求，等等，例如可以听一些建筑设计课，以熟悉建筑教学的要求。另外，还可以通过各种渠道与兄弟院校交流教学改革的情况，吸取兄弟院校成功的改革经验，以提高我们对教学改革的认识水平；还应该开展经常性的教学研究，针对建筑系美术教学的特点，探讨出一套更加适合建筑系学生的教学方法。在美术教学改革中必然会不断地更新现有的教学内容，这就需要我们努力学习，注意吸取新的知识。

建筑系美术教学的改革是一项复杂而具体的工作，它不但需要美术教师的努力，而且需要建筑系领导和其他教师的理解、支持，需要其他课程的配合。

教学改革的思路是多方位的、多层次的，我们可以在教学方法、教学内容、课程设置的改革方面研究出许多问题，做出许多成绩。

教学改革的思路是多途径的，我们只有通过多方面讨论、交流、研究、集思广益，才能找出更加合理的美术教学改革途径。

教学改革是一项不断完善的工作，随着建筑教育思想的发展和认识水平的提高，建筑系美术教学的改革将会不断地深入发展。

建筑类专业素描教学中的辩证唯物主义

过去多数人认为建筑专业的美术课只是一种技术课，在建筑学科所教的素描水彩，主要是为了培养学生绘画的基础知识，所画的多是石膏模型、几何形体之类，很少触及社会生活和表现人物的思想感情，很难与辩证唯物主义的理论相结合。

这种想法的产生主要是因为他们把美术课与其他课程割裂开，单纯从技术的角度来看建筑类专业的美术课，而忽略了思想教育方面。现实主义的美术理论认为美术应该是具有深刻思想的，是具有一定目标的，应该促进学生对自然界现象、社会生活现象和人的心理现象之唯物论的了解，认为学生的辩证唯物论和世界观基础的形成是在防止他们受唯心论和一切可能的迷信、偏见的影响，学生的世界观首先是在辩证唯物论的知识基础上形成的。

我们应该认识到建筑系的美术课必须是贯彻辩证唯物主义的现实主义美术教学，我们的基础练习也完全可以结合辩证唯物主义的理论进行。

1. 现实主义的素描本身就是唯物的

现实主义的素描是以忠实地描绘现实环境中所看到的具体物象为原则的，它反映的是客观存在，例如我们画石膏模型，凡属石膏模型的比例轮廓、斜度、明度、色彩、结构等，都是根据实际情形，仔细地观察、忠实地描绘，否则就不可能画得像，也不可能画得好。再举一个室外写生的例子，例如画东南大学大礼堂，所画之物就应该像东南大学大礼堂，就应该具备东南大学大礼堂的圆顶、灰墙等种种特点，不能画成其他建筑的样式，晴天要有晴天的气氛，阴天要有阴天的气氛，上午的光影有别于下午的光影，这一角度不同于那一角度……所有这一切表现都应该根据客观现实。客观存在的事物是外在于人们的感觉，不以人们的意志为转移的，有它自然的规律性，例如塑造石膏人像的规律、人体组织的运动规律，以及空间透视、光线和色彩变化的规律都是客观的、科学的，我们必须掌握这些科学的规律，才能真实地反映现实中的建筑。

2. 认识对象、表现对象的方法是辩证的

素描的教学基本上就是一个训练学生长期不断地认识对象、表现对象的过程。在过去的素描教学中，往往注重如何表现、如何描绘的一面，而忽略了如何认识、如何理解的一面，容易造成某些学生只会在学习技法上抄袭，不能深入理解和表现对象的精神实质，只能做到知其然而不知其所以然，作品过早地定型，这就大大地削弱了艺术表现的真实性。

现实主义美术教学认为，一切技法都是为了深刻地表现客观事物。我们不应该满足于颜色、线条符合实际，而应该永远追求表现实质，深刻研究对象。一旦习惯于追求美的技巧，就难以表现生动的物象形态了。

以上旨在说明现实主义素描技术的表现方法与认识理解的辩证关系，表现方法应取决于所表现的对象的特点，就是说一张画用什么样的调子、线条和皴法，不是由主观的爱好任意决定，而是根据表现的具体对象的不同来区别和决定不同的表现方法，这是符合辩证法的形式与内容相统一的科学原则的，描写的形式一定要服从于主题内容，否则便会流于形式主义。

3. 描绘对象存在于客观世界

我们描绘的对象是客观世界，客观世界是一个完整的不可分割的整体（包括对象所在的空间），它的一切造型因素如光、色、线、体、面、空间、调色、氛围等是有机地关联着的。我们不能只研究某些因素，也不能在研究全部因素时割裂其相互的关系，我们必须把对象作为一个整体来研究，因为宇宙间的任何事物都不是孤立的存在，而是统一的整体，彼此间都是互相从属、互相影响的关系，因此片面强调线条，片面强调色彩，或对造型因素有分阶段的要求，例如在素描教学中第一个单元专勾轮廓，第二个单元再教明暗，讲究先后顺序，以及只注意局部而不注意整体，或忽略主体与空间的关系，都是违反辩证原则的，也就不易作出完整的画面。

4. 感觉和理解的辩证统一

在认识和表现对象的过程中，感觉和理解辩证统一在每一个阶段中，二者相互推进，逐步深化。作画的思维规律是以感觉为基础，必须通过理解才能深化和细化作者对对象的感觉，所表现的应该是作者深化了的感觉，理解愈深入，感觉愈敏锐，所表现的就愈真实。

如果片面强调感觉，忽视理解的必要性，作画时对物体不求甚解，看什么画什么，往往会流于单纯追求表面的效果，画面则会似是而非，空洞贫乏。正如毛主席在《实践论》中所述："感觉到了的东西，我们不能立刻理解它，只有理解了的东西才更深刻地感觉它。"如果片面强调理解，忽视感觉，不去要求真实地表现对象，其结果将会主观地把一些了解的规律画出来，流于一般化、概念化，不能真正地表现具体的对象。

以上两种情况都是因为思维方法不正确，导致产生自然主义与形式主义的倾向，这样锻炼出来的技术绝对不能为现实社会服务，而且发展下去会忽视认识事物的本质，必然会跌入由个人主观出发的唯心主义的泥坑。

5. 认识在实践中检验、深化

在素描教学中的认识对象和表现对象表明，人类认识的过程是反复提高的过程，完全符合《实践论》关于认识过程的定义。“从生动的直观到抽象的思维，并从抽象的思维到实践。”这便是认识真理和认识客观现实的辩证法的道路，必须在认识与表现对象的实践过程中获得真正的技术，并且也只有在实践过程中才能不断提高我们的技术。毛主席在《实践论》中教导我们认识的深化和实践的辩证关系：客观现实世界的变化运动永远没有完结，人们在实践中对于真理的认识也就永远没有完结。马克思列宁主义并没有结束真理，而是在实践中不断地开辟认识真理的道路。

色彩的视觉力度

记得马克思说过“色彩的感觉是一般美感中最大众化的形式”，我认同人对色彩的感知具有先天因素。

又记得一位专家说过“人对色彩的感知速度通常比对形状的感知速度快三倍”，虽然我对“快三倍”的说法持怀疑态度，因为对不同的色彩，人的感知速度也不一样，但对于人对色彩的感知速度总体快于对形状，更快于对质感的事实我深信不疑。

色彩学中认为红光的波长最长，最易被人的视网膜感觉到。色彩学中也认为大面积的、单纯的色彩给视网膜的信息简明、强烈。

色彩学还认为光色,特别是运动的、变幻的光色对视觉的作用更为强烈。光色对视觉、对心理的冲击力是强烈的，它对人们生理和心理感受的影响是最强的。

一、色彩与形态

我从事环境艺术设计工作数十年，有些案例让我经久不忘，就如二十多年前，我主持了苏北一城市中的第一百货商场的装饰装修设计。工程即将结束时，工程队和百货公司负责人都着急地告诉我：“工程现场的感觉很乱……”我闻讯后第二天即赴现场调研，现场是很乱，四个楼层的货架、柜台散得满地，墙面、顶棚、地面都裸露着基层和已铺成的地砖……一切都很混乱。我思索后认为这都很正常，因为现场未按图纸完成饰面，界面各种形态裸露、材质零乱，家具、陈设未能有序组织，堆积在一起，这能不乱吗?但这都是可以改变的，改变的方法就是在最后工序中使各种形态有序化，有序的原则就是要使视觉感觉一致。而使视觉感觉一致的最有效的方法就是用色彩进行规划、统一，这种方法可以取得造价低、效果明显的作用。于是我想到了用红色，用不同的红色构成一个商业的、雅致的整体环境。

具体方案：一层化妆品柜台、货架等全部采用了粉玫瑰色；二层儿童用品区的货架、展柜全部采用粉红色；三层妇女服装区全部采用了紫罗兰色；四层珠宝饰品和货架等全部采用浅橙色。而所有的顶棚均用深灰色，所有的墙面均用浅灰色，所有的地面均用灰色。柜台面用玻璃制作，服装区衣架用不锈钢……如此处理的视觉效果是每层的家具色彩都含有红色，并含有粉色，进而将每层都统一了色调，因为每层的家具占据商场空间的 60% 以上，而空间中的乳白色、浅灰色、灰色及玻璃金属色都起到了衬托和呼应色调的作用，所以人们在每一层都能感觉到空间环境色调一致。

这个工程的视觉效果是好的。在当时，百货公司的一位领导说："我走遍苏北大大小小的商场就觉得我们这里的百货公司最好看。"

现在回头看二十多年前的作品，觉得样式已老旧，我叙述此事只是为了说明色彩对形态的作用。

二、色彩与材质、质地

20 世纪 90 年代中期，我主持完成了苏南的一个酒店室内装饰装修。在酒店大堂确定材料时，酒店的业主问我如何选材、选色。根据当时流行的做法，我告诉业主：这个大堂的面积不大，顶部可以用乳白色，对于墙面，如资金充足可用西班牙米黄、金花米黄、金线米黄、银线米黄等进口大理石，如果资金不足可用价格低一些的浅米黄大理石，甚至可以用仿大理石的米黄墙砖替代。地面一般都用稍深一些的镜面花岗石。业主问我用什么材料，我回答：如果资金充足可用印度红、南非红、石岛红等镜面花岗石，其石质细腻，色彩沉着，艳而不燥，适宜用在室内空间中供人们近距离观看。倘若资金紧张，可用四川红花岗石，资金再紧一些就用河南、山东的将军红花岗石。我告诉业主，人对色彩的视觉感觉速度比对材料质地感知速度快，当人们进入酒店室内时第一眼的感觉很重要，用浅米黄与暗红色组合的色调感觉是热情的、雅致的、庄重的（在当时流行这种色调），可以取得良好的第一印象，这是必须保证的，而人对材质、质地的反应速度要慢一些，需要慢慢地、近距离地品赏。印度红、南非红质地细腻，色彩沉着、典雅，西班牙米黄、金花米黄、金线米黄明亮，但不单薄，无论是远望还是近看，都有富丽而现代的感觉。

酒店的大堂和其他空间建成后的效果是好的，我们更加明确了一个道理：在为装饰装修选材时，要同时获得近距离、远距离观看的良好效果，首先要考虑色彩的效果，而近距离观赏时应考虑材料的色彩和质地的肌理效果。

色彩是附着在材质上的，换言之，材质必然呈现色彩的效果。色彩与材质具有互相依存、互相作用的关系，同时色彩与材质的视觉效果也存在着诸多可变因素。

三、色彩与色光

二十年前我主持完成了苏南一家歌厅的装饰装修设计。歌厅工程从当时的商业效益和审美的角度讲都是成功的，这得益于功能的合理、交通的便捷、材料的生态、结构的安全，更得益于色与光的合理运用，得益于光、色、形的整体协调。

我们知道，一个没有光的世界是一个没有生机、没有希望的世界，而有光就有色，有光就有形，所以说是光给世界带来了光明和色彩。

光有自然光，也有人工光，无论是自然光还是人工光都有丰富多彩的形式，都能给我们的生活和工作带来便捷。

在我们生存的环境中，人们一方面利用自然光满足基本生活和工作的条件，另一方面又运用各种形式的人工光来满足现代社会中丰富多彩的生活和工作的需求。自然光给人类带来日月星辰的光明，人工光让人类享受了社会的物质文明和精神文明，享受了人类社会的多姿多彩，体验生活中的静默和喧闹。

在现代社会中，人们的生活空间和工作空间更多地使用各种人工光的照明形式。人工光的照明形式有整体照明、局部照明、直接照明、间接照明……各种照明形式给人们的生活、工作带来了便捷。而各种有色彩倾向的光，如红色光、黄色光、蓝色光、绿色光、橙色光等则能满足人们的多种感觉享受。倘若在这些色彩基础上加上光的变化，则会出现粉红色光、紫色光、淡黄色光、浅绿色光、深绿色光、橙红色光……世界则变得更加五彩缤纷、魅力无穷。而当这种带有光的色彩相互交织、重叠、变幻后，这种色彩的空间则会更加斑驳陆离、扑朔迷离。

无锡一家 KTV 室内
（高祥生工作室绘制）

物体的色彩有固有色、光源色、环境色。在色光中的物体，固有色的呈现是很微弱的，甚至会完全被光源色取代：此时家具的木色、皮革的棕色、地面的灰色、顶棚的黑色等都有可能呈现红色、绿色、蓝色、黄色。显然强势的光源色会主导空间色调的倾向，使所有色彩都统一在一种光色之中。

色光是可以变化的，色光有强有弱，色光有不同的色彩倾向。

色光是可以流动的，流动的色光对视觉、对心理产生更加强烈的冲击力，它使人眩目、使人兴奋。

现代的激光灯、LED 灯的灯光色彩变化万千，而光色更可以达到流光溢彩的视觉效果，加上振聋发聩的音响……这声、光、色我很难用文学语言表述，只能说它对感观的刺激远远超过任何现代派艺术。

这是一个年轻人娱乐的光色世界。

（注：参加本歌厅装饰装修设计的优秀设计师有浦江、方晟岚、李宁、李炳南、潘瑜、张震、李君英、鹿艳、吴杰等。）

中国人的色彩观

色彩的形成、变化有其客观的规律，而中国是一个多民族的国家，不同的民族对色彩的认识、喜好、运用有不同的观念。任何国家的人群组成都很复杂，年龄、教育、习俗等的差异也必然形成不同的认识、观念。因此我讲述的“中国人的色彩观”主要是介绍汉族地区总体的、主观的色彩观。这里的色彩观包括色彩的等级制、色彩的意向性和方位观、色彩的平面感。

一、 色彩的等级制和类别化

1. 传统民居中的素色

中国南方的传统民居都用黑色与白色装饰外立面，所谓“粉墙黛瓦”，中国北方的传统民居似乎多以裸露的砖块、石块的土红色等饰面，所谓“素面朝天”。

无论如何古代民间的色彩不能使用黄色或金色，因为按色彩的等级划分，黄色、金色属皇家专用的颜色。

有专家解读中国江南的民居的色彩时认为，这种黑白相间的色彩是一种典雅、大气的色彩，是中国民居建筑在色彩上杰出的成就。这种观点可能是后来人对民居色彩的善意解读，如不深研，尚可让人接受。但我认为，按中国封建社会的等级观念和建筑形制规定，民居的建筑色彩一定要低于皇家、士大夫的建筑色彩，那种无彩的色只能是黑色、白色。在当时的儒家看来，民间百姓应节制欲望，要“存天理，灭人欲”，这里的“天理”就是皇家的理念。“色彩”“音乐”都是人欲的一部分，不能“礼崩乐坏”，因为“五色令人目盲，五音令人耳聋”，所以我深信，民居中应用黑色、白色是社会等级观念、制度在建筑设计上的表现，而绝非是由社会的审美观念决定的，说江南民居雅致、北方民居质朴是现代人对传统文化的解读，对物象的移情。

2. 皇家色彩

皇家几乎将“黄色”作为专属色，是什么原因我不得而知，按审美心理学联想的理论，黄色近似黄金色，用以指代金，而金是贵重的，因此黄色就身价百倍，这是我的推测，没有科学根据。至于皇家建筑中也运用其他各种色彩，藻井、彩画、梁柱、斗拱、壁画等建筑构件中经常使用五彩缤纷的色彩，如红色、蓝色、绿色……但这些色彩在色彩学中都属一次色、二次色，是原色或间色，没有三次色灰色，为什么这样用？我没有找到合理的理由，只能认为皇家是可以用各种颜色的，因为普天之下莫非皇土，天下都是皇家的，而二次色从色彩的纯度、色相上讲都还艳丽，皇家固然可以用各种漂亮的色彩。

3. 中国绘画色彩的类别化

随类赋彩的色彩观常应用在工笔人物、工笔花卉中，但中国绘画中的“随类赋彩”强调的是对物体固有色的概念化表现，具有对色彩表现的类别化和稳定性，这种类别化色彩表现主要还是绘画者主观上对这些色彩的认识，以及随类赋彩后的画面美感。即使这样，随类赋彩是不考虑物体受到的环境色和光源色的影响的。

二、 色彩的意向性和方位观

这里说的色彩意向性不同于中国绘画中“随类赋彩”的类别化色彩表现，这里的色彩的意向性也即色彩学中常说的色彩的联想。对色彩具有联想性是人类的共同特点，不同的是因地域、文化的差别，人类对于色彩的联想、意向性有相同之处，也有不同之处。中国人对色彩的联想在中国设计意向性的作用下更为凸显，诸如：红色的正面意象有喜庆、热情、革新等，负面意象有粗俗、恐怖、危险等；黄色的正面意象有尊贵、富有、丰硕、成熟等，负面意象有低俗、浅薄等。绿色、蓝色、黑色、白色等都是这种情况。

我还想说一下，我在设计的实践中就数次遇到过特殊情况，如有的地区有一些特别禁忌的色彩，有的个人还有特别喜恶的色彩。因此设计师工作时有必要调查这些情况。

在中国传统美学中色彩是能表示方位的。通常的说法是左青龙、右白虎、前朱雀、后玄武，它们分别讲几种色彩代表东西南北几种方位。不过现代设计中已很少运用这些知识，所以也无展开表述的必要。

三、 色彩的平面感

这里所讲的平面感一是对应中国绘画色彩的类别化，对应中国艺术造型中形态平面感的观念；二是将色彩学中的原色、间色即一次色、二次色称为二维的具有平面感的色彩，而将复色（三次色）、灰性色称为三维的具有立体感的色彩。如果我们观察、比较一下，中国和西方在绘画艺术、工艺美术以及日用品上的用色都与我上述说法一致。

想一想中国的皇家用的黄色、红色、绿色、蓝色不都是一次色、二次色吗？而西方用就不是，俄罗斯现实主义画家约翰逊说过“油画是灰色的利用”，油画这样，其他的水彩画、色粉画等哪种绘画色彩不是这样？哪种工艺品的用色不是这样？有的中国人说这色彩很“洋”，其本质就是指用了有色彩倾向的灰性色。

色彩的这种差别其本质上就是一种文化观念的差别。

谈艺术表现中的“度”

我曾经与一位朋友谈到过白石老人的绘画作品与仿白石老人的绘画作品的差别。朋友认为，有些仿白石老人的作品画得也很好，对于外行人来说大多难辨真伪，就像购买好的音响器材和购买顶级的音响器材在价格上差别很大；对于内行是可以分辨的，其用线、用色、构图均有细微的差别，而改变这些细微的差别就需要花极大力气，就像白石老人“衰年变法”用了十年时间才取得这一点点儿的变化，而改变这一点儿变化也就是艺术表现中追求的极致。

我曾经教过素描、色彩，我常与学生讲“这形体改高就对了”，于是学生就画高一点儿，改完后我说：“低一点儿，低一点儿。”学生回话：“老师是你叫画高一点儿的。”我回答：“要求高一点儿是对的，要求低一点儿也是对的。”学生无语。

我与学生在课堂

我曾与一位设计师交流设计经验，他说当一位设计师对门缝、柜缝、凹槽的宽度能辨别是 3 毫米还是 4 毫米合适，那他一定是一个设计高手，我表示赞同。

我曾与一位做油漆的老师傅聊油漆的事，我问他们现在“混水漆”的油漆通常做几遍。老师傅理直气壮地告诉我至少要做十五遍以上，我说行业有“漆糊涂”一说，所以如果只做三遍与做十五遍看上去差别不大。老师傅回答：“我们都是做四星、五星级酒店的，油漆要求很高，你将只做三遍的油漆家具和做十五遍油漆的家具放在一起，你就可以看出差别了。”好与坏只有近看、细看才能看得出，只有内行才能看得出。

我曾负责一项酒店大堂的装修工程，业主要我选择石材的品种，我当时的说法：凡在近处的，主要部分的石材不仅要色彩合适，还要质感适宜，因为色彩一般都在表现空间界面的总体感觉，而材质除了要体现色彩外，更要表现材质的质感、品质。

说到这些问题，我联想起俄罗斯现实主义画家约翰逊的名言“油画是灰色的利用”“油画的表现贵在微差”，是的，油画是一种灰色与另一种灰色的微小差别的组合。我又想起中国哲学里的中庸，“中庸者，不偏不倚，无过不及，而平常之理，乃天命所当然”，中庸不也是在说“度”的把握吗？

我说的这些其实都是讲艺术设计中对“度”的把握，而只有准确把握好艺术表现中的“度”，其作品才能达到炉火纯青的地步。

弘扬优秀民族文化的设计

2010年10月我应中国建筑装饰协会的邀请，在国家会议中心与来自国内外的其他六个著名建筑师共同探讨设计文化问题。演讲的建筑师有当时的中国建筑装饰协会常务副会长徐朋先生、法国著名建筑师保罗·安德鲁先生、日本著名建筑师安藤忠雄先生、英国著名建筑师弗兰克·皮特先生、新加坡著名建筑师蔡家声先生、美国著名建筑师汤姆·约翰逊等七位专家。

我演讲的内容是弘扬优秀的中国民族文化，演讲中得到全场两千多位设计师的多次热情鼓掌，演讲结束后中国建筑装饰协会会长马挺贵先生等领导专门登台对我表示祝贺、肯定、赞扬。会后，北京的数十家媒体记者采访了我。回南京后，我又与一些设计师就设计文化问题作了交流。

以下为经微调后《中华建筑报》相关文章内容的摘要。

一、当代文化发展的特点

在信息社会中，文化的发展、传播无论是速度还是广度，都达到了一个空前的高度。在这种情况下，一方面全球的文化互相影响，互相兼容；另一方面各民族的、各地区的文化又必然以一种新的面貌凸显自身的个性、特色。因此，探讨产生这种现象的缘由、研究这种文化现象的发展规律和形式对于建筑设计师、环境设计师、室内设计师来说都是很有必要的。

1. 文化的地域性和设计的独特性

在文化形成的诸多因素中，地理环境的因素是关键的。所谓一方水土养一方人，一方水土孕育一方文化。由于人和事物因受到所在地域环境的影响，所表现出的文化特征明显地带有所在地域环境的特征，这种特征是其他任何地方的环境无法造就和复制的，因此地域文化又具有明显的、独特的可识别性。世界上不同民族、不同地域都具有不同的地域文化特征。

2. 民族文化的延续性和发展性

一方面，民族或地域的文化形成后都具有相对的稳定性、延续性、包容性和发展性；

另一方面，文化在历史进程中都会求得发展变化，改变其原有的形态。文化发展的特点：一方面，本民族、本地域的文化形态，在保持稳定的惯性下，对外来的文化和现代的文化具有排斥性；另一方面，民族文化、地域文化会不可避免地受外来文化、现代文化的影响，它会以一种包容的态度吸纳、接受新的文化。这时民族文化、地域文化在发展过程中既保持自身原有的文化形态，同时又不断地改造一切落后的、不适应现代社会的文化形态，吸纳新的文化形态，最终形成一种具有新内涵、新活力、新形式的民族文化、地域文化。

2010 年高祥生在国家会议中心作主题演讲

在今天，民族和地域文化的演变现象必须在现代文化的背景下考虑。当前，现代文化交流日益频繁，各个国家不可再封闭式地发展。任何民族、任何地域的文化都会受到现代文化的影响。

无论你是愿意还是不愿意，当今的民族文化必须放在现代文化的背景下来讨论。而且现代文化也不是静止的，是动态的、发展的。所以说受现代文化影响的地域文化的形态是可变的，是动态的。

怀揣梦想 与新事物对话

设计师应关注当下 思考未来

寻求地域文化与适应时代审美要求之间的和谐

加强国际合作 推动中国室内建筑设计技术进步

保持发展与低碳的平衡

建设低碳生态城市要有新的规划思维

继续教育帮助室内设计师提升综合素质

《中华建筑报》报道的会议嘉宾和发言的主要内容

20 世纪 80 年代开始，随着中国改革开放，各种外来文化开始涌入中国，对中国的设计文化产生明显的影响。回顾一下近 30 年来的室内设计的文化特征，就可以发现，一方面各种不同的设计风格充斥市场，另一方面各种中国传统文化的装饰风格日益盛行。这种现象就体现了一种在现代化、多元化的文化背景下所形成的文化交融过程中互相排斥、互相兼容，最终统一的现象。

另外，中国 40 多年来的社会经济迅猛发展，人们的生活形态思想观念都发生了巨大的变化。新的生活方式要求产生适应这种生活方式的物质形态，反映在室内空间上就要求有新的空间形式、新的思想观念，并要求产生适应新的审美理念的物质形态和新的装饰形式。

二、 弘扬优秀民族文化的道路

1. 传承地域文化的迫切性

我赞同“洋为中用”的观点，并不主张“中西合璧”。如前所说，既然“一方水土养一方人”，那么一方人就应该有适应一方人的文化。

任何一个民族，只有保持其本民族的地域特色，才能在整个世界文化圈中凸现出来。有人曾说过：“只有民族的，才是世界的。”同时我认为：“只有地域的才能体现民族的。”因为地域文化的形态是最明显的，而最明显的才能最凸现。

随着中华民族经济的发展、民族文化的复兴、民族意识的强化，中国人必然会认同、寻求、梳理、发扬光大自己民族的优秀文化，而通过发掘地域文化中优秀的形态特征来表现地域的文化是弘扬本民族优秀文化的正确道路。

任何一个民族、一个地区，因为地理因素、人文差异、文化积淀的不同必然会形成自身的文化特征。这种特征在某一阶段会因为某种外来的因素发生变化，但由于本质的因素不会变，其自身的文化特征终将会凸现。中国在鸦片战争以后，本土文化受到各种外来文化的冲击，而21世纪中国的经济、中国的综合国力、中国人的民族自豪感在提升，在这种背景下，中国人又一次喊出了寻根的口号，喊出了中华复兴的口号。

2. 发展地域文化的必然性

我也赞同“古为今用”的观点，中国古代的文化浩瀚如海，但这浩瀚的海水只能解当今的渴。

任何一种文化都是要发展的，都是要革新的，这也是不以人们意志为转移的规律，它是由各种因素所致。

利用山水画、工笔画、书法作品等引景入室做法在室内装修中的运用（高祥生工作室绘制）

中国文化中景物相透的造景理论在室内装修中的运用（高祥生工作室绘制）

（1）时代因素

当今社会物质形态在变化，人的意识在变化，人的审美观念也在变化。这种意识和观念的变化反映在设计领域上就是对中国文化认知的差异。

同样是中国的建筑，处于不同时代的人对于建筑形态和艺术风格的认识程度就有所不同。

（2）工艺因素

传统建筑技术以源于农耕文化的手工艺为主，几千年传承下来已经非常娴熟。现在的建筑技术和现代装饰工艺发展了，人们的生活节奏加快了，生活观念变化了，取而代之的是建筑工程、装饰工程的大规模工厂化、模数化、装配化。摆在我们面前的现实是很多传统匠人的手工艺形式将会失传，先前的雕梁画栋等传统工艺在建筑工业化生产的背景下都将改变制作模式。

（3）材料因素

随着建筑技术的进步，建筑材料变得丰富多样，为新的建筑形式的出现提供了各种可能性。在今天，若是再用以前的砖石、木材等来表现建筑就变得不实际了。钢、玻璃以及各种仿真材料的应用导致了建筑形式和装饰形式的更新日趋频繁。所以说设计的创新发展是社会经济发展、社会形态改变、生活理念改变、物质产品不断丰富后的必然结果。

（4）生活形态因素

社会在发展，社会的经济水平在提高，人们的生活水平也在提高，社会的生活形态和人的生活形态、思想观念、审美情趣都在发生变化。因此，为了满足社会和人的生活需求，新的建筑作品、环境艺术作品也随之发展变化。而在表现这些新建筑、新功能的作品中必然会产生与之相适应的新的表现形式。

三、在传承与创新中发展

从文化的角度来看，环境艺术设计中的现代化与地域化两者之间并非就是相互排斥的，而是可以相互融合、各取所长的。对于当今中国的环境艺术设计，更多的就是要在传承与创新的权衡中不断发展。

在继承传统建筑、传统工艺的设计中创新，要有一定的根基，应做到创新不离根。中国传统文化源远流长，有深厚的底蕴，是一个独立的、从未间断的文化体系，中国传统建筑文化、中国传统装饰艺术中有许多文化是可以继承的。现在无论建筑怎样革新我们都必须了解中国建筑中的形制、形态、法式、用材等，都必须了解中国传统装饰文化中含蓄性、平面感、陈式化等特征。只有这样才能掌握最根本的东西，才能进行提炼和整合，而经提炼和整合后的作品，就是基于传承基础上的创新。

在建筑装饰创新中有各种不同的表现方法。把传统的建筑界面、空间形态中本质的基本因素加以提炼，再表现出来，就是一种较为常见的手法。可采用简化构件的手法，运用新材料进行表达，去掉许多过渡性的构件和细节。另外在创作中可以将传统建筑的局部构件分解后再组合、再创造，表现某种设计意向……

这些方法都是大家在环境艺术设计中对文化继承和发展的一些创作思想和方法。我们可以采纳或不采纳，但我们更应该不断地思索、拓展一种新的设计方案。我的标准只有一个：在现代文化的背景下，弘扬本民族优秀的文化，去为中国的社会、中国的民众设计出更加实用、更加安全、更加生活化、更加生态的生活和工作环境。

中国、法国、英国等的园林印象

过去我只认为世界上的园林只有两种，分别是中国的山水意向性的园林和外国的几何规则式的园林。但是游学后我认为，园林不是只有两种，而是有三种，还有一种是英国式的园林。

就中国式的园林来说，其实也可以分为私家园林和皇家园林。由于各地的地方文化差异和园主的喜好不一又形成了更多千奇百怪的园林形式，私家园林的意向其实就是文人和画家的一种理想世界，它想象的是在园林中实现绘画里的一些图像，其中，在有限的范围进行围合，造园时应考虑到山、水、亭台楼阁、树、花等一些理想性的事物，而这些理想性的事物其实是绘画里的，它与文人绘画是息息相关的。私家园林以整个江浙一带的园林为代表，如刘敦桢的《苏州古典园林》、童寯的《江南园林志》写的都是江南园林造园的方法。

而皇家园林则是按照皇家的意向建造的，它特别显示出了它的气派，有大山、大水、宏伟的建筑，比如颐和园、雍和园等都是典型的皇家园林，另外如避暑山庄等也是如此。至于地域特征，比如承德的避暑山庄、西藏的布达拉宫等也可以说是皇家园林的一种翻版。

西方园林我想主要是以法国园林为代表，它的特征也很明显，它强调了几何形，强调了整体与统一。以凡尔赛宫的园林构图为典型来说，它的平面构图是对称的，强调了中轴线、左右对称、图案化。

当然，整个西方园林也是琳琅满目的，凡尔赛宫是这样，卢浮宫是这样，奥地利的美泉宫更是这样，它们除了强调一种平面的图案化、平面的对称性，还讲究造型的规则化，它们甚至将树木修整成了锥形的、长方形的、圆形的等完全几何形的造型，它们与中国园林强调大自然的山水相比是浓缩了，这是两者之间截然不同的地方。

俄罗斯的园林也学习了西方，所以它的园林，比如说夏宫里面的植物也是修剪得很几何化，很干净利索，它们有方形的、锥形的……叶卡捷琳娜花园中的规划花园也是如此。

西方园林的影响力是很大的，东方的园林影响力主要还是在东南亚与日本一带，日本的园林不像中国的园林强调意向，而是更强调禅意。在过去，我认为世界上的园林大概只有两种，教科书上的说法也是两种，实际上，在世界上还存在第三种园林，那就是英国式的园林，英国式的园林也是再现自然，但是我觉得它的气度要比中国的园林要大，它不讲究小巧玲珑，它讲究恢宏。如爱尔兰宝尔势格庄园，它有对称的因素，它的围合也不那么严密。而中国的园林与中国的文化有关，更注重园林的私密化，讲究在一个围合的空间里做一些私有的空间，当然这里主要指的是江南的一些小型的私家园林，如苏州同里退思园，它们与爱尔兰宝尔势格庄园不同，强调小中见大。爱尔兰宝尔势格庄园的森林是真实的森林，湖面也很大，它不受面积的制约，里面的装置也有点儿对称，没有小的感觉。

西方的园林不仅仅影响了西方国家，同时也影响了斯里兰卡等国家，如杰弗里·巴瓦设计的一些建筑，特别是卢努甘卡庄园，它其实就是一个大的园林，园林中的水和树木都很自由，面积也很大，很开阔，它不像中国园林那么强调小中见大，它强调真山真水。

又比如西班牙的园林，特别是西班牙阿尔罕布拉宫，它也是一种几何形的园林形式，它以水为中轴线，点缀着喷泉和水池，形成了一个有围墙的花园。

园林最终怎样发展我也说不清楚，但是我们要了解的是世界上的园林是有三种类型的。

法国巴黎凡尔赛宫的园林（高祥生摄于 2018 年 6 月）

苏州同里退思园
（高祥生摄于2020年10月）

俄罗斯夏宫的园林
（高祥生摄于 2012 年 8 月）

斯里兰卡卢努甘卡庄园
（高祥生摄于 2016 年 4 月）

亦真亦假、真假合一，亦中亦西、西为中用

崔豫章教授是我国杰出的水彩画家之一，他对中国现代水彩画的发展做出过重要贡献。2021 年，崔豫章教授因病逝世，他的逝世对美术界和建筑教育界是一个重大的损失。

崔豫章教授既是我的同事，又是我的老师，我们共事数十年，崔老师在教书育人及艺术创作上给我留下了深刻的印象。特别是他在水彩画创作上的实践，使我受益匪浅。

崔老师早年受过严格的西方绘画和传统中国绘画思想的教育，他对中西绘画中形象明暗、透视、构图、立意、传神等各自的规律、特征等早已烂熟于心，并将东西方绘画的优点有机地结合起来，使水彩画艺术达到一个新的高度。我欣赏过崔老师早年的人物画，画中的人物形象准确，空间层次清晰。我也欣赏过崔老师中年的水彩画，其形象表现明暗关系，绘画技法完全是十八九世纪写实主义水彩画的作风。后来我也欣赏过崔老师晚年水色交融、挥洒自如、情景交融的水彩画创作作品。

三四十年前，我随崔豫章教授去过重庆、成都、九华山、大理、桂林、北京、上海、福州、杭州、大连、沈阳诸地作水彩画写生，目睹了崔老师创作水彩画，聆听了崔老师对水彩艺术的见解，对崔老师的绘画创作思想感受深刻。现精选《崔豫章水彩画集》中的水彩画作品 3 幅以飨读者。现将我对崔老师中年后的写生水彩画方法和绘画思想的理解写入《亦真亦假、真假合一，亦中亦西、西为中用》短文，并与相应的画作一同发表于《建筑与文化》杂志，愿本文对学习绘画和建筑的后人有所启迪。

1.《南京栖霞化工厂工地》

表现圆形、圆柱形的物体需要对圆形、圆柱形在光线作用下呈现的体积状态有充分的了解。用水彩画表现圆形、圆柱形还需要有娴熟的水彩画技能，要做到一气呵成。在水彩画表现圆形、圆柱形的体积逐变中，既不能出现忽明忽暗的部位，也不能像油画、丙烯画、铅笔画、木炭画来回修改，或多次覆盖。崔老师用水彩画表现南京炼油厂工地时既要突出油罐，又要同时反映繁忙工地上的吊车、车辆、人物等，因此要把握好画中的主次、虚实、前后层次关系，这有很大难度。崔老师能将庞大的场面、复杂物体按照

画面场景的效果，将各种物体按照整体效果各就各位地妥妥当当摆放好，这表明了他具有高超的艺术修养，具备一般画家无法达到的技术水平。

2.《梅花山之春》

崔老师20世纪50年代创作的水彩作品——《梅花山之春》，画风写实、严谨，他按西方绘画的整体观察和整体表现的方法，将梅花山上（现在梅花谷的梅花）成排成组的梅花在整体观察后整体地表现。其步骤：首先用水彩画的湿画法表现成组梅花整体的体积感、层次感；其次又以水彩的干画法表现树干、树枝和梅花的细部，地面的投影，草丛的特征。因此画面的体积感、色彩感和空间感极强，充分表现了崔老师坚实的绘画写实基础和成熟的水彩画技能。

3.《天坛》

用水彩画表现古建筑能达到如此精确、细致的人已经很少，至于能在如此工细的建筑画中还能处理好画面的主次、虚实关系，没有把画“画僵”的画家，确是凤毛麟角了，而崔老师便是其中一位。这种功力大概与他数十年如一日在建筑系教授建筑绘画有关，他已将建筑的结构形态、建筑的构造、建筑的色彩烂熟于心。

《天坛》

崔老师绘画彩图链接

4.《东篱秋菊》

崔老师喜欢画花，他曾送给我一张水彩花卉，场景没有《东篱秋菊》这么大，但已足以让我知晓用水彩表现花卉体积的方法，水彩画《东篱秋菊》又使我欣赏到水彩画花卉中主次、虚实色调的美感，感受到水彩作品表达情趣的要点。

中国绘画无论工笔还是写意，都需要先表现花卉局部的形体，而后“组装”成完整的画面，最后处理体积、色彩。通常花卉的形体与色彩都是表现花卉固有的形、固有的色，或意象的形、意向的色；而西方绘画中的花卉则要表现花卉在空间中的整体效果，包括整体的体积，整体的前后层次、左右层次，整体的色彩关系和形状特征……运用油画、水粉画表现好这些关系，通常大多数画家能做到，但一般画家通常难以驾驭对成组成片花卉的整体效果的控制。

我见到的优秀水彩画花卉作品较少，而且大都是表现室内一组静态的花卉，像崔老师这样表现出如此庞大的花卉场景，我是第一次见到。

崔老师的《东篱秋菊》中的重点是表达画面中心偏右的一组花卉，因此虚化了远处和左下侧的花卉。写生中崔老师是将这一组花卉看成一个整体球形来表达，他没有拘泥于一朵一组的菊花，而是着力表现成组成片菊花构成的整体形态，并创造性地将篱笆挪进画面以表达采菊东篱的意境。因此花卉的细部也都服从于整体球形的明暗、虚实、主次关系。

5.《栖霞寺舍利塔》

在我的记忆中崔老师至少画过三次栖霞寺的舍利塔，其中有两次我都随同崔老师一起作画，所以崔老师的作画思想、方法，我都比较了解。每次作画角度略有不同,但舍利塔的古朴、残缺、坚挺的气度都能跃然入画。现场的空间比较局促，从作画地点到描绘的舍利塔之间以及从舍利塔到栖霞寺禅房的距离都很近，几乎“贴”在一处。但崔老师以水彩画的湿画法将近景中的树木、禅房以及远处的山概括地表现了，进而分三次用干画法加出舍利塔的暗部。画面快完成时，崔老师起身转了转说，他要搬一点树枝作近景，于是画面前景中就出现粗细不一、动静结合、疏密有致的深色树干和深绿色的松树，共同构成深色前景，拉开了画面的空间距离，并因此更突出了舍利塔残缺而坚挺、古朴而风雅的气度。

《栖霞寺舍利塔》

6.《杜甫草堂》

我在成都看了崔老师画杜甫草堂的全过程。杜甫草堂的空间环境也很局促，近景的树与远景的树感觉上几乎粘在一起，崔老师作画时干脆将远景的树处理成一片灰绿色的、朦朦胧胧的树林，而将近处的树的色调加深，并以生动的笔触着重表现了树叶飘逸的姿态；然后又以较明亮的色彩，表现了杜甫草堂的建筑和邻近的淡黄色树木，最后以小笔触勾勒出杜甫草堂和环境的细部。

7.《山溪》

四十多年前，我随崔老师去安徽九华山画画，画了九华山风景的水彩画。这幅水彩表现的重点是石桥、溪流和小屋子。为了突出画面主体，崔老师将实际距离不远的山头、远树虚化了，将近处的石桥、山石与灌木加深了，进而从明度上拉开画面中主体与客体的对比关系，而后又夸张地将小房子屋顶的饱和度提高，将侧墙落影的明度对比加大，使人们注意力很快就集中到小桥、房子、溪流位置。值得一提的是，崔老师在画水彩画暗部时既能将明度关系拉开，又能将暗部的明度画得很透明，这是崔老师在水彩画长期实践中形成的经验。

8.《桃源人家》

崔老师曾多次与我说过画水彩画既需要胸有成竹，也需要胸无成竹，随机应变。崔老师在水彩写生中常常会一挥而就，而一挥而就时就有可能出现画面效果与原来的愿望不一致的地方，这时就应依画面的效果因势利导，表现出意想不到的效果。

《桃源人家》画的是梅花山东南角的景致（现在建筑已扩建、改建）。崔老师绘画中用湿画法表现远景时因用水多了，画面上方出现水渍返回（作水彩画常出现此现象）的情况，在出现这种情况后崔老师就水渍的形状整合成远处的白梅树，效果很好。

9.《修船厂一角》

所有工匠都知道“工欲善其事，必先利其器”。水彩画要出精品，绘画者除了要具有高超的技术水平，优质的工具也是不可或缺的。水彩画的工具主要有纸张、颜料、水彩笔。我国早年有少数水彩画家使用从英国进口的霍多夫牌水彩纸，后来大家又使用保定的水彩纸。20 世纪 70—80 年代，市场缺保定水彩纸供应，更不要说英国水彩纸了，当时能买到的是另一种国产的水彩纸，这种水彩纸纸质结构松，吸水、吸色率大，作画上色彩后湿时尚可，干时由于吸色厉害，画中呈灰色倾向。1980 年我随崔老师去上海作画，使用的就是这种水彩纸，当我们都感到无奈时，崔老师分析水彩纸吸色是因纸质松，如果能将水彩纸压紧一些，吸色状况一定会好些，我赞同这种说法。于是我俩在旅馆中的床铺上垫上一块画板，画板上再铺上水彩纸，最后用酒瓶来回多次压实水彩纸。如此用“土法”上马，“自制”的水彩纸似乎吸色情况好些了。

10.《峨眉天下秀》

我与崔老师、丁良老师一起去峨眉山、都江堰、三峡等地写生，崔老师画《峨眉天下秀》的地方我也去过、画过，甚至去过多次。是崔老师的《峨眉天下秀》感染了我，但我多次寻找崔老师的作画地点，均没找到。于是我问崔老师：“此处无溪流、瀑布，却有万年寺耸立……”崔老师笑答：“那是从别处搬过来的，寺庙嘛，已经虚化处理了……”后来我终于明白崔老师《峨眉天下秀》中完整的地方就在崔老师的心中。崔老师就是以这种的写实中带创作的方法，成就了一张中外闻名的水彩画《峨眉天下秀》。

画中除标志性的凉亭外，其他都是“造出来”的，但其他景都是崔老师心中的景，由崔老师心中的情而生，只是这景对峨眉山而言更典型，更有代表性，也难怪作品完成后，没有谁会说这不是峨眉山的景。凡见到此画的人们都由衷赞赏，国画大师张大千见到后也大加赞赏，多家出版社争相发表，多家美术馆相继收藏。

《峨眉天下秀》成为崔先生水彩画作品的代表作，也成为20世纪中国水彩画作品的代表之一，“秀”遍了世界。

《峨眉天下秀》

11.《嘉陵江夕照》

20世纪70年代末80年代初是崔老师水彩写生的高峰期，《嘉陵江夕照》是在这高峰期中创作的精品。在作画过程中，崔老师将嘉陵江畔的山域、嘉陵江的船只尽收眼底，对这样一个壮观、繁杂的景观，崔老师缜密地考虑了画面的主次问题、虚实问题以及水彩的表现方法，最终完成了这幅形神兼备、气韵生动的杰作。

水彩画《嘉陵江夕照》的整体色彩为暖色调，明暗主要以中景山石的深灰色、船体的深色、江面的浅色、远山的浅灰色组成。整体环境笼罩着一层赭黄色，表现了夕阳西照下繁忙的嘉陵江。

我认为这是崔老师水彩写生绘画中的杰作，国内外水彩画家少有这般控制画面整体效果的能力。特别是三组船只，虚实、疏密的处理，极为精妙，成堆的船只参差排列，寥寥数笔跃然纸上，竖向笔触又勾勒出三组船只的神韵特征，此时段的崔老师在水彩绘画上已达到出神入化、登峰造极的地步。

崔老师在绘画艺术上留下的遗产是丰硕的，特别是在水彩画写生创作上留下3000多幅优秀作品，值得美术界、建筑界收集、整理、学习、研究。

更重要的是崔老师绘画中亦真亦假、真假合一、有法无法、应景施法的艺术手法，深刻体现出现实主义艺术思想，对其在水彩画领域的表现我们应认真总结、深入研究。而崔老师那种源于生活、源于现实，又不拘泥于生活、不拘泥于现实且高于现实的绘画思想，我们应将其发扬光大，使中国的绘画艺术能够更加健康地发展。

绘画色彩的点滴心得

多种色相组合，要有主次之分，而主次之分则可以从面积、明度、纯度等方面区分。

两色组合，明度、纯度不应相同，尤其是对比色。

通常大面积的冷色应减弱纯度。

大面积鲜明而单纯的形体中应增加细节。

通常一幅画面中用色种类不宜多，但同种色的明度可以变化大些。处理画面的色彩效果，就是处理好色彩的对比和统一的关系。

色彩对比的手法有冷暖、明度、强弱、纯度、面积等因素的对比。一幅画中往往可以运用几种对比。

远处一般是冷灰色。

通常大面积运用对比色不要用纯色。如对比色并列在一起，宜用灰性色或不饱和色。

凡用灰性色作画，应用有颜色倾向和明度差别的灰性色。

画面应有一种主色调。

三种色相配大都是两暖一寒，但也有两冷一暖，并要注意明度对比适度。

原色与间色用在同一部分时，原色亮于间色的，效果较好。不宜使原色与间色的明度相等。如黄和橙的相配比红和橙的相配视觉感觉好。

在画面上辟一块较大的面积的色彩，通常不宜用纯色。

使用同一色相可采用渐变的方法，且淡色宜多深色宜少。

相邻色应用虽容易协调，但也容易形成弱色调，所以应拉大色彩间的色阶。

水彩画的不透明色宜作背景色。

水彩画暗处用色须复杂，明处用色须简明。

高纯度的颜色与灰性颜色的组合比一般为 3∶7 或 2∶8，另外高明度的颜色与低明度的颜色组合也宜用相同方法。

应注意背景与近景大都会产生补色关系。

物体的环境色、反光、补色有时会连在一起。

通常光越强，固有色就弱，环境色就明显。

物体固有色越亮，饱和度的互相影响越大，暖色比冷色影响更大。

物体背光部受环境色的影响比光部明显，物体表面越光滑，互相之间的色彩影响越大。物体之间距离越近，互相之间的色彩影响也越大。

决定色彩效果的主要因素：固有色、光源色、环境色。

另外空间透视（近暖，远冷，近明，远暗）和物体质感（光滑及光强，粗糙及光弱）也会影响色彩效果。

画色彩画时，颜色不宜调过，画油画时调的颜色宜有色彩倾向，也可挑几种颜料直接在画面上调成恰当的色彩。

一、初学水粉画、油画出现脏、灰、粉、腻的问题

1. 脏

产生的原因：

缺乏经验和分析能力，不能明确地肯定某些比较细微变化的颜色，因此犹豫不决，做了多次涂改后画面颜色就脏了。

解决的方法：

除依赖直觉，还要理性分析，因此必须知道色彩的规律。因为某一色彩的形成总是有多方面的因素，光凭直觉，有时看久了眼睛里会出现幻觉，譬如某块色彩初看时有些带红，再看时又似乎变了，这种反复无常地用各种颜色涂抹，画面的色彩就脏了。

2. 灰

产生的原因：

对于暗部光从素描上考虑，故在暗部常用黑色，并且黑色的冷暖色相倾向不明确。

解决的方法：

要认识到暗部的色彩不能先从深浅着眼，还必须从环境色、反光的色彩的冷暖、色彩的色相、色彩的倾向上分析，尤其是暗部的黑色，要注意其色相、冷暖的倾向。

3. 粉

产生的原因：

白色用得太多，没有颜色的明度、色相、冷暖的差别。

解决的方法：

在油画中或水粉画中明部的笔与暗部的笔分开使用，不仅要注意用色彩组织明暗，而且要用加白色来提亮调子。在油画、水粉画中，暗部不能用白色，甚至连黄色一类的较亮的色彩也应视情况尽量少用或不用。

4. 腻

产生的原因：

油画、粉画、水彩都忌在将干未干时加第二遍色。在一般情况下水粉画、水彩画调的遍数都不宜太多。当然水粉画创作也有追求油画效果的，一般都用干画法，这主要视习作、创作的目的，个人喜爱及形式感问题酌情而定。

通常情况下，中间色要分色相，暗部分冷暖，也就是当暗部是灰色，辨别不清色相时，主要是分冷暖倾向。

色彩中如有大面积的明度、色相、色度、冷暖对比，效果不好时，宜减小面积。

画面的色彩问题要注意六个“统一”：

（1）统一在特定的光源下；

（2）统一在固有色调里面；

（3）统一在环境色里面；

（4）统一在形体的起伏中；

（5）统一在距离中；

（6）统一在色调中。

六个“统一”实际上是一个问题，就是视觉上整体的统一。

中间调子：凡是好的画，黑白灰一定是分明的，中间调子是丰富的。而反差太强的，则效果相反，只有黑白，而无灰色，也即无中间调子。中间调子的领域最宽，里面的明暗调子的差别是细腻的，冷暖的色彩变化也是细微的。因此，着色的时候要特别注意观察和分析，要使明暗冷暖都过渡得自然，变化要柔和，避免生硬、简单。如果这一部分处理得当，画面就不会缺乏必要的调子和层次。

通常画面上最亮和最暗的部分是很少的。

白色反射最强，受环境色影响也最大，其次是橙、绿、红、青、紫，最弱的是黑。

黑色也会出现部分反光色，同时也给周围的物体一定的影响。

与画面平行的透视面，色彩消失得比较缓慢，而与面成直角的透视面的色彩的消失则很迅速。

表面光滑的，反光强，受环境色影响也大，反之则反光弱，受环境色影响也小。

表面粗糙，固有色明显。

观察色彩的重点：

（1）整体，在“同”的前提下找不同；

（2）抓基调；

（3）大的色块关系；

（4）色彩深浅，远近，都以看主体时为依据；

对暗部色彩的识别，必须以周围环境的色彩倾向来判断。

光源色是影响色彩变化的主要因素，它决定了画面的强弱、冷暖、明暗。

环境色主要影响暗部。光滑、坚硬物环境色影响大。

空间色：近暖远冷，近纯远灰，近鲜明、远模糊，近对比强、远对比弱。

物体明部在强光下以光源色为主，在弱光下以固有色为主。

物体暗部在强光下以环境色为主。如环境较暗，或处于大块阴影之中，则环境反光的影响不大，此时出现以光源色的补色为主。

漫射光偏冷。

天光为青灰。

日光为白，有淡黄色倾向，早晨为橘红、橘黄。

雨天的光源比阴天更为暗且偏冷。

一个物体同时有几种光源，必须强调以一种光源为主，适当减弱其他光源强度。

写生的观察方法：

A. 要看得“全”，将总的效果看在眼里，将全部的形体，色彩的气氛、效果都看在眼里，这时得到的感觉是整体的，但不一定是具体的；

B. 看得“细”，在保证整体效果不被破坏的前提下具体地表现细部，这时容易画得乱；

C. 看得“透”，要将对象本质的东西反映到画面上来。

视点的问题：开始应将所有的形、色都看在眼里，视点散开一点，而后在深入过程中看形时视点可移动，而看明暗色调时，仍然需要散开视点。画一幅画时视点要少一些。

色彩的调和方法：

A. 主导色调和：确定画面占主导地位的色彩作为基础，让其他色彩处于次要和陪衬的地位，来保持画面色彩的协调。

B. 同种色或邻近色调和：以各种同种色或邻近色组成基调。如红褐调、黄绿调、青紫调等。

C. 光源色调和：使各种色彩统一于某一光源下（如早晨或傍晚的阳光或月光、灯光、火光等），即使是对比色，由于光源色的影响，也会变得很调和。

D. 对比色调和：一幅画上并列几种完全不同的对比色，形成强烈的对比，也能产生调和。如在民间年画和工艺美术上都是这种处理手法，因此，也可采用此法作色彩写生、创作。

在统一的画面色调里并不排斥使用和基调相对比的色彩，但在使用时要注意两点：①对比色彩的面积要小，不要影响画面整个色调；②对比色彩的色相应尽量向基调色靠拢，如一幅暖调的画面上须用较多的冷色，宜尽量使用偏暖的冷色，以使其与基调协调。

阳光越强，建筑的檐口越深，形状越清晰。

构图的均衡：

A. 相同形体、色彩互相呼应的均衡处理。

B. 形态上的逻辑联系的均衡处理。

二、 写生水粉画容易产生的问题

1. 灰

产生的原因：

① 黑白对比不强；② 一部分纯度不够。

解决的方法：

① 明暗对比拉开；② 强调明暗交界线；③ 在各种色彩比较中，找出较为鲜明、纯度较高的色彩，并予以适当的强调。

2. 乱

产生的原因：

① 对色彩仍处于感性的认识，缺乏理性的分析、归纳；② 局部观察，看一点画一点；③ 只看到固有色，看不到环境色、光源色对物体色彩的影响。

解决的方法：

统一色调，明确每幅画的基调。在不同的色块中，找出其在光源色影响下的共同色素，并加强物体与物体之间环境色的相互影响与联系。

3. 火

产生的原因：每个局部都很亮，很跳，大多数纯度太高。

解决的方法：在色彩中适当地加入黑色、对比色。

4. 脏

产生的原因：

① 调色问题；② 随便用黑色；③ 调色遍数多；④ 随便将对比色调合；⑤ 色粉不对。

解决的方法：

a. 调色时保证黑色有一定的倾向；

b. 加入色彩倾向相对明显的颜色；

c. 强调其中一个色彩的主导性。

写生的色彩、景观仍然要表现一种意境或意象，因此对于景物应该充分理解它给人的感受，然后通过色彩充分表达出来。

倾注匠心的艺术品是一种美，不加修饰，让清泉之水自然流淌也是一种美。

峨眉山把建筑物——寺院庙宇布置在山麓、山谷、山间小台地上，形成幽谷藏古寺、密林隐殿宇的风景，增强了秀丽清幽的艺术效果。九华山以雄伟高大为其自然美的特色，那里的建筑物常常布置在山脊、山顶或悬崖上。

泰山雄伟庄严，登山道比较宽阔规整，建筑物则是格外富丽堂皇，周围的常青松树，更增加其雄伟庄严的气氛。加之岱庙和饱经风霜的汉柏，自然产生一种让人肃然起敬的感染力。

在湖光山色的平原丘陵区，在小山岗阜脊线上修筑宝塔，以突破平缓的曲线而得景。

任何人工建筑都应是自然风景的客体因素，只能起着增加自然美、突出自然美的作用。

雄伟，山的雄伟主要指其高大。

高，有相对高度和绝对高度。雄伟形象的另一面特征就是山坡陡峭，线条挺直同样能构成高大的形象。因坡大，看景的仰角就大，视觉中就会产生高大的形象。

奇特，奇特形象是相对于普通的常见的地貌现象，指的是具有典型的特殊的地貌类型而言。

险峻，险是由于山的坡度特别大，山脊高而窄造成的。险景给人带来美的享受是不平常的。

秀丽，秀者主要是有茂密的植被覆盖着景区、山石，地上很少裸露，色彩葱绿，线条柔美，伴有一定水面的水体。山清水秀就是勾画了它们之间的构景美学。峨眉雄秀，桂林奇秀，武夷山清秀……都是山水树配合所致。

幽深，幽景往往以丛山深谷式山麓带为地形基础，辅以铺天盖地的高大林木为条件形成的。在这种情况下，景点的视域比较窄小，光亮小，空气洁净。量深而层次多，有深不可测之感，无一览无余之直观。幽与深幽与静都是密切相连的，所谓曲径通幽，就包含着调和静的因素。

畅旷，旷景是以宽阔的水面为主体而构成的风景，视域宽阔，水面坦荡，极目天际，身临其境，使人心旷神怡。旷景因景色濒临大江、大湖面而得。旷景最为人们所熟悉和亲近。风景区的视觉美，包括形象、色彩、线条、静态、动态诸方面。

（注：此心得中的内容受李剑晨、崔豫章、梁蕴才、金允铨、徐诚诸位老师启发而写。）

编者的话：2004 年 6 月，我应圆方科技有限公司和安徽省部分室内设计师的邀请，在合肥市作了题为《室内设计中的八个关系》的主题报告。近日，我在收录我过去的论文和演讲稿时发现在 2005 年 8 月 30 日有论坛发表我的讲话，2006 年 4 月 25 日土木在线网也发表了我的讲话，他们都标明了发表的内容源于我的讲话，但之后国内数十家论坛、贴吧、网站，诸如某度文库、某丁网等媒体发表的文章大都删除了出处，还有的故意删减了我的讲座的部分内容。这些文章流传的范围广泛，流传时间长达十几年。

为了完整地表达我的学术观点，更为了严肃学术风气和端正学术品质，现将经我审核后的我曾经的研究生、现南京航空航天大学副教授王瑜的现场记录稿收录于我的文选中。

与合肥室内设计师的对话

2004 年我应圆方科技有限公司的邀请，参加其组织的“与合肥室内设计师对话”的活动，作了题为《室内设计中的八个关系》的主题报告，报告内容如下：

今天，我想谈室内设计中的八个问题，这八个问题都是目前室内设计师经常谈的内容，话题比较大，每一个都可以说很长时间。因此，我在两个小时内不可能将这八个话题说得很清楚、很全面。另外，我谈的观点不一定都正确，我欢迎大家批评指正。

高祥生在演讲

（高祥生工作室摄于 2010 年 1 月）

一、 室内设计与建筑设计

20 世纪 90 年代中期时，我曾提出：室内设计是建筑设计的延续、完善和再创造。但在当时，大多数人只是讲室内设计是建筑设计的延续、完善，而对于“再创造”的问题，这一点大家提得很少。其实，要谈室内设计的独立性和价值，也就是要重点谈室内设计对原建筑设计的再创造，如果没有“再创造”，室内设计就没有什么价值了。

事实也正是这样，我们现在所做的室内设计已不再仅仅是对建筑界面的美化而已，而更多的是对于室内功能、空间形态的改善。从功能上说，建筑设计提供了一个既定的空间，此空间的功能要求可以是明确的，也可以是不明确的。对明确的空间，室内设计需要在微观的方面进行再深化、完善；对不确定的空间，室内设计来细化其功能，而后进行装饰设计。

有些建筑虽然功能确定，但后来由于业主的更换或者经营内容、生活形态的变化，其功能会发生很大的改变。比如有些办公楼可以被改造成娱乐场所或者餐饮空间，反之娱乐场所或餐饮空间也可以被改造成办公空间。像这种改造功能的情况，在室内设计中占有较大的比重，我估计应在一半以上。就形态完善而言，室内设计中对空间、色彩、材质、灯光以及陈设的要求与建筑设计的要求是大相径庭的。比如内墙涂料和外墙涂料有着不同的特性，应用起来有着很大差异；建筑设计中的照明设计与室内设计中的灯光设计考虑问题的侧重点是不一样的。从表现内容上说，建筑设计是表现准备建成的建筑物的外部形象和空间状态，室内设计则是在既定的空间内表现界面的状况和环境状况，它是对于原形态的深化、改善。

当然，我们在谈室内设计对建筑设计的再创造问题时，并不能忽视室内设计是对建筑设计的延续这层关系。因为有以下三个原因：

（1）室内设计是在建筑设计的基础上进行延续，是因为原有的建筑空间对室内设计的创作起到了制约作用。

（2）室内设计所遵循的技术标准，绝大部分都是建筑设计的技术标准，比如说建筑设计规范、消防规范、卫生标准等。

（3）室内设计即使是对建筑空间的改造、创造，也必须建立在对建筑知识的了解之上。无法想象，一个对建筑知识一无所知的人能创造出优质的空间形态来。我最近在编写《室内建筑师辞典》一书，本书共收集了将近 6000 条词条，涉及了建筑、工艺美术、陈设、家具、建筑物理等诸多领域的相关内容，其中有关建筑知识的词条有 2300 多条。从这个角度也可看出室内设计与建筑设计之间的关系是非常密切的。室内设计与建筑设计到底在哪些方面的关系最为密切？可从几个层次来讲：① 对初学者来说，建筑设计中有关建筑学的知识尤为重要，譬如讲房子是如何建起来的问题，初学者必须了解它由哪些元素构成，地基、墙体、梁是什么样的、有哪些类型、结构要求是什么，楼梯由哪几部分组成、形式有哪些、有什么技术要求等。② 对室内设计师而言，建筑设计中的许多设计规范、标准，在室内设计中都是适用的，这些是室内设计师必须掌握的知识。③ 建筑设计中有关形式美的法则以及建筑物理的基本知识都是室内设计师应该掌握的。

二、 装修与装饰

我对装修与装饰的理解：装修是指对建筑界面的维护、修饰、美化，而装饰则是指用家具、陈设品对建筑空间进行美化。

在 20 世纪 80 年代以前，社会上没有装饰装潢公司，建筑中经常谈的是“装修”二字，实际上它是指对界面进行的维护、修饰。20 世纪 80 年代以后，我国的装饰业得以迅速发展，但所做的工作大多不是装饰，而是装修。自 20 世纪 80 年代初到 90 年代中期，无论是设计还是施工大多是在界面上大做文章，当初有人戏称是“贴一张皮的工作”。回顾这段历史，我觉得有许多问题值得反思和修正。我感到，那时候大家把精力、财力都花在对界面的造型上，对于装饰公司而言，无疑可得到较大的利润，但这样不利于室内装饰的进一步改造。试想一下，一个室内空间，由于户主的变化或者户主本人审美观念的变化，其室内装饰式样也会随之产生变化，如果在装修设计上投入很多，后来在改造时又要把原界面上的饰面改掉，这样做既费钱又费工，是件劳民伤财的事。而如果根据“简装修，重装饰”的原则，把室内界面做得较为简单，室内风格、个性通过后来的陈设品来表现，这是非常明智的做法。我最近编写了《室内陈设设计》一书，书中的内容是对室内装饰设计的具体化。承蒙中国建筑学会室内设计分会原会长曾坚先生为该书写了序言，他在序言中写道：“……我本来把室内设计分成四个层次。第一层次是六个面加门窗，第二层次是固定家具（如壁柜等），第三层次是活动家具，第四层次是陈设。最近与欧洲室内设计专家们讨论，他们认为我们所谓的第一、第二层次的设计越少越好，以便业主自己去发挥……”我认为，曾先生的这段话，已经相当具体地说明了装修与装饰之间的关系，同样也指明了我国室内设计的发展方向。

当然，我并不反对装修在有些高档的建筑空间，如高档酒店、宾馆、写字楼等中的作用，在这些建筑空间中，界面也是表现风格和个性的重要内容。在传统建筑中，无论是中国传统建筑还是西方传统建筑，界面上的装修对于烘托室内的气氛都起到了很大的作用，即装饰与装修并重。

三、 空间与场所

空间是指以界面和构件围合或提示构成的三维领域。场所指由空间和环境共同构成的具有一定精神内涵的区域。

空间和场所有相同之处也有不同的地方。场所包含空间，但空间不等于场所。我认为在建筑设计中，由界面构成的空间可以具有场所性，可以产生场所精神，但不是所有的空间都能很好地表现场所精神的。场所精神中的核心问题是除了要有空间外，还要有环境特征，而这个环境特征的产生很大程度上需要依靠室内设计。我们并不否认有些建筑像柏林犹太博物馆、朗香教堂、流水别墅等室内具有很强场所性，但不是所有建筑都能做到这一点，而任何一个稍加设计的室内空间都会产生一种场所的精神。举一个简单的例子，一个戏剧舞台，它的空间是原先确定的，但一旦布置了布景、道具、灯光等，这一空间就会构成一个场所，那么这种场所会由于布景、道具、灯光的不同，形成各种各样的具体的场所，它可以呈现北国风光，也可以呈现南疆风情，可以是这样，也可以是那样。在这里相同的是空间本身，不同的是布景、道具、灯光等。为此，我想提出以下三个观点：

（1）在大多数情况下，场所是由室内设计深化完成的。

（2）场所中构成场所的因素，可以是空间的因素、建筑的因素，也可以两者都不是。比如有不少室内设计师是学平面设计或绘画、制作家具出身的，他所使用的室内设计方法中缺少或没有建筑的语言，他们或许使用平面设计的语言，也或许使用陈设设计的语言，而我们不能说他们不是从事室内设计工作。

（3）建筑空间的构成主要依赖建筑设计的原理、方法，因此若不熟悉建筑设计的知识，对空间的设计和改造将会给使用带来各种困难。而室内设计的目的、任务及优点，应充分体现在对场所精神的表现。

四、 个性与共性

个性与共性是文艺评论的老话题，任何一个作品，包括室内设计与建筑设计作品，都同时反映了个性和共性。个性反映了矛盾的特殊性、典型性，而共性反映了矛盾的普遍性。关于文艺作品的个性问题，有个伟人曾非常精辟地指出：文艺批评的最高标准是“这一个”。“这一个”说明了艺术作品的创作在表现上的“唯一性”，也就是说优秀的作品，它只能适合于特定的时间、地域、环境、人物，而离开了这些具体因素，这个作品所表达的语言就不适合于其他地方。无疑，作品应表现个性，当作品的个性具有地域性、时代性、社会性时，它就同时具有共同性及普遍性。

针对现在初学室内设计的人对个性与共性的理解，我想谈谈自己的两点看法：

（1）设计的个性是作品的个性、唯一性，作品的唯一性不是表现个人的唯一性。现在很多室内设计师、建筑设计师往往把设计只当作艺术品，只顾表现自我意识，不顾绝大多数人的审美倾向。我周围有些年轻人就是这样，刚毕业就想做出一鸣惊人的作品，大谈创造中的个性。对于一个初学室内设计的人来说，虽然需要知道“个性”在艺术创作中的价值，优秀的设计作品应该体现出作品的原创性、作品的唯一性，也即作品的个性，但就目前而言，许多设计师特别是青年设计师首先要了解设计中的许多共性的问题，如大量的技术规范、功能的基本要求、设计中的普遍规律、正确的表现方法，特别是大众的审美情趣等。这些是设计中的一些基本问题，也是大家必须共同遵守的行业规则，不能越过这一问题来谈个性、谈创造。有些年轻人为了吸引人的眼球，做出一些怪诞的作品，我觉得这不是在做创新，这是在做鬼脸，想用一张不同的脸来引起别人的注意。以我之见，室内设计学科跟其他学科一样，都应该遵循厚积薄发的基本规律，对年轻人而言，先了解共性问题，后谈个性、谈创造，对业务成长来讲是有好处的。

（2）室内设计学科应该说是个年轻的学科，对大多数人来说，应该更多地注意对这个专业基本知识的了解和掌握。这一专业相对于建筑专业、美术专业等还较年轻，在这专业中应大力提倡对专业知识的了解和掌握，即对基本问题或者说共性问题的了解，否则不利于提高专业技能。在连基本的人体工学知识都不知道的情况下，就无法谈什么家具的创新。我们不是在画一张画，而是在生产一些供人们生产、生活、工作的产品，当这些产品用都无法使用，何谈个性、创造？所以说，目前在我们这一专业中要大力提倡、鼓励基础教育并解决好相应问题，解决好审美中的共性问题。

五、 理论与实践

首先，从整个行业上来说，室内设计从20世纪80年代到现在已经快速发展数十年了，无论是在设计还是在施工上都进行了广泛的实践。室内设计人员已有55万多人，可以说这是一个庞大的专业队伍，装修装饰的产值于2003年达到了7000亿（有关主管部门的统计），已成为我国国民经济中的重要产业。但支撑这个产业发展的室内设计学科有待于发展、完善。室内设计专业在全国众多的专业中能排第几位？对此我常常向设计师们发问。这里就有一个很重要的问题，除了专业的时间积累外，这一专业的独立性如何？这种独立性表现在理论上和教育上的独立性。理论上、教育上，室内设计教育主要依赖建筑设计和美术教育。关键问题是，室内设计没有形成独立的理论体系。现在的状况是虽然室内设计是一个队伍庞大、产业巨大的行业，但室内设计还只是一个二级学科。当前，室内设计的重要问题之一是建立完善的理论体系。我国的室内设计应有独立的理论体系，但至今还处在发展、健全阶段。

我认为理论分为三个阶段：第一阶段为技法类、资料收集阶段；第二阶段为方法论阶段；第三阶段为哲学层次阶段。我认为现在正走到了第二阶段，即使如此，无论从数量上还是从质量上都有待提高。话说回来，第一、二阶段对我国室内设计的普及和提高都做出了巨大贡献。比如张绮曼、郑曙旸的《室内设计资料集》等专著对室内设计的发展做出了贡献。但这些相对于五六十万人的庞大队伍来说，实在是太微乎其微了。

其次，对个人来说，室内设计是实践性非常强的专业。有些刚毕业的学生问我：高老师，我现在要不要学理论？我说：要学理论，但重要的是参加实践，当积累了大量的感性知识后才能更好地理解理论问题。而对毕业很久的学生，我经常会跟他们说：你们最好回学校再读两年书。因为他们需要更多的理论知识，以便今后更好地指导自己的实践。我的主张是，理论对初学者来说不要学得很深，特别是不要学习一些夸夸其谈、与别人聊天用的知识。对一个设计师来说，要能在技能上提高一步，通常要比在理论上提高所花费的时间多得多。比如，一个人用两年时间来看书学习，可以把理论讲得头头是道，但用两年时间提高创作水平则是有限的，对于从事一段实践后要注意的是理论知识的提高，注意全面的修养，就像画画要提高画外功夫，演员要练就台下功夫一样，对室内设计师则是要充实设计外的知识。大家都知道，设计师后期作品水平的高低主要体现在见解、见识上的高低，理论水平上的高低，所以对后期而言，各方面的知识在作品中都能体现出来。

六、 典雅与通俗

建筑设计、室内设计与艺术创作有相同之处也有不同的地方。艺术设计可以是为大众服务的，也可以为少数人服务，它在服务对象上比较灵活。而建筑设计和室内设计特别是对于公共建筑的，其本质上就是为他人创造一种学习、生活、工作的环境，是为他人服务的。因此，室内设计者应考虑自己所设计的室内环境能否满足使用者的审美情趣。我们要意识到，设计者的审美情趣不一定就是使用者的审美情趣，而使用者的审美情趣通常未必是高雅的，但使用者在此环境中长期工作、学习、生活，如果他们感觉到不舒服、不满意、不方便，即使设计师认为再高雅的设计作品，他们都不会乐意接受。

在社会中，儒雅之士毕竟只是少数，大多数人在审美上都是通俗的、随意的。有一个词叫作“曲高和寡”。这就说明了，虽然设计作品非常优雅，而认同、赏识它的人却寥寥无几。我曾经做过一个酒店的设计，自己感到很雅致，完工后同行们也认为不错。可是半年以后，我再次光顾这个酒店，发现酒店的主要部分都做了调整，这个调整给我的感觉是做俗了，大有下里巴人的感觉。酒店老板告诉我说：“你设计的作品虽然雅致，但是一般的顾客觉得太清淡了，觉得不气派，带朋友到这里来没面子，因此生意不好。后来我改了，在室内加了许多装饰品，感觉上热热闹闹的，于是一般市民也就都喜欢了，现在的生意倒还很好。”这件事对我的触动很大。我想，室内设计具有俗文化的一面，所以对于我们这些接触过所谓高雅文化的人而言，应该很好地研究一些俗文化。

对于大多数从学校里刚出来的青年设计师来说，要很好地研究公众的审美情趣和生活形态。最近我在做酒店的设计，我的助手跟我谈如何表现文化，于是我跟他们谈了文化的多样性，文化有设计者的自我文化（这或许就是雅文化），有老板的经营文化，有顾客的消费文化（这或许是俗文化），而我们在设计中就要考虑后者，考虑到俗文化的因素，并用形式美的规律去体现它，貌似俗气，但俗得有道理、有章法，不要从头到尾都是俗，我们要在为他们服务的同时有责任、有必要引导大多数人的审美观念，这就是我们室内设计师需要做的工作。我感到，在大多数室内设计作品中“雅俗共赏”的作品大概可称为上乘之作。

七、 文化的地域性与世界性

文化是指在人类历史进程中一切精神和物质的产物的结晶，文化的核心是观念，观念一旦形成就有相应的稳定性与延续性，文化既可固化成一种观念，又在不断演变和发展，文化具有历史和地域的特征。由于中国的地域特征、历史状况等特殊性，中国文化形成了自己的特征，但这些特征是动态的、发展的。在这一发展过程中，除了内在因素外，还受到了外在因素的影响，外国的文化会影响中国的文化，同时中国的文化又影响外国的文化，但我们必须清醒地认识到：中国的文化是我们的根，是我们设计的源泉。

改革开放后，中国的国门打开了，各种文化对中国文化进行影响、渗透，以致产生变化。在这种情况下产生了两种现象：一是大量地吸收各种各样的外部文化。就现在中国建筑文化而言，西方古典样式、欧陆风、东洋风、后现代的建筑思潮遍及了祖国大地。然而，我们还看到了在北京、上海、南京等地都出现了类似城隍庙、夫子庙、明清一条街等仿古的中国传统建筑样式。这两种现象反映了文化在演变中的一种规律，即文化像一个海绵体，一方面需要吸收外来的文化，另一方面它又需要反弹，充分表现本民族文化的特点。目前，中国出现的多元文化正是这一规律的反映。

高祥生与设计师朋友在讨论

我们还应该注意的是，一方水土养一方人，深深植根于中华儿女体内的博大精深的中国文化，始终会影响着本国设计师的设计思想，并为他们提供源源不断的创作素材。例如，很多优秀的留洋画家，在国外所作的画洋味十足。回国后，虽然用的还是原来的颜料、原来的工具、原来的纸张，但所画的画洋味就少了，这说明了环境对他的影响。我认为，认同中国文化是大多数中国知识分子在文化上的归属。

让我们横向地看国外，比如日本、印度、俄罗斯等国，在历史上都受到过外来文化的影响，可最终还是本民族的文化成了主流文化。现时所呈现的中国文化是现代中国人眼中的中国文化，与传统的文化形态有着很大的区别。随着中国经济的复苏、发展、繁荣，中华民族的子孙会反思、认同、发扬本民族的文化，这是不可抗拒的历史潮流。我相信，若干年后，中国的设计师、文化工作者都会做这个工作，到时，建筑设计、室内设计必然会用新观念、新意识、新材料、新工艺去表现全新的中国建筑文化。这一天迟早会到来的，我们设计师应有这样一种认识和准备。

八、 功能与形式

20 世纪 50 年代，我国对建筑设计提出了“实用、经济，在可能情况下注意美观”的原则。这是在我国经济水平低下的情况下提出的适合当时国情的一个方针。虽然现在它有不适合建筑设计的情况，但对于一般性的建筑，实用和经济还是建筑设计不可或缺的基本要求。只有在经济状况优越的条件下，人们才能充分考虑美观问题、形式问题。

20 世纪 80 年代后，随着我国经济状况的好转，建筑设计、室内设计在实践中开始注意美观问题，追求形式的表现。然而，我感到自 20 世纪 80 年代起至 90 年代末，室内设计一直侧重于对形式的追求。许多室内设计师忽视功能问题，忽视技术问题，这或许是因为在我们的室内设计师中，大部分人原先是学美术或工艺美术出身的。他们不少是画效果图的，评判室内设计作品的优劣也全凭效果图的好坏。在当初有特定的社会因素，这是可以理解的。但到了现在，就应该很好地反思：在室内方案实施中，效果图到底能起到多大作用？在室内设计中，到底是形式先导还是功能先导？我认为在绝大多数室内设计中，首先是要解决功能的合理性，然后解决技术问题、形式问题，因此我赞同功能先导、技术支持、形式配合的说法。我本人近两年来一直在研究室内设计的形式问题。我觉得年轻一代的室内设计师对形式法则了解甚少，大多数人只凭感觉来处理形式问题，而不是用理性来指导。我不否认形式的重要性、形式对功能的巨大作用，只是强调对于一般性建筑，功能具有独立的价值，多数情况下形式是为了表现功能的，对大多空间而言首先要解决功能问题，而后才是解决技术和形式问题。形式可以是多变的，大多建筑室内空间的功能却是相对稳定的。只有精神功能要求很高的建筑，空间形式才有独立价值。

我之所以提出功能与形式的关系问题，目的旨在希望室内设计师不要片面地追求形式，而要更好地注意到新奇的形式背后是不是以牺牲功能作为代价。

室内设计中的场所精神

——《中国房地产报》采访（2021 年 6 月）

记者　焦玲玲

近日，在“线索·线构·线象——设计图示三人行”东南大学成贤学院建筑与艺术设计学院教师作品联合展上，东南大学建筑学院教授、博士生导师高祥生为展览作序：“图线”是探索、表现建筑形态的最有效元素，是构成建筑和环境设计形象的最主要方法之一；线条结合色彩，诸如用马克笔表现建筑画是表达设计形象最便捷的方法。

从 1997 年开始在东南大学上课，拥有近 50 年建筑学教学经验的高祥生坚持认为，建筑学强调形象思维，建筑形象的创造、建筑形态的表达最好还是用图示的形式，而不是做建筑模型，其中学生用线表达形象的能力非常重要。

“徒手功夫是中国建筑师的特色，也是不少在外国以建筑设计谋生的中国设计师的看家本领。”

这种创作被他称为“建筑画”，强调用线条、色彩抒发自己对建筑形态的理解、情感。与之相反的则是“画建筑”，它表现作者对建筑形态的主观感受。

高祥生是中国资深室内建筑师，国内室内设计专业的发展离不开他的贡献，他主导编制了多个室内装修、室内设计的规范和标准，其中《室内陈设设计规范》（T/ACSC 01—2019）是全国首部室内陈设设计规范，填补了国内室内陈设设计标准的空白。

2021 年 6 月底，高祥生在南京接受《中国房地产报》记者专访时表示，如果说把建筑全过程比作创作交响乐，那么后期的乐谱由室内设计师来完成。国内室内设计发展了将近 50 年，但并没有谁明确说出室内设计的根本目的就是营造场所精神。

其实我国早期建筑设计和室内设计是不分家的。社会大众越来越注重空间的居住品质，促使建筑领域的分工越来越细，出现室内设计专业，几十年来室内设计专业得到了快速发展，并逐渐成为一个较成熟的专业。

记者：您之前写过一篇题为《室内设计之于建筑设计的独立价值》的文章，文中针对大多数室内设计师对室内设计独立价值不是很清晰的状况，提出了自己的看法。能否阐述一下室内设计评价的标准？

高祥生：原来有一种说法——建筑设计是建筑全过程设计的乐队指挥，这个指挥要负责结构、水电系统、空调系统等协调工作。但我认为建筑设计主要是完成了一个建筑的空间界定，后续还要细化许多工作。比如对一些功能不太完善的空间进行调整、界面美化等。这些工作需要有人来协调，我认为这个人最合适的角色就是室内设计师。如果把建筑全过程比作创作交响乐，那么后期的乐谱就是由室内设计师来完成的。

建筑是一个整体空间，最终的任务是构成一个场所，这个场所拥有功能和精神的明确指向性。场所构成一般有三个要素：一是空间；二是道具，比如柜台之于商场，茶桌之于茶室，餐桌之于餐厅，只有有了这些道具才能构成场所；三是人。道具和人的不同导致了场所也是千变万化的。场所的特定指向性就是场所精神，场所精神的营造正是室内设计的任务。

记者：中国的室内设计专业是如何发展起来的？

高祥生：其实我国早期的建筑设计和室内设计是不分家的。老一辈的建筑师往往要同时完成这两个方面的工作，比如人民大会堂、北京火车站等的建筑设计和室内设计当时都是由建筑师一起做完的。改革开放之后，因为产业的发展，室内装饰装修业开始兴起，建筑师不能像过去那样统筹负责建筑设计和室内设计，室内设计逐渐成为一个成熟的、独立的专业，而非建筑的一部分。

随着社会、产业的发展，建筑层面的分工越来越细，往宏观拓展就是现在的城市设计，往微观深入就是室内设计。其中室内设计在二十世纪八九十年代发展得特别快，一个重要因素是经济的发展，人们越来越追求生活环境的舒适性和美观性，另外我认为还有一个客观因素就是中国的混凝土建筑的框架结构持续存在，混凝土建筑后期装修时可以在非剪力墙、非承重墙上拆墙打洞，增加装修工程量。

记者：近年来，您主导主编制了多个室内装修、室内设计的规范和标准，在您看来，目前室内设计行业有哪些关注点？

高祥生：我认为，第一，相比于之前的混凝土建筑，钢结构建筑的数量在增加，钢结构建筑属于网架结构，原有的结构形态不少都很美观，一般不需要拆墙打洞做装修，可以减少装修工程量。第二，产业形态正在发生变化。室内设计行业一开始提菜单式装修，后来是全装修、精装修，目前叫工业化或者产业化，还有数字化、人工智能，产业化中很重要的就是装配化，要求设计精准化、标准化、部品化。也就是说，室内设计师要做好准备，未来不能随心所欲创作很多形象，更多的是要研究标准件、插件、接口如何，装配化建筑应像搭积木。我觉得未来国内应有一批人去研究部品、部件的标准化，研究建筑构件如何装配、如何批量化生产。

记者：上述这些变化将给行业发展带来哪些影响?

高祥生：首先就是设计师的转型问题。建筑产业化深入发展提高了对设计师的要求，他们必须懂这个产业，懂部品、部件如何搭接，懂产业化的项目工程。这就需要观念上的转变，将工程上的业务能力从湿作业转变成干作业，研究如何将部品、部件拼装起来。其次，装配化、产业化的生产形式与传统建造不同，传统的建筑设计和建造流程是串联式的，工业化、产业化的设计模式是并联式的。如传统的流程是业主方先委托建筑师，建筑师做完后交给结构设计师，之后交给设备设计师，最后交给室内设计师，这样一套串联式的流程。未来必然会变成并联式，很多部品、部件在不同地方生产，最后在一个地方进行拼装，这就决定了设计形式的不同。最后，要认清国家发展趋势，现在新建的豪华楼盘、楼堂馆所的体量慢慢减小，但老建筑更新却有着大量的工程，并且改造会持续进行。行业发展面临的新问题、新课题要求我们不断去更新知识，来适应新的情况，做好新的工作。

记者：您如何看待装配式装修未来的发展?在这个过程中如何发挥室内设计的价值?

高祥生：国内整个装配化的进程跟生产力的发展、物质财富的丰富、思维方式的改变是紧密相连的。近年来，在国家大力倡导下，装配化进程不断往前推进，尤其是钢结构建筑得到快速发展。具体来讲，我认为装配式装修主要是完成面与面、体块与体块间的对接、组合，不可能在现场做非常单一的东西，要进行批量化，室内设计师在其中肯定有用武之地。前面我提到室内设计的价值是营造场所精神，做的是部品部件、家具陈设，这些建筑产业链末端的内容直接与人的生活相关。这些工作范围都是室内设计、陈设设计所涉及的。

记者：您认为国内有些地区的装配化建筑发展不快有哪些原因?

高祥生：有产业习惯、思想意识的问题，更主要的是现在有些地方助力装配化的机械化进程没有跟上，出现了用人在现场完成的湿作业比用机械后场完成的干作业成本低，所以有些地方的装配化推进进度就慢了。

记者：您刚才提到了陈设设计。如今室内陈设已快速发展为新型产业，您还主持编制了全国首部室内陈设设计的规范：《室内陈设设计规范》（T/ACSC 01—2019），您如何看待室内陈设的重要性?

高祥生：室内设计在中国发展速度很快，工程量很大，从事人员很多。这个专业如果要持续发展，则需要理论支撑以及专业基础知识的普及。以前行业规范主要是以建筑设计为主，建筑下游细分领域的规范很少。在相关部委、领导支持下，早期我主导编制了《住宅室内装饰装修设计规范》（JGJ 367—2015），想对室内设计专业的发展有所推动。

至于陈设设计，“陈设”一词也不是国外的舶来品，我国在《后汉书》中就提到了陈设。随着我国社会的发展和人们对居住品质要求的提高，“陈设”越来越受到重视，范畴也越来越广，室内陈设设计行业随之得到快速发展。《室内陈设设计规范》（T/ACSC 01—2019）是在2019年正式发布并实施的，这个规范是在配合住房城乡建设部建筑设计、室内设计相关规范的同时，增加了关于陈设设计独立和原创的内容。相比其他室内设计规范都是提出要求、提出应该如何做，《室内陈设设计规范》（T/ACSC 01—2019）则反向思维，侧重点在于不能做什么，规定了很多不允许做的事情，比如儿童用房不应设置质硬且尖锐的陈设品，陈设品安装后必须保证有多少的宽度、层高等。

记者：您对年轻设计师有哪些期待或者建议？

高祥生：之前中国建筑学会室内设计分会原会长曾坚说过，国内室内设计是仓促上马的。我觉得“仓促上马”这个词用得很好，确实是，行业门槛低。我们以前评价建筑师要用多久才能成为一个成熟的建筑师，在校读书时间，加上跟进一两个工程项目的时间，有专家认为至少需要8年。所以，室内设计师的知识基础、经验积累很重要，现在很多室内设计师都需要补课。一方面是提高制图能力，制图是室内设计师的语言表达，现在很多室内设计师画图不规范，这在过去的建筑学中是不允许存在的；另一方面要增长构造和美学知识，做得东西要牢固、要省钱、要合理，现在室内设计师开口闭口都在讲好看，那么好看的基本规律是什么？无论是传统的形式美，还是现代美学，室内设计师都要掌握。

记者：您在如何培养建筑类专业学生的形象创造能力方面有何主张？

高祥生：建筑学专业强调形象思维，目的就是创造一个未来的、想象中的、意象中的建筑和建筑空间。形象思维源于形象积累，形象积累就是绘画、写生。画画对建筑学院学生来说有三大功能：提高审美、形象记忆和形象表达能力。建筑学中的形象创造、形象表达都是以线为主。一直以来我的主张就是学生用线表达形象的能力非常重要，国内有些高等院校则是教学生通过模型来表达，我不太主张用模型。形象思维对建筑学院的学生非常重要，美术是提高我们审美能力和形象思维能力的很好途径，但是关于建筑学中的绘画教育，应该怎么教学生，学生怎么画，值得探讨。

《室内陈设设计规范》（T/ACSC 01—2019）通过的意义

——中国建筑文化研究会采访（2019年10月）

高祥生教授是东南大学建筑学院教授、博士生导师，著名建筑环境艺术教育家、理论家。在他的学术生涯中，他曾主持编制近十部建筑业的国家和地方标准，主编过四十余本著作。

记者：最近，从网上获悉，由高祥生教授主编的《室内陈设设计规范》（T/ACSC 01—2019）由隶属文化和旅游部的中国建筑文化研究会作为团体标准审批，并在网上公示，征求意见。我们认为这是建筑室内装饰界的一件大事。为此我们想就编制中国第一部室内陈设设计规范《室内陈设设计规范》（T/ACSC 01—2019）的初心和这部规范中的内容等问题采访高祥生教授。

高教授，能否请您介绍一下主持编写《室内陈设设计规范》（T/ACSC 01—2019）的必要性？或者说您认为编写这部规范的意义是什么？

高祥生：好的。编写的意义也就是编写的必要性，这个问题我想分几个方面说。我国的建筑业是不断发展的，20世纪80年代初，从建筑业中细分出一个室内装饰业，经过二十多年的发展，在室内装饰业的基础上又细分出陈设行业。这是行业发展、专业发展的必然结果。现在我国大小城市已出现了室内陈设工程公司以及室内陈设设计公司，在我国与建筑设计和室内设计相关的专业中也已开设了室内陈设设计的课程。随着人们生活水平的提高和工业化建筑的推广，室内设计都在大力倡导“简装修、重装饰”，现在人们强调用陈设设计来美化室内环境就是在这种大背景下发生的。

据业内人士反映，很多原来从事室内设计的美术创作人员进入了陈设设计业。加上从事陈设设计不需要很多建筑知识、结构知识等，且对资质要求不严，所以从事室内陈设设计的队伍急剧膨胀。但是至今我国还没有像样的陈设设计教材和规范。因为没有教材，没有规范，所以我国的陈设设计水平参差不齐，陈设工程中的安全、环保、消防问题也时有发生。因为上述原因业内有很多人都认为我国现阶段必须要有相应规范、标准，来确立陈设工程和阶段设计的行为准则。

至于你说的国内第一部室内陈设设计规范，据我所知国内也有人在编写陈设设计标准、规范之类的文件，只是我比他们快了一些。

记者：《室内陈设设计规范》（T/ACSC 01—2019）现已在网络上公示，不久将会颁布实施。您是分别参加过住房城乡建设部、文化和旅游部两个部的标准编写的专家，我想问您这两个部的标准编写工作，哪个部的规范要求更严、通过更难？

高祥生：都很严格，都很难。我们是2017年12月启动编制《室内陈设设计规范》（T/ACSC 01—2019）工作的。随后，我们在中国建筑文化研究会的主持下召开了启动仪式会。在中国建筑文化研究会陈设艺术专业委员会的负责下，召开了各种研讨会、调研会、报告会，进行了各种大小实验，然后完成初稿、送审稿，召开审核会。审核会议在中国建筑文化研究会团体标准化技术委员会的主持下进行了两天，有一次是下午一点开到晚上十点。来自深圳、杭州、武汉、上海、南京的专家、学者对规范中的每一条、每一句、每个用词都认真、反复地推敲确定。最后审核会专家一致认为本规范材料齐全，观点正确，格式标准。本规范的发布必将对我国的陈设设计行业的发展和陈设设计水平的提高起到积极的推动作用。

审核会结束后在我的主持下又进行了一次修改和完善工作，然后才报到中国建筑文化研究会进行审批，最后在网上公示、发布。这些程序与住房城乡建设部中国建筑装饰协会的程序相似，现在要我谈感受，我感觉两个部的工作都做得很认真、很科学、很规范、很严格。

记者：您曾主持建筑业中两部国家标准和七部地方标准的编写，您主持编写这部《陈设设计规范》与主持编写先前的规范有什么不同，有什么难度？

高祥生：一是我曾主持编写的建筑业的标准、规范都是在住房城乡建设部标准、规范的体系中完成的，我对这个系统的标准格式和要求稍微熟悉些，而属于文化和旅游部系统的标准我不太熟悉，所以我需要花一些时间了解文化和旅游部标准的格式。现在认为两者总体上的要求是一致的，但表示方法略有区别。为此，我在编写本次规范过程中对编写格式做了两次较大的调整。二是室内陈设设计涉及不少感性问题，感性问题很难用标准来决定。对于这个问题，我的思路：首先对陈设设计中涉及的消防安全问题、无障碍设计问题、建筑结构问题、绿色环保问题等，都可以根据国家现有的标准、规范，结合陈设设计的具体情况逐一明确。对于视觉审美中的问题，现在可以通过测试眼动、脑电波等科学方法，进行量化，虽然这种方法仍然有不完善的地方，但我们还是得到了一些科学的数据，取得了一些成绩，另外我们也可以通过对部分人群的行为进行问卷调查，最终用科学的方法计算出相关数据。如果说这部规范有什么亮点，有什么创新，我想这就是亮点，这就是创新。我曾有过一个梦想，就是对审美的感觉进行量化表达，这次我在规范的编写中，借助一些仪器做了探索，虽然不能说是很完美的，但我想在这个领域中率先做一点量化表达工作吧。

记者：您是东南大学成贤学院建筑与艺术设计学院的院长，请问成贤学院有开设了什么室内设计课？

高祥生：成贤学院已经开设了“室内陈设设计”课程，并且制作了网络教材，作为一种教学方法的探索，得到教育部相关部门的表彰。

记者：听说您即将出版一本《室内陈设设计教程》教材，不知什么时间可以面世？同时也想了解一下《室内陈设设计教程》与《室内陈设设计规范》（T/ACSC 01—2019）各自有什么特点，您同时编写一个规范和一本教材是出于什么考虑？

高祥生：《室内陈设设计规范》（T/ACSC 01—2019）是从法理上、原则上、理性上，规范了室内陈设设计应该遵循的法规、准则。作为规范一定是严谨的、科学的，其内容简洁明了。而作为教材，必须强调知识的完整性、系统性、逻辑性，教材是要让学生从中得到基本的、系统的知识。可以认为《室内陈设设计教程》是对《室内陈设设计规范》的一种具体说明，我著写《室内陈设设计教程》前后思考了近十年，具体撰写用了三年多时间。应该说无论是规范还是教材我都花费了大量心血。

最后我衷心地愿《室内陈设设计规范》和《室内陈设设计教程》能对中国的陈设设计专业，对惠及千家万户的陈设工程有所帮助。

室内环境中的细部设计

【摘要】任何优秀的艺术作品都有其独有的面貌和品质，而这种面貌和品质往往通过细部表现出来，所以细部是所有优秀艺术作品的重要组成部分。只有有了细部，一件作品才可能完整，才可能给人留下鲜活而深刻的印象，才可能表现出艺术创作的神韵。室内设计从造型艺术的角度讲也不例外。在室内环境中，精心设计的细部能烘托整体环境的氛围，并赋予整体环境性格特征。室内环境中的细部虽被包含在整体环境之中，但整体环境的设计并不就是细部的简单相加，它是按形式美的规律精心组织起来的，是有主次之分的有序组合，是艺术作品中意与匠的体现。

【关键词】室内空间　细部　细部设计　形态　工艺

一、概述

细部刻画在文学、艺术中比比皆是：文学形象往往是依靠一些生动、具体的细节描写而丰满起来的；戏剧、影视作品的情节也是伴随着细微的动作、表情或重复出现的细节描写而生动起来的；舞蹈更是一门不能离开细节动作表现的艺术；绘画艺术往往通过对细部形态与色彩的刻画强调来表现其主题……

一个优秀的室内设计作品，和文学、戏剧、舞蹈以及绘画艺术一样，需要精心设计的细部来支撑。纵观中西方一切优秀的建筑室内空间，无不具有十分精妙的细部形态：像西方古典建筑室内空间里生动逼真的绘画、雕刻，造型完美的家具、陈设，中国古代建筑室内空间里优美的书画作品，工艺精湛的装饰构件以及家具摆设，虽然随着工业时代的到来，极简主义、白色派等简约风格在设计界较为流行，但简约风格并不是简单，更非简陋，简约主义的建筑室内设计体现的是对形体的概括和对细部的提炼，展现的是细部设计的精髓。一个细部粗糙甚至是缺失细部的室内设计是无法产生空间氛围的感染力的，这样的空间更谈不上对场所精神的体现。

二、 室内设计中的细部处理

1. 细部的概念

细部也就是作品中精细、细致、细腻的部分，建筑室内空间的细部常常是室内环境中最能吸引人的目光并引起人一系列心理反应的形态。对于强调装饰性的室内环境，细部设计指的是附加给空间的物质形态。我认为，可以根据细部自身的独立与否将其分为附着在固定界面上的细部即装修细部，如顶角线、腰线、地面的拼花等以及非固定的脱离界面独立存在的细部即装饰细部，这样的细部往往具有具体形态，如各种装置、陈设、灯具等。

2. 细部设计与整体形态的关系

细部与整体的关系有很多种，不同的环境中其相互的影响也不尽相同。像西方古典建筑的形态特征主要体现在古典柱式上，而西方古典柱式又是由柱头、柱身、柱础以及檐部等建筑细部构成。因此，我认为西方古典建筑的细部特征决定了建筑的总体风格，且建筑的整体感觉又呈现出单个细部特有的面貌特征，如下图所示。

雅典的帕提农神庙
（高祥生工作室绘制）

室内设计也绝对不是对细部毫无章法的堆砌，一个成功的设计方案应该是对总体效果控制与细部特征把握相结合的产物，并且只有相互协调的细部才能构筑出精致、完美的整体环境。而室内设计如何协调整体与细部的关系，是设计者在设计初期就需要注意的问题。当然，这里的整体和细部都具有相对性，在一定条件下，整体与细部可以互相转化。一个形体在大的空间环境中可以成为细部（如对一根柱子的处理从大的室内环境的角度看就是对细部的处理），一个细部从小的设计对象的角度看也可以成为整体的形态（如对柱子线脚的处理从单个柱子的角度看就是对整体的处理）。

说到细部与整体的关系，就不能不涉及细部设计的“度”的问题。因为室内设计都是在限定好的空间里做形态设计，所以细部的感觉一定要与整体环境所具有的气质相适应。在室内环境中，对某一细部处理的繁与简、多与少应根据室内整体风格和室内形态的繁简程度决定，在繁杂的空间形态中，其配置的细部必然要求丰富多彩，如图上所示，南京站贵宾厅的设计整体感觉厚重繁杂，相应的细部设计也较为烦琐。而在简洁的空间形态中设计的细部则应求其精练，细部主要体现在质地美感和工艺精致上。总之，对细部设计的“度”，需要设计师用心去感悟、去把握、去表现。设计时只有心中时时装着全局，从一个细部的做法就能看出设计完成后的整体感觉，才能达到理想的设计效果。

南京站贵宾厅（高祥生摄于 2010 年 1 月）

3. 影响细部形态的因素

因为室内空间中涉及的细部内容较多，所以我有必要简要谈谈与细部形态相关的各种因素。首先，细部的形态涉及一个风格问题，或简约，或烦琐，或轻快，或厚重，而设计者的设计初衷大多会决定最后的设计效果。细部的具体形态虽然不会在设计初期就成形，但设计者总的设计理念应该贯穿整个设计过程，控制各个细部形态。其次，细部形态与使用功能有关，对于具有功能的细部来说，其功用就决定了其最终形态，而对于人们可能接触到的细部，则应充分考虑人体尺度与细部的适应性。再次，细部形态与空间大小有关，因为观察距离的关系，较大的室内空间应考虑到细部的尺度也随之增大，而小尺度的细部则与较小的室内空间相适应。最后，细部形态还与施工时采用的材料、工艺有关，细部形态是精致还是粗糙，是高雅还是低俗，直接与工艺水平的高低相关。另外，细部形态还会随着光线的变化呈现不同的感觉。

4. 细部的组织规律

一个优秀的室内设计离不开合理的细部处理，离不开使各细部间相互关系变化、统一的科学的组织方法。这种科学的组织方法就是形式美的规律。运用形式美的规律可以有序地组织好各细部的关系。譬如在一个室内空间中重复出现的同一形态的细部可以强化设计风格，还可成为室内设计中的母题语言。又譬如细部的组织应做到疏密有致、松紧有序，像古典柱式的线脚，就是通过近千年人们审美观念的沉积而形成现在这样极具节奏感的形式。而有节奏地组织某一设计元素，使之形成一定韵律，这样的组织手法利于表现空间的序列感，突出环境主题。再譬如用对比的手法将细部在尺度大小或色彩上拉开，以形成一定的主次、虚实关系，但这样的细部设计必须强调某种因素的同一性，如可以采用相似的形态或肌理，使之在反差强烈的同时又具有一定的调和感。总之，我们在细部设计中可以运用形式美中节奏与韵律的规律、统一与变化的规律、主次与虚实的规律、比例与尺度的规律……要运用这些规律来充分表现室内环境中细部的无穷魅力。

5. 细部放置的位置

众所周知，建筑，尤其是高层建筑，最容易产生变化的地方在其顶部，建筑顶部轮廓线的波折起伏给人的印象最深，譬如中国古典建筑的大屋顶就构成了中国传统建筑的首要特征。而在中国建筑中，对人的视觉心理影响次深的部位是建筑的基座，一般的大型建筑都将建筑的下部作为仅次于建筑顶部的重点设计对象。而建筑立面的中段对建筑特征的形成影响最小，这部分也就成为设计时最少强调的部位。我想，人们感受建筑的方式可能或多或少受到人与人相互观察的方式的影响吧，那么建筑的上部和下部自然成了细部设计的重点。建筑是这样，装饰个体也是这样，像西方的古典柱式，柱头和柱础部位线脚繁多，是重点装饰的部位，而柱身却较为平淡。所以中国古典建筑中的装饰构件也多出现在屋顶部位（如屋脊上的吻兽），或是基础部位（如样式繁多的台基）。

既然人们对物体形态轮廓线的起伏感受最为敏锐，也就是说人们观察事物时会更多地注意物体的边缘，那么室内环境中细部设计的重点也就应该放在空间的转折和交接处，在这些地方，即使是一些微妙的变化也会使人们很快地感受到。从室内的角度看，可以在墙面的顶角线和踢脚线处、吊顶的边口处以及门套部位设计一些具有空间性格特征的细部形态；从空间的角度看，可以在空间的转角或交界处设置景观或陈设品，既丰富了空间感觉，又将不同功能的空间区分开来。除了以上部位，人们在观察一个室内空间时还会对视平线上下的部位印象深刻，对于一个较空旷的空间，设计时可以将某些反映室内风格特征的细部放置在视平线位置，加深人们对空间性格的认识。

当然，在强调“重装饰，简装修”的今天，建筑室内空间强调流动感、四维性，细部的位置也不是固定不变的。陈设作为装饰细部的一种，其布置需要遵循一定的法则：视线交汇的中心是物体最易被感知的部位，像大厅的中心就常常布置较大的陈设品，使之成为视觉焦点；各平面的轴线交叉点也是常常布置陈设品的地方，此处的陈设品除了供观赏以外，还具有一定的标识作用；为了强调序列感和方向性，还常沿某条平面轴线，将陈设布置在其中心或两侧；还有将陈设布置在平面轴线端头的做法，以改善空间过长造成的单调感，陈设作为平衡多个空间风格感觉的过渡物还会被布置在空间的转接处；另外，陈设也常出现在不规则空间处，作为视觉补偿或视觉焦点平衡异形空间给人造成的心理不适。适宜布置陈设的位置还有很多，要具体根据室内环境的需要而定，这里就不一一列举。

6. 细部设计的作用

首先，细部设计能影响整体的风格特征。建筑室内环境之所以呈现各不相同的面貌形态，很大程度上是因为细部特征的变化。像强调标准化配置的酒店客房设计，其平面布局相差无几，主要靠不同的装饰细部的设计来区分、展现各自的风格。细部是唯一的，是有自己独特个性的，所以，室内环境中哪怕再细微的装饰形态都会反映出一定的风格特征，在室内设计过程中应有意地运用这种细部风格与整体风格的对应关系，进行深入细致的细部处理。

其次，细部设计能在一定程度上体现出文化特征。细部自身也包含一定的风格，并体现出独有的性格。像西方古典建筑屋顶常出现的弧线呈上拱形，我感觉这大概与欧洲民族的骁勇好战、勇于反抗的性格有关；而中国古代建筑屋顶的弧线呈下弯形，我想这也许是中华民族的恭卑谦让、善于包容的民族习性的反映。所以室内设计师可以通过具有典型性或象征性的细部设计，创作出富有地域特征的设计作品，传承民族文化。

再次，细部设计还能体现当时当地的工艺技术。对于同一个室内环境中的同一类装饰构件、同一种家具，室内环境的视觉感觉相差甚远。其原因就是这些装饰构件和家具的细部处理的工艺水平差距太大。一个工艺精致的室内设计作品，在给人带来优美的视觉效果的同时，更愉悦了人的心理，提高了人的生活品质。

最后，细部设计还反映了设计的人性化程度。一个优秀的室内设计，不仅应具备完美的视觉效果和宜人的空间氛围，还应该充分考虑人的需求，方便人的使用。而设计是否人性化，则从各个细节体现出来。室内环境中许多细部设计的目的就是满足人们的生理和心理需求。

三、结语

细部设计能够在一定程度上反映出设计水平的高低和施工技艺的优劣，因此越来越受到我国广大设计工作者的重视。但论述室内设计中细部处理的理论性文章并不多见，为此我撰写了这样一篇专门探讨细部设计的文章。我仅以本文抛砖引玉，希望能以此帮助广大室内设计师创作出更多、更好的室内设计作品。

室内空间中隔断的围合度

【摘要】 在室内空间中以不同形式的隔断分隔空间会产生不同的分隔程度，对于分隔程度本论文简称为分隔度。了解和掌握室内空间中隔断的分隔度是创造良好的室内空间形态的重要因素之一。本文以揭示室内空间中隔断分隔度的成因为主要内容，着重对隔断的高度、隔断材料的通透性、隔断表面材料的反射率、隔断的面积以及隔断的位置对分隔度影响五个方面及与其相关的特征及现象进行了分析和研究，对规律性的知识进行了总结。

【关键词】 室内　空间设计　隔断　分隔度

一、 概述

室内空间的分隔是室内设计的重要内容，它根据不同的使用功能和视觉要求，对空间在垂直方向及水平方向进行不同形式的划分，从而形成新的空间。其任务是处理好室内各空间之间的关系，并为人们提供一种更加舒适、美观且富有情趣和意境的室内环境。在满足人们不同活动需求的同时，使空间达到物质功能与精神功能的和谐统一。因此，室内空间的分隔不仅是一个功能问题、技术问题，同时也是一个关乎审美的问题。

隔断是用于分隔空间的垂直构件，它不仅可以起到限定和划分建筑空间的作用，而且也具有审美价值。隔断的形式和种类很多，由于其高度、材料以及它与空间关系的不同，在室内空间中所产生的分隔度是不同的。因此，在室内空间分隔时，室内设计师应认真考虑隔断分隔度的问题，在满足空间使用功能的要求和体现空间特点的同时，提高隔断在室内空间中的审美价值。

了解并掌握室内空间中隔断的分隔度问题是创造良好的室内空间形态的重要因素之一。室内空间中隔断的分隔度主要受隔断的高度、隔断材料的通透性、隔断材料表面的反射率、隔断的面积四方面的影响。

二、隔断的高度对分隔度的影响

隔断的高度是影响室内空间分隔度的重要因素之一，其内容主要包括以下两点：一是相对于人们不同的行为方式（如：站、坐、卧），隔断自身的高度对分隔度的影响；二是相对于隔断所在的室内空间，隔断的高度与层高之间的关系对分隔度的影响。

相对于人们不同的行为方式（如：站、座、卧），隔断的高度对人产生的视觉感和心理感是不同的。我们习惯性设定人垂直的舒适视域在其视平线上下 13° 之间，水平的舒适视域在其视平线左右 26° 之间。实际上人们的视线是不断移动变化的，以上只是理论上的数据，实际操作中需要根据设计情况具体分析。

一般来说，隔断高度越高，其分隔程度越强；相反高度越低，分隔程度就越弱。与低隔断相比，高隔断私密性强、隔音效果好、视线遮挡性佳。若要保证空间有完全的封闭性和私密性，可以采用不透明的高隔断；若是希望营造出“隔而不断”的开放式效果，则可以降低隔断的高度，减弱其分隔程度。

相对于隔断所在的室内空间，隔断的高度与层高之间的关系也对空间的分隔度产生影响。通常隔断的高度与层高之间的比值越大，则分隔度越强；反之，隔断的高度与层高之间的比值越小，则分隔度越弱。如右图所示，h_1 表示隔断的高度，h_2 表示隔断所在室内空间的净高。我认为，通常若 $h_1 < \frac{3}{10}h_2$，则具有较弱分隔度；若 $\frac{3}{10}h_2 \leqslant h_1 \leqslant \frac{7}{10}h_2$，则具有较强分隔度；若 $h_1 > \frac{7}{10}h_2$，则具有强分隔度。

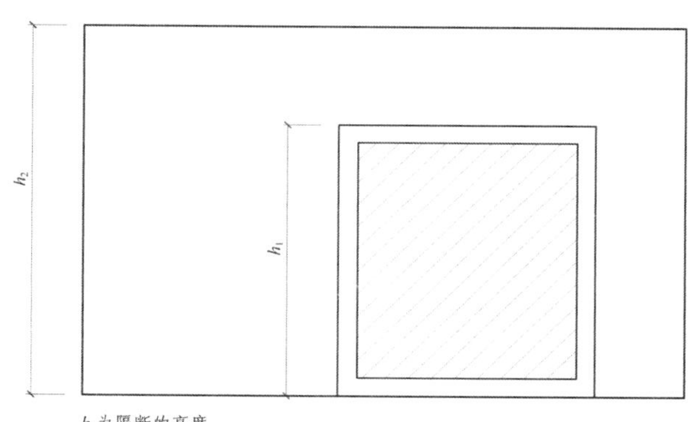

隔断的高度与层高之间的关系（高祥生工作室绘制）

三、隔断材料的通透性对分隔度的影响

隔断材料的通透性越强，所形成的分隔度就越弱；反之，隔断材料的通透性越弱，所形成的分隔度就越强。以玻璃为例，用透明度很高的清玻璃做成的隔断可使子空间之间的通透性加强，其分隔度弱，开敞感强。而以磨砂玻璃、夹丝玻璃、彩绘玻璃、玻璃砖等透明度较低的材质做成的隔断，子空间之间的开敞感与通透性明显减弱，因此分隔度加强。如下表所示，在下列材料中，清玻璃的通透性最高，分隔度最弱；其次是毛玻璃、

云石、羊皮纸、和纸；通透性较低的是纺织品、木材、石材，其分隔度较强。

隔断材料的通透性对分隔度的影响

	清玻璃	毛玻璃	云石	羊皮纸	和纸	纺织品	木材	石材
通透性	高 ——→ 低							
分隔度	弱 ——→ 强							

四、 隔断材料表面的反射率对分隔度的影响

隔断材料的表面反射率越大，所形成的分隔度就越弱；反之，隔断材料的表面反射率越小，所形成的分隔度就越强。以玻璃为例，清玻璃的表面反射率比黑色背漆玻璃的表面反射率大，以清玻璃做成的隔断，其分隔度比以黑色背漆玻璃做成的隔断弱，但开敞感较强。如下表所示，在下列材料中，玻璃镜面的表面反射率最大，分隔度最弱；其次是不锈钢、磨光石材、纺织品、亚光石材；表面反射率最小的是毛面石材，其分隔度最强。同时在隔断总面积中，表面反射率强的材料面积所占的比值越大，则其通透感越强，分隔度越弱。

隔断材料表面的反射率对分隔度的影响

	玻璃镜面	不锈钢	磨光石材	纺织品	亚光石材	毛面石材
表面反射率	大 ——→ 小					
分隔度	弱 ——→ 强					

五、 隔断的面积对分隔度的影响

隔断的面积也是影响室内空间分隔度的重要因素之一，其内容主要包括以下两点：一是相对于隔断自身的材料，其透明材料面积或镂空面积与材料总面积之间的关系对分隔度的影响；二是相对于隔断所在的室内空间，隔断面积与立面正投影面积的关系对分隔度的影响。

相对于隔断自身的材料，其材料总面积与透明材料面积或镂空面积之间的关系对分隔度产生影响。通常透明材料面积或镂空面积如下图所示，a_1 表示材料总面积，a_2 表示透明材料面积或镂空面积。根据我的实践总结，通常当 $a_2<30\%a_1$，具有强分隔度；当 $30\%a_1 \leq a_2 \leq 70\%a_1$，具有较强分隔度；当 $a_2>70\%a_1$，具有较弱分隔度。

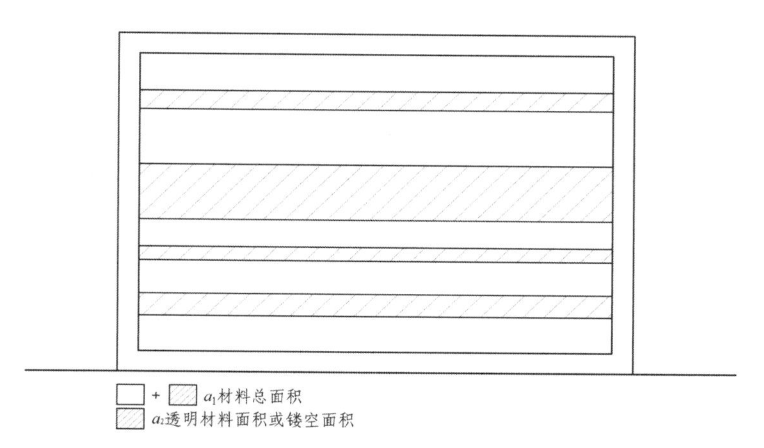

材料总面积与透明材料面积或镂空面积之间的关系（高祥生工作室绘制）

相对于隔断所在的室内空间，隔断面积与立面正投影面积的关系也会对分隔度产生影响。隔断面积与立面正投影面积的比值越大，则分隔度越强；反之，隔断面积与立面正投影面积的比值越小，则分隔度越弱。如下图所示，隔断面积与立面正投影面积 1 的比值 > 隔断面积与立面正投影面积 2 的比值 > 隔断面积与立面正投影面积 3 的比值，则立面 1 中隔断的分隔度 > 立面 2 中隔断的分隔度 > 立面 3 中隔断的分隔度。

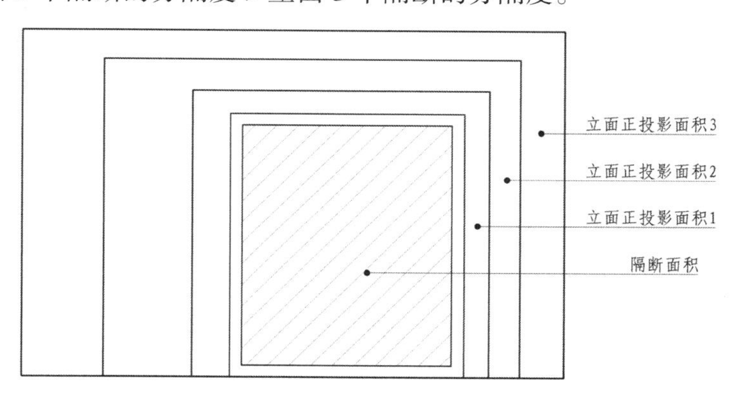

隔断面积与立面正投影面积的关系（高祥生工作室绘制）

六、结语

室内设计师在具体的设计实践工作中，了解并运用上述有关室内空间中隔断的分隔度知识指导实践，可以更加准确地选择隔断的材料，塑造出更具审美价值的空间形态，以期创造出更加舒适、更为人性化且富有空间层次变化的室内环境。

本文所论述的内容是本人多年以来对室内空间隔断的分隔度的一些心得和体会，论文中出现的有关量化的数据未能进行更加严格的求证，有许多是本人的经验之说。请诸位方家指正，同时也希望各位同仁对我提出的问题进行进一步的研究和探讨。

室内顶棚的装饰装修构造

室内装饰装修构造是实施室内装饰装修工程中写明具体做法的方案，它对室内装饰装修工程的功能性、安全性、美观性、环保性、经济性都有重要的影响。因此，装饰装修构造设计是室内装饰装修不可或缺的内容。

一、 室内装饰装修构造设计的一般要求

1. 采取安全、坚固的方案

装饰装修构造的连接点需要有足够的强度，以承受装饰装修构件与主体结构之间产生的各种荷载，此外，装饰装修构件之间、材料之间也需要有足够的强度、刚度、稳定性以保证构造本身的坚固性。还有当装饰装修构件对立体结构施加较大荷载或削弱结构受力时,应对结构进行重新验算。必要时应采取相应的加固措施,以保证主体结构的安全。

2. 选择合适的构造用材

装饰装修的构造用材是装饰装修构造设计的物质基础，选择合适的构造用材可以优化室内装饰装修的工程质量、工程投资和审美效果。现代装饰装修材料品种丰富且不断更新。设计人员应在熟悉各种装饰装修材料的基础上，认真选择绿色环保、美观，安全性强，性价比高，物理、化学性能好且易于施工的装饰装修构造用材。

3. 适应装配化施工的需要

在室内装饰装修工程中实行工厂生产，工地装配，逐步淘汰现场制作的装饰装修模式，是我国装饰装修行业实现现代化、产业化的必然趋势。不同的装饰装修模式具有不同的构造形式。装配化构造形式，具有模数化、机械化、批量化、一体化等生产特点。因此，从事现代装饰装修构造设计必须了解和适应这种生产特点。

4. 协调相关专业的关系

如上所述，装饰装修构造与建筑、结构、设备等专业关系密切。它们之间或相互连接、重叠或相互毗邻依存。因此，在装饰装修构造设计中既要考虑已有建筑、结构、设备的状态，又要向相关专业负责人员说明本专业的特点和要求。

5. 方便施工和维修

装饰装修构造设计应力求制作简便，同时便于各专业之间的协调配合。装配化构造要便于工厂化生产，便于与其他部品、部件的集成。

另外，装饰装修构造设计还必须认真考虑布置在装饰装修面层内部的各种管线所需要的空间。同时，应预备进出口的位置，以方便检修。

6. 降低工程造价

按标准预算完成室内装饰装修工程，是设计师应遵循的原则。因此，应力求在较低经济条件下，认真选择材料，设计出合理的构造形式，优化装饰装修功能和审美效果。

7. 力求构造形态美观

室内装饰装修构造的外表形态，对室内环境的视觉效果有很大的影响。因此，如何在确保安全、实用、经济等的同时设计出造型新颖、尺度适宜、色彩美观、质感适宜、工艺精湛的构造形态是装饰装修构造设计中必须考虑的问题。

8. 创新构造的新形式

建筑装饰装修材料是不断发展的，建筑形态、装饰装修形态也需要不断创新发展，以适应人们对新的装饰装修形态的需要，而新的装饰装修形态是需要设计师根据构造设计原则不断研究创新的。

二、 室内装饰装修构造的类型和方法

室内装饰装修构造的类型按生产方式可分为现制构造法和装配构造法两种。现制构造法是指在施工现场制作、安装的构造方法，它是传统装饰装修工程中采用的生产方式。装配构造法是指将装饰装修的成品部品、部件或成品饰面材料通过柔性或刚性的方法连接，这种构造方式是现代工业化装饰装修的生产方式，是装饰装修工程的趋势。

室内装饰装修构造的形式多样，但基本原理都是将物体与物体组合起来。其主要方法如下。

1. 吊挂构造法

吊挂构造法是用金属吊件将饰面板吊挂在龙骨下的方法，这种做法既可将饰面板悬吊在承载龙骨上，也可通过吊杆将饰面板直接挂在楼板的预埋吊点上。

2. 干挂构造法

干挂构造法又称卡具固定法。它是用干挂件连接饰面板和基层的方法，施工简便，利于拆换和维修。干挂构造法主要用于石材、木材等饰面板的安装。

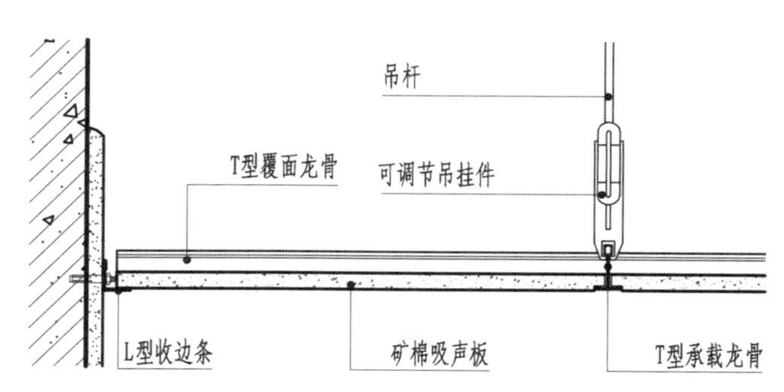

吊挂构造法（高祥生工作室绘制）

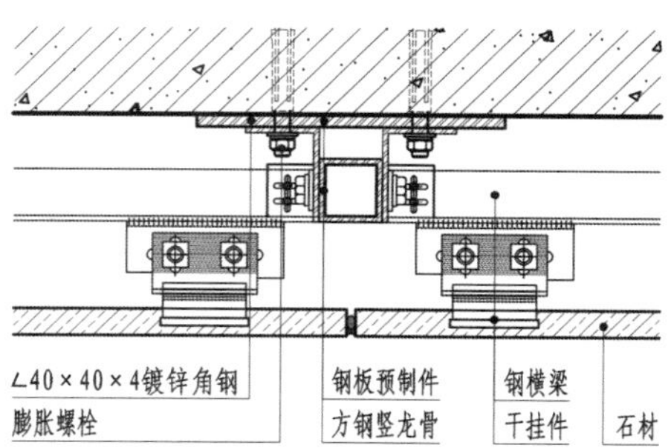

干挂构造法（高祥生工作室绘制）

3. 黏结构造法

它是利用各种胶黏剂将饰面板黏结于基层上。采用黏结构造法时可将黏结法与钉接法结合使用，以增加构造牢固度，从而使饰面板与基层的连接更为安全可靠。

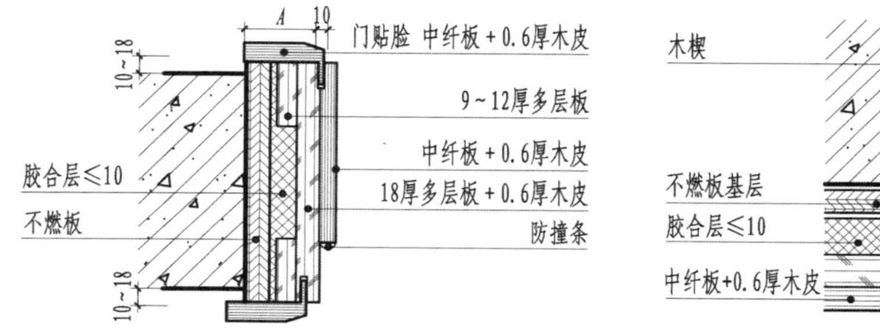

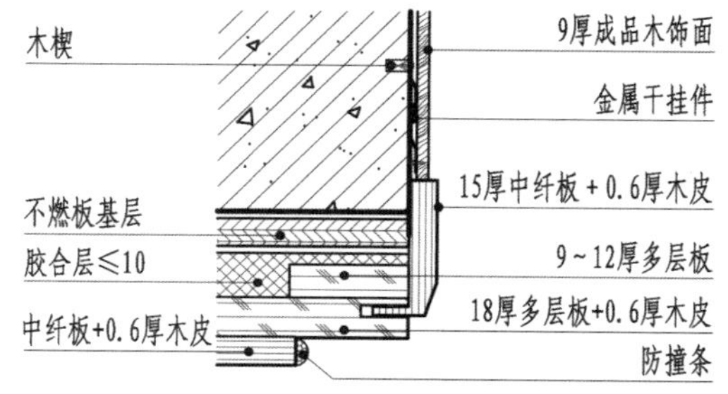

黏结构造法（高祥生工作室绘制）

4. 钉接构造法

它是用螺钉或金属钉将饰面板固定于基层上的构造方法。钉接构造法可与黏结构造法或榫接构造法等构造方法结合使用。

5. 粘贴构造法

它是将成品或半成品的饰面材料用胶黏材料附着在基层上的构造方法，如将墙布、墙纸、面砖、微薄木等粘贴在装饰面层上。

6. 榫接构造法

它是中国传统木结构建造和家具制作最主要的构造形式。其主要构件是榫头与榫孔两部分，构造方式是将这两部分连接组合，榫构造有燕尾榫、圆榫、方榫、开口榫、闭口榫、插入榫、贯通榫等多种形式。榫接构造法的连接方法对现代装饰装修中部品、部件的安装、集成有借鉴作用。现代西方建筑和装饰装修中运用的现代装修构造有许多与我国传统的榫卯构造相似。

7. 综合构造法

它是把两种以上的装饰装修构造的基本方法综合运用于一个构造上的构造方法。这种构造在方法和用材上不固定，对施工方案很有利，因此，在装饰装修工程中被广泛运用。

虽然装饰装修构造设计的基本原理是不会改变的，但是中国的建筑装饰装修业正朝着工业化的方向迈进，传统的现场制作将很快被后场制作淘汰。建筑装饰装修工艺中将出现大量的模数化、标准化的装配化构造形式。因此，我们一方面需要了解传统的装饰装修构造设计的基本原理和方法，另一方面又需要不断探索和创造出新的工业化装饰装修工艺中的构造形式。

三、顶棚的装饰装修构造

顶棚又称天花、天棚等，是室内空间的顶界面。顶棚在室内空间中占有相当大的面积，顶棚的装饰装修构造设计是室内装饰装修设计不可或缺的重要内容，它对于整个室内的视觉效果有举足轻重的影响，对于改善室内的光环境、热环境、声环境，满足防火要求，提高室内环境的舒适性和安全性具有很大作用，另外，顶棚的构造方式对于装饰装修工程的造价还有较大的影响。

安装顶棚龙骨前，应按设计要求对房间净高、洞口标高和吊顶内管道、设备及其支架的标高进行交接检验。安装饰面板前应完成顶棚内管道和设备的调试及验收。顶棚工程施工中应注意以下重要事项及相应规定：

（1）吊杆、龙骨的安装间距和连接方式，应符合设计要求。后置埋件、金属吊杆、龙骨应进行防腐处理。木吊杆、木龙骨、造型木板和木饰面板，应进行防腐、防火和防蛀处理。

（2）所有吊顶材料在运输、搬运、安装、存放时应采取相应措施，防止受潮、变形以及避免板材的表面、边角受损。

（3）顶棚的吊杆距主龙骨端部距离不得大于 300 mm，否则应增加吊杆。当吊杆长度大于 1.5 m 时，应设置反向支撑，当吊杆与设备相遇时，应调整并增加吊杆。

（4）顶棚上的重型灯具、电扇及其他重型设备，严禁安装在顶棚工程的龙骨上。

（5）顶棚内填充的吸声、保温材料的品种和铺设厚度应符合设计要求，并应有防散落措施。

（6）饰面板上的灯具、烟感器、喷淋头、风口篦子等设备的位置应合理、美观，与饰面板交接处应严密。顶棚与墙面、窗帘盒的交接应符合设计要求。

（7）采用搁置式安装轻质饰面板时，应按设计要求设置压卡装置。

（8）工程中所用胶黏剂的类型，应按所用饰面板的品种配套选用。

四、顶棚装饰装修构造的类型

按装饰装修面与基层的关系分，有直接式顶棚和悬吊式顶棚。按饰面材料与龙骨的关系分，有活动装配式顶棚和固定式顶棚。按外观分，有平面式顶棚、井格式顶棚、分层式顶棚、构架式顶棚以及发光顶棚。按装饰面材分，主要有石膏板顶棚、矿棉板顶棚、金属板顶棚、木质顶棚以及玻璃顶棚等。按承载能力分，有上人顶棚和不上人顶棚。

五、直接式顶棚和悬吊式顶棚的构造与做法

1. 直接式顶棚的基本构造与做法

直接式顶棚是在屋面板或楼板等底面上直接进行装饰装修加工的，构造形式简单，饰面厚度小，因而室内高度可以得到充分的利用。同时，其材料用量少，施工方便，工程造价较低。但这类顶棚造型简单且没有隐藏管线等设备、设施的内部空间。

直接式顶棚按施工方法分，有使用纸筋灰、石灰砂浆等材料的抹灰类，有使用石灰浆、大白浆、色粉浆、彩色水泥浆、乳胶漆等材料的喷刷类，有使用墙纸、墙布等卷材的裱糊类，还有使用胶合板、石膏板等板材的装修板材类。

直接式顶棚对屋面板或楼板表面平整度要求较高，此外如果采取喷刷工艺，要预先在板面涂抹一层胶黏剂。

抹灰类、喷刷类和裱糊类顶棚，在用户 / 设计要求较高的房间，可在底板增设一层钢丝网，在钢丝网上再做抹灰，以增加牢固度，中间层、面层的构造及做法与墙面装饰类同。

2. 悬吊式顶棚的基本构造与做法

悬吊式顶棚一般由预埋件及吊筋、基层、面层三个基本部分构成。

（1）顶棚的预埋件及吊筋

顶棚的预埋件是屋面板或楼板与吊杆之间的连接件，主要起连接固定、承受拉力的作用。

顶棚的吊杆主要用于传递顶棚的荷载，即将顶棚的荷载通过吊杆传递到屋面板或楼板等部位。吊杆可采用钢筋、型钢、镀锌铁丝、木方等材料。吊杆与龙骨之间可采用螺栓连接；型钢吊杆用于重型顶棚或整体刚度要求很高的顶棚；木方吊杆一般用于木质基层的顶棚（采用木方吊杆的顶棚，其防火措施必须符合相关消防规范），木方吊杆常采用金属连接件加固。同时，金属吊杆和预埋件都必须做防锈处理。

① 木方吊杆的连接固定方法

将木方吊杆固定在建筑顶面的角钢连接件上，作为吊杆的木方，其长度应大于吊点

与龙骨之间的距离 100 mm 左右，便于调整高度。吊杆与龙骨固定后再截去多余部分。如木龙骨截面较小，或钉接处有缺陷，则应在木龙骨的吊挂处钉上 200 mm 长的加固短木方。

② 角钢（扁钢）吊杆的连接固定方法

角钢（扁钢）吊杆的长度应事先测量好，并且在吊点固定的端头，应事先钻出两个调整孔，以便调整龙骨的高度。角钢（扁钢）与吊点用 M6 螺栓连接、角钢（扁钢）吊杆与主龙骨用两个螺栓固定。角钢（扁钢）吊杆端头不得伸出龙骨下平面。

③ 钢筋吊杆的连接固定方法

在楼板上先根据需要钻出膨胀螺栓的安装孔，然后插入带金属膨胀螺栓的可调钢筋吊杆，拧紧膨胀螺栓的螺母，使膨胀螺栓膨胀，进而使钢筋吊杆通过膨胀螺栓与楼板连接。

由于此种方法操作简单，安装牢固，已广泛应用于施工中。

（2）顶棚的基层

顶棚的基层即骨架层，是一个包括由主龙骨、次龙骨、小龙骨（或称为主搁栅、次搁栅）所形成的网格骨架体系。其作用主要为形成结构体系，确保面层铺设，承受顶棚荷载，并将荷载通过吊筋传递给屋面板或楼板的承重结构。

常用的顶棚基层有木质基层和金属基层两大类。

① 木质基层

木质基层由主龙骨、次龙骨、横撑龙骨三部分组成。主龙骨通常为 50 mm × 70 mm 木方，钉接或栓接在吊筋上。次龙骨通常为 50 mm × 50 mm 木方，次龙骨钉接或拴接在主龙骨的底部，并用 8 号镀锌铁丝绑扎。次龙骨的间距，对抹灰面层一般为 400 mm，对板材面层依饰面板材规格及缝隙大小确定，一般不大于 600 mm。

② 金属基层

常见的金属基层材料有轻钢基层龙骨和铝合金基层龙骨两种。

轻钢基层龙骨，是由薄壁镀锌钢制成的型材，主要有 U 型、T 型和 C 型。其中在顶棚装饰中最常用的为 U 型龙骨。

U 型龙骨由主龙骨、次龙骨、间距龙骨、横撑龙骨及各种连接件组成。主龙骨主要有 38、50、60 三个系列。其中 38 系列龙骨适用于吊杆间距不大于 1.2 m 的不上人顶棚；50 系列龙骨适用于吊杆间距不大于 1.2 m 的上人顶棚，主龙骨可承受 80 kg 的检修荷载；60 系列龙骨适用于吊杆间距不大于 1.2 m 的上人顶棚，主龙骨可承受 100 kg 的检修荷载。

轻钢基层龙骨主次龙骨及配件可以拼装成多种组合系列。

轻钢基层龙骨石膏板吊顶有单层龙骨和双层龙骨两种做法。单层龙骨是指主次龙骨在同一水平面上垂直交叉相接，不设承载龙骨，比较简单、经济。双层龙骨是指覆面龙骨（次龙骨）挂在承载龙骨（主龙骨）之下，双层龙骨吊顶的整体性较好，不易变形。

一般轻型灯具、风口，可吊挂在现有或附加的主次龙骨上。但重型灯具、水管和有振动的电扇、风道及其他重型设备等严禁安装在顶棚龙骨上，须直接吊挂在结构顶板上，不得与吊顶相连。

铝合金基层龙骨，是当前顶棚中用得最多的一种基层材料，常用的有 T 型、U 型、LT 型以及采用嵌条式构造的多种特制龙骨，其中最常见的是 LT 型龙骨。

（3）顶棚面层

顶棚的面层，一般分为抹灰类、龙骨类和板材类三种，其中最常用的是板材类。

① 石膏板顶棚

a. 纸面石膏板

石膏板的特点是轻质、隔声、隔热、防火、抗震性能好，可微调室内湿度，而且板材体块大、表面平，安装简便，是目前使用最广泛的顶棚板材。

纸面石膏板的安装固定，一般采用钉接、粘贴和插接三种方式。石膏板目前在实际施工中多采用沉头螺钉固定方法。

石膏板吊顶检修人孔，最好选用成品，所有开洞四边，均应有次龙骨或附加龙骨做成的框架。

b. 布面石膏板

布面石膏板与传统纸面石膏板相比具有柔韧性好、抗折强度高、接缝不易开裂、表面附着力强等优点。

普通布面石膏板适用于一般防火要求的各种建筑。

c. 吸声穿孔石膏板

吸声穿孔石膏板上有冲钻贯通的孔眼，可大大提高板材的吸声性能，其安装布置方法及节点构造与纸面石膏板基本相同。

② 金属板顶棚

金属板顶棚有铝合金板、不锈钢板、彩色钢板及复合装饰板等，其形式有方形和条形（金属条板顶棚）两种。金属板的优点：一是装饰效果好；二是防火、防潮性能优越；三是重量轻，一般多采用 0.5 ~ 0.8 mm 厚的板材；四是施工和检修方便，经久耐用。

金属条板顶棚总体上可分为两大类：一是开放型条板顶棚，二是封闭型条板顶棚。为解决吸声问题，通常在穿孔板上敷设岩棉、玻璃棉等吸声材料。敷设的方法有两种：一是将吸声材料紧贴板面铺于板条内，二是将吸声材料铺满板条上方。

③ 木质顶棚

木质顶棚具有自然、朴实、温暖的视觉感受。但由于木材的防火能力较差，一般不作大面积使用。通常在不规则或弧形吊顶中使用木质顶棚，但必须按消防规定进行制作和施工。

④ 网架式顶棚

网架式顶棚一般采用不锈钢管、铜合金管、钢管等材料加工制作，它具有造型简洁、通透感强等特点。杆件的组合形式主要根据装饰效果要求来设计。杆件之间可用结点球连接，也可直接焊接后再用与杆件材质相同的薄板包裹。

⑤ 发光顶棚

发光顶棚的饰面采用有机灯光片、磨砂玻璃、彩绘玻璃、透光云石、薄膜等半透光材料，顶棚内部布置灯具。这种顶棚整体通亮，光线分布均匀。装饰效果丰富多彩。当饰面材料为玻璃板时，应使用安全玻璃或采取可靠的安全措施。

面层透光材料的固定，一般采用搁置式与龙骨连接，这样便于检修及更换内部灯具。如果采用黏结等其他方式，则需设置进入孔和检修走道，并将灯座做成活动式。

3. 顶棚与其他界面的连接构造

（1）与墙的固定及连接

有些交接处的边缘需做木质或金属压条处理。压条可与龙骨相连，也可与墙内预埋件相连。

（2）顶棚叠落处的连接构造

室内顶棚可以通过顶棚的叠落来进行造型、限定空间，并满足结构及空调、消防、照明、音响等设备安装方面的要求。

（3）检修走道的构造

检修走道又称马道，主要用于对顶棚内设施的检修与安装，因此检修走道应靠近这些设施。

（4）灯具与顶棚的连接构造

顶棚面层灯具的安装形式有嵌入式、吸顶式、吊挂式等。

照明灯具与顶棚的连接构造主要是在顶棚上开孔洞，四周用小格栅支托开孔洞的边框，边框内侧钉板围合成安装灯具的盒子，盒子两侧隔一定距离留一出气孔和检修口。为便于灯具的更换、修理和散热，以及使照度均匀，灯盒间距、光源与盒顶的距离均有一定要求。

（5）顶棚与通风口的连接构造

通风口与顶棚的连接构造处理有下送风和侧送风两种形式。

（6）不同材质饰面板的交接构造

不同材质饰面板交接构造处理主要有两种方法：一是交接处采用压条做过渡处理，二是采用高低差过渡处理。

另外在顶棚的构造设计中还应考虑下列问题：对隔声和防火要求的处理，对荷载传递或温度变化导致开裂现象的处理，顶棚内设备、管线的安装，等等。

室内墙面的装饰装修构造

室内墙面的装饰装修构造与墙面的装饰装修用材有关。墙面的装饰装修材料主要有墙纸与墙布类、织物饰面类、板材类、陶瓷类、石材类和涂料类。

1. 墙纸与墙布类

墙纸装饰是以各种墙纸装饰墙面，种类繁多。墙纸按材质分为塑料墙纸、织物墙纸、金属墙纸、植绒墙纸等。墙布装饰是以纤维织物直接作为墙面装饰材料。墙纸、墙布均应粘贴在具有一定强度、表面平整、光洁、干净、不疏松掉粉的基层上。在粘贴花纹墙纸时将花纹对接完整，要求对花纹的墙纸或墙布的裁剪尺寸，其长度要比墙高出 100 ~ 150 mm，并使墙纸的花纹完整。墙纸大致在抹灰基层、石膏板基层、阻燃型胶合板基层等三类墙体上粘贴。

金属墙纸是以特种材料为基层，而后将金属箔或粉压制在基层面上加工而成的墙纸，其效果有金属闪烁之感，粘贴金属墙纸对墙体基层平整度要求较高，一般裱糊在经打底处理过的阻燃型胶合板或石膏板上。

2. 织物饰面类

织物饰面一般分为两类：一类是无吸声层硬包墙面，另一类是有吸声层软包墙面。软包是指在墙面上用泡沫塑料、织物等覆盖构成装饰面层。软包墙面具有吸声力强、感受亲切温馨的优点。软包墙面的基本构造，可分为底层、吸声层和面层三大部分。

（1）硬包墙面常见的做法

① 做墙面找平层和基层，保证平整度。

② 用密度板裁割板料，尺寸可适当缩小 2 ~ 3 mm。

③ 木工板基层上，试铺装饰板料，调整好位置。

④ 按顺序拆下板料并在背面标号。

⑤ 在每个板料上，均匀涂刷万能胶，包墙纸（或墙布、皮革等）之类的饰面，饰面尺寸每边比板宽 50 mm 左右，以便折贴于板料的后面。

⑥ 将包好的板料按顺序用枪钉钉在基层板上，完成硬包饰面的制作。

（2）软包墙面常见的做法

① 木基层上的直接做法的步骤

墙面防潮处理→制作木龙骨，涂刷防火材料后安装→在木龙骨上铺钉木工板、胶合板，完成木基层制作→在木基层上按设计的软包尺寸及位置铺钉木质外框→在外框内使用万能胶粘贴裁好的泡沫塑料块→利用裁好长度并经 45° 割角处理的压角木线将裁好的饰面布和作为保护层的塑料薄膜压在泡沫塑料上→用枪钉将压角木线牢牢钉在木质板上→裁下多余的饰面布和塑料薄膜，完成软包饰面的制作。

② 预制软包块拼装做法的步骤

按软包分块尺寸裁好胶合板→在裁好的胶合板边部用钉接加乳胶的方式，固定宽度为 20 mm、厚度低于泡沫塑料块 1 mm 左右的木条（木条外角可按设计要求刨出一定形状）→在木条框内粘贴裁好的泡沫塑料块→将裁好的饰面布覆盖在泡沫塑料上，卷到反面；再用枪钉钉牢或用胶粘牢，制成预制软包块→用射钉枪将包好塑料薄膜的预制软包块镶钉在设计位置上，四周按设计要求加钉装饰压条或饰面板。

3. 板材类

内墙装饰板材主要有木饰面板、金属装饰板、合成装饰板等。

（1）木饰面板

装饰施工中使用的木饰面板一般有两种类型：一种是 3 mm 厚木饰面板，另一种是薄木饰面板。

① 3 mm 厚木饰面板

木饰面板是将实木板精密刨切成厚度为 0.2 mm 的微薄木皮，以胶合板为基材、经过胶粘工艺制作而成的具有单面装饰作用的装饰板材，厚度为 3 mm。一般规格有 1200 mm × 2400 mm、1220 mm × 2440 mm。

在施工现场，可以根据设计要求进行锯切、弯曲、拼接等。可在装饰结构层完成以后，对木饰面进行现场油漆罩光。

② 薄木饰面板

薄木饰面板是在木制加工厂内，将 0.3 ~ 0.6 mm 厚的木皮粘贴在中密度板基层上，再通过热压机，压成一定厚度的饰面板，其厚度一般为 12 ~ 18 mm。

薄木饰面板是工厂化生产并油漆好的成品板材，由工厂加工出各种尺寸规格成品板材，到施工现场就能组装。一般应用在墙面和顶面的木饰面造型、成品木门窗及木框套、成品木橱柜家具等。

（2）金属装饰板

在现代建筑装饰中金属装饰板因其耐磨、耐用、防腐蚀等优点，被广泛采用。常见的金属装饰板有不锈钢装饰板、铝合金装饰板、烤漆钢板和复合钢板等。

（3）合成装饰板

① 三聚氰胺板

三聚氰胺板，全称是三聚氰胺浸渍胶膜纸饰面人造板。它是将带有不同颜色或纹理的纸放入三聚氰胺树脂胶黏剂中浸泡，然后干燥到一定固化程度，将其铺装在刨花板、中密度纤维板或硬质纤维板表面，再经热压而成的装饰板。

三聚氰胺板，目前广泛应用于办公家具和墙面、台面装饰等。

② 耐火板（防火板）

耐火板，是采用硅质材料或钙质材料为主要原料，与一定比例的纤维材料、轻质骨料、黏合剂和化学添加剂混合，经蒸压技术制成的装饰板材，是目前广泛使用的一种装饰材料，因为不仅耐火，同时也有装饰效果。耐火板的施工，一般采用万能胶将耐火板直接粘贴在平整的木质基层上。

4. 陶瓷类

最常用的陶瓷贴面有釉面砖（亦称瓷砖）、各类面砖、陶瓷锦砖、玻璃马赛克等。它们的铺贴方法基本类同，在此重点介绍瓷砖的构造、做法。其他材料的贴面做法，可以此类推。

瓷砖的构造、做法：

（1）基层抹底灰。底灰为 1∶3 的水泥砂浆，厚度为 15 mm，分两遍抹平。

（2）铺贴面砖。先做黏结砂浆层，厚度应不小于 10 mm。砂浆可用 1∶2.5 水泥砂浆，也可用 1∶0.2∶2.5 的水泥石灰混合砂浆。

（3）做面层细部处理。在瓷砖贴好后，用 1∶1 水泥细砂浆填缝，再用白水泥勾缝，最后清理面砖的表面。

5. 石材类

墙体饰面的石材，有花岗岩、大理石、青石等天然石材和人造石材。天然石材和人造石材饰面的构造与做法，既有共同之处也有差异，现分述如下。

（1）天然石材类墙体饰面

天然石材类墙体饰面属高、中档装饰，饰面材料具有重量大的特点，因此在构造上有特定要求。墙面石材铺贴一般采用湿贴法和干挂法两种，湿贴法主要是有聚氨酯砂浆固定、树脂胶固定和灌挂固定三种方法。湿贴法适用于小面积或低矮的墙面石材铺贴。目前石材墙面的铺贴用得最多的是干挂法。

干挂法又称螺栓和卡具固定法。它在基层的适当部位预留金属焊板，在饰面石材的底面或侧面开槽钻孔，然后用干挂件和膨胀螺栓固定，另外也可用金属型材卡紧固定，最后进行勾缝和压缝处理。

（2）人造石材类墙体饰面

人造石材中，预制人造石材饰面板，因其性质与天然石材相近，因而饰面的构造做法与天然石材基本相同。人造大理石饰面板有不同的种类，其物理、化学性能各不相同，因此饰面固定的构造做法也不同。其施工方法可见相应产品说明书。

6. 涂料类

用涂料做墙体饰面，是各种饰面做法中最为简便、经济的方法，它具有价格低、工期短、功效高、自重轻、便于维修和更新等优点，尤其是涂料可以配置成装饰所需的各种颜色，在室内装饰中应用极广。

墙体涂料的种类很多，通常可以分为如下四大类：一是溶剂型涂料，多用于外墙装饰；二是乳液型涂料，有的可形成类似油漆漆膜的光滑表层，习惯上称为“乳胶漆”，因其性能良好、无毒、污染小且施工方便，在室内装饰中广为应用；三是水溶性涂料，即聚乙烯醇类内墙涂料，其中聚乙烯醇水玻璃内墙涂料的商品名是“106 内墙涂料”，在室内装饰中也常应用；四是无机高分子涂料，是一种新型涂料。

墙体涂料的涂饰施工，有喷漆和滚漆两种方式。涂料的做法一般分为三层，即底层、中间层和面层。

（1）底层。俗称刷底漆，主要作用是增加墙基层与涂层之间的黏附力。

（2）中间层。中间层是涂料饰面中的成型层。

（3）面层。其作用是体现涂层的色彩和光感。

地面的装饰装修构造

地面的装修材料主要有地砖、石材(包括人造石材)、木地板、复合地板、地毯等。

一、地砖地面

地砖有釉面砖、通体砖（包括抛光砖）、玻化砖、锦砖等。

1. 釉面砖

釉面砖，就是砖的表面经过烧釉处理的砖。它是采用建筑陶瓷原料经粉碎筛分后进行半干压成型，在其干坯或素坯上施以透明釉料，再经窑内焙烧而成的陶瓷块状装饰材料，主体部分又分陶土和瓷土两种：

① 陶制釉面砖，由陶土烧制而成，吸水率较高，强度较低，其主要特征是背面颜色为灰红色。

② 瓷制釉面砖，由瓷土烧制而成，吸水率较低，强度较高，其主要特征是背面颜色为灰白色。

釉面砖是装修中最常见的砖，其质量问题主要有两方面：

① 龟裂：龟裂产生的原因是坯与釉层间的热膨胀系数差异。当釉面比坯的热膨胀系数大，冷却时釉的收缩大于坯体，釉面就会承受拉伸应力，当拉伸应力大于釉层所能承受的极限抗拉强度时，就会产生龟裂现象。

② 背渗：当坯体密度过低时，就会产生水泥的污水渗透到表面的情况。

正方形釉面砖规格有 150 mm × 150 mm、200 mm × 200 mm 等，长方形釉面砖规格有 60 mm × 240 mm、100 mm × 200 mm、115 mm × 240 mm、150 mm × 200 mm、200 mm × 300 mm 等。釉面砖厚度在 6 ~ 10 mm 之间，可以根据需要选择。

2. 通体砖

通体砖的表面不上釉，而且正面和反面的材质和色泽一致，因此得名。通体砖是一种耐磨砖，常用的规格为 300 mm × 300 mm、400 mm × 400 mm、500 mm × 500 mm、600 mm × 600 mm、800 mm × 800 mm 等。

抛光砖就是坯体通体的表面经过打磨而成的一种光亮的砖种。抛光砖属于通体砖的一种。抛光砖的表面光洁，且质地坚硬耐磨，适合在多数室内空间中使用。在运用渗花技术的基础上，抛光砖可以做出各种仿石、仿木效果。

抛光砖缺点是易脏，不过一些质量好的抛光砖都加了一层防污层。

抛光砖的常用规格是 400 mm × 400 mm、500 mm × 500 mm、600 mm × 600 mm、800 mm × 800 mm、900 mm × 900 mm、1000 mm × 1000 mm。

3. 玻化砖

为了解决抛光砖出现的易脏问题，市面上又出现了一种叫玻化砖的品种。玻化砖其实就是全瓷砖，其表面光洁但又不需要抛光。玻化砖是一种强化的抛光砖，它经高温烧制而成，比抛光砖更硬、更耐磨。

玻化砖是地面砖的一种，常用规格是 400 mm × 400 mm、500 mm × 500 mm、600 mm × 600 mm、800 mm × 800 mm、900 mm × 900 mm、1000 mm × 1000 mm。

4. 锦砖（又叫马赛克）

马赛克一般由数十块小块的砖组成一个相对大的砖。它因色彩斑斓被广泛使用于室内小面积的墙面、室外大小幅墙面和地面。

马赛克主要有陶瓷马赛克、大理石马赛克、玻璃马赛克。

（1）陶瓷马赛克。是最传统的一种马赛克，以小巧玲珑著称，但较为单调。

（2）大理石马赛克。

（3）玻璃马赛克。依据玻璃品种的不同又分为熔融玻璃马赛克、烧结玻璃马赛克、金星玻璃马赛克。

马赛克常用规格有 20 mm × 20 mm、25 mm × 25 mm、30 mm × 30 mm，厚度一般在 4 ~ 5 mm 之间。

铺设地砖一般可分为以下几个步骤：

试拼→弹线→试排→清基层→铺砂浆→铺地砖→灌浆、擦缝→清洁打蜡→验收地砖的铺设。

地面地砖铺装必须牢固；铺装表面应平整、洁净，色泽协调，无明显色差；接缝应平直，宽窄均匀；地砖应无缺棱掉角现象；非标准规格板材铺装，部位要正确，流水坡方向也要正确；拉线检查误差应小于 2 mm，用 2 m 靠尺检查平整度，误差要小于 1 mm。

马赛克既可用作地砖，又可用作墙砖，铺设马赛克一般可分为以下几个步骤：

清理基层→弹分格线→湿润基层→抹结合层→弹粉线→刮浆闭缝→铺贴马赛克→拍板赶缝→撕纸→二次闭缝→清洗。

二、 石材地面

石材有天然花岗岩、天然大理石、人造石材、碎拼大理石等类型。天然大理石有美丽的天然纹理，表面硬度不大，稳定性较差，一般用于室内。天然花岗岩硬度高、耐磨、耐压、耐腐蚀，适用于室内外地面。人造石材花纹图案可以人为控制，花色可以模仿大理石、花岗岩，其抗污力、耐久性及可加工性均优于天然石材。碎拼大理石是采用各种花色的高级大理石边角料，经挑选分类，稍加整形后有规则或无规则地拼接，具有美观大方、经济实用等优点。

石材铺设的基本步骤：在混凝土基层表面刷素水泥一道，随即铺干性水泥砂浆找平层，然后按定位线铺石材。待干硬后再用白水泥稠浆填缝嵌实。

石材的尺寸一般为 300 mm × 300 mm、400 mm × 400 mm、600 mm × 600 mm、800 mm × 800 mm、1000 mm × 1000 mm，用于室外的石材厚度通常在 50 ~ 70 mm。

三、 木地板地面

木地板是一种传统的地面装饰，具有自重轻、保温性好、有弹性以及易于加工等优点。

木地板的基本类型有实木地板、强化复合地板、软木地板和竹材地板等。构造形式可分为架空式和实铺式两种。架空式木地板地面就是有龙骨架空的木地板地面；实铺式木地板地面是将面层地板直接浮搁、胶粘于地面基层上。

（1）架空式木地板

架空式木地板一般用于地面高差较大处（如会场主席台、舞台等）的地面。

木地板拼缝一般有企口缝、截口缝、压口缝等。木地板面板，有实木板和复合板两类。

实木板以杂木为主，常见的有樱桃木、柳桉、水曲柳、柞木等。复合板采用强化复合方法，是以硬质纤维板，中、高密度纤维板或刨花板为基层的高度耐磨面层、装饰层以及防潮平衡复合而成的企口板材，一般厚 8 mm，宽 80 ~ 200 mm。实木板面层的固定方式主要以榫接为主、辅以钉接，可分为单层铺装式和双层钉接式两种。单层铺装式，是将面层板条直接钉在木龙骨之上。而双层钉接式，是先将毛地板与龙骨成 30° 或 45° 铺钉在木龙骨上，然后以 45° 将面板铺钉在毛地板上。毛地板采用普通木板，如松木、杉木等。面板铺钉采用暗钉法，钉子以 45° 或 60° 钉入，可使接缝进一步靠紧，并加深地板的坚固程度，防止使用时钉子向上翘起。

现在的地板大多用复合地板、免漆免刨实木地板，安装工序完成后一般只需要进行地板打蜡保护。少数拼花或软木地板，需要打磨、油漆。

（2）实铺式木地板

实铺式木地板无龙骨，可分拼花地板和复合地板两种。

四、塑胶地板地面

塑胶地板基层，要求表面干燥、平整，无灰尘。铺贴塑胶地板有两种方式：一种是直接干铺，适用于人流量小及潮湿房间地面；大面积铺贴塑料卷材要求定位裁剪，足尺铺贴。另一种方式是胶粘铺贴，采用胶黏剂与基层固定。胶黏剂应根据地面材料的种类、基层的情况等因素来选择。铺贴后，应以橡胶滚筒滚压，使表层平整、挺括，最后清理、打蜡、保养。

五、地毯地面

地毯铺地适用于中高档室内地面装修。由于所用的地毯材料不同，其性能特点也不同，选择使用时应从材质、编织结构、地毯的厚度、衬底的形式、面层纤维的密度及性能等多方面综合考虑。

地毯的铺设可分为满铺与局部铺设两种。铺设方式有固定与不固定两种。

（1）不固定铺设是指将地毯铺设在基层上，不需要将地毯同基层固定。

（2）固定式铺设地毯有两种方式，一是用倒刺条固定，另一种用胶黏结固定。

室内柱子装饰形态分析

【摘要】本文关注于室内空间中柱子的装饰形态问题，借助于视觉设计的理论，从优化室内空间形态的角度分别论述了室内空间中不同数量和位置的柱子的装饰形态设计原则和方法。

【关键词】室内空间 柱子 装饰形态

在建筑空间中柱子既有重要的结构和构造作用，又有特殊的视觉地位。因此完善建筑空间中柱子的装饰形态设计，对优化室内的空间设计起到点睛作用。空间中的柱子，有着不同的形态要求，因此将不同柱子的装饰形态设计置于空间形态中进行分析研究，是柱子装饰形态设计的正确方法。室内空间中柱子的分布有单根的，有双根的，有对称的，也有不对称的，有成序列的，也有不成序列的……，它们在空间中有着不同的视觉感受。加之各种数量的柱子所在位置不同，其功能关系更是千差万别，因此，我们借助于视觉设计的理论，从优化室内空间形态的角度分别论述和总结了室内空间中不同数量和位置的柱子的装饰形态设计的原则和方法。

一、室内空间中存在单根柱子

总体说来，单根柱子在空间中既有向外扩张的张力，又有向内收缩的凝聚力，容易吸引人们的注意，并形成空间的视觉焦点。室内空间中的单根柱子主要分为附于墙面和独立于空间两种不同的形式，柱子在空间中的感觉和形态设计方法各不相同，现分析如下。

1. 单根柱子附于墙面

附于空间转角的单根柱子对空间整体装饰形态设计的影响相对来说是最小的，通常可以忽略对柱子本身的装饰形态设计，它的表面做法一般可以与墙面做法相同，也可以与之不相同。但如转角的其中一个墙面需要成为空间的视觉中心，要进行强调处理，柱子可以设计成造型的一部分，使背景墙面更具层次感。

附于墙面其他位置的单根柱子与所附墙体相互结合，加强了墙面的厚重感和立体感，设计时应考虑两者装饰形态的整体设计。其装饰手法可以与墙面相同，使墙面和柱子作为整个空间的铺垫和陪衬。当然也可以在柱子周围用“叠加”的方法处理以形成一个面的装饰造型，使其在它的周围产生一定的领域感，甚至使这一装饰面成为空间的视觉中心。

2. 单根柱子独立于空间

独立于空间中的单根柱子，其装饰形态设计受到多方面因素的影响，而柱子所处空间形态就是主要的影响因素之一。空间的形体语言可以传达稳重、端庄、轻松、活泼等气氛，空间的不同功能也有稳重、端庄、轻松、活泼等不同的氛围要求，装饰形态是表达空间氛围的主要手法。为此我们将对独立于空间中不同位置柱子的装饰形态所产生的空间表情加以说明。

位于空间的中心的单根柱子所在的规则空间，如方形、圆形、正多边形等，存在明确的空间中心点，这些图形本身就给人带来平衡、稳定、和谐的感受。同时空间自身又传达着稳重、端庄的气氛。柱子在规则空间的中心，使得这种空间气氛更加突出，并且由柱子产生以柱子为中心的强烈的向心性。此时柱子作为空间的视觉中心，它的装饰形态设计直接控制或影响着空间的整体风格和形式，甚至影响到对材料和色彩的选择。

在装饰形态上，圆形的柱子要比方形的更具中心感，顶面和地面的向心造型也可以用来进一步加强柱子的向心性，并且通过弱化空间围合面的装饰形态、色彩、明暗、质感等因素与柱子进行对比。如果是娱乐的、轻松的氛围空间，则要削弱空间的严肃感，缓解空间中的均衡感，针对作为视觉中心的柱子的形态设计，可采用异化的柱子形态、夸张造型的手法，增添空间的活泼气氛。

偏离空间中心的单根柱子，由于其在空间中形成了“点”，“点”的集中性使柱子引人注目。而这个“点”又与空间的围合面互相作用形成大小不同的几个区域，在空间中产生了紧张和运动的倾向。如果要创造对称的空间布局，就要平衡这种运动感，于是在空间中可以设计出与原有的单根柱子对称的假柱，形成空间的对称轴，而对称的两根柱子通常会成为空间中的装饰重点。

然而如果在不规则空间中，由于空间自身缺少中心点，而不存在对称轴，空间形态的固有表情是轻松、活泼的，此时则可以利用柱子在所属空间中产生的偏离感，在柱子周围形成领域感模糊的子空间，空间的其他位置就会由于与这个偏离的子空间距离的不同，产生不同等级的领域感模糊的小空间。在这种情况下，偏离的柱子既是子空间的视觉中心，也是装饰的重点，其装饰的手法可以参考单根柱子位于规则空间的中心的状况。或者只是把柱子作为与空间围合面划分出不同区域的分割点，在不同的区域分配不同的功能，而柱子不做强调的装饰处理，只作为界定空间的隔断点，并可以通过与顶部或地面的结合，加强空间的区域感。

二、室内空间中存在两根柱子

两根柱子存在于空间中，视觉的张力存在于两根柱子之间，形成了一个虚拟的面，同时随之产生了垂直于这个面的轴线关系。

1. 空间的对称轴与柱子的对称轴重合

空间存在对称轴，表明此空间的布局天然均衡，主从关系明确，中轴线体现出严格的制约关系，空间具有完整的统一性。柱子独立于空间或附于主立面在空间中占有视觉的主导位置，并应成为空间装饰的重要部分。独立于空间的柱子可以有较突出的装饰形态，与背景墙面相呼应。附于墙面的柱子可设计成背景墙面的一部分或形成墙面的装饰块面的分割面，甚至可以以非柱子的形式出现。

在侧面的墙面上的柱子因其在空间中处于从属位置，通常不必做过多的装饰，大多可设计为构成墙面韵律和节奏的造型装饰形态。

2. 空间的对称轴与柱子的对称轴不重合或空间无对称轴

营造对称的空间格局。柱子在空间没有同一对称轴时，则可以采用增加假柱或其他空间元素的方法形成新的对称轴，构成对称性的空间；或者局部围绕柱子形成对称性的子空间。经调整获得对称轴重合的柱子和空间，而在柱子的装饰形态设计中仍可采用对称的方法进行设计。

营造自由的空间格局从整体的空间功能和流线入手，根据不同区域和空间功能进行不同的处理。在墙面的柱子可以考虑将其与墙体造型结合，进行整体设计，统一成为背景墙或墙面造型。在不同空间区域之间的柱子则可以把两根柱子结合起来考虑，设计成用以区分不同功能区域的隔断，或当作局部的背景，此时如果柱子之间的距离影响了隔断或背景的通透性，则可以通过装饰的方法调节这种通透性，或者对两根柱子分别处理，使各自形成不同的子空间，并根据各自所在子空间的功能进行不同的装饰形态处理。

三、 室内空间中存在三根或三根以上柱子

三根或多根柱子一般存在于较大的空间中，现对其出现的有序列排列和无序列排列情况分别进行分析研究。

1. 有序列排列

① 环绕式围合

环绕式的柱子构成向心的围合，空间感明确。方形的柱子方向性较强，圆形的柱子向心性较强，可根据空间的需要选择不同的柱子平面。围合出的子空间对整体空间起到增强空间层次感和装饰性的作用。倘若在围合出的子空间顶部做出造型，在地面做出高低、材质、色彩的区别，则可加强子空间的限定性。

② 单列柱列

单列柱列之间的张力形成一个虚拟的面，但是又可使人感受到它对空间的划分，感觉到这个虚拟的面。被划分的空间既相互分隔又相互渗透，形成既有分又有合的视觉效

果。柱列在此具有面的隔断功能，所以如果柱子数量较少，面的效果较弱，可以采用增加假柱或在柱子间增加装饰连接构件的方法，来加强柱列的序列感。

单列柱子如果与墙结合，成为墙体的壁柱，并使墙体的块面构成一定比例，则可以通过装饰形态的设计调节柱子间隔的尺度，增强节奏和韵律的美感。

③ 两列柱列

两列柱列使空间产生强烈的导向性，空间的方向感十分明确。若柱子在空间中呈对称的布局，则空间序列中轴线的尽头应作为装饰的重点，所以此时柱子的装饰形态设计应加强引导性和序列感的处理，不必过多强调自身的装饰形态。

④ 形成柱网

大空间中的柱子形成柱网，除了体现自身结构的美感外，排列有序的一排排柱子也加强了空间感，在空间领域中划分出模数化的区域，同时生成了能够度量的韵律和尺度，从而使空间的量度易于理解。由于柱网在空间中整体分布，它的装饰形态设计是构成空间整体装饰形态风格的重要因素。在设计中应注意梁柱在空间中装饰形态的骨架关系，并应与顶棚的装饰处理结合起来，强调顶棚与柱在空间中的整体效果。

2. 无序列排列

三根或多根柱子在空间中无序列排列，由于柱子数量较多，无序列排列通常使空间显得杂乱。一般来说，处理方法可以先从空间入手，增加假柱进行调整，使柱子形成序列排列在空间中；或者由柱子分别围合或划分，形成不同的子空间。

整体性、对称性的空间中柱子的排列方式接近于某种与空间整体性相对应的序列，可以适当增加假柱，使其形成完整的序列。在这种整体性的空间中，成序列的柱子是建构空间的基本骨架，标示出空间的轴线、视觉中心和流线。在柱子的装饰形态的处理上，其细部不能超过对空间视觉中心的装饰，但又要起到勾勒空间轮廓的效果，因此柱子的形态既要清晰、明确而又不可过于抢眼。

自由的空间氛围可以通过分析空间的功能布局来区分出动静的分区，确定哪些柱子可以相互组合，通过柱子和其他围合元素来限定出大空间中的子空间，产生多变的空间形式。此时的柱子是每个子空间的限定要素，它的装饰形态根据它在不同子空间中担当的角色和子空间的装饰形态有所不同。

四、 结语

室内空间的形态多种多样，空间中柱子的形式千变万化，不同的情况会有不同的处理方式。作为对室内柱子装饰形态设计的研究，柱子的装饰设计手法包含了许多内容，具体到每一根柱子和柱子的每一细节的设计还有待进一步深入研究、探讨。

陈设设计综述

近一二十年来，中国的室内陈设设计成为建筑行业中的一个重要内容，有专门的室内陈设设计展，也有不少书和杂志刊登了有关陈设设计的文章，对我有诸多启发，我也产生了一些不同的看法。

2018—2019 年间，我着手撰写了《室内陈设设计教程》一书，我自觉该教程的内容对广大从业者会有帮助。最近在朋友的鼓励下，打算编写《高祥生文选》，于是在《室内陈设设计教程》中选择部分内容汇入文选，愿对从业者有帮助。

一、 陈设设计概念

1. 陈设的概念

笔者认为“陈设”是中国的固有名词。“陈设”一词早期出现在《后汉书·阳球传》中：“权门闻之，莫不屏气，诸奢饰之物，皆各缄縢，不敢陈设。”后来“陈设”一词又在东汉应劭的《风俗通·声音》中出现：“然君子所常御者，琴最亲密，不离于身，非必陈设于宗庙乡党，非若钟鼓罗列于虡悬也。”文中“陈设”意指“摆设”“陈列”或“摆设”“陈列”的物品。之后历朝历代的文献中也时有“陈设”一词出现，其意都与《风俗通·声音》文中的含义相似。

查《说文解字》，其中“陈”的主要解释为陈立、布置，“设”的主要解释为设立、设施、设置。“设”字拆开为“言”字与“殳”字，“言”意为说，“殳”意为劳作，据此笔者认为陈设应解释为策划、摆放物品。

现代《中华辞海》对“陈设”的解释：放置，陈列；也指陈列、摆设的物品。《新华字典》对“陈”和“设”的解释：布置、安放；布置、安排。综上所述，“陈设”可理解为陈列品、摆设品，也可理解为对物品的陈列、摆设及布置。

中国对“陈设品”一词的应用有专著、小说为证：明代文震亨在《长物志》一书中介绍了十二种物品，其中大多属于陈设品，书中介绍了诸多陈设布置的方法和案例。清代曹雪芹在《红楼梦》中有多处关于“陈设”的记载，如其中一处是“谁知凤姐心下早已算定，只待贾琏前脚走了，回来便传各色匠役，收拾东厢房三间，照依自己正室一样装饰陈设”，另一处记载为“这些院落房宇并几案桌椅都算有了，还有那些帐幔帘子并陈设的玩器古董，可也都是一处一处合式配就的”，这两处出现的“陈设”一词分别为“陈列”和“布置”之意。

现代作家朱自清在《桨声灯影里的秦淮河》有“里面陈设着字画和光洁的红木家具，桌上一律嵌着冰凉的大理石面”的描述。作家巴金在《灭亡》中也有“我住在楼上，房里的陈设极其华丽，很合我的意思”的记叙。很显然，前者的“陈设”是指陈设品，后者的“陈设”意为“陈列”“布置”。

英文单词中与“陈设”概念接近的有“set up”和“furnishing”，可翻译成中文“陈列”“布置”，由此得到的结论是中文与英文对“陈设”的解释基本一致。近二三十年来，我国的装饰装修业蓬勃发展，“陈设”作为装饰的主要内容已为百姓所熟知。此外，百姓中流行的“软装饰”“软装修”则是“陈设”或“陈设设计”的俗称。

2. 陈设品的概念

传统的“陈设品”通常指艺术品、工艺品等。但在现代装饰装修业不断发展的背景下，陈设品的内容不断丰富，从广义上讲，陈设品是指可美化或强化视觉环境、具有观赏价值或文化意义、可移动或可与主体结构脱离并可以布置的物品。

就陈设品的原意而言，它包括室外陈设品和室内陈设品两部分内容。但近二三十年来人们对室外陈设品都称为“小品”，故现在提到的陈设品都是指室内陈设品。进言之，笔者认为在室内空间中，除了围护空间的建筑界面以及建筑构件、设备等之外，一切可移动、可与立体结构分离、可陈列并影响和改善室内视觉效果和文化氛围的物品，都可以作为室内陈设品。

3. 陈设设计的概念

陈设设计是指在室内空间中，根据空间形态、功能属性、环境特征、审美情趣、文化内涵等因素，将可移动或可与主体结构脱离的物品按照形式美的规律进行设计布置，以提升室内空间的审美价值，强化室内空间的风格特征，增加室内空间的人文气质，最终达到营造富有特点的室内场所精神的目的。

笔者认为，陈设设计是室内设计的重要组成部分，因为室内设计包括了三个基本步骤：一是空间的设计，也即对原建筑空间进行合理的利用和改善，以得到符合功能要求的空间形态；二是空间界面的装修，即对室内顶棚、墙面、地面的修饰、铺装，以及水、电、气的管线预埋、安装，厨、卫设备的定位、安装；三是室内陈设设计，包括对艺术品、家具、灯具、电器、绿植、织物等物品的选择与布置。

室内陈设设计是室内设计的延续和再创造。室内设计从内容上讲主要有四个内容，即空间设计，色彩、材质设计，灯光设计，陈设设计。而陈设设计中包含大量的色彩及材质设计、灯光设计、空间设计的内容。因此，可以说室内陈设设计是室内设计后期工作的主体。

陈设设计包含对陈设品的内容、形状、尺度、色彩、肌理等因素的选择与设计，并运用形式美的法则将这些物品恰当地布置、安装在室内空间中。

综上所述，陈设设计是在室内设计的整体创意下进行的深入、具体的设计工作，其宗旨是营造一种更加合理、舒适、美观的室内环境，并对室内设计创意进一步完善和深化。

二、与“陈设”相关的概念

1.“软装”的概念

“软装”一词可追溯到20世纪90年代中后期，至今流行了二三十年了，且为百姓所接受，因此“软装”可作为“陈设”的俗称。专业以外的人对装饰工程和装饰设计都叫“软装”，这是在社会实践中约定俗成的结果，但学术界不应用这个词。笔者认为，教科书或论著中都应该使用“陈设”一词。

2.“装饰”与“装修”的概念

中国古代对于“装饰”“装修”两词的解释并无大的区别，都是具有修饰、美化的意思。20世纪80年代后期由于建筑和装饰产业发展的缘故出现了对建筑装修、室内装饰的内涵和外延的区分，出现了“全装修”“精装饰”的提法。

“室内装修”是指对建筑内部空间界面，如顶棚、墙面、地面、门窗等进行维护、修饰，它主要是指对建筑基体、基层、面层的处理和修饰，包括在墙面上施以不可移的壁画、墙纸等。“全装修”“精装修”的提法就是建立在现代“装修”概念上的表述，俗称“硬装”。

“装饰”原指中国古代妇女的打扮和书画的装裱、装帧，后来引申为对生活环境的修饰、装扮。现代的“室内装饰”是指运用陈设品、家具等在室内空间中进行功能完善、环境美化的工作，俗称“软装”。

3.“装置”的概念

“装置”是个外来词，在国外已经有近百年的历史，而在中国仅有三四十年历史。装置的解释，一是机械的零件，二是机械零件的装配。陈设品是可以移动的，它可以被放置在不同的空间，而装置只能被放置在某一个空间，具有附属关系，它就是为这个空间而设计的，一旦将其移动到其他空间，其尺度、形态、意义就不适合。装置一般都是安装在建筑立体上。

装置和陈设的内涵基本一致，都是美化室内空间，表达文化意义。所以从本质上讲装置与陈设的功能是一致的，将室内装置纳入陈设艺术范围，既符合陈设行业发展的实际情况，也便于艺术门类的归类。

三、 陈设品的分类

1. 纯观赏性的陈设品

纯观赏性陈设品不具备使用功能，仅作为观赏用，它们或具有审美和装饰的作用，或具有文化和历史的意义，如艺术品、部分高档工艺品等。

2. 具有功能性的陈设品

这类陈设品既有特定的实用价值，又有良好的装饰效果，如造型优美的家具、灯具、家电、器皿、织物等。

3. 既无观赏性又无功能性的陈设品

既无观赏性又无使用功能的物品经过艺术加工或精心布置后就可以成为富有形式感的陈设设计作品，譬如有些装置艺术。

4. 具有文化内涵的陈设品

文化是指人类发展进程中一切精神和物质的结晶。有些物品随着时间的推移和地域的变迁，使用功能逐渐丧失，但它们的文化价值不断提升。当它们被布置在陈列框中，加上灯光的作用，就变成了精致的陈设品。

5. 淡化使用功能的陈设品

将具有使用功能的物品放大、缩小或变形后使其丧失使用功能，进而提升它们的展示和审美功能。

四、 陈设设计与相关专业的关系

陈设设计是建筑设计的延续，是对建筑设计的完善和再创造。广义的建筑设计包括与建筑单体有关的规划设计、城市设计、建筑环境设计、建筑景观设计、构筑物设计、建筑单体设计等，狭义的建筑设计仅指建筑单体设计。人们习惯上称的建筑设计都是指建筑单体设计。

建筑单体设计中的装饰包含大量的陈设设计工作，倘若在建筑设计阶段不进行陈设设计，那么室内设计阶段必须补充陈设设计，否则建筑设计作品和室内设计作品都不能作为一个完整、合格、可以供人们使用的建筑产品。

在当今，只有少数建筑设计或室内设计具有清晰的功能关系和场所感。

多数古典建筑或部分现代建筑中的建筑界面、结构就有装饰装修的因素，其室内设计和陈设设计在建筑设计阶段已协调完成，因此这类建筑中无须再做陈设设计。

由建筑设计师统一完成建筑设计、室内设计、陈设设计的案例不多。建筑设计与室内设计可以共同营造一种场所精神。

五、 陈设设计的作用

室内陈设设计对提高室内环境品质，改善人们的物质生活、精神生活起到举足轻重的作用，具体如下：

（1）改善空间的形态。

（2）表现室内空间设计意象。

（3）渲染室内环境的氛围。

（4）强化室内空间的风格。

（5）调节空间的色调。

（6）体现室内环境的特色（包括地域特色）。

（7）反映室内环境的历史文化。

（8）明确室内空间的功能区。

六、 陈设设计与场所精神

1. 建筑空间、场所、场所精神的概念

（1）建筑空间

建筑空间是指由建筑的界面如顶棚、楼地面、墙面或建筑构件如柱子、梁架、隔断等围合形成的中空部分。

（2）场所、场所精神

从空间到场所的形成需要有空间、空间中的人以及空间中的物象三者共同作用，而从场所到场所精神是指在场所中产生了文化精神意向。

场所是一个载有社会、文化、功能、精神等意义的感觉场，这种感觉场不仅指的是物理环境的存在，其更深一步的意义是指人通过与建筑空间环境的联系和反复作用后，在记忆和情感中形成的对空间环境的印象。室内的场所精神就是室内空间环境传达出的空间设计意向，即在建筑空间内使人产生情感认同以及归属感的气氛。

譬如一个没有任何装置与陈设的舞台，就是一个表演的空间，只有当舞台设计布置

好场景、道具、灯光，并由演员上台表演时，才能构成场所并产生场所精神。同一个舞台，由于场景、道具、灯光和人物的不同，可以表现出不同的场所感。这种由陈设设计完成的对场所和场所精神的营造，使建筑物最终成为完整的物质和精神产品，体现了室内陈设设计在建筑总体设计中的重要的独立价值。

如前所述，空间是构成场所和场所精神的基础。物象是构成场所和场所精神的关键因素，物象的总体气氛和人的活动的指向越一致时，场所感就越明确。增强一个空间的场所感的方法是强化物象的视觉感知度和人的行为指向，这里的物象在室内就是指陈设品。人的行为指向有约定俗成的特点，而空间形态和物象的类型、数量都取决于人的行为，因此人的行为是建立场所和场所精神的依据。

2. 室内场所精神的特征

（1）场所感的差异性

笔者认为室内设计的目的是营造一种让人们更好地生活和工作的场所，评价室内设计作品优劣的标准就是设计师是否成功营造场所精神。室内设计倘若离开陈设设计则会显得十分苍白，因为室内设计的大量工作都是通过陈设设计完成的。不同的场所应有不同的特征，不同场所需要创造不同场所精神。

（2）视觉力、心理力的意向性

陈设品作为物象必然产生视觉力，这种视觉力又必然产生相应的心理力，而不同心理力又会产生各种不同的对客观环境形态归属的认知。而这种归属认知就是笔者所认为的场所精神。

在室内陈设设计中产生的视觉力必须考虑三种因素：一是视觉力的一致性，即构成场所感的陈设品，如家具、字画、工艺品等在形态上、风格上是一致的，倘若同一空间中的家具、陈设品的形态、风格格格不入，那么视觉力就无法一致，导致其心理力是混乱的，人们对环境的认知也必然混乱，就不会产生明晰的归属感；二是陈设品产生的视觉力与空间环境产生的视觉力必须一致，才能形成统一的视觉力、心理力，产生明晰的归属感；三是家具、陈设以及环境产生的视觉力既必须一致，又必须强大。如果视觉力不够强，那么室内空间就不会产生统一的场所感。当然这种统一的场所感的强弱程度还应与设计的意向一致。当视觉力的指向与设计意向一致时，其设计的场所感是完整的。这就是笔者经常提到的设计形态与设计意向的一致性和整体性。

陈设品的布置

一、 陈设品的视觉问题

1. 陈设品的视觉感知强度

陈设品的视觉感知状态可分为陈设品本身的视觉感知、陈设品在空间中的视觉感知。

（1）陈设品本身的视觉感知

陈设品本身的视觉感知强度有易感知、不易感知和一般感知之分，对陈设品的布置应着重了解陈设品本身视觉感知强度中的易感知因素。通常根据易感知因素可以推理不易感知因素和一般感知因素。陈设品本身的主要视觉易感知因素：

① 奇特或新颖；

② 形象易辨；

③ 运动或动感；

④ 形象具体；

⑤ 肌理明显；

⑥ 造型细致。

任何一件陈设品，它表现出的感知因素都不是单一的，在同一件陈设品中或是易感知因素多，或是不易感知或一般感知因素多。在室内陈设设计中，应该适当调整陈设品视觉中的感知因素，以达到最合适的视觉感知强度。

（2）陈设品在空间中的视觉感知

考虑陈设品在室内空间中的视觉感知问题时不仅应重视陈设品本身的视觉因素，还要考虑陈设品在空间中的视觉因素，考虑陈设品与空间的关系。陈设品与空间的关系主要体现在陈设品与背景或环境的关系上，而这种关系从视觉构成上讲就是“图”与“底”的关系。强化或减弱陈设品在空间或环境中的视觉感知，实际上就是调整“图”与“底”的构成因素。

2. 观赏者的视觉感知秩序

要布置好陈设品，还应该了解人们在观赏陈设品时的视觉感知秩序。人们在感知物象时，既受到视阈的限制，又受到意识的控制，因而视觉感知不仅受视点、视距的影响，而且也受思维的状态的影响。

视觉通常有两种工作状态：一是视觉扫描，即视线在物象的表面无意识掠动；二是视觉凝视，即视线在物象上有意识较长时间地停留。

（1）视觉的扫描

视知觉具有直觉性，视觉扫描有一定的秩序，一般为先正面→后两侧，先近处→后远处，先视平线位置→后上、下位置。可以说人在室内驻足时的视点方向决定了视觉扫描的秩序。譬如当人正面进入酒店大厅时，他首先感知的是大厅中部的物象，随后感知的是大厅正对面的物象以及两侧的物象，最后感知的是顶棚或地面上的物象。因此在室内陈设布置中，陈设品的视觉感知度一般应按视觉感知的先后次序设计。尤其是对于在空间中首先正对人们视线的陈设品，要注意其视觉效果和艺术品位，以使得室内视觉环境给人良好的、深刻的第一印象。

（2）视觉的凝视

当人在视线内进行无意识的视觉扫描后，其目光一般都会停留在最有吸引力的物象上，因为人的视觉具有凝视明显物象的本能。在这种情况下，人们的视线停留的位置并不一定是在视觉首先扫描到的物象上。因此，在室内设计中如要强化某一界面或某一空间的视觉感知度，就应该强化该界面上或该空间中的陈设品的视觉感知度。

3. 视觉感知的整体性

人在视觉感知某个或某组物体表象时总是将其作为一个整体来把握，而不是分散地、孤立地感知单个或几个物体。这就使人明晓室内陈设品的布置需要和室内的整体风格与感觉相一致。这是由于人们在走进一个空间时，首先知觉的是这个房间的整体风格而不是单个的陈设品，一旦陈设品的风格与整体环境格格不入，即使陈设品本身经过精挑细选，人的视觉感受一定会做出整体性欠佳的判断。

4. 根据视觉感知原理进行环境设计

为了更有效地增强陈设品在室内空间中的视觉效果和艺术魅力，应在陈设品布置时对其所处环境进行设计。陈设品布置时应根据视觉感知的原理进行环境设计，具体方法有下述五种。

（1）加强视觉对比

加强视觉对比主要是加强陈设品与陈设品所在的背景的形态和形式的对比，包括陈设品与所有环境的空间形态、空间体量、尺度、色彩、肌理、虚实、主次等因素的对比。在设计中，主要是对陈设品的背景进行形体的简化，内容的淡化，体量的改造，以及环境尺度、色彩、肌理的调整，形成以陈设品为主体、以背景为客体的主次虚实关系。

（2）引导观赏路线

当陈设品布置在狭长空间的端头时，可以减少两侧界面和顶棚、地面的装饰，减弱其照度，并加强灯光对陈设品的照度，从而迫使人们的观赏视线通过空间轮廓的透视消失线集中到陈设品上。

（3）限定观赏视域

利用陈设品前景中局部开敞的建筑界面或装饰构件，如门洞、窗洞、中部开敞隔断等作为陈设品的景框，使观赏者的视阈收缩，并高度集中于景框前的陈设品上，构成重点突出、层次清晰、景致深远的陈设景致。

（4）借助环境景观

在陈设品布置中，借助环境景观的方式有两种：一是通过敞开的门、窗、洞或透明玻璃看到需要借助的自然景观或室内的陈设景致，共同构成新的陈设景观；二是利用水面和各种镜面材料的倒影或反射的图像以及环境的景色，与陈设品共同构成新的丰富多彩的陈设景观。

（5）强化灯光效果

物体在光的照射下才能显示出形体和色彩。为了增强这些陈设品的视觉效果，可以适当加强灯光的照度和显色度，以强化陈设品形态的感知度。在恰当的灯光作用下，陈设品能充分展示色彩饱和度、形体及肌理的特征，从而增强其在环境中的视觉感知。

综上所述，在室内陈设品布置中了解、掌握视知觉中的心理特点并在陈设布置中利用视知觉的心理特点，使室内陈设品的布置更加符合视觉观赏的规律，从而更能发挥陈设品在室内空间中的艺术魅力。

二、 陈设品布置的空间因素

1. 陈设品布置在平面入口处

平面入口处是指室内空间的起始处，如大堂入口、廊道入口、展厅的入口等。通常在此处布置陈设品最能彰显空间特征。

2. 陈设品布置在视线的汇聚处

视线的汇聚处是指室内平面的不同方位中人的视线集中处，如在此处布置陈设品可构成室内视觉的景点。

3. 陈设品布置在平面中轴线的交会处

平面中轴线的交会处，是指两个或两个以上平面的中轴线交会处，因为人的视线容易在此停留，如在此处布置陈设品既起到构建景点的作用，又能强化空间的转换关系。

4. 陈设品布置在规则平面的中心

因规则平面的中心通常会成为视线的汇聚处，如将陈设品布置在此处，既能吸引视线，又能起到重点构景的作用。倘若在此处布置具有较大体量或新颖形态的陈设品，必然会使这里成为整个空间主要的视觉中心。

5. 陈设品布置在平面的中轴线上

将陈设品有序地布置在单个平面或组合平面的中轴线上，会起到强化空间序列感、空间整体感的作用。

6. 陈设品布置在平面中轴线的端点

平面中轴线的端点也是人在某一时空段的视觉的端点，在此处视线由远及近并会在近处停留较长的时间，因此此处可以成为室内重要的视点焦点。

7. 陈设品布置在平面中轴线两侧

将陈设品布置在平面中轴线的两侧，并形成互为对景的布局，可以加强空间的庄重感。

8. 陈设品布置在平面的转折处

室内平面的转折处也称室内阴角处，也就是两个立面成角相交后形成的内凹空间。这种空间一方面具有生硬的视觉感觉，另一方面又具有需要向前推进或填实的视觉感觉。因此，在此处布置陈设品，既可以淡化空间的生硬感，又可以使内凹的空间形态得到修饰。

9. 陈设品布置在内凹立面上

通常内凹部位大多布置立体状陈设品，如雕塑或有体积感的工艺品等。

10. 陈设品布置在外凸立面上

外凸立面上大多布置呈平面状的陈设品如绘画、书法、壁挂等，外凸立面前有较大的空间则可布置立体状陈设品。

11. 陈设品布置在贯穿空间的顶棚

贯穿空间的顶棚可悬挂能丰富该空间视觉感觉的陈设品，贯穿空间中应考虑悬挂的陈设品能满足人在不同高度时的视觉感受。

12. 陈设品布置在前后对应的空间中

这种对应可以是前后对应，也可以是左右对应或者前后左右都对应。对应的陈设品可以相同、相似，也可以不相同、不相似。但在总体意象上必须是呼应的。陈设品的对应布置可以使室内空间的感觉更加整体有序。

13. 陈设品布置在顶面上

顶棚平面上的陈设品包括灯具、挂饰等立体状陈设品，也有绘画等平面状的陈设品，顶棚上挂置陈设品应注意以下几个方面：

（1）净高较低的顶棚

在净高较低的顶棚中立体状的陈设品大多挂置在上凸的位置。挂置陈设品最低处的净高不应影响人的活动，且不能低于 2.2 m。

（2）大型长条形空间的顶棚

大型长条形空间的顶棚大多挂置有序的成组的陈设品。净高较高的廊道顶棚可以悬挂灯饰和标识，一是满足标识功能的需要，二是起到丰富空间的作用。

14. 陈设品布置在异形空间中

改善室内异形空间的最佳方法是功能上利用、形式上美化。形式上美化的途径之一就是布置陈设品。

在异形空间中布置恰当的陈设品，并设计好陈设品所处的环境，会产生各种生动的、富有特色的视觉效果。

15. 陈设品布置在空间的节点处

空间的节点处指空间的突显部位，包括放大部位、缩小部位、高出部位、下沉部位等。空间的节点处通常是空间构成趣味中心的部位，在这种部位放置陈设品可以使空间更加突出主体，使视觉取得张弛有度的效果。如能将各节点部位的陈设品形态统一则是构成室内母题语言的极好方法。

16. 陈设品布置在空间的转折处

两个空间，特别是两个形态、风格截然不同的空间，其转折处感觉较为生硬，选择形态合适的陈设品，既可淡化两个空间转折处的生硬感，也可以使其成为空间的景点。

17. 陈设品布置在上下对应的空间中

当室内空间的下部设有令人瞩目的家具式陈设品时，空间的上部可相应地设置灯具或陈设品以构成组合的陈设景观。

18. 陈设品布置在空间序列的结束处

在此处布置陈设品通常会起到完善空间视觉效果的作用。

19. 陈设品布置在需要强调或丰富的空间中

陈设品除了布置在上述空间外，还可以布置在需要强调或丰富的空间中，这种布置应该根据陈设设计的总体构思来决定。

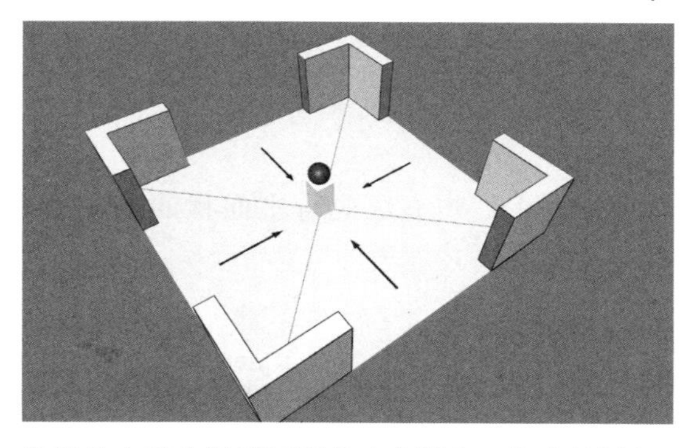

陈设品布置在视线汇聚处（高祥生工作室绘制）

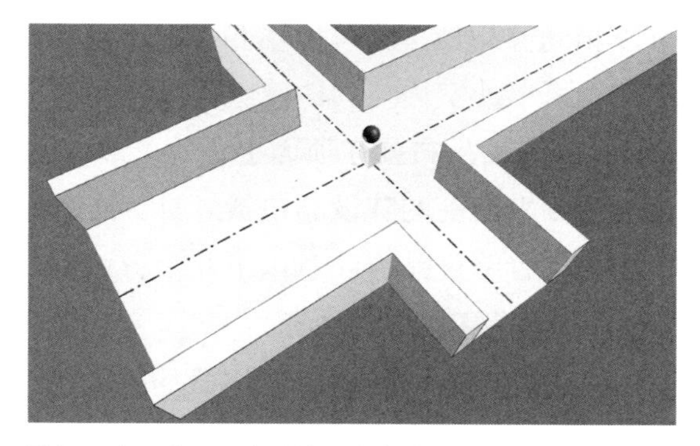

陈设品布置在平面中轴线的交会处（高祥生工作室绘制）

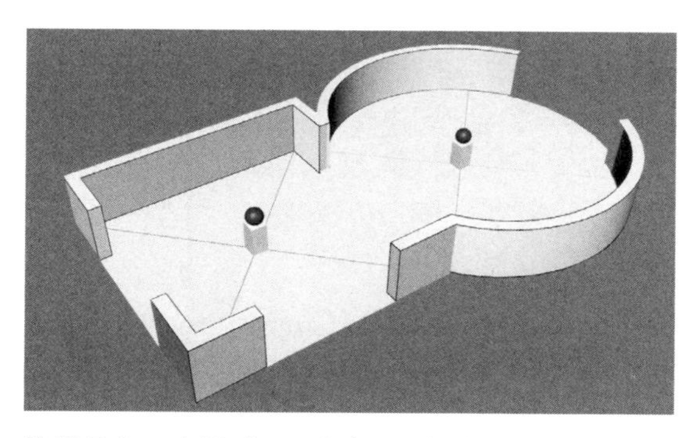

陈设品布置在规则平面的中心（高祥生工作室绘制）

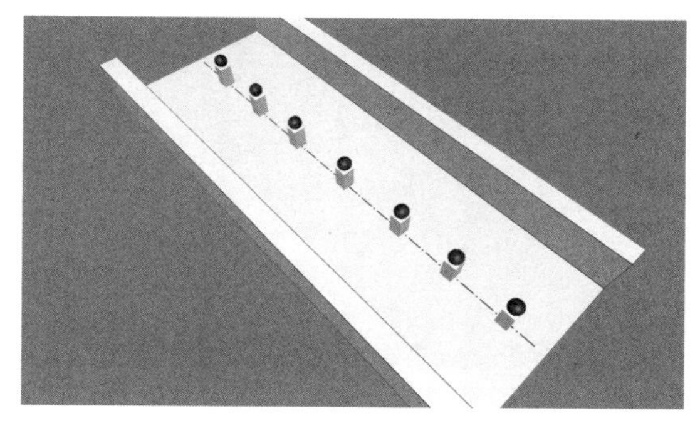

陈设品布置在平面的中轴线上（高祥生工作室绘制）

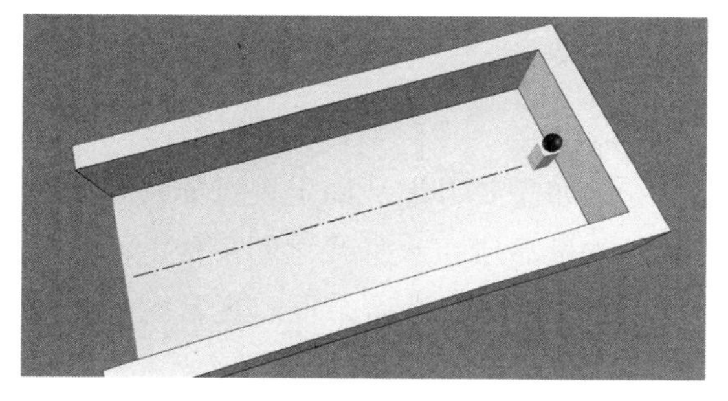

陈设品布置在平面中轴线的端点
（高祥生工作室绘制）

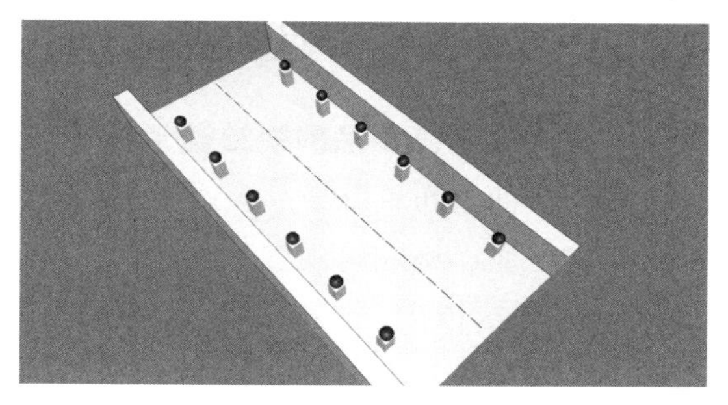

陈设品布置在平面中轴线两侧
（高祥生工作室绘制）

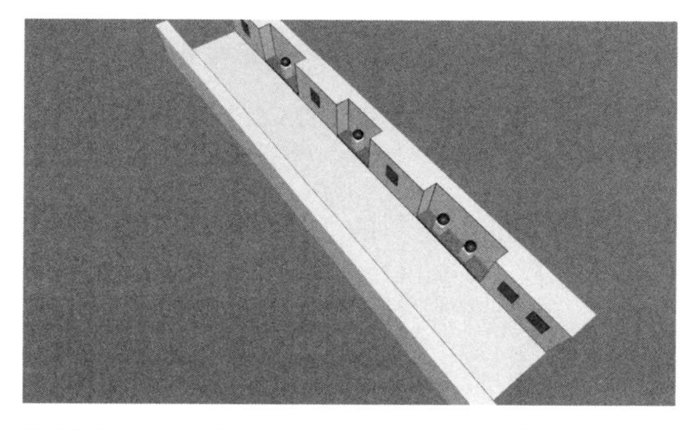

陈设品布置在内凹立面上（高祥生工作室绘制）

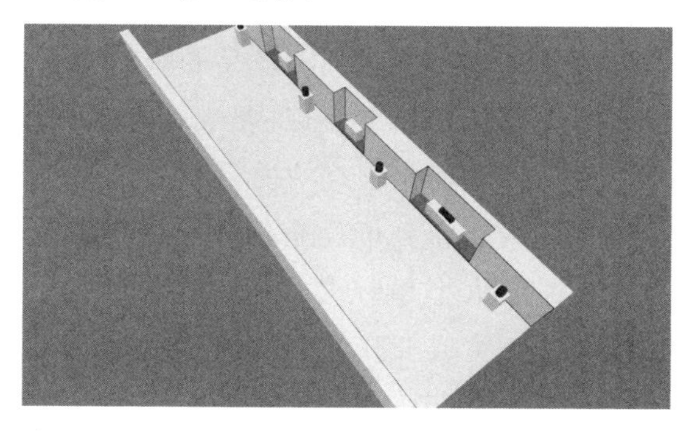

陈设品布置在外凸立面上（高祥生工作室绘制）

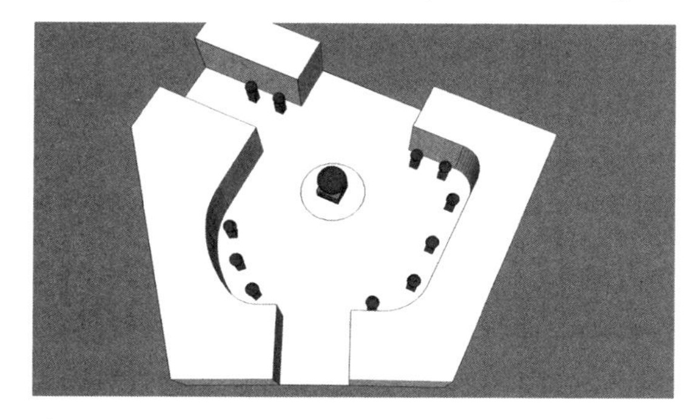

陈设品布置在异形空间中（高祥生工作室绘制）

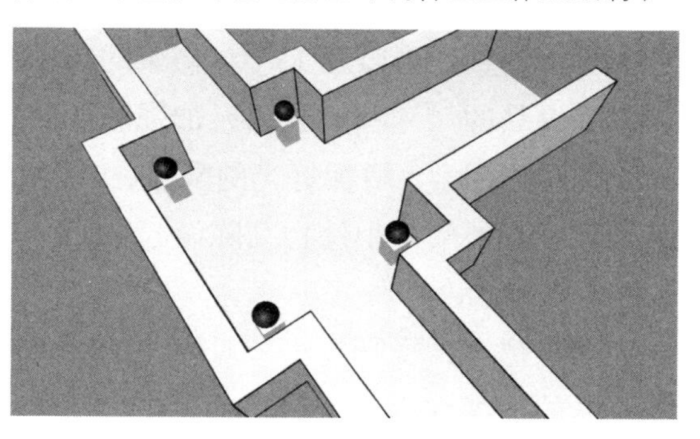

陈设品布置在空间的转折处（高祥生工作室绘制）

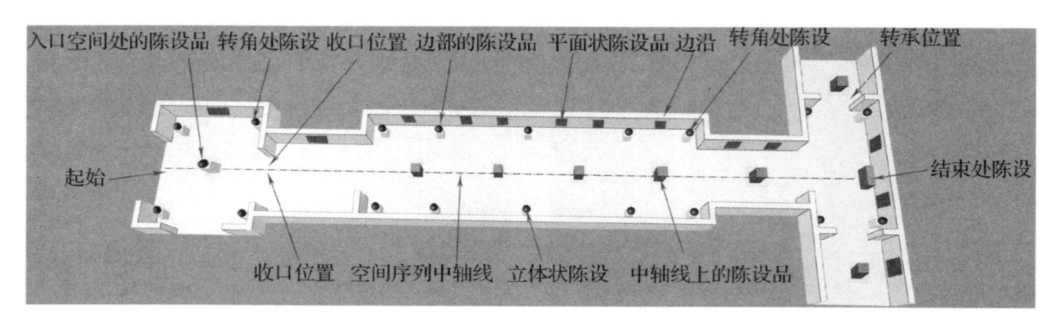

展示空间中陈设品布置的常规序列（高祥生工作室绘制）

三、 陈设品布置中的视线分析

1. 横向观看陈设品的视觉规律

横向立面上布置陈设品，应考虑两个因素：一是如需要考虑从固定视点能观赏陈设品的横向全貌，则应将观赏陈设品最频繁的位置与陈设品所在水平线之间形成的水平夹角控制在 60° 以内；二是如无须考虑从一个固定视点观赏陈设品，也即观赏时视点可以移动，则陈设品布置可采取横向分组布置或横向加长布置的方式。

2. 竖向观看陈设品的视觉规律

空旷的竖向立面通常会布置陈设品，并应考虑两个因素：一是如需要考虑从一个观赏最频繁的视点能看到陈设品的竖向全貌，则应将观赏者视点与陈设品所在垂直线形成的垂直夹角控制在50° 以内; 二是如观赏者无须从某个固定视点观赏陈设品的竖向全貌，则陈设品可以强化垂直的视觉冲击力。

在室内立面上布置陈设品时，一是需要同时考虑横向和竖向的关系，二是立面上布置陈设品的大小和形式大多是根据陈设设计的意向确定，有的为了强化某种设计意向，可以布置加宽或加高的陈设品。

3. 观赏者与陈设品的视距

（1）远距

视距越长，视野越大，对物象的感觉越模糊。陈设品在这种情况下的布置应注意：加大陈设品的尺寸和体积感；加强陈设品的色彩饱和度；加大陈设品与背景或环境之间的视觉对比因素；增加灯光的配置，以便远距离观赏时具有较强烈的视觉效果和整体感。另外也可用展架将小件物品陈设起来。

（2）近距

视距越短，视野越小，对物象的感觉越清晰。在这种情况下布置陈设品时应注意：陈设品的尺度宜小而亲切；陈设品的图案线条、肌理、工艺等都要精致、细腻；陈设品的色彩宜平和而含蓄。总之，要使观赏者在近距离中感受到陈设品的艺术魅力。

4. 观赏者与陈设品的视高

人的垂直观看可分为平视、仰视、俯视三种状况。

（1）平视

平视，是指物体在视平线上下 13° 左右，即在 26° 左右范围内的视觉高度，处于平视中的物体容易给人平和、宁静的感觉。

（2）仰视

仰视，是指物体在视平线以上大于 13° 仰角的视觉高度，处于仰视中的物体容易形成向上、崇高的效果。

（3）俯视

俯视，是指物体在视平线以下大于 13° 俯角的视觉高度，俯视物体容易看清全貌。

由此可见，将陈设品布置在不同高度，可形成不同的视觉感受。然而，人们在观赏陈设品时的视高和视角并非一成不变。因此，在布置高大的陈设品时，应考虑到其在不同视高中的视觉效果，尽量使陈设品在各种高度中都能给人以美的感受。

四、 陈设布置中的构图方法

1. 中心式构图

中心式构图是指将陈设品布置在平面、立面或空间的中心位置上，其位置明显。这种构图可以使陈设品成为主体景点，故在表现某种设计主题时，可采用这种构图形式。

2. 规则式构图

规则式构图是指将陈设品布置在平面或立面上呈对称式或规整状态的构图形式。这种构图具有明显的轴线或对应关系。其视觉感觉端庄、平和，故常用在公共建筑的大厅、会议厅、宴会厅以及其他需要有庄重气氛的场所。

3. 不规则式构图

不规则式构图是指将陈设品布置在平面或立面上呈不对称或较自由状态的构图形式。不规则式构图的视觉感觉比较轻松，故常用在休闲、娱乐以及其他需要有随意气氛的场所。

五、 陈设布置中需要注意的问题

室内空间中应布置陈设品的品种和数量可根据下列原则考虑：

1. 满足使用功能的原则

对于具有使用功能的陈设品，如家具、大件电器、日用器皿、纺织品等，主要是根据生活、工作的需要来决定。其品种和数量可根据实际使用的人数、频率等因素确定。

2. 服从功能属性的原则

在室内空间中，陈设品的数量与空间功能有关。如在以工作为主要功能的空间中应减少纯观赏性陈设品的数量，因为在这种空间中，人的主要精力都会集中在工作上。而以等候、休息为主的空间，应增加纯观赏性陈设品的数量，因为处于等候、休息状态中的人大多有时间、有精力去欣赏周围的环境。

3. 适合空间大小的原则

在室内空间中，不能塞满陈设品，应留出适当的空间，以满足交通流线和观赏效果的需要。譬如，在空间中，家具、陈设的布置不能影响正常的工作和交通。

4. 根据投资多少的原则

投资的多少不但影响陈设品的内容、形式，同时也影响应布置陈设品的数量。

5. 符合空间构图的原则

有些空间中陈设品的数量、位置是根据构图的需要来确定的。譬如，同一形态的陈设品在同一建筑的同一空间中反复出现，会使空间的形式形成富有节奏的美感，并使建筑空间形成具有呼应和连贯的整体感。因此，有时可根据空间构图的形式感酌情调整陈设品的位置和数量。

陈设布置中的形式美

一、 主次和虚实

在室内陈设布置中，处理好主次与虚实关系，对于设计主题的表达、趣味中心的构成具有显著的作用。陈设品布置中的主次与虚实，主要在陈设品形体的大与小、多与少、清晰与模糊、位置的主要与次要等方面体现。主次与虚实是互相关联的两个元素。在设计中主要形态通常是实体形态，而次要形态大多是以虚化的形态出现。在室内空间中，主次、虚实都是在比较、对比中体现的。

1. 主次

在室内空间中，主次是指主要形态与次要形态之间的关系。室内空间形态的主次关系是在两个或多个形态的对比中得出的。例如，某一陈设品在某一环境中作为主要形态，而在另一个环境中却可能成为次要形态。在室内陈设品布置中，主次关系的确定依据室内陈设品的设计意向而确定。

（1）体现陈设品主次关系的形态因素

影响陈设品在室内空间中产生主次关系形态的主要因素有形状、色彩、肌理。在形状中又有形体的大小、形体的数量、形状的差异之分。

① 形状

A. 形体的大小

形体是陈设品形态最直观的视觉因素，对主次关系的构成具有直接作用。通常大的陈设品在空间中具有凸显作用，容易引人注目，并成为室内空间中的主体或视觉中心。反之，小的陈设品在空间中不易凸显。

B. 形体的数量

陈设品的数量对视觉的感知具有明显的作用。很显然，空间中由相同陈设品组成的“群体”或“矩阵”会产生强大的视觉张力，并成为空间中的主要形体。

C. 形状的差异

陈设品的形状与所在空间的形状或同一空间中其他陈设品的形状产生明显的差异，且其所在位置凸显时，陈设品容易被人感知。

② 色彩

陈设品的色彩与所在空间环境的色彩产生明显差异且其所在位置凸显时，陈设品容易被人感知。这种差异包括陈设品色彩的纯度、明度、色相三方面。

③ 肌理

陈设品的肌理与所在室内环境的肌理有差异，且其所在位置凸显时，陈设品容易被人感知。细腻肌理的陈设品在粗犷肌理的界面衬托下容易被人感知，而粗犷肌理的陈设品在细腻肌理的界面对比下也容易被人感知。

然而一般陈设品大多同时存在形状、色彩、肌理三种因素，在视觉上有时形状因素占主导，有时色彩因素占主导，有时肌理因素占主导。因此，在设计中应综合考虑陈设品各种因素的整体感觉。

在一件陈设品中同时存在色彩、形状、肌理因素，其中人感知色彩的速度快于形状，感知形状的速度快于对肌理的感知。换一种说法是一个空间中物体（陈设品）的色彩最先被人感知。

另外，有动势的物体在空间中容易被感知，并成为视觉中心或主体，所以通常将其作为室内空间的视觉重点物品。

具有新奇形状的物体在空间中容易被感知，并成为视觉中心或主体。

一切与上述介绍相反的平淡的物体形态，如不做相关的视觉处理，都难以在空间中凸显。

（2）影响主次关系的室内空间

室内空间形态对物体形成主次关系同样具有影响。包括两个部分：一是物体在空间中的位置，二是物体所在空间的形态。

① 陈设品在空间中的位置

通常在下列空间中布置陈设品能产生较强的视觉感知度，起到引人注目的效果：

A. 视线首先感知的空间，如建筑的入口。

B. 空间的中心位置。

C. 空间节点处，如各种空间的转折、外凸、内凹处。

D. 人们视线停留时间较长的界面，如卧室床的背景墙。

② 陈设品所在空间的形态

陈设品所在空间的形态，即空间的大小、形状、色彩、肌理使陈设品产生的视觉感觉是不同的：

A. 空间的大小要求配置的陈设品有适合的体量。

B. 在规则空间中布置形态变化的陈设品，可以取得对比效果；不规则的空间如要取得对比效果，既可布置形态规则的陈设品，也可布置形态变化的陈设品。

C. 大空间布置色彩纯度高、与空间色彩对比强的陈设品，容易突出陈设品。

D. 大空间布置大肌理的陈设品更为合适。

③ 环境对主次关系的作用

环境对陈设品在空间中的主次关系影响很大。在有些陈设品的形态并不突出，但设计意向又需表现其重要性时，在布置中则应强化陈设品在空间中的感觉。其方法是：

A. 以相关的载体衬托陈设品，如适当的展柜、展台、壁龛等，以强调陈设品的存在感。

B. 在陈设品的适当位置设置合适照度，以恰当色温的灯光突出陈设品的色彩。

C. 借鉴中国古典园林中的设计方法用框景突出陈设品。

2. 虚实

从狭义层面上讲，“实”主要指那些客观存在的、有形的或是形态清晰的、可视可见的物质元素；“虚”是指那些无形的或是含糊的，甚至是意象的形态元素。从广义层面认识，虚与实是相辅相成的，有了实的衬托，虚才得以显现，虚不是无，虚也是一种存在。同时，陈设品的虚实感的存在依托所在的环境和所比较的对象，倘若环境变了，比较的对象变了，陈设品的虚实感必然发生变化。譬如某一陈设品在某个环境中，通过与其他物体的比较，具有实体感。而将这一陈设品放置于另一个环境中，它与别的物体比较又可能产生“虚”的感觉。

在陈设设计中，虚实关系可以体现在视觉层面，也可以反映在情感层面：视觉层面的虚实决定情感层面的虚实，情感层面的虚实反作用于视觉层面的虚实，二者相互作用，共同影响观赏者的空间感受。虚实与主次在形式美中是一对紧密关联的元素。通常，“实”的形态大多作为设计的主要内容，而“虚”的形态大多作为设计的次要部分或衬托部分。

（1）形状的虚实

形状中的虚实比较直观。实的形大多有封闭的边界、完整的界面、清晰的形态特征，可称为主体；虚的形大多边界不清晰、界面不完整、形体不突出，可称为客体。

（2）色彩的虚实

就色彩本身而言无虚实可谈，只有当色彩与某一陈设品形态或空间形态结合在一起时，才能产生“虚”或“实”的感觉。这时色彩中的纯度、明度、色相、面积以及色彩对比度等因素就会决定不同的虚实效果。很显然多数情况下纯度高的陈设品会产生“实”的感觉，而色彩带灰性的、对比弱的陈设品，会产生“虚”的视觉感觉。另外，当色彩与形体结合产生凸显作用时就会有“实”的感觉，反之则有“虚”的感觉。

（3）简洁的背景与形状突显的展品形成虚实对比

在室内环境中，物体要取得实体感，必须强化二者之间的对比，其方法：选择形态比环境更具体的陈设品，或选择更简洁的陈设品，由此而强化陈设品的体量、色彩感、肌理感。因此在室内环境若要突显主物，就需要减弱衬托物体的背景的各种形态的对比因素的影响。

实与虚，相互对立又相互转化，它们彼此影响，彼此渗透。景物为实，情景为虚；具象为实，抽象为虚。在室内陈设设计中，只有虚中有实、实中有虚的形式才富有魅力。

二、 节奏和韵律

节奏与韵律相互依存，没有变化的节奏虽有形态的秩序感，但缺少活力；而无规律的形态重复，则构不成韵律，其形态必然杂乱无章。在陈设品布置中运用节奏与韵律的形式法则，可以使室内环境更具序列美感。

1. 节奏

节奏是有规律的等距离重复，形成节奏的等距离重复可以是单件物体的重复，也可以是将多个单件物体整合形成重复。由此可见，形式美中节奏构成既可以是单一元素的重复，也可以是由多个元素组合形成的新的单一元素的重复，但都必须是等距离的重复。

节奏中的物体重复排列可以是单一方向的，就像二方连续图案一样，也可以是多个方向的，如四方连续图案。同时四方连续图案既可以是平面方向的，也可以是垂直方向的，甚至是多向的。

2. 韵律

韵律的变化可以是相同形体组合后的变化，也可以是对原有形体的渐变，还可以是不同形体的有规律整合。韵律的构成因素同样是需要有规律的重复。倘若无规律地重复，很可能造成凌乱的视觉现象。

3. 节奏和韵律的使用

陈设设计中，将相同或同类的陈设品按节奏与韵律形式布置是最常用的形式。通常较小的空间或界面大多可按节奏的形式布置。而较大的空间或界面则应按韵律的形式布置，以避免简单重复的单调感。

节奏与韵律是相互依存的两种形式，节奏是韵律的单纯化，是构成韵律感的基础；韵律是在节奏的基础上有组织的变化。在实际应用中，两种形式大多同时存在于一个整体方案中。如酒店中的餐饮空间，其平面中的座位和水缸、顶棚的灯具、立面的窗棂等，任何一个单件元素都能构成节奏的形式。而当空间中的座位、灯具、窗棂整合在一起时，就成为一种韵律的形式。

当构成节奏的元素重复次数较少时，难以形成序列感，因此，需要强调个体或少数元素的张力。构成节奏的元素重复次数越多，空间的序列感越强，视觉的张力越大，但也会产生形式的单一和视觉的贫乏。因此，韵律是在节奏的基础上的变化，这种变化应是有序列、有计划的。

三、对称与均衡

1. 对称

（1）对称的概念

对称指的是相同元素以相等的距离由一个中心点（或线）向外放射或向内集中，以形成等距排列的图形，又称均齐。对称有着严格的格式和规则，具有强烈的规律性和装饰性，常给人以平衡、稳定之感。

（2）对称的基本形式

对称的基本形式可分为镜像式对称、回转式对称、旋转式对称和移动式对称四种。

① 镜像式对称

镜像式对称是指对称轴两侧的构成元素呈现出完全重合的“镜像关系”，它是最为常见的一种对称形式，同时也是一种严谨、端庄的平衡形式。在传统建筑中有些建筑装饰、装修造型便采用镜像式构图。

② 回转式对称

回转式对称是由镜像式对称演化得来的一种对称形式，它们之间的不同之处在于：在回转式对称中，对称轴两侧的构成要素呈现出头尾反转的“回转关系”。依据回转式对称中对称轴的方向特征，可将其分为横轴回转、竖轴回转、斜轴回转和曲轴回转四种组织形式。它既保持了对称关系的整体性，又具有较强的动感。

③ 旋转式对称

旋转式对称是指以一个点为中心，按均等的角度将对称轴周边的构成元素呈放射状旋转式排列。它是一种具有旋转运动趋势的对称关系，具有较强的动感。

对称的基本形式还有移动式对称等，这种对称形式在室内陈设布置应用很少，故不再赘述。

（3）强化对称的形式

在对称形式中应强调装饰中心点的感觉。

2. 均衡

（1）均衡的概念

均衡是指围绕均衡中心的构成元素（如体量、色彩、形状等）形成的一种视觉或心理上的平衡。均衡通常给人以稳定平和、自由活泼之感。均衡中心是指为使构图均衡并避免零散和紊乱，用来统率全局以获得均衡效果的中心，它对于整个空间的视觉平衡具有控制作用。

（2）强调均衡的方法

强调均衡主要有以下两种方法：

一是相对于对称而言，由于均衡具有变化性，它需要强调均衡中心点。

二是调节均衡中心点两侧陈设品体量的大小、数量的多少可取得视觉上的平衡感。

（3）均衡的应用

均衡在陈设设计中的应用主要包括两个方面：平面的均衡和立面的均衡。

① 平面的均衡

陈设设计中的物象的均衡在很大程度上依赖于平面构图，但又并不等同于平面的均衡，因为空间的均衡通常也会形成均衡的形式。所以，研究平面的均衡仍是实现陈设布置均衡的首要途径。

当人们进入某一空间时，除非有某种因素暗示或迫使他们改变行进的方向，通常人的正常活动路径应是一条前行、自然的直线，这条直线就是建筑学常说的轴线。那么要想获得空间中陈设布置的均衡，就必须使陈设布置的均衡中心在人行进的轴线上。

② 立面的均衡

均衡虽然有自由的形式，但同时仍须保持视觉平衡的效果，并产生既和谐而又活泼的感觉，因此被广泛地应用于陈设布置中。

在室内的陈设设计中，达到均衡的主要方法：

一是调整各构成元素的数量及中心点的位置，以达到均衡。

二是调控各构成元素的形、色、光、材质等因素以求得均衡。

三是改变均衡中心的位置使各构成元素达到均衡。

四是通过加入单元的构成要素，也可以是构成的面或体，以求得中心点两端的视觉平衡。

3. 对称与均衡的关系

对称和均衡表达的都是一种平衡的关系，它们之间的区别在于：对称需要对称轴，对称轴周边的构成元素必须形成等距的排列关系，且构成要素的各种属性（如色彩、形状、体量等）需要完全相等，它在视觉心理上偏于严谨和理性，表现的是一种静态的平衡感；均衡不需要对称轴，也不要求构成要素的各种属性和排列关系完全相等，只需要达到一种视觉或心理上的均衡，它在视觉心理上偏于灵活和感性，表现的是一种动态的平衡感。

四、 比例和尺度

在形式美的法则中，尺度与比例是相互关联的一组元素，是构成和谐的视觉环境必不可少的一个因素。恰当的比例不仅能给人以和谐的美感，还可以合适地表现事物存在的内在的逻辑性。

尺度反映了物体的整体或局部给人的感觉上的大小与真实大小之间的关系。在室内陈设设计中体现为，人们熟知的人体要素、家具要素、建筑构件要素和装饰材料要素等人们对室内空间或物体尺寸的判断起到了参照作用。

1. 比例

（1）比例的概念

比例是指物体形态的局部与局部、局部与整体之间形状尺寸的比值，它表达的是形体大小的相对关系。比例可以起到协调物体各部分形态之间、局部形态与整体形态之间的视觉感受的作用。各种类型的比例形式被广泛地运用到建筑设计、室内设计、陈设设计等各类艺术设计中。

利用合适的比例关系可以表现各具特点的空间形态。在陈设品的布置中，正确处理陈设品与陈设品、陈设品与背景、陈设品与空间的比例关系，是陈设品形态获得良好的视觉感知和表现形态特点、空间尺度的重要因素。

（2）比例的类型

比例的类型多种多样，根据陈设设计的特点，此处涉及的比例类型主要有五种：黄金分割比例、控制线比例、模数比例、整数比例、位置线比例。

① 黄金分割比例

在各种比例关系中，黄金分割比例为最基本、最重要、最知名的比例形式，同时也是最容易被人认同的比例关系。这种比例关系是根据人体比例和自然现象的特点总结得出的一套数字关系，它是最常使用的一种比例形式。

黄金分割的原理为将一条完整线段分成 AB 段与 BC 段，且符合下述关系：AB∶$BC=BC$∶$AC=\varphi=(\sqrt{5}-1):2$，其中 φ 约等于 0.618。其公式为 $X:1=(1-X):X$，得出 $X\approx0.618$（其中设总长为 1，X 表示长段的长度）。自古以来，黄金分割比例便是人们公认的经典美。设计师在设计创作中，运用黄金分割比例能够表现出富有内在美的视觉效果。在陈设品布置中，这种比例存在于物与物之间的尺寸关系中，当某空间尺寸确定后，即可按照黄金分割比例作为布置物体的尺寸依据。

A B C

黄金分割图示（高祥生工作室绘制）

黄金分割比例是和谐的，其产生的各种矩形必然具有和谐的美感，在艺术设计中不断地变化组合黄金分割比例，就能产生各种优美的构图。黄金分割比例可以通过作图的方法求得，其主要方法有正方形外求法、正方形内求法、直角三角形外求法。掌握这三种黄金分割矩形的方法，可在室内陈设布置、立面划分、空间造型等设计中准确、快速地设计出合适的比例。

A. 正方形外求法

取正方形 *AD* 及 *BC* 边的中点 *E*、*F*，以 *F* 为圆心、*FD* 及 *FA* 为半径，画圆分别交线段 *BC* 的延长线于 *G*、*J* 两点，分别过 *G*、*J* 两点作 *BC* 的垂直线，交 *AD* 延长线于 *H*、*I* 两点，则矩形 *ABGH* 及 *JIDC* 为黄金分割矩形，即矩形的短边与长边之比为黄金分割比值。

B. 正方形内求法

取正方形 *AB* 及 *DC* 边的中点 *E*、*F*，以 *E* 为圆心、*EB* 为半径，画圆交线 *EC* 于 *a* 点；以 *C* 点为圆心，*Ca* 为半径画弧交线段 *DC* 于 *G* 点，过 *G* 点作 *DC* 垂线交 *AB* 于 *H* 点，则矩形 *HBCG* 为黄金分割矩形。

C. 直角三角形外求法

设置一个直角边比为 1∶2 的直角三角形 *ACD*，以 *D* 点为圆心、*DA* 为半径，画弧交线段 *DC* 于 *E* 点；再以 *C* 为圆心，*CE* 为半径画弧交 *AC* 于 *B* 点。通过 *B* 点作垂线并取与 *AB* 线段等长的线段 *BF*，则矩形 *BFGC* 为黄金分割矩形。

这三种较简单的方法对设计师来讲，具有一定的便利性，设计师可根据具体的情况灵活运用相应的方法。

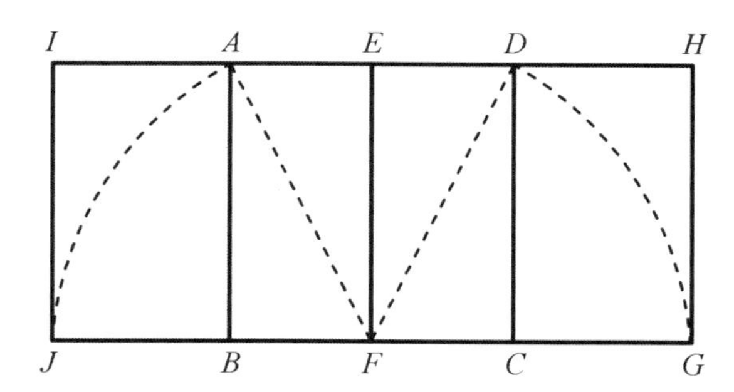

正方形外求法
（高祥生工作室绘制）

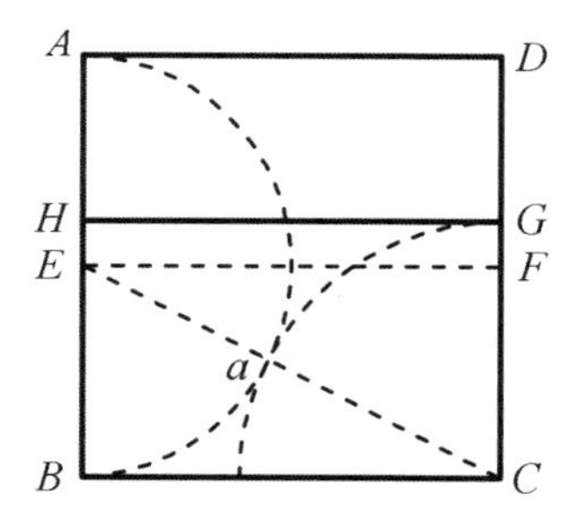

正方形内求法
（高祥生工作室绘制）

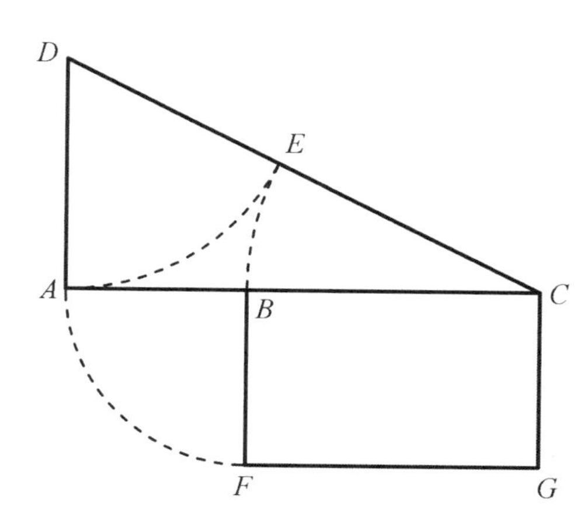

直角三角形外求法
（高祥生工作室绘制）

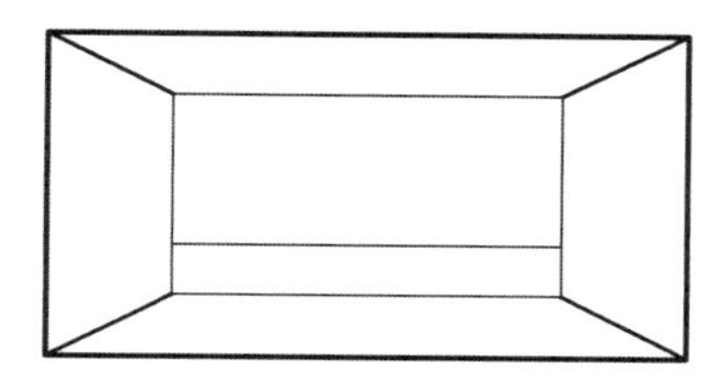

利用三种方法设计的休息空间的背景墙比例（一）
（高祥生工作室绘制）

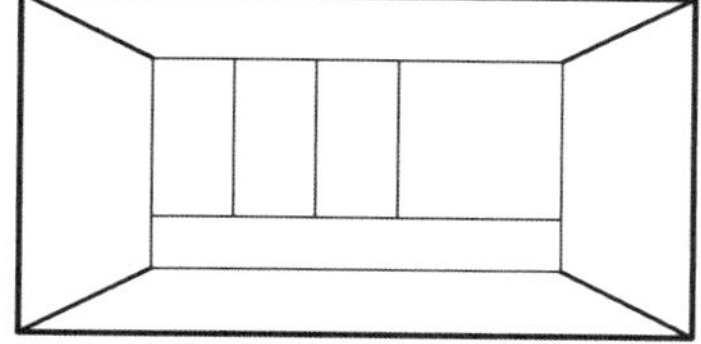

利用三种方法设计的休息空间的背景墙比例（二）
（高祥生工作室绘制）

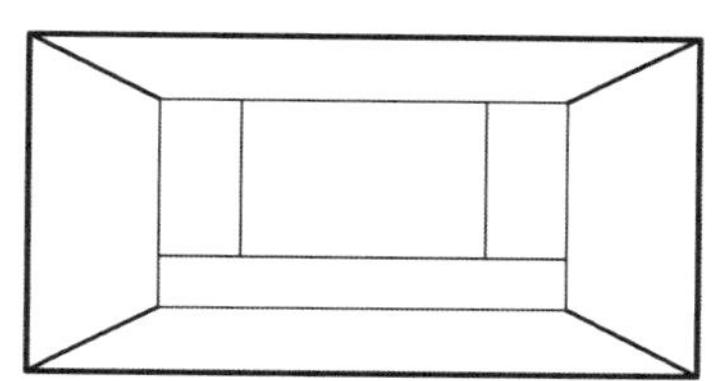

利用三种方法设计的休息空间的背景墙比例（三）
（高祥生工作室绘制）

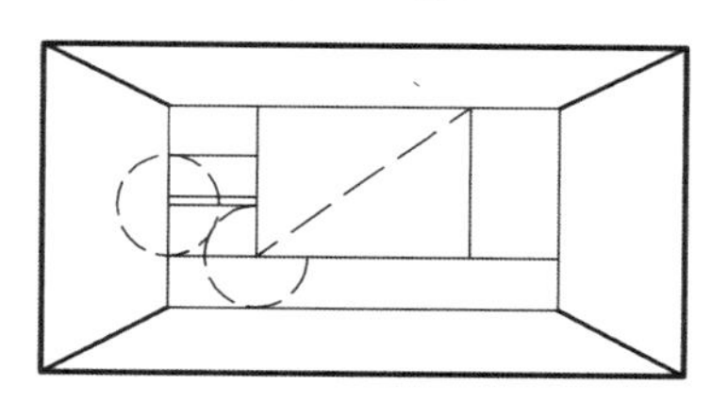

利用三种方法设计的休息空间的背景墙比例（四）
（高祥生工作室绘制）

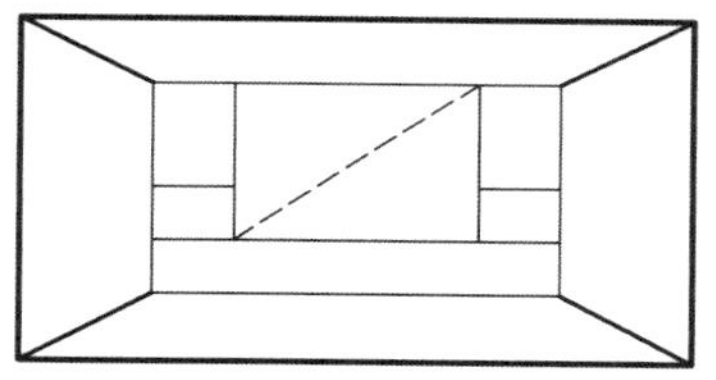

利用三种方法设计的休息空间的背景墙比例（五）
（高祥生工作室绘制）

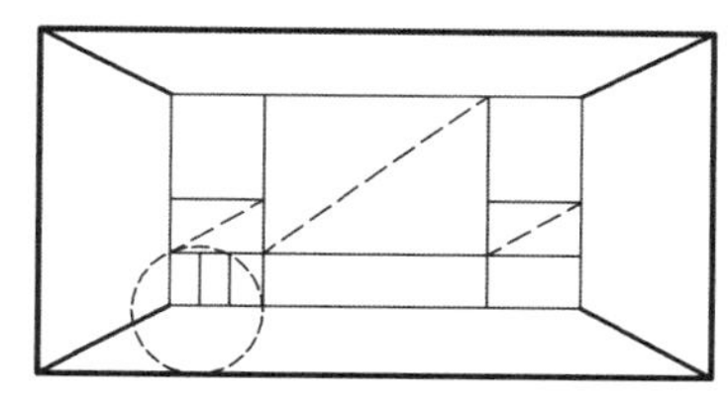

利用三种方法设计的休息空间的背景墙比例（六）
（高祥生工作室绘制）

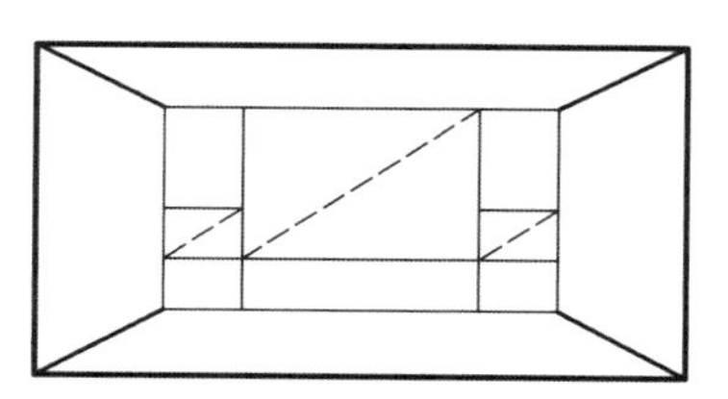

利用三种方法设计的休息空间的背景墙比例（七）
（高祥生工作室绘制）

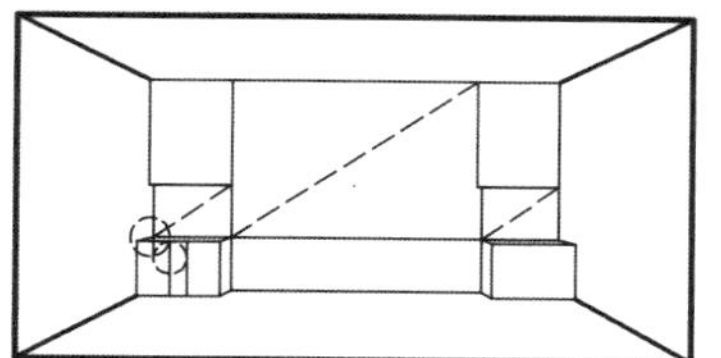

利用三种方法设计的休息空间的背景墙比例（八）
（高祥生工作室绘制）

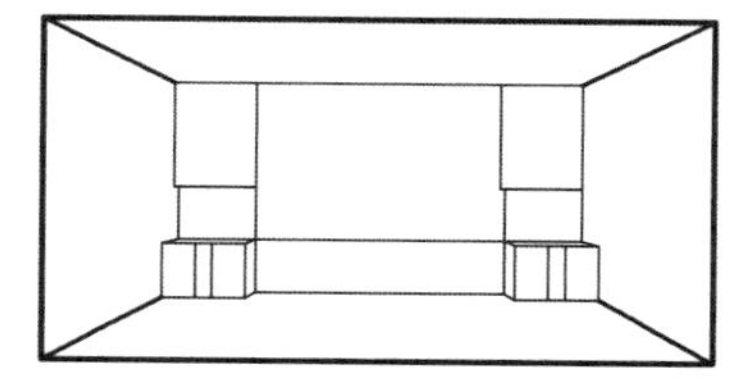

利用三种方法设计的休息空间的背景墙比例（九）
（高祥生工作室绘制）

② 控制线比例

控制线可有效控制形体比例。控制线应有两个基本元素：一是对角线，二是原有形状。对角线原理：如果一系列方形的对角线平行，那么它们的长宽比一致；如果它们的对角线是垂直的，那么它们在具有相同比例的同时在形态上夹角为90°。也就是说，如果两个矩形相应的对角线相互平行或垂直，则表明这两个矩形有着相同的比例，因而易于产生和谐的比例关系，这些对角线和测定线即为控制线。控制线又称“法线”“规线”等，利用控制线组织的图形更具有稳定、和谐的美感。在设计创作中，它是确定形态构图中各部分比例关系的准绳，控制线中对角线与基本几何图形系统规定了构图元素的相似性与和谐感。

③ 模数比例

模数比例原指西方古典柱式的比例。它以柱身的底半径为基本模数，称为母度，其柱头、柱身、柱础、柱檐以及细部构件的各部分尺寸都与此基本模数形成了一定的比例关系，即不论柱子尺寸如何变化，其柱式各部分的比例关系不变。

④ 整数比例

通常建筑上整体的美可以认为来自绝对的、简单的数学上的比例。就如1∶2，2∶3，4∶5这种简单的整数比值，能够使各物体及元素之间保持一种稳定的和谐秩序，并且易于被人们欣赏。以此推理，最简单的比例关系中的几个图形如“正三角形”“正方形”“圆形”“等边五角形”等也容易产生整体感与和谐感。室内的尺度设计可以通过这种整数比例来寻找空间与物体、物体与物体之间的内在联系，尤其是室内空间中布置的新物体。利用整数比例可以让设计师更易把握一种整体与局部、局部各要素之间稳定、和谐的关系。

⑤ 位置线比例

这种比例形式在传统的理论中很少被提及，但在实际中却是运用得很普遍的一种比例设计方法，即将物体之间的大小关系控制在一定范围中，或一定高度或宽度内。位置线比例可以使空间中的物体趋于统一、协调，如家具与家具之间横向线条或竖向线条的对齐、装饰物体与饰面材料的分缝线的对齐等。

（3）影响比例的因素

影响室内陈设布置中比例的因素主要有空间和界面的大小、陈设品的体量、功能的制约。

① 空间和界面的大小

空间和界面的大小对陈设设计有较大影响。毫无疑问，在大空间中布置陈设品，通常都需要布置大件陈设品或以小件陈设品组合形成大体量的陈设品群，以取得陈设品与空间之间比例的协调。但是，陈设设计的目的是创造一种视觉效果，当设计者需要表现某种特殊的设计意向时，陈设品的大小、形态取决于设计意向，此时空间或界面的大小对陈设品的大小、比例具有的约束力将被淡化。

② 陈设品的体量

功能性陈设品大多会控制陈设品的体量，如家具、器皿、电器等。而一些非功能性的陈设品，如绿植、花卉、绘画、书法、工艺品等，其体量已在人们内心形成约定俗成的视觉记忆。当这些陈设品的体量与空间难以取得良好的比例时，通常可采用调整比例关系的方法。

一是放大功能性陈设品的体量或重设陈设品数量并错位放置，使之失去使用功能，成为具有审美功能并与空间比例协调的陈设品。二是将陈设品按形式美的法则组织成装饰面，使其审美功能得到提升。对于小件精致的陈设品可以扩大展示载体的数量，采用协调二层比例的方式进行布置，即第一层为精细展品与展示载体（如展柜）的比例协调，第二层为展示载体（如展柜）与展示空间的比例协调。

③ 功能的制约

具有使用功能的陈设品大都已经确定了相应的尺寸，如家具、器皿、电器等，通常难以改变其满足功能要求的基本尺寸。布置时需要考虑三种因素：一是将功能性家具设施布置在合适的空间位置，二是适当减少或增加功能性陈设的数量，三是部分家具在不影响使用功能的前提下放大或缩小尺寸。

2. 尺度

（1）尺度的概念

尺度是指人们以熟悉的物体的尺寸大小去度量所感受到的其他物体的尺寸大小，它能反映物体的整体或局部给人的感觉上的大小，涉及真实的尺寸，但又不等同于真实的尺寸。两者的关系如下：

首先，当尺度与真实尺寸一致时，意味着物体给人的印象正确地反映了其真实的大小，这是最为常见的情况；其次，当尺度与真实尺寸不一致时，表明物体给人的印象脱离了人们概念中的大小，失去了它应有的尺度，此时会出现两种情况，即物体给人的印象不如真实尺寸大或不如真实尺寸小；最后，尺度无法反映物体真实的大小。造成这种现象的原因有两种：一是物体的尺寸巨大，二是人们对所熟悉的物体尺寸发生了较大的判断错误。

（2）尺度的类型

室内空间的尺度通常可分为三种类型，即正常尺度、超大尺度和小微尺度。在陈设品布置中，应根据空间的不同功能、形态特征以及空间中各要素之间的关系，处理陈设品的尺度关系。

① 正常尺度

正常尺度是指物体的尺寸与人们所熟知的正常尺寸相符，这是一种最为常见的尺度类型。对于一般性的陈设设计，设计师应力图使观赏者对空间或陈设品尺度的印象与其真实尺寸相符，使人能正确地度量出陈设品的实际大小，从而使陈设品因尺度合适达到被人快速认知的效果。小尺度的陈设品大多用于住宅空间、办公空间和小型商业空间等。在室内空间中，要想获得良好的尺度效果，通常应注意以下两点：一是处理好陈设品与空间内各要素的尺寸关系，二是处理好环境中各要素与整个空间之间的尺度关系。其原则：为了使环境和陈设品尺度和谐，应选用人们所熟悉并与人体尺度相关联的尺寸，避免违背设计意向，过分地使用夸张尺寸。

② 超大尺度

超大尺度是指物体尺寸超出其正常的实际尺寸，这是一种使物体看上去比实际物体大得多的尺度形式。在室内空间中，陈设品要想获得超大尺度的协调，通常需要有两个因素：一是以某种大尺度的元素为基础，即以比人们所熟悉的尺寸大的形态出现；二是借助缩小环境要素与陈设对比，即陈设品为正常尺寸，而人为地缩小陪衬陈设品环境要素的尺寸，从而使陈设品带给人的视觉感受放大。

③ 小微尺度

小微尺度是指陈设品的形态尺寸小于人们所熟知的尺寸，这是一种使空间看上去比实际尺寸大一些的尺度形式。小微尺度常用于需要产生亲和力的空间陈设布置中，如餐厅、茶馆、休息区等空间中放置的陈设品。小微尺度也常用于需要放大视觉感受的小空间陈设布置中，在这种设计中，可选择比常规尺寸小的陈设品。

（3）尺度设计需要考虑的因素

尺度是一种相对关系。因此，要熟悉室内空间和其他物体的尺寸，往往需要借助一些人们熟知的要素作为参照标准。运用这些熟知的尺寸概念作为参照物，进而判断出空间尺寸。

在室内陈设设计中，人们熟知的尺寸元素主要有人体元素、家具元素、建筑构件及部品部件元素、装饰材料元素。这些元素对室内空间或物体尺寸的判断有很好的参照价值。其中，人体元素、家具元素和建筑构件及部品部件元素相对稳定，而空间元素、物体元素是经常变化的，因为不同的室内空间大小有区别。所以，陈设品布置时应充分考虑空间大小对陈设品在尺度上的影响，并参照该室内空间的大小调整陈设品的尺寸，以形成合适的尺度。

在室内陈设品布置中，尺度的设计需要考虑下列元素：

① 人体元素

在室内空间中，人体尺寸是衡量空间尺寸最为直观的参照标准。人作为观赏和使用这一空间的主体，总是自觉或不自觉地将自身的尺寸与空间中的其他尺寸进行对比，由此比较出此空间的尺寸。如：当一个人站在窗户边，他会目测出他与窗户之间的尺度关系，判断出此空间尺寸；也可由双臂估算出空间的长度或宽度。此时，人的身体尺寸就成为度量空间尺寸的标尺。当以人体作为空间或其他环境的尺度因素时，必须注意人在空间中的位置，不同位置的人与空间比较产生的尺度大小是有区别的。只有当人体靠近空间中的界面或家具等具有恒定尺寸的物体时，人体的尺度因素才能充分体现。

② 家具元素

陈设品布置可参照室内空间中如床、椅、桌、柜等家具已知的尺寸。

家具尺寸通常是根据人体的尺寸确定的，因此家具尺寸大多数也是相对稳定的。家具的尺寸通常不会因为空间功能的转换而发生变化，所以，家具尺寸对室内空间尺度的表现起到了很大的作用。

③ 建筑构件及部品部件元素

在室内空间中，与人体活动关系较大的某些建筑构件及部品部件可成为陈设品布置时尺寸的依据，如栏杆、踏步、扶手、门、窗、家电、器皿等。这些建筑构件及部品部件的尺寸由于要适应人的使用要求，其尺寸大多是稳定的，因此，人们可据此推断出空间和陈设品的尺寸，这也是陈设品布置中需要考虑的尺度依据。但在某些具有特殊功能的空间中，建筑构件的尺寸会有所变化，此类构件一般不作为空间尺度的参照依据。

④ 装饰材料元素

装饰材料的尺寸也可作为陈设布置中处理尺度的依据。装饰材料有一定的规格，即常用的尺寸。因此，在室内空间中，可通过装饰材料的规格及数量推测空间的大小和陈设品的尺寸。

需要指出的是，在具有不同功能的空间中，所选用装饰材料的规格是不同的，大空间中选用 800 mm × 800 mm、1000 mm × 1000 mm 的地砖，而在小空间中多选用 500 mm × 500 mm、400 mm × 400 mm，甚至更小尺寸的地砖。因此，要熟悉具有各种功能的空间常用装饰材料规格，才可在陈设品布置时准确地把握好空间的尺度。

（4）调整空间尺度感的方法

陈设品布置中，调整空间尺度感主要从以下几个方面考虑。

① 形

从形的角度，主要是通过合理地确定陈设品的尺寸，以达到表现空间尺度和陈设品尺度的目的。有些陈设品的尺寸是可以放大或缩小的，一般情况下陈设品的大小、高低应适应空间的形态。但当大空间中陈设品无法改变尺寸时，可采取组合多件陈设品扩大体量的方法协调尺度关系。

② 色

当陈设品的形态、尺寸无法改变时，也可利用色彩调节空间或陈设品的尺度，主要方式有三种。一是调整陈设品色彩的色相，通常冷色具有收缩感，可使空间尺度感减弱；暖色具有膨胀感，可使空间尺度感增强。二是调整室内空间色彩的纯度，通常纯度高的色彩可使空间尺度感减弱，而使陈设品的尺度感增强；纯度低的色彩可使空间尺度感增强，而使陈设品的尺度感减弱。三是调整室内空间色彩的明度，通常明度高的色彩可使空间的尺度感增强，而使陈设品的尺度感减弱；明度低的色彩可使空间尺度感减弱，而使陈设品的尺度感增强。

③ 光

当陈设品的形态、尺寸不易改变时，还可利用光调节陈设品的尺度，其方法：一是调整照度，通常照度高的光线可使陈设品的尺度感增强，显得较为突出；二是调整照明的布局方式，通常采用整体照明方式，可使空间和陈设品的尺度感增强。

五、对比和统一

1. 对比

（1）对比的概念

对比，是将矛盾的双方安排在一起，进行对照、比较的一种方法。形式美中的对比，指整体中包含的各个组成部分在形态上具有的差异以及它们之间体现出的矛盾性。具体是指通过不同的形状、色彩、质感、光线、方向、位置等对立因素的比较，体现各自的存在。对比法则既被广泛运用于现代室内设计中，也被广泛运用于室内陈设布置中。对比能使主题更加鲜明，氛围更加活跃。室内空间形态中的对比因素通常可分为形状的对比、色彩的对比、质感的对比等。在室内陈设布置中，可以通过光线的明暗、色彩的冷暖、材料质地的好坏、形状的大小和曲直、形态的疏密及虚实来表现对比关系。

（2）对比的内容及方法

室内陈设品布置中的形态对比应从形状、色彩、质感三方面加以表现：形状的对比包括大小对比、曲直对比、繁简对比、疏密对比；色彩的对比包括色相对比、明度对比、纯度对比、面积对比等；质感的对比包括虚实对比、主次对比、强弱对比、动静对比等。

① 形状的对比

A. 大小对比

墙面挂板上放置大小不一、错落有致的装饰品，极富韵味。而倘若同样大小的物体，放置在空旷的空间中和放置在狭小的空间中，造成的视觉效果有明显的差异。

B. 曲直对比

展厅空间中布置了曲线形抽象装置，空间界面轮廓的直线与装置的曲线组合产生的形态对比具有强化空间视觉效果的作用。

C. 繁简对比

在陈设品布置中恰当地组织繁简对比，形成视觉的差异，产生生动、悦目、有序的效果。

D. 疏密对比

在陈设品布置中疏密有致的形态可以形成优美的韵律感。室内陈设品布置的疏密对比，可以以疏衬密，或以密托疏，在疏、密的变化中寻求美的表现。

② 色彩的对比

从色彩的属性分，有色相对比、明度对比、纯度对比；从色彩的形象分，有面积对比、形状对比、位置对比；从色彩的生理与心理感受分，有冷暖对比、轻重对比、动静对比、胀缩对比、进退对比；从对比的色相分，有两色对比、三色对比、多色对比、色组对比、色调对比；还有同时对比、连续对比；等等。

③ 质感的对比

A. 虚实对比

室内陈设品从视觉层面讲，大多是"实"体，而在陈设布置中应尽量弱化界面或环境的视觉感知度，使之形成"虚"的视觉效果。同时应充分强化陈设品的实体感知度，以表现陈设设计的整体效果。但是有时为了追求空间的特殊效果也会采取相反的处理方法。

B. 主次对比

"主"对"次"具有决定性和包容性，"次"对"主"具有从属性和依附性，主次是相比较而存在、相协调而发展的。从构成的角度看，一个形态要成为主要部分，须具备独特性、主导性、突显感等特征；而成为次要部分，则应具备从属性、协调性、后退感等特征。

C. 强弱对比

强、弱是形式的表达方式和表达效果。一般来说，大的物体、繁的形态、主要部分、实体成分产生"强"的感觉；反之，给人的感受较"弱"。

D. 动静对比

总体来说，静止的形态稳定，动感的形态活泼。在陈设品布置设计中，利用陈设品形态的动静感觉和陈设品布置后产生的动静效果，可以形成不同的视觉效果和空间氛围。

2. 统一

（1）统一的概念

形式美中的统一，指整体中各个组成部分在形态上和形式上所具有的共同特征以及它们之间所体现出的和谐性。陈设设计中运用的统一手法，是将相互排斥或有差异的构成要素进行人为的组合与协调，使之在形式上或形态上具有共同特征，并形成相互依存的和谐关系。

陈设布置中的统一因素通常包括形状的统一，色彩的统一，光、色的统一，风格的统一等。

（2）统一的内容和方法

① 形状的统一

陈设品形状的统一主要包括形状的规整化、形状的从属、形状的反复三方面。

A. 形状的规整化

形状的规整化是指在陈设布置中将复杂形体整理成简洁、明了、完整的形状或将复杂形体中各局部的形态、形式进行统一，使之更为规整并符合形式美中形状统一的要求。在陈设布置中，形状的规整化是取得陈设统一感的基本方法之一，因为整齐统一的陈设形态避免了因空间凌乱而出现的无秩序感。

B. 形状的从属

形状的从属主要有两种：一种是通过次要部位对主要部位的从属关系产生统一感，另一种是通过陈设品的细部特征的协调来体现形状的从属关系。

C. 形状的反复

形状的反复是指将陈设品形状相同或相似的元素按一定的方式排列，以产生组合后的序列。在室内陈设布置中应用形状的反复主要有两种方式：一种是相同形状在排列方式上的重复；另一种虽然不强调形体的排列连续、重复，但仍然遵循一定的规律进行反复。

② 色彩的统一

色彩的统一可归纳为两种，一是陈设品色彩的序列化，二是陈设品色彩的同一性，也包括陈设品与背景之间的同一性。

A. 色彩的序列化

B. 色彩的同一性

色彩的同一性是指色彩搭配上的调和统一，可分为色调关系的调和以及色彩比例调和。

色调关系的调和是指将各种色彩的倾向性，按照明确的主色调进行配色，具体方法有两种：一是在所有或大部分陈设品的色彩中都使用同一种色相以构成统一的色调；二是在所有或大部分陈设品的色彩中增加无色彩的黑、白、灰以构成暗调、明调或灰调，它是以灰性色彩来调和不同色相的色彩。

色彩比例调和指多色对比时，通过扩大其中一色（或同类色组）的面积，使其占据视觉优势，控制整体的色彩效果。

如果在陈设品的色彩组织中出现几种艳丽色彩，则应以一种色彩为主，通过色彩的主从关系形成色调。

在陈设品布置中，色彩的同一性还体现在陈设品色彩与背景之间的协调上，这种关系也即艺术设计中的“图”与“底”的关系。

③ 光、色的统一

A. 光、色对陈设品形态的影响

在一定的照度范围内，照度越高，被照物体的形态越清晰，但是物体与周围环境的亮度对比不可过大，以避免视觉疲劳；同时，如果视野中存在极强的光源（包括反射光），也会因眩光而看不清物体并引起眼睛的不适。

色彩对物体形态感觉的影响有涨缩感、进退感、轻重感和稳定感等。涨缩感是指不同色相、纯度、明度的色块被置于不同的背景前，造成的或外扩或内聚的视觉感受。进退感是指陈设品的色彩在环境中呈现出来的前进或后退的感觉，一般明亮的暖色调容易造成前进感，灰暗的冷色调容易造成后退感；另外，不同色相、纯度、明度的陈设品被置于不同的环境之中，也会造成或前进或后退的视觉感受。轻重感是指色彩表现出来的质量感受，通常明度高的陈设品感觉较轻，明度低的陈设品感觉较重。虽然陈设品的形态本身就能形成稳定与否的感觉，但色彩也会对陈设品感觉上的稳定性产生一定的影响，灰性或对比弱的色彩给人以平和、稳定的感觉，而跳跃、强烈的色彩则易给人不稳定的感觉。

B. 光、色对室内陈设设计效果的调节

不同性质的光源带给人不一样的视觉感受和心理影响。光、色对室内陈设设计效果的调节，还表现在能够将无序的空间或零散的陈设品整合起来，例如当空间中的构成元素繁杂多样时，可以利用色温产生的色彩倾向笼罩整个空间中的不规则形态。

C. 光、色对室内陈设设计氛围的控制

光、色不仅在功能、形态上能够统一室内环境，还能控制空间和陈设布置的氛围并影响人的心理感受。

④ 风格的统一

风格的统一，主要表现在室内各种陈设品、家具风格的协调上，当然还包括陈设品风格与空间风格的统一。不同风格的陈设品形态能够营造出各种不同的室内环境气氛，并具有鲜明的形态特征和强烈的文化氛围，能够使人领略到或古典，或现代，或华丽，或简约等各种室内空间形态和陈设文化的整体美感。

六、结语

在现实主义美学中，形式美的法则既是指导陈设设计的理论基础，也是评价陈设设计优劣的重要标准。这些年形式美的知识讲得少了，究其原因有两个方面：

一是“左”倾的艺术观认为形式美的观念有唯心主义的倾向，美是封、资、修的产物；二是现代美学理论特别是解构主义理论对形式美理论的冲击。但笔者认为，世界是有序的，所谓“乾坤有序”“昼白夜黑”“日明月亮”都是一种无法改变的客观规律。

浅谈建筑形态设计中的主要因素

一、 浅谈建筑形态设计中的比例与尺度

曾有一个领导问老教授："你觉得建筑设计里面什么东西最难？"老教授回答他："是比例与尺度。"后来老教授又问另一位教师："你觉得建筑形态设计里面最难的是什么？"教师回答他："比例与尺度。"后来教师又与某个工程队的某工程师聊天，问他："你工作这么多年，最难把握的是什么？"他回答："比例与尺度，至于色彩问题倒还好。"所以比例与尺度这两个问题在建筑设计中是很重要的。

在 2000 年，东南大学要将校门进行改造，他们找到了我，问我是不是可以把校门重新设计一下。我当时拒绝了，我提出了一个问题，说杨廷宝教授设计的门头比例关系非常好，它与礼堂、五四楼和南高院的尺度关系处理得很恰当，它们之间有一种特别紧密、和谐的关系，如果将门头的形态进行改变那就破坏了那种感觉。所以我只是出新了门头的色彩，修改了门头的校名，其他的并没有改动，我认为这完全是正确的。

我做室内设计也有几十年的时间了，在色彩的问题上甚至是形态的创造方面一般都不会有大的问题，但是，犹豫最多的、琢磨时间最长的往往是尺度问题。国内某著名设计院的著名设计师有一次到东南大学（当时的南京工学院）做过一次讲座，他说过当你能辨别门缝的宽度是 3 mm 还是 4 mm 时，你一定是一名高手，我完全赞同他的说法。

二、 建筑屋顶色彩设计的启示

我们看到的天安门广场上人民大会堂的檐口颜色是明黄色的，历史纪念馆的檐部颜色是明黄色的，天安门城楼是明黄色的，它们在形态上有中国古典的，有西方现代的，有偏西方古典的，有现代的，其实是不协调的，但加了一个明黄色的屋顶，并且用了统一的琉璃瓦的材质，就感觉是统一的了，这说明了将上部的部位进行色彩与材质的统一，是得到建筑统一性的首要条件。

我做原上海铁路局的铁路车站的室内商铺形象设计时，提出过一个意见，商场的高度应控制在 3.6 m 左右。为什么选择在这个高度？因为将车站的空间大小以及商铺与商铺的距离综合起来感觉这个高度是比较合适的，事实证明现在的南京南站、南京站、合肥南站的商铺的高度基本上都是在 3.6 m，这样的高度说明了整体控制是正确的。

我在设计连镇铁路、南沿江铁路、宁启铁路时，特别提出了山墙、屋顶的设计，我认为这是形态设计的关键地方。连镇铁路、南沿江铁路、宁启铁路总体的长度大约有 2000 多公里，建筑大约有六七十幢，这些建筑我们虽然做的是完善设计，但是我们确定了很多关键部位。我们要做得既要有统一，又要有变化，统一的方法就是将屋顶做成黑灰色的，墙面做成米白色的，山墙的局部做成灰色的，窗户的做法也是基本统一的，至于地方特色则是通过门洞、假山、绿植等来表现，虽然各个站的地方特色不一样，建筑形态不一样，但是总体给人的感觉还是统一的。尽管三条铁路总长超过 2000 km，但是其给人的感觉是统一的，就是表现长江文化、运河文化、江海文化、江苏水文化的一个江苏建筑。

在旅游团队中，为了防止队伍走散，每个人都戴了一个红帽子，正是这个红帽子，才让人一眼就看出他们是一个团队。

所以我觉得艺术设计中的形态设计是很重要的，其中色彩是形态设计的主要因素，而形态设计中又要求统一，统一中又要求有变化，变化也是一种在统一的前提下的变化，而关键部位的统一是最重要的。

南京香君酒楼的装饰设计

南京香君酒楼原为副食品商场，是建于 20 世纪 60 年代的两层建筑。平面为一边凸出的异六边形，室内有一贯穿二层的中庭，每层建筑面积约 200 m^2。20 世纪 90 年代初，业主决定紧缩商场，将二层改为餐饮与娱乐相结合的综合性酒楼，其中设大餐厅、小餐厅、舞厅、KTV 包间以及相应的配套用房。

一方面，由于建筑的总面积相对较小，按功能需要进行平面布局，如何充分利用空间，成为设计中的一个突出问题。另一方面，由于不同使用功能的空间集中在一起，多功能区之间在使用上的相互干扰也是设计中必须考虑的问题。在改造过程中较好地解决了上述问题，取得了良好效果。

具体做法如下。

1. 功能区的划分

将平面划分为相对独立的餐饮和娱乐两大功能区，前者占总面积三分之二左右，后者约占三分之一，两大功能区同时也有相对静区和相对闹区之分。两部分既是各自独立的，又是相互贯通的，既有区别又有联系，而且比例适当，布局合理。

将建筑凸出一面的空间作为餐饮区的工作间，是较为适当的。因它位置居中，方便向大小餐厅辐射。另外设计中将建筑的多个边角部分都最大限度地作为有效面积使用，因地制宜，就势而为。

例如将少数小餐厅、大餐厅、KTV 包间以及舞厅等分别取梯形、异形多边形平面，同时利用小的边角部位布置了假山水等装饰。这样不仅使布局十分紧凑，而且使整个空间得到了充分而有效的利用。

2. 功能区之间的隔离

为防止相对静区与相对闹区之间的相互干扰，采取了如下几项措施：

一是在位置上尽量远离，利用中庭将餐饮区和娱乐区的主要部分隔开，使二者遥遥相对；二是在两大功能区之间设立公共通道，形成一个缓冲区，也起到一定的隔离作用；三是在娱乐区空间的相关界面使用隔音材料。

3. 交通路线的组织

为使人员在两大功能区之间有序分流，在中庭增设了一个楼梯，分别通向大餐厅和舞厅，原有楼梯直接通向大餐厅和小餐厅。同时在两大功能区之间设有公共通道，在功能区内部又设有专用通道。

通过上述做法保证了交通路线的顺畅，同时也减少了相互之间的干扰。

安徽青阳县九华西路建筑的装饰设计

安徽九华西路地处皖南青阳县，是著名佛教圣地的所在地，有着深厚的历史文化传统和丰富的旅游资源。该县城内的九华西路有一条主要交通干道，沿路一带集中了一些党政机关和文化、医疗机构，是全县的政治、文化中心区域，也是对全城景观有着举足轻重影响的地区。该路上的建筑物多始建于20世纪60—80年代，虽然外形陈旧，但保留有地方特色建筑风格，还有曾风靡于70年代的方盒子建筑外形，与旅游景点及地域风格极不相称。同时多单位的建筑物各自为营，格调迥异，整条街未达成统一风格。

为了更好地开发旅游资源，振兴当地经济，青阳县政府决定对该路进行全面改造。对建筑物外立面的改造工程，是该项改造规划中的一个重要组成部分，本着“高层次、高起点、高文化品位，体现本地区人文特色，走可持续发展道路”的总体指导思想，设计中着重考虑以下五个方面的问题，并形成相应的设计方案。

1. 整合、统一

针对原有建筑风格乱、布局散的状况，特别注重整体化处理，努力做到三个服从，即服从西路一条街的包装改造工程（东路改造为第二期工程），服从青阳县中短期建设规划，服从整个地区生态环保经济示范区的发展。总体上体现大旅游、系统的、统一的发展观念。

根据上述指导原则，在设计中将建设具有徽派建筑风格、地域特色的旅游一条街作为主轴线，通过造型、色彩、材质以及灯光等多方位的处理手法，以期达到预期的效果。在造型上，运用传统民居的建筑语汇（风火墙、山花、窗楣等），在重点部位上表现并反复强化处理。在色彩上，皖南地区的建筑素有“白墙黑瓦”的色彩与形象，因此设计中追求灰、白等淡雅、朴素韵味，例如墙面用乳白色、浅米黄等色调，坡檐采用蓝灰、棕灰等色调，中间也适当点缀一些接近原色的色块或图案，以丰富街景的色彩。在材质上，相邻建筑物用材尽可能相接近，以求和谐、统一，当然，局部点缀部位的材质，可适当具有跳跃性，做出个性化、标志化的处理效果。此外，设计中还考虑了夜间亮化问题，通过灯光照射的强化处理以及适当的隐蔽、勾勒，使街区呈现浑然一体的美化、亮化景观。

2. 突出重点

本项改造面广量大，而投入的资金有限，因而改造中既不能大拆大建，也不能面面俱到，必须做到突出重点，抓住最能体现地方特色的关键部位予以重点改造。

设计中将改造的重点放在了建筑物所谓的“一体三口”上。“一体”是建筑物的正立面主体，“三口”即檐口、窗口、入口。在上述几个重点部位通过做坡屋顶、青灰色釉面砖勾边、加窗楣等处理，使原建筑面目一新，顿生光彩。此外，在处理重点部位的同时，也兼顾了建筑两侧立面延伸部位的处理，力求达到造型的一致，风格的统一。

3. 表现个性

在整合设计中，不排除对不同地点、不同使用功能以及不同年代建筑物做针对性的处理。通过点缀性装饰构件的灵活运用、材质的对比及符号语言的使用，力求传达建筑物的不同功能性质，体现各自的个性。例如，党政机关建筑的造型与装饰，给人以庄重、素朴的印象；市政公共设施单位，使人有亲切、随和、醒目、包容的感觉；商业建筑则使其充溢繁华、物欲浓烈的气氛。总之，使整个街区建筑在统一的风格之下，透露出多元化的发展倾向。

4. 形神兼备

在改造中体现徽派建筑风格是设计中的主题，其中做到一定的形似是必要的，但更主要的是追求神似，对老建筑的一味模仿是不可取的。为此在设计中运用了“古为今用”的处理手法，通过对传统建筑语言的抽象、提炼与升华，并将其转移到现代装饰手法上，不仅体现了传统风格，而且反映了现代人的生活理念，同时投入少，施工简单，达到了事半功倍的效果。

例如，利用幕墙、加气混凝土、面砖等现代装饰材料及现代工艺做法，就能很好地表达传统文化，并适应人们现代审美情趣及对使用功能的要求。

5. 经济、高效

鉴于改造工程资金有限且要求工期较短，设计中本着“富规划、穷建设”的指导方针，尽量减少土建和装饰工程量。充分利用旧有建筑物，新增加的配件安装尽可能采用已经成熟的做法，并在安装时不破坏原建筑物，不涉及原建筑物结构的改变。同时尽量采用经济性、施工性好的新型建筑和装饰材料，例如本次改造中主要在风火墙以及雨篷、挂饰等部位大量采用的一种蒸压轻质加气混凝土（Autoclaved Lightweight Concrete，ALC）板材，因其性能优越、安装简便，故而在降低综合工程造价以及提高结构安全性方面发挥了重要作用。

街上建筑物改造前后的变化情况，举以下几例予以说明。

1. 县委大门

原造型较为平淡呆板，且缺乏个性，改造时在不改变原结构的基础上重新做了装饰。加大正面形体，以树立庄重、稳健的形象，采用白色色调象征清正廉洁的作风，加强民族风格的花饰与优美的旅游风景相映衬。

2. 县财政局

原建筑造型中充满单调的横竖线条，外部装饰普遍采用水刷石饰面，整个外立面缺乏美感和动感。

在改造中做了以下改变：屋面檐部装设加气混凝土的风火墙造型板，在上部装设大型水泥挂板镂空花饰，从而增强了建筑的主体感并表现出浓郁的地域特色；建筑立面大量采用蓝色玻璃幕墙，增强了建筑明快感并体现出强烈的现代气息。此外，在侧立面还加建了与主体对称的建筑，并与多层过街专道连接起来。

3. 县供电局

原建筑为方形四层楼房，主要用马赛克和水刷石作饰面，造型缺乏变化且装饰陈旧。

在改造中，外部主要改用外墙面砖饰面。在装饰上，除加屋面檐口和风火墙造型板外，对建筑中间部位进行了扩建并重点做了装饰：在入口处增加小型外伸门廊；正面使用大面积的绿色玻璃幕墙，并配以金属构件花饰；在上部建了一个亭式屋顶。经过以上处理，整个建筑具有错落变化的节奏，又不乏雄浑古朴的传统风格。

4. 县人民医院

原建筑为方盒式建筑，装饰毫无特色。

在改造中对建筑结构未做任何改变，只在重点部位强化了装饰，即在一层和入口门廊上加了加气混凝土波形瓦的檐口，在建筑的上下部位加了加气混凝土的风火墙造型板，同时在楼前树立现代派雕塑。整个建筑以白色为基调，其中加了少量绿色点缀，显得清纯而素雅。设计中仅用了不多的笔墨，即打造出面貌一新的效果。

5. 县卫生局

原建筑为中间连通的两幢楼房，造型比较粗犷，而且两楼的装饰风格不统一。

改造时，在不同部位采取了不同的处理手法，显示了变化丰富的特点。例如屋面檐口做出不同的造型；有的窗户上加有波形窗楣，有的窗户上则是水泥构件的窗楣；带有造型板的风火墙，有的地方为通长到地，有的地方则只做成一段装饰，而且在左侧楼的窗楣上也加有风火墙造型板。此外，在建筑右侧顶部加两块加气混凝土的艺术装饰块，增强了装饰效果，色彩上的搭配是在白色基调中配以少量青灰、淡米色和淡绿色调，丰富了视觉效果。改造后的建筑物装饰，变化起伏、错落有致，给人以赏心悦目的感觉。

无锡东林大酒店的装饰设计

无锡东林大酒店原是供销社招待所，是原建于20世纪80年代初的小高层建筑，共十三层，建筑面积约9500 m^2。原招待所底层为大堂和餐厅，二层亦是餐厅，三层为写字间和小会议室，四层以上为客房。其空间功能不配套（如无大会议室、无西式餐厅等）、设备简陋（如无中央空调、弱电系统落后等），同时室内装潢陈旧，用料的档次较低。

20世纪90年代中期业主决定将招待所改为三星级涉外宾馆。由于服务内容的增加和级别的提升，原建筑的使用面积、室内装饰以及设备等均已不能满足需要，必须进行全面、全方位的改造，涉及城市规划、建筑结构、室内装潢以及设备与电路等多方面的问题。

改造后的底层为大堂和西餐部，大堂内设有多种不同功能的服务设施。二层为餐厅，包括大餐厅和中式小餐厅，三层以上为客房。整个改造工作是依据当时颁布的《中华人民共和国旅游（涉外）饭店星级标准》中的规定进行的。

现将主要做法分述如下。

1. 底层平面的扩建与布置

改造的重点和难点在于大堂。

首先遇到的问题是功能与使用面积的矛盾。按照三星级饭店的标准，大堂区域内须设休息区、电话台、酒吧、小卖部、美容美发厅，以及大堂经理办公区等，总服务台还须扩大规模，这样原大堂的面积显然不足，必须加以扩建。鉴于楼前红线以外尚有扩建的余地，同时楼侧与相邻建筑之间有一个内天井可供利用，于是经过反复研究确定了扩建方案，并经过了规划部门的批准。

改造内容：一是将大堂的正面扩大到B轴位置，并将门头向前推进3 m的距离，使大堂面积增加了80余平方米的面积；二是在原内天井位置加盖一层房间，增加面积约85 m^2，供美容美发厅和搭建楼梯用房使用；三是在邻楼内划出一小块建筑面积，约36 m^2，经过建墙分隔，用作底层的卫生间。经上述扩建，共又增加了使用面积约200 m^2，基本满足了需要。

为解决功能与使用面积的矛盾，除主要靠增加使用面积之外，还在平面布置上注意节省空间，例如利用拐角和柱子周围布置体积较小的设施，如电话台、绿化陈设等，以扩大有效空间。

为组织合理的交通路线，在扩建的空间中加建了一个楼梯，用以与三层舞厅的人员分流。

2. 二层平面的功能布局调整

根据之前涉外酒店的要求，酒店应设有能举办宴会的大餐厅，而原来的酒店虽有餐厅，但都是分散的几个小餐厅和餐厅包间，而且平面布置不紧凑。

重新设计时，将二层的餐厅平面进行了重新组合，将前部的部分隔墙去掉改造成大餐厅，后部利用原有的小空间分隔成七个餐厅包间，在大餐厅与包间之间用内廊进行连接，其布局合理。

3. 三层平面的功能布局调整

三层设大小会议室和舞厅，前部为会议室区域，后部为舞厅区域，其中包括KTV包间。

4. 四层以上的平面布置

四层至十三层皆为客房，在原客房的基础上进行了重新装潢，卫生间更换了设备。将客房中的一部分改造成豪华套房，以提高酒店的档次。

此外，在改造中还对建筑外立面重新涂刷，并重做了门头。

无锡古韵轩大酒店室内环境设计

近年来，建筑设计、室内设计中都在流行“新中式”风格，这无疑对弘扬中华民族文化和建筑现代化具有积极的意义。我本人也曾做过一些“新中式”的作品，然而，在现实生活中也有业主钟情于相对古典一些的中式风格，而古典一些的装饰在对中国传统建筑装修形制和工艺要求上更为讲究。我认为做好“新中式”和“古典中式”都需要一定的文化素养和设计水平。本人在 2010 年设计的无锡古韵轩大酒店自开业以来得到业主和客人的青睐。至今其生意兴隆、食客络绎不绝，这足以说明古典中式也受到百姓欢迎。

无锡古韵轩大酒店室内环境设计
（高祥生摄于 2014 年 2 月）

设计单位：南京盛旺装饰设计研究所

工程地点：江苏省无锡市南长街明清历史文化街区

设计时间：2010 年

项目负责人：高祥生

主案设计：高祥生、曹莹

参与设计：夏培德、潘瑜、吴俞昕

装饰绘图：王勇、陈玥晨、李君英等

水电设计：吴杰

工程规模：4000 m^2

一、 工程概况

无锡古韵轩大酒店位于无锡市南长街明清历史文化街区，总建筑面积约为4000 m^2，其装饰设计完成于2010年6月。2010年10月古韵轩大酒店正式开业，已成为无锡市知名酒店中的翘楚，其装饰设计得到了大多数消费者的青睐以及业内人士的好评。在古韵轩大酒店的装饰设计中注意了以下两个问题：一是如何处理消费者对传统装饰样式认知的问题，即传统装饰样式表述上的“真假”程度；二是面对不同的文化层次和审美观念的消费人群，在装饰设计中如何解决审美的适应性问题，即“雅”与“俗”之间的关系。

二、 设计理念

1. 表述上的亦真亦假

将无锡古韵轩大酒店的装饰样式定位成中式装饰风格，主要考虑到以下两个方面：一是装饰设计的环境要素。古韵轩大酒店原建筑为仿明清建筑，且与它毗邻的建筑均为仿明清建筑，因此，装饰设计采用中式风格可与原建筑内外环境取得和谐一致的效果。二是该酒店经营中式菜肴，装饰设计采用中式风格符合餐厅的业态性质。

由于现阶段装饰材料和工艺的发展，以及现代审美观念的变化，对传统装饰样式的表述实际上已不可能完全“真”了；与此同时，就存在价值而言，其承载的“原真性”的历史价值已然消失了，设计也没有必要做到完全的“真”。在当代绝大多数装饰设计中，不可能也没有必要完全按照传统形制、结构、材料和工艺来依样复建出一个表现传统装饰样式的“真古董”，那么，根据功能的需求，使用现代结构、材料和工艺来建造表现传统建筑装饰样式的“假古董”就顺理成章。

当前中式装饰设计的作品主要有三类：第一类作品尽可能地贴近传统建筑装饰样式的原貌；第二类作品致力于对传统建筑装饰样式进行适度的变形、转化；第三类作品则更偏向于使用现代的装饰手法和形式来展现传统建筑装饰的深层精神内涵和审美意向。上述三类表现传统装饰样式的装饰设计作品，有着各自的价值和意义。

就古韵轩大酒店而言，我们采用了第二类设计方法——既要表现中式的传统风格，又不能完全拷贝一个传统中式的建筑，装饰设计做得“太真”或“太假”都不会受到绝大多数消费者的青睐。因此，设计中对传统建筑装饰样式进行提炼、简化、适度变形后，采用新材料、新工艺和新的审美理念来表现是适合于本工程的。

就本工程而言，不需要也无法做得“太真”：一是由于本建筑是钢筋混凝土的结构，其空间的形制、大小和功能也不符合传统建筑空间；二是因为当代人对传统建筑装饰一直停留在表面模糊的认知层面，具体表现在对形制认知的表面化、装饰风格认知的模糊性和装饰构件认知的混淆性等方面，到此酒店消费的人群显然不会追究设计是否与传统建筑装饰样式、形制的一致性，更不会要求必须使用传统的结构、材料和工艺。同时，也不能做得“太假”，如果装饰设计做得过分现代的话，难以与建筑环境和庭院的园林气氛相协调，也不符合当地大多数消费者对中式风格的认知。

2. 审美上的亦俗亦雅

无锡古韵轩大酒店是一个面向较高文化层次和消费水平人群的餐饮空间，其商业形态的性质决定了其必须满足餐饮的功能需求和顾客的审美意识。从设计的角度来说，业主的经营理念、投资金额和审美取向也都对装饰设计产生重要的影响。装饰设计风格受到设计者、业主和消费者三方的审美意识的制约，三者的审美取向既有相同之处，也有不同之处。

作为设计者，在恰当表述自己和业主的审美取向的同时，重点应该考虑消费群体的审美取向，这是商业项目取得成功的关键。然而，不同消费群体的审美取向是有所不同的，就这个建筑面积约为 4000 m^2 的古韵轩大酒店而言，其消费群体既有文化人士也有商务人士，由于消费群体审美情趣上的差异，古韵轩大酒店的装饰设计需要做到雅俗共赏。

在古韵轩大酒店的装饰设计中，何谓“俗”？如何表现“俗”？主要表现在两个方面：一是部分空间的装饰设计尽可能反映传统建筑装饰样式的原型，迎合大多数人对于传统装饰约定俗成的认知。设计中将部分包间表现为地道的明清时期的中式装饰样式，运用彩画、彻上明造、太师壁、圆光罩、博古架、几腿罩、太师椅、官帽椅和插屏等来表现明清时期繁复而精致的装饰风格，给人以雍容华贵之感。二是根据酒店的经营性质和大众消费文化的取向，努力营造出古韵轩大酒店餐饮空间热闹、豪华的就餐氛围，创造出符合消费经济作用下大众审美意识的装饰文化，避免使用晦涩难懂的传统装饰语言和清淡寡冷的装饰色彩，尽量采用通俗易懂的传统装饰语言和热烈的装饰色彩等。部分包间改变了江南传统彩画原有的以朱、黄、赭色等暖色调为主调，以青绿色为衬色的淡雅色，改用北方彩画青绿色的冷色调为主调，与红色和金色形成鲜明对比。

何谓“雅”？如何表现“雅”？主要涵盖三个方面：一是采用符合传统建筑装饰形式的装饰设计样式来表现传统装饰文化的内涵，如采用符合传统装饰样式的圆光罩、几腿罩和博古架来分隔用餐区、休息区和卫生间这三大区域。二是通过传统装饰样式与家具、古玩、字画等陈设相结合，以及室内空间的布局与庭院环境相结合，从而取得审美的情与景、情与意的交融，以满足文人雅士的审美取向，如酒店的一层过道的装饰设计与二号庭院的景观设计之间取得了良好的和谐效果。三是着力简化传统样式的繁复样式，用新材料、新工艺创造一种文人雅士所喜爱的闲适安谧的休闲环境，如酒店的一层过廊和二层过道，简化了江南地区“茶壶档轩”“上铺望砖”的传统顶面做法，一方面用纸面石膏板上刷灰色乳胶漆后勾白缝的做法来仿造望砖，另一方面简化了顶部实木线条的样式。

无锡嘉乐年华歌厅装饰设计

工程地点：江苏省无锡市永乐路 29 号
设计时间：2007 年
项目负责人：高祥生
主案设计：高祥生
参与设计：方晟岚、李炳南、潘瑜
装饰绘图：张震、李君英、鹿艳
水电设计：吴杰
工程规模：无锡银光丝织厂四层约 3200 m^2

一、 工程概况

嘉乐年华歌厅位于无锡市永乐路 29 号，它是利用无锡银光丝织厂旧厂房的第三层、第四层空间改造装修的，装饰装修面积 3200 m^2，歌厅设有 43 间 KTV 包间，一个入口大厅和两个酒廊过厅。该装饰装修工程获江苏省人力资源和社会保障厅、江苏省总工会和江苏省室内装饰协会联合举办的江苏省室内设计双年展一等奖。

二、 设计理念

1. 表现歌厅的时代特色

本歌厅先后做了两次装修，第一次是 2002 年，第二次是 2008 年，两次装修时隔六年，人们对休闲娱乐空间的消费形式、审美理念都发生了较大变化。第一次装修大量采用新古典主义中常用的建筑构件、古典雕塑、油画、欧式灯具。第二次装修力求表现时尚的光亮派风格，造型上尽量采用圆形、长方形、线形、鱼形、花瓣形等几何形状。在材质上大量运用玻璃、镜面不锈钢、亚克力透光板、镜面石材等高反射和透光性强的材料。在色彩上力求以高纯度的红、橙、黄、绿、青、蓝、紫等色彩，在光色的运用上充分地表现光色的变化和流动，以构成一个五彩缤纷、光影闪烁、富有动感和活力的休闲环境。

2. 突现歌厅的功能特色

歌厅的功能主要是娱乐休闲，其主要消费者为青年。他们追求时尚，追求感官的刺激，因此设计中还充分调动音乐、视频与装饰造型等元素，光色变幻紧密结合，力求创造一种使人们忘却烦恼、尽情放歌的环境。

歌厅设计执行国家行业规范、标准中对娱乐场所装饰装修设计的相关规定，特别是消防安全和娱乐场所的专项规定。

无锡嘉乐年华歌厅包间实景图
（高祥生摄于2008年6月）

南京蓝晶国际商住综合楼装修设计

工程地点：江苏省南京市下关区
设计时间：2009 年 3 月
主案设计：高祥生
参与设计：曹莹、吴俞昕、雷雨、李桢、安婳娟
装饰制图：王勇、许琴、李君英等
水电设计：吴杰
设计风格：现代简约
工程规模：31 754 m^2

一、 工程概况

蓝晶国际商住综合楼位于南京盐仓桥广场西北角的大桥南路与花家桥路交会处，该项目所处的地理位置优越，是该区域的标志性建筑之一，开发方希望通过精装修设计施工，将其打造成为该区域的精品公寓，工程规模约 31 754 m^2。地上 17 层，其中 1 ~ 3 层为商业用房，4 ~ 17 层为公寓式住宅，地下 2 层为车库。

建筑结构为框架剪力墙结构，在工程中采用地源热泵中央空调系统，空调末端采用风机盘管，以期达到环保节能的效果。

公寓式住宅部分的精装修设计内容：标准层单元各户型的精装修方案设计和施工图设计；标准层门厅、电梯间、楼梯间、内走廊等公共部位的装饰方案和施工图设计；标准层单元内的给水、排水、电气、弱电（含通信、电视、网络）、空调等的方案和施工图设计；精装修标准户型的样板房装饰及陈设方案设计。

二、 设计理念

根据蓝晶国际商住综合楼的地理位置及其集商业用房、公寓式住宅为一体的商住两用性质，设计中将公寓楼主要的户主群设定为两类：一类是年轻且具有一定文化水平的

白领阶层，另一类是该项目附近长驻南京市的外地商务人士。在研究这两类对象生活形态的基础上，设计思路并没有从居家型住宅的角度出发，而是从时尚、高品位的酒店式公寓的角度展开。

根据该项目的工程特点和客户群的需求，在方案设计中，贯彻了现代简约装修、充分利用空间、重视人性关怀、土建和装修一体化的设计理念。

1. 现代简约装修

简化装修界面的设计内容，有利于业主入住后选用不同的陈设品表现不同的风格。

2. 充分利用空间

利用家具、电器、构件等作为组织空间的元素，既可以充分地利用空间，又可以使小户型的空间获得宽敞的效果。

3. 重视人性关怀

在研究人体尺寸与家具、配饰之间关系的基础上，严格把握尺度关系，使其更加符合人体使用的需求，以求最大限度地做到功能设置的周密性和精细化。

4. 土建和装修一体化

在装饰方案的设计过程中，由于建筑设计处于扩初阶段，尚可做一定调整，设计时对建筑设计的部分内容提出修改意见，如缩小管道井的面积、调整入户门的位置、扩大厨房的面积以及减小客卫的面积等，为土建设计单位完善建筑设计提出了建设性的意见。

图底相衬　熠熠生辉

——浙江长兴中地凯旋宫别墅样板间陈设设计[①]

【摘要】室内陈设品布置是室内陈设设计的主要内容。布置陈设品的主要方法是处理好陈设品与环境的关系，而这种关系从视觉构成上讲就是“图”与“底”的组织方式。本文阐述了陈设品布置中处理图底关系的基本方法和作用，并以浙江长兴中地凯旋宫别墅样板间为例佐证相关观点。

【关键词】陈设品　图底关系　视觉

艺术设计的相关理论[②]认为在艺术作品中视觉中心与周围环境可以用“图”和“底”来表示，研究室内陈设设计中图底关系的核心是分析图形和背景之间的构成关系：这种关系主要取决于图底的形态对比、图底的空间关系、图底的风格构成。

一、图底的形态对比

陈设品的形态主要有形状、色彩、材质等元素。其形状有大小、方圆、长短及平面、立体等之分；色彩有色相、明度、纯度和冷暖诸要素；材质有粗糙、细腻、柔软、坚硬等感觉。运用不同的元素会产生视觉对比，视觉对比的感知强度大小取决于设计的意向和形态的对比程度。凡需要突出图像的则加强对比，需要统一图底关系的则减弱对比。

在长兴中地凯旋宫别墅样板间的陈设设计中始终遵循了这个原则，别墅会客厅就较好地处理了陈设品的形态和其环境形态间的对比和协调关系。

① 浙江长兴中地凯旋宫别墅样板间由高祥生主持设计，参与设计的有卞扬扬、沙勐贤、万晶、赵硕等。

② 出自美国哈佛大学艺术心理学教授阿恩海姆的《艺术与视知觉》。

二、 图底的空间关系

在构成室内视觉感知的图底关系中，通常墙面、隔断、顶面、地面等为整体环境的“底”，也可称为第一层图底关系中的“底”。因为它在空间中占有的面积大，对环境的基本色调，甚至风格构成都起到了控制作用。在中地凯旋宫别墅样板间中所有房间仅用三种风格相同、色彩和图案相近的墙布、一种颜色的窗帘表现，它们与白色的顶棚、深色的地面构成室内空间的底色和风格基调。

而空间中的家具、织物既与墙、顶、地这些大界面构成图底中的“图”，又与家具和环境中的小件饰品构成图底中的“底”，起着衬托作用。通常家具、织物的面积次于墙、顶、地，而其色调的感知强度应强于墙、顶、地。一般可使用中等纯度或中低明度的色彩。

而在家具、织物上或空间中布置的小件饰品，如绿植、花卉、器皿、小件艺术品等，是构成第二层图底关系的“图”，它们的色彩可以是艳丽的，并可与整体色调形成对比关系。会客区桌面摆件色泽鲜亮，质感强烈。因为有两层大面积的“底”色“铺垫”，任何“跳跃”的色彩或强烈的质感都不会破坏整体的色调。另外，第二层图底关系中的“图”大都为小件饰品，人们都是近距离观赏或使用，因此应该充分考虑材料的质感和触感。人们在远距离中可以感受到色彩和形状的特色，但是细腻的质感、触感只能在近距离中感受到。而在近距离中感受到的质感、触感则是体现物像品质的主要因素。

三、图底的风格构成

室内空间风格的形成虽然有建筑装修风格因素，但主要是陈设设计的作用结果。而陈设设计中处理好陈设品与空间环境的风格关系，即协调图底间的风格特征尤为重要。室内陈设布置中的图底关系通常有三层，如前所述：第一层为墙、顶、地与家具、织品的图底关系；第二层为家具、织品与小饰品的图底关系；第三层为一、二层组合在一起的总体关系，也即整体的视觉感觉。在这三层关系中最终呈现的是总体关系，是设计的目标，但总体目标的实现需要处理好第一层、第二层中图底风格的相互关系。

笔者认为，第一层图底关系中的“底”即是总体风格中的基调，起“控制”作用。

因此它的图案、纹样、色彩就像整个领唱中的“起唱”，起唱的声调对整个歌声影响很大。设计者应谨慎处理第一层图底关系中的“底”的风格。第一层图底中“图”的风格主要是依据底的风格确定。而第二层图底关系中的“图”大都是表现风格特征中最“抢眼”的物体，其形态应与第一层、第二层的“底”形成对比但风格应该保持统一。如卧室的墙、顶、地展现的是欧式风格，其家具、饰品虽然跃出“底”色，但其形态依然保持着古典风格。

当然，由于设计意向的不同在一个空间中可以不追求风格的统一，那是另当别论的。

四、结语

陈设布置中的图底关系处理理论远不止本文所表述的内容，陈设的风格也不仅是欧式或古典的。本文仅借助中地凯旋宫别墅样板间陈设设计说明陈设设计中的一些方法，希望对大家有一点帮助。

《线索·线构·线象——设计图示三人行》序言

东南大学成贤学院建筑与艺术设计学院的风景园林专业，是经江苏省教育厅评定的一流专业，近日风景园林专业的陈凌航、史莹芳、李响三位骨干教师在江苏省工艺美术馆举办《线索·线构·线象——设计图示三人行》展览，我作为该学院院长，感到十分高兴并欣然为展览作序。

我是陈凌航教师的研究生导师，他是我早期的一位研究生。他自幼酷爱美术，曾连续多年获南京市少儿绘画第一名。研究生期间他是几届研究生中建筑画的佼佼者。陈凌航后来担任工程项目的高管也成绩斐然，这与他的手绘功底和工程实践能力密不可分。

20 世纪 80 年代末 90 年代初，我经常参加一些工程设计项目的投标。在这些工作中，陈凌航是我的得力助手，他的主要工作是画方案和效果图，那时他在装饰设计界已是小有名气的“快枪手”。后来他又随我去日本做科研项目，参观、学习期间他画了一些 ALC 板工程设计草图，至今看都还是很有工程和审美价值的。这些草图的形式与现在展示的内容相仿，都是展示了他在建筑环境设计中的娴熟的设计水平和一贯追求。

我虽然不是史莹芳教师的研究生导师，但我指导过她的研究生课程。我对她的印象是设计图画得工整，效果图画得漂亮。毕业后她的工作是画园林景观施工图，一画就是十二三年。2005 年东南大学成贤学院建艺系要招一位景园专业的教师，报名的有七八十位，我看了史莹芳的工程图纸，认同史莹芳的绘图能力，并认为她的工程设计能力比读研时强了。她现为系主任，令我欣喜的是她开设的“园林施工图设计”的课程，被评为江苏省教育厅的精品课。她作为系主任负责的景观园林专业在今年被评为江苏省一流专业，其中史莹芳功不可没。

史莹芳很重视设计手绘，认为手绘是设计师的工作语言，她在重视空间形式表达的同时，也注重客观地反映设计意图，强调使用功能和空间关系。史莹芳教师的线构，注意了艺术、技术与功能形式的结合。这些图有浓墨重彩的渲染，也有浅淡随意的涂抹，反映了她将“线”与“色”结合的能力和对景观形态构成的娴熟把控能力。

李响是东南大学成贤学院建筑与艺术设计学院的一位年轻教师，虽然年轻，但在建筑绘画，特别是马克笔手绘建筑画上，在南京、江苏，甚至更大的范围内都颇有名气，青年设计师常叫他“响哥”。李响是我早期研究生的研究生，同事们开玩笑说他是我的“徒孙”。当然，我也特别关心李响的成长。李响分到该学院是我提议的，我也提议李响除了上好专业课外，还要负责该学院各专业的快图表现，李响同意了。当大家看到该学院这些年考研学生的设计表现图成绩，就可以知道李响在其中出了力。

我也多次提出：画马克笔的“快图”必须要有“慢图”的基础，否则马克笔画的用笔、用色都不会“到位”，都会“飘”。李响经常拿他的马克笔画请我提意见。有一次就一幅画我给他提出了五次意见，他认真地改了五次。像这种不厌其烦、追求完美的精神给我留下了深刻印象，也使他自己的绘画水平快速提高。

前年我作为主编，李响和王桉作为副主编的《完全手绘：景观设计手绘表现》出版并得到教师和学生的认可，成为我们学院唯一的省规划教材。去年李响的建筑手绘课作为线上教学的精品课获奖，这是东南大学成贤学院最先在全国获奖的线上课程。

东南大学成贤学院建筑与艺术设计学院的各专业教学都需要研究设计的形态，研究表现设计的效果，都需要借助“线索·线构·线象”这种设计图示形式。“线”是探索、表现建筑形态最本质的元素，而线条与形体色彩的结合，是马克笔表达设计形象最快捷、最便捷的方法。

现在东南大学成贤学院建筑与艺术设计学院的三位骨干教师举办了《线索·线构·线象——设计图示三人行》的展览，我一是高兴，二是祝贺。“线索·线构·线象——设计图示三人行”的展览名取得好，“线索”表现设计思想，研究设计的思维、轨迹；“线构”说明设计过程中对形态的推敲和表达；“线象”则是重点表现设计效果的呈现，三人行、三者合一，共同构筑景观、环境设计的美好愿景。

我愿东南大学成贤学院建筑与艺术设计学院越办越好，也愿陈凌航老师、史莹芳老师、李响老师的展览圆满、成功。

高祥生
2021 年 6 月

《线之情：唐亮钢笔画集》序言

我十分喜欢并推崇唐亮先生的钢笔画，是因为他的钢笔画无论从绘画的基本功力，还是从作品的艺术水准上评价，都是一流的。

钢笔画强调线的表现力，注重用“程式化”的技法描绘客观物象。因此，初学钢笔画者大多从练习钢笔线条开始，等达到自由表现美的程度，方可作写生或创作。从《线之情：唐亮钢笔画集》的作品中可以看到唐亮先生在坚实的绘画写生的基础上，极为娴熟地掌握了钢笔画的技法。他的钢笔画用线，既有欢畅流利的单线勾勒，也有层次分明的排线组合，还有以线条和块面结合的表现方面。更要提到的是，唐亮先生的钢笔画创造性地应用了类似中国书法的用线用笔，极富东方绘画的韵味。其线条有的细密，有的粗犷，有的婉约，有的简明，可谓随心所欲，变化无穷。在唐亮先生的钢笔画中，技法已没有固定的程序和章法，他将钢笔画线条视为他表现客观对象、抒发个人情感的语言，他对钢笔画技法的掌握和应用达到了“无法中有法”技法的最高层次。

唐亮先生与大多数钢笔画家一样，选择以建筑为钢笔画的表现题材，这是一个传统的题材，对于这个题材，钢笔画在表现形式上有两种倾向：一是以建筑的轮廓、结构为主，强调建筑物的客观性和内在的逻辑性；二是以表现对建筑和环境的感受为主。为了区分两者的特点，建筑界和艺术界称前者为“建筑画”，后者为“画建筑”。历史上能同时将两者都画好的画家、建筑师并不多。而有意识将两者统一起来达到完美境界的画家、建筑师更是凤毛麟角。而唐亮先生应该是其中一位，从他的作品中，可以看到他“并不满足对建筑外貌的简单的摹写”，他一方面“用多变的造型手法和线条、色彩，表现建筑的精神意本”，另一方面“又借助世界各地形形色色，风格迥异的建筑形态去抒发胸中的情感”。因此，唐亮先生的建筑钢笔画更有艺术的价值。我认为他应该属于“画建筑”的画家，但又不失建筑师那种“建筑画”的功力。

由于钢笔作画的工具简单、制作方便，但难以绘制大幅作品，因此，画家们常用它来作创作前的小稿，建筑师用它来作设计的草图、表现图。又由于钢笔作画黑白对比强烈，便于印刷制版，画家们又用它来绘制书籍插图、连环画等。历史上单幅的钢笔画成为艺术作品的不多。究其原因，关键问题是大多数钢笔画在注重技法的同时，忽视了对“情”

的表达。我认为现实主义美学对艺术作品的评判标准是作者是否以真诚的情感、熟练的技法、优美的形式、典型的形象去表达了客观世界。根据这些要求评判大多数钢笔画，它们的表现技法、写实能力以及画面形式都是成熟的，所缺乏的就是一个“情”字。而唐亮先生的钢笔画之所以可以称为优秀的艺术作品，就是因为他在钢笔画中注入了一个“情”字。同时他的作品又完全符合现代主义美学对艺术作品的所有要求。

值得一提的是，唐亮先生既是一位杰出的艺术家，又是一个颇有成就的商人。他与一般的商人不同的是，他热爱艺术，笔耕不辍，如痴如醉地追求艺术，视艺术为生命。同时，他与普通的画家又不同，他在艺术耕耘中没有商业的功利，他没有去“为五斗米折腰”，他不需要去迎合别人的喜好去画，他画画就是为了表达自己对生活、对世界的感受。他在钢笔绘画中寻求自我，寻求乐趣。因此，他的钢笔画淡化了功利性，从而使艺术性得到了升华。

《线之情：唐亮钢笔画集》汇集了唐亮先生十年来两百多幅的钢笔画力作。它的出版向广大艺术爱好者奉上了一份艺术大餐。我相信，唐亮先生对钢笔画表现力拓展和钢笔画艺术价值提升所作出的努力和贡献，将产生深远的影响。

高祥生

2005 年 4 月

《高祥生建筑风光摄影展》自序

在摄影方面我还是一个业余爱好者，我不专业，到现在为止我连摄影中常用的“行话”都不全明白，但我一直很努力，总想能拍出一些稍好的作品。

我爱好建筑风光摄影是因为教建筑设计、环境设计时需要做课件，课件中要用一些图片，我不喜欢用别人的图片，因为我怕有版权纠纷，而且我习惯每一届的课件都换新的，同时图片也都换新的。

20 多年来数码相机已普及，用数码相机拍照不用考虑多花胶片的钱，所以我可以多拍一些图片。

10 多年前我常与一些设计师朋友在节假日结伴同行，去国外参观一些著名建筑和景点，当时都叫建筑游学。开始时我连数码相机怎么用都是懵懵懂懂的，但很快我觉得数码相机很智能，用起来很方便，像我这种对摄影很迷糊的人也能很快“上手”。

我摄影作品数量多，是听了东南大学建筑学院朱家宝先生的一句话，当初，我问朱先生“怎样能拍好照”，朱先生回答我“用差的相机多拍拍”。现在想起来这是有道理的。我真正大量地拍摄建筑风光还是随一群设计师朋友外出游学时。这些朋友中有些是多年玩摄影的，我向他们请教过一些常识问题。后来我觉得我拍建筑风光越来越“上手”。至此，我明白了，我学过建筑、学过美术，曾经在建筑学院教过建筑绘画十多年，对于建筑的构造、结构清楚，对于建筑环境中的取景、构图、明暗、色彩、虚实、主次等我比一般人懂得多。建筑知识、美术素养对我的建筑风光摄影起到关键作用，至于图片的后期制作，现在的软件很多，操作方便，效果明显。

我将摄影的题材集中在建筑风光上，是受到了宋春华同志雕塑摄影作品的启发。宋春华同志学过建筑设计，爱好雕塑艺术，他集中精力拍摄了世界各地的许多著名雕塑，他曾两度将他的雕塑摄影作品集赠予我。我翻阅他的作品集，认真学习了这些摄影作品的构图、取景。他的作品是精美的、传世的。宋春华同志的作品集对我最大的启迪是一个人必须集中精力做一件自己喜爱、自己熟悉的事，于是我想应该将自己拍摄的重点多放在建筑风光上。

2017 年我被中国建筑学会室内设计分会邀请去广东汕头做室内陈设设计方面的演

讲，会议期间参观了叶如棠（原城乡建设环境保护部部长）、宋春华（原建设部副部长）、杜钰洲（原纺织工业部副部长）、邹瑚莹（清华大学建筑学院教授、中国建筑学会室内设计分会第六、七届理事会理事长）、袁镔（清华大学建筑学院教授、博士生导师）联合举办的摄影作品展。那几位学界、政界“大佬”在工作之余，对自己熟悉的建筑题材拍了大量的摄影作品，其作品无疑是精彩绝伦的。会议期间，我认识了原纺织工业部副部长杜钰洲，他应该算是一位摄影的“发烧友”，在任何地方都不会忘记带着相机，都会关心现在的市场上有什么新的摄影设备，正因为他的专注，所以他的作品都很耐看，哪怕是静物小品。后来我也请他给我的摄影图片调整过构图、色调。经过汕头会议，我更加明白要做好一件事，必须挤出时间，这样日积月累总会做出成绩的。

我曾去过数十个国家拍摄一些建筑风光，我也曾在南京老门东办过一次个人建筑风光摄影展，展览的序言是我自己写的，序言中写道：“我这次展览的内容虽然都是国外的建筑风光图片，但我更爱自己的祖国，总有一天我会集中精力拍摄自己的祖国，特别是中国的南京。”

2020年后，因为抗疫，我再没有出过国，这就倒逼我集中精力拍摄国内的建筑风光，拍摄南京的建筑风光。我在南京生活了四五十年，我对南京很有感情，自2018年至今我前后拍摄了南京大量的建筑、景点。

记得三年前南京有文化单位让我在大场合展出摄影作品，我不敢，因为自己感到数量、质量都不够资格。

这些年我喜欢在自己的微信公众号发一些微文，微文中常夹带一些摄影图片，微文发出后常有诸多亲戚、朋友、设计师关注、点赞。为此我似乎真觉得自己办摄影作品展有底气了，于是斗胆办起了个人摄影作品展。加上东南大学建筑学院领导、东南大学成贤学院的领导及建筑与艺术设计学院领导和老师们的大力支持，我办摄影展的信心更足。

但我自知我的摄影图片还有很多缺点，诸如构图单一、虚实变化不大等，我只能说慢慢改进吧。

我办南京建筑风光摄影展只有两个根本诉求：一是展出的图片能让大家感受到南京悠久的历史文化和崭新的现代文化，南京的建筑风光有独特的魅力；二是多少年后，当南京的建筑环境发生了变化后，人们需要了解2018—2022年期间南京的建筑面貌，他们会找《高祥生建筑风光摄影展》的图片做参考，我将非常欣慰。

高祥生

2022年11月

第二编

02

游　学

一座梦想成真的建筑

在美国洛杉矶南部橙县境内的“庭院树丛”中坐落着一座晶莹剔透的建筑。这座建筑由一个叫罗伯特·舒勒博士筹款，著名建筑师菲利普·约翰逊和他的朋友约翰·布尔吉设计。建筑外立面由一万多片硕大的银色玻璃和钢架构成，阳光下建筑像水晶一样晶莹剔透、闪闪发光。从建筑的外面向内望去，明媚的阳光照射在玻璃的外立面上，建筑内的世界显得神秘莫测。但若从建筑内向外仰望，灿烂的阳光下，钢网架、玻璃与天光云影交相辉映；静谧的夜幕中，灰蓝色的玻璃与群星朗月交织的画面或许比凡·高的《星空》更加奇幻。

建筑外立面及环境
（菲利普·约翰逊与约翰·布尔吉设计，高祥生摄于 2016 年 8 月）

晴天，整个建筑如同一个巨型的玻璃盒。干净透明的玻璃外立面上清晰地倒映着湛蓝的天空、洁白的云朵、翠绿的树木以及周围其他的建筑物，沐浴在阳光之下的玻璃幕墙宛如一幅熠熠生辉的绝佳风景画。

与该建筑毗邻的钢结构钟楼，可作祷告、报时、通报和演奏圣乐之用。钟楼立面由镜面不锈钢管和棱镜组成，看上去就像是一根根巨大的水晶柱，其高大挺拔、澄明透亮的形体耸立在蓝天之下，极富有现代感。

大片绿茸茸的芳草地上，高低错落、疏密有致地点缀着各种针叶、阔叶树。纵目远望，无垠的草地像一块块绿色的地毯，于是这座建筑就像是被一片绿荫包裹着的水晶，在阳光倾泻洒射时，闪烁着耀眼的光芒。

建筑四周的广场上矗立着一组组以圣经故事为题材的雕塑，其情节生动，神态逼真，这些人物雕塑已成为建筑环境的一部分。阳光下，这些栩栩如生的雕塑似乎正在以一种无声的语言向人们娓娓道来一个个经典而深刻的圣经故事。

此建筑与钟楼有机地结合在一起，互为对比、互为衬托，其壮观的景象震撼人心。阳光下建筑、钟楼、绿树、草坪以及点缀其间的宗教题材的雕塑共同构成了一幅宛如人间伊甸园的奇妙画卷。当人们踏上这片土地，大多会沉浸在这样一种祥和、美妙的氛围之中，往日尘世的纷繁喧嚣逐渐消散褪去，安静、虔诚的心灵缓缓净化。眼前这座冰清无瑕、闪光发亮的建筑，仿佛将人们带入了一个梦幻般的人间天堂。

该建筑以其巨大的体量、明显的时代特征颠覆了传统的哥特风格、巴洛克风格、拜占庭风格。如此壮观绚丽、通透明亮的建筑堪称建筑中的经典之作。在建筑上、环境上、结构上、构造上、施工工艺上都创造了一种奇迹，这不仅是宗教建筑的奇迹，也是人类智慧产生的奇迹。

晶莹剔透的建筑除了缘于一种梦想外，还因为20世纪人们的思想观念的变化和物质条件的成熟，物质形态的变化导致了意识形态的变化，而意识形态的变化又反作用于物质形态的变化，反映在建筑领域就是促进建筑形态的变化。依此推理，倘若没有社会意识形态的变化，该建筑的形态就不可能产生，因为建筑的形态在以往人们的印象中绝不是用玻璃和钢建造的。而当玻璃和钢材产生后，大跨度的建筑就纷纭而生了。新的建筑形态能够在世界闻名，离不开人们在思想观念上的转变。

晶莹剔透的建筑之所以在世界上闻名遐迩，与它在建筑样式中的另类有关，晶莹剔透的建筑无论是在式样上还是在用材上都跟传统的建筑不一样。

倘若没有玻璃和钢结构的产生，就不会出现超大跨度的建筑物，就不会出现形体轻盈的建筑物，我们知道在此之前已经有非常了不起的朗香教堂、埃菲尔铁塔诞生，但它们还是缺乏玻璃幕墙的运用。有人说过，有什么样的建筑材料，就会产生什么样的建筑形态。有了三合土，才有了古罗马建筑；有了钢结构，才有了埃菲尔铁塔；有了钢和玻璃的组合，才有了洛杉矶的玻璃建筑……我们可以这样认为：掌握数字化技术后，什么样的异形建筑都会不在话下。当有薄胶材料后、有GRE材料后……什么样的建筑都可建造。当人们可向太空、向地下、向海洋寻求空间时，那么还有什么样的建筑形态不可能产生呢？

时代是发展的，建筑材料也在发展。只要人类有需求、有创造的愿望，可以肯定，在不远的将来，一切在过去不可能建成的建筑都会诞生。

柬埔寨的吴哥窟

一、 吴哥王朝的辉煌

东南亚地区位于亚洲东南部，其文化受佛教文化与儒教文化的浸染。柬埔寨位于东南亚地区，其自然条件优良。热带雨林的气候和勤劳的人民孕育了柬埔寨文化。柬埔寨文化蕴含了东南亚文化的基本特征，因此探究柬埔寨文化对于了解东南亚文化具有窥一斑而知全貌的效果。

柬埔寨暹粒地区，曾是吴哥王朝的都城，它始建于12世纪初。柬埔寨人曾在这里创造了极为灿烂的吴哥文明，它是柬埔寨文化的骄傲，也是世界文化的瑰宝。

现代考古研究认为：当年的吴哥王朝占地100多万平方公里，相当于两个四川省的面积。当年水利工程发达，最大的水库“面积约有1600公顷，相当于2600个现代标准足球场大”。[①] 柬埔寨盛产水稻，人们衣食无忧……

然而，翻开柬埔寨的历史，人们悉知600年前吴哥王朝与北方的大城王朝发生过长达100年的残酷战争。战争耗尽吴哥王朝的财富，杀戮了吴哥的军民，最终，战争又将吴哥的都城付之一炬，从此吴哥王朝形神俱灭，失去了往日的辉煌，吴哥的都城被淹没在杂草中……而后，吴哥王朝销声匿迹四百多年。

二、 吴哥窟的残缺美

吴哥王朝兴建于12世纪，摧毁于15世纪上半叶的战乱兵燹，时光荏苒，斗转星移，时至19世纪中叶吴哥窟被重新发现。历史的吴哥王朝已经形神俱灭，留下的是一片建筑废墟。人们难以从破碎的石碑上辨别像我国“甲骨文”一样难懂的“贝叶文”，但同时这些废墟也给人们留下了无限的想象和残缺的建筑美。

1个多世纪来，人们对吴哥窟（即吴哥都城）逐渐修整、完善，现今人们见到的吴哥窟已经是部分修缮的吴哥窟。

① 摘自石泽良昭著《东南亚：多文明世界的发现》，北京日报出版社，2019年版。

残缺的建筑仍可见当年
吴哥王朝的辉煌
（高祥生摄于2016年1月）

吴哥窟分大吴哥窟和小吴哥窟，人们寻访最多的是小吴哥窟。它是一个由逶迤的护城河环绕的残缺建筑群（包括吴哥寺、周萨神庙、空中宫殿、战象平台等），堪称柬埔寨璀璨夺目的国宝，也是世界上最大的庙宇。曩昔得暇赴实地游览，目睹吴哥胜迹，多有感慨。

但这里的修缮都是很适度的，使其仍洋溢着沧桑古意，仿佛现在修缮过的“吴哥窟”就是古代历经灾难后自然而然形成的残缺“吴哥窟”：这里的庙宇不少仅余断砖残瓦，有的仅剩纵横交错的梁柱，壁面苔痕斑斑驳驳，诸多佛像虽已破损，但仿佛依然目光如炬地凝视着大千世界、芸芸众生。倚墙生长的古树，参天而立，稀疏的树枝上盘旋着鸣声啁啾的小鸟，似乎在诉说着吴哥窟的秘密。旱季的护城河，光滑如缎的河水平静地流淌着，永无止息，仿佛在吟咏着吴哥窟的前世今生……

现今的吴哥窟虽说经过修缮，但仍然古韵十足，显得久远、神圣、崇高。行走在吴哥窟的任何位置，观赏任何景致，人们都会被它蕴含的丰富历史文化内涵深深感染。很显然，这是经过精心设计、修缮施工的，虽然建筑仍有新近新添加的材料，但其中的一砖一石、一草一木都与原建筑融合得天衣无缝，很难找到新添加的斧凿痕迹。

我赞同这种对历史文物建筑“修旧如旧”的理念和做法。倘若将吴哥窟的面貌焕然一新，那它必然失去应有的历史沧桑感，失去由时光打磨形成的文化积淀，失去特有的审美价值。我认为远古的建筑历经战火的摧残和自然的淘洗必然留下岁月的伤痕。而这种伤痕必然给人留下对往日追忆的空间，这种空间很大，可激发人们产生不同的遐思。因此，我不主张对古代历史文物建筑毫无节制地“出新”，进而使人们难以产生想象空间，失去对残缺建筑沧桑美的审美需求。

对于文物建筑适度复原是必需的，并把握好一定的“度”。这个“度”就是要还原历史建筑或文物在其生命过程中某一阶段中的历史“面貌”。这个“面貌”可以是建筑生命的起始阶段，也可能是建筑生命的中途阶段，这种“面貌”需要根据历史文物保护的意向和人们对文物建筑审美的需要而决定。

对吴哥窟这种有历史文化价值的建筑遗址应采取“修旧如旧”的方法，让人们了解历史的面貌，让人们感受建筑残缺的美感。外国如此，中国也如此，就吴哥窟而言，一百多年来，包括中国在内的世界多个国家都投入了大量资金和人力在帮助柬埔寨维修、复原吴哥窟，其复原建筑的“做旧”效果可谓达到了以假乱真的地步。

再看看希腊雅典卫城中残缺不全的帕蒂（帕提农）神庙、胜利女神庙、山门等都在适度地复原，意大利古罗马诸多遗址、威尼斯广场的建筑形态、米兰大教堂的立面等和中国古代的各种优秀建筑也都在进行保护性维修甚至是复原。这些都是传承优秀古代建筑文化的重要举措，其目的是让我们的子孙后代了解祖先的伟大并汲取祖先的智慧。

对于优秀的传统文化要充分发掘、梳理和弘扬。我们没有必要讨论古代建筑文化要不要传承下去，而是应该考虑如何传承下去，如何掌握修复中的“度”。这个“度”就是“修旧如旧”，使建筑古老的面貌永远充满着自身的独特魅力。

吴哥窟是美丽的，它的美源于其承载了厚重的历史文化、浓郁的地域文化以及文物建筑残缺带给人们无限的想象空间。

圣托里尼岛的白色建筑

希腊圣托里尼岛有许许多多几乎覆盖全岛的白色建筑，建筑的形态优美、色彩靓丽。人们大多不知道这些建筑的设计者和建造者，但它们肯定是世界建筑的瑰宝，是人类智慧的结晶。

早已耳闻希腊爱琴海上圣托里尼岛的美景为世人称颂。曾经得暇，与朋友结伴赴希腊游学，在圣托里尼岛上小住数日，亲身领略了环岛的无限风光和环岛白色建筑的风采，进而增加了对圣托里尼环岛的美感体验。

圣托里尼是爱琴海上由一群火山组成的环岛。史料记载，3500年前这里曾发生过剧烈的火山爆发，留下一个巨大的火山口和几百米厚的火山灰，由此形成了圣托里尼环岛的前身。圣托里尼环岛上最大的岛屿称为圣托里尼岛。圣托里尼岛由三个小岛组成，岛的一边紧靠火山口，有四个小镇——费拉、伊莫洛维里、费罗斯特法尼以及伊亚。

希腊圣托里尼岛伊亚镇上拍摄情侣照的好去处
（高祥生摄于2017年4月）

在逗留圣托里尼岛期间，我们去了岛上的中心城市费拉镇，它是环岛的文化中心、交通中心和商业中心。费拉镇的南端为文化中心，最为突出的建筑是教堂，它具有西方古典建筑的特征，教堂广场高耸的钟楼是费拉镇的制高点……同整个费拉镇的其他建筑样式一样，教堂的立面也是白色的。这在我所见到的古典样式教堂建筑中显得比较特别，可称之为“白色派建筑教堂”。

费拉镇的北端是商业中心，商业中心主街的道路狭长逼仄，且有旁逸斜出的曲折幽径通向他处，徜徉其间，仿佛置身重重迷宫。商业街上遍布琳琅满目的纪念品商店、咖啡吧和小餐馆。费拉镇的商业区坐落在断崖一侧，道路高低不平，以一定的坡度斜向逶迤，有点类似我国山城重庆的地势。不同的是，费拉镇的所有建筑都是用白色装饰。统一于白色调纤尘不染、澄心涤虑的圣洁氛围中，各种造型迥异的店铺也丝毫不觉凌乱，在熙来攘往中透出几分雅致和舒展气息。

同所有到圣托里尼岛的游人一样，我们也慕名去伊亚镇观光，它是一个处处洋溢着艺术情趣的旖旎小镇。伊亚镇的房子同费拉镇如出一辙，都是建在海边的陡峭危崖上。

岩石嶙峋的悬崖之巅，连绵起伏的白房子层层相连，叠床架屋般迤逦而下，一直延伸到海岸边。在大片雪白的建筑群中，蓝色的圆顶教堂显得格外醒目，它是伊亚镇重要的标志性建筑，亦是远道而来的游人尤其是情侣们争相拍照留影的最佳景点。伊亚镇的街道悠长，迂回变化多端，道路宽窄和收放皆有度，予人以幽深无际的印象。宽敞处常设有醒目的景观或特色商铺，人们踯躅在街道上，总有移步即景的感觉。伊亚镇临海的房子多为咖啡店或酒店，在这凝寂的空间中，游人们避开了喧嚣欢闹的街廛闾巷，这里的一切显得那么静谧、温馨和安详……

伊亚镇是观看爱琴海落日的极佳位置，当夕阳渐渐西沉，伊亚镇的所有白房子仿佛渐次穿上了鹅黄、金黄、橙黄、橘红、绛红的锦衣，伴随着光线的微妙变化，海水也逐渐由蓝色幻化为金色、深蓝……

夜幕降临后的伊亚镇完全是另外一番令人陶醉的模样，白色建筑在璀璨夜灯的照射下呈现出五彩缤纷的景致。

在费拉镇与伊亚镇之间设有大片的洞窑式酒店，它是我们小住数日的下榻之处。酒店依山而建，面朝大海，堪称典型的海景房。酒店的客房设施简便，不少壁面还裸露着天然的岩石。房间彼此相连，面积大小不一，很显然，这些房间是依着山势的特征，就着洞窑的大小而因地制宜建成。目睹这种洞窑式建筑后，我才真正理解，什么是依山而建，什么是洞穴式建筑。

阳光下的白色洞窑式建筑
（高祥生摄于2017年4月）

建筑上的白色似乎都采用一种类似国内的外墙用乳胶漆饰面，极为便捷，可以说这就是“简装修”的典范之作。房子的外立面是白色，通道也是白色，设施还是白色。在晴明的阳光下，建筑和建筑设施的落影显得斑驳陆离，韵味十足。白房子与白房子相连，左右两侧肩摩踵接地蜿蜒数十里，沿着弧形的海岸线构成月牙般的白色饰带。在爱琴海灿烂阳光的照耀下，大片白房子与深蓝的海面、淡蓝的天空构成一幅十分壮观明丽的夏日海景图。

毫无疑问，圣托里尼岛的费拉镇是美的，伊亚镇是美的，海边的洞窑式酒店是美的，这里的一切都是极其优美的。而这种美的因素我以为应源于大海，源于白色建筑，白色建筑是构成圣托里尼岛美感的不可或缺、富有特质的要素。我深信在圣托里尼岛，如果去掉了白色建筑，一切将会黯然失色。圣托里尼岛的建筑依山而造，大小形态各不相同，唯有白色最能使这种复杂的形态趋于统一。虽然大片白色建筑中间或点缀了少许蔚蓝、金黄、浅红的建筑和设施，但其体量与白色建筑相比，显得微乎其微。白房子之间仅存在着明度的对比，因为在白色中已排除了物体固有色的影响。圣托里尼岛建筑的白色与海水的深黛、天空的浅蓝构成鲜明的色相和明度对比。蓝白相间的色调无论是晴天还是阴天都会给人以明朗、舒展、自由的感受。

有人认为圣托里尼岛蓝白相间色调的产生，主要受希腊蓝白相间的国旗影响，我无法否认这种说法。但我认为主要原因至少还有以下三种：一是大片建筑的雪白与大海的深黛、天空的浅蓝组合是适宜的；二是圣托里尼岛的房子数量多、形状复杂，以白色统一是最恰当的；三是爱琴海位于北半球的亚热带，夏日炎热，持续高温，建筑的白色可以起到室内降温和心理清凉的作用。婷婷矗立的白色建筑静穆、鲜明，以不可企及的超凡姿态雄踞于山崖之上。正如德国古典主义美学家温克尔曼曾用“高贵的单纯和静穆的伟大”评价古希腊艺术，圣托里尼岛的白色建筑又何尝不是如此呢？一切都是那么地合情合理，那么地恰到好处，令人回味无穷！

亘古优雅的维罗纳

意大利维罗纳具有两千多年的悠久历史，是一座将古代文明和现代文化完美融合的城市。史料记载，维罗纳古城建于公元前 1 世纪，13—14 世纪尤为繁荣，15—18 世纪是威尼斯共和国的一部分。城内至今保存有罗马帝国时代、中世纪以及文艺复兴时期的许多文化古迹。

阿迪杰河流经维罗纳
（高祥生摄于 2018 年 4 月）

维罗纳被称为“意大利之门”，在欧洲发展史的每一个重要时期，它都是一座具有战略意义的防御要塞，具有重要的军事作用。

维罗纳有一条叫作阿迪杰的大河。阿迪杰河位于意大利东北部，发源于意大利、奥地利和瑞士边境处阿尔卑斯山脉的里西亚隘口，先向东，后折向南流，经过特伦托、维罗纳等城市，最终注入亚得里亚海。

在我到访时，春日的阿迪杰河水流平缓，在缓缓的流动中拐着弯流向大海，水流不时地发出“叹息声”，似乎在慢条斯理地诉说着维罗纳的前世今生。水是生命之源泉，维罗纳这座城市的诞生与发展应该与阿迪杰河有着密切的关系，阿迪杰河滋养了这个城市，也赋予了这个城市灵动、感性的气质。

虽然维罗纳被称作“意大利的门户”，是重要的军事要塞，但是我在游历街巷、河道时很少见到那种战后的沧桑与沉重。

坐落在阿迪杰河旁的古堡博物馆始建于 14 世纪，曾经因为第二次世界大战的炮火被严重破坏，著名建筑师斯卡帕用6年时间对古堡博物馆进行了反复修建与改建。经历了修复、改建后，古堡博物馆重获了新生，成为一所新的历史博物馆，安静地矗立在阿迪杰河畔。在斯卡帕的设计中，维罗纳古堡的建筑遗存没有被看作死寂的过去，而是被设计成为具有历史感的生命体，馆内展出的是当地遗存的艺术珍品。维罗纳在平静的背后，欣然、宽容地接受了一切。也许是岁月抹去了战争的伤痕，我真切地感受到了这座城市的古朴、静谧。

维罗纳有许多值得观赏的景点和文化遗产，诸如阿雷纳圆形竞技场、圣安那斯塔斯教堂、香草广场等。但是由于行程紧迫，我未去这些地方，而是主要造访了朱丽叶故居及其附近一些商业街。朱丽叶故居的建筑大多似文艺复兴时期风格，由此可见古罗马文化对这个城市产生了非常深远的影响。很难说清，是优雅的维罗纳给了莎士比亚这位文艺复兴时期最伟大的剧作家灵感，还是他的剧作影响了这座城市的情调。

有关史料记载，《罗密欧与朱丽叶》这部戏的最早版本的故事发生在锡耶纳而不是维罗纳，实际上维罗纳也并不存在“朱丽叶的阳台”，为此维罗纳人不得不一次又一次地向慕名而来的游客解释这一遗憾的事实，但人们又出于旅游业的目的还是在故居后院中按照莎士比亚的剧作建造起一座象征性的阳台，以供游客朝拜这个“爱的圣地”。阳台下有一座朱丽叶的铜像，其右胸因传会带来好运而已经被游客抚摸得发亮。

《罗密欧与朱丽叶》剧作是戏剧史上的明珠，是西方爱情故事的典范。往事虽然已经过去几个世纪，但是它依然影响着维罗纳，影响着整个意大利，影响着整个欧洲乃至全世界。纯洁而伟大的爱情曾经在这里发生，经过莎翁之手的文学经典，经久不衰。

无数的情侣来到这里，目睹翠绿色的藤蔓依旧爬满朱丽叶的阳台，被岁月侵蚀过的砖墙此时风貌依存，游览的人们会更加坚信，忠贞不渝的爱情并不只属于戏剧中的浪漫，它曾经切切实实地发生在这里，它就像阳光照亮那些信仰爱情的人的心田，让他们在人生中寻找爱的真谛和力量。

莎翁的戏剧深刻地影响着这个地方，尽管由于新媒体的发展，戏剧舞台逐渐清冷，但是这里依然力图表现原来的样子，也许就是在这里，古老的文化正被沉淀下来。旧时的砖墙泛出淡红、淡黄、灰白的色彩，铸铁的门、拱形门洞、雕饰的窗台依然典雅……它们仿佛都没有被刻意地保护和维修，我真切地感觉到它就是本来的样子，这里就是文艺复兴时期的样子，直到现在，它还是那个样子——平静、安详，带着一份诗意、一份悲情、一份圣洁，它摆脱了世俗的束缚、神学的压抑，在歌颂着人类的真情实感。

黄昏时分，太阳渐渐西下，很快，暗黄色的灯照亮了维罗纳的整个街道。天空蒙上了橘黄、橘红，直至蓝色，街道两侧的建筑挤出了绵延的小道，把天空划成了一个深蓝色、不规则的“V”字形。在广场、街道时常有摆摊的地方，行人可以围着桌子，品尝佳肴和咖啡。人们互相交谈着，那种惬意、闲散，加上微风吹拂和灯影晃动，令人陶醉。

踱步于维罗纳的街巷我在思考：并不只是优秀的戏剧大师、优秀的剧作影响了这里，在这里原本就充满了浪漫的诗意。这里的山山水水、风土人情，就是艺术的摇篮，没错，艺术的摇篮，也是“情种”的土壤。

离开维罗纳，我们仍然经过阿迪杰河，几经转向，又再次领略了阿迪杰河的风采：这里的山还是那样郁郁葱葱，这里的阿迪杰河水，还是那样从容不迫地流淌。它宽敞、包容、恒久，它在前方拐了一个弯，然后流入大海。而那山峦、那河畔的房子里还是居住着那些世代优雅且富有情趣的人……

这就是维罗纳，一座亘古优雅、多情的城市。

威尼斯建筑的多元风格

20 世纪 80 年代我看过杨廷宝老师、童隽老师画的圣马可大教堂，其形态奇特、色彩绚丽。后来又在各种杂志、影视作品中看过不少关于圣马可广场及威尼斯大运河的场景，加上这些年又知道威尼斯有个建筑双年展，因此我产生了再次去威尼斯，目睹威尼斯建筑风光的愿望。

2000 年我去过威尼斯，但很匆忙。后来我又一次去意大利的威尼斯，下榻在圣马可广场边上的酒店，以便更清晰地目睹威尼斯的建筑风光。

据我所知：公元 453 年和公元 810 年两次外邦的入侵，迫使威尼托地区的渔民和农民迁到环礁湖的中央 Rivoalto 群岛（现在威尼斯所在地），特殊的环境迫使他们在水上建造了房屋，人们先是在水底的泥地上打下大木桩，再铺上木板，然后用砖块、石头建造了房子。现在的滨水的房屋基本都是以这样的方式建造的。后来人们又拓宽了群岛的水湾、河道，形成大运河、支流及水巷，沿河道两侧建造房屋，河流的脉络于是形成了城市的布局。目前，威尼斯有一个外海，有一条 4 公里长的大运河和 177 条支流、2300 条水巷和 428 座桥梁。

阳光照耀下的圣马可大教堂、意大利威尼斯圣马可广场（高祥生摄于 2018 年 4 月）

13 世纪后，威尼斯人从战争中获取了巨大利益，同时威尼斯又因马可·波罗环游世界而闻名，进而成为世界的商贸中心和文化中心。威尼斯的贸易为威尼斯带来了权力和财富，也为威尼斯带来了世界各地的文化与艺术。此时，威尼斯商人为竞相炫耀其财富和显赫，在一些建筑上不吝奢华。所以，在威尼斯除了有金碧辉煌的公共建筑外也不乏各种奢华的府邸和高档的公寓……

圣马可广场是世界上最卓越的广场。整体感很强的圣马可广场是由不同时期、不同风格的建筑组成：广场上圣马可大教堂立面中既有哥特式建筑的垂直构建，又有拱起的拜占庭风格的穹顶和绘画，至于室内，其平面又是典型的基督教堂惯用的十字架平面。广场两侧的建筑，一边是较典型的古典建筑，另一边在古典建筑风格中渗透了巴洛克风格。圣马可广场是威尼斯的中心广场，广场由大小两广场组成。大广场为东西向，小广场为南北向。在大小广场交界处有 11 世纪建造的拜占庭样式的圣马可大教堂，教堂立面金碧辉煌，在拂晓霞光的衬托下教堂的形象盛装艳饰，英姿勃勃。拿破仑说过“圣马可广场是欧洲最美的客厅”。阳光照耀下的圣马可广场多姿多彩，盘旋的海燕使教堂的室外空间更加生动。两个广场的交叉处是一塔楼，近百米高，它建于 10—12 世纪，是大小两广场的制高点和视觉中心。塔楼原为海上航行的瞭望塔，现成为圣马可广场的标志性构筑物，高高耸立的灰红色调的塔楼高峻伟岸，它是什么风格我说不清楚。但塔楼与两边的文艺复兴时期式样的建筑，与圣马可大教堂的拜占庭式样，与广场的整体环境无论从尺度上还是色彩上都很协调。

广场一侧有序排列着成片咖啡座，人们在里面休憩、品尝咖啡，自然觉得格外舒坦、惬意。夜幕下，广场的建筑的局部仍闪烁着的灯光，使这里的一切显得神秘。圣马可大广场是开阔的、舒展的、富有韵味的……夜幕下的大广场是静谧的，而广场上时而飘扬的悠扬的西洋音乐，使品味音乐、咖啡的人们都陶醉在醇香的饮料和高雅的音乐中……

圣马可小广场由相向而立的总督府西立面和图书馆东立面围合而成。平面呈梯形，开口部位虽面窄却朝向大海。大海的彼岸耸立着帕拉第奥设计的毗邻的圣乔治教堂和修道院，高高的尖塔成为小广场的对景。

威尼斯总督府，为拜占庭风格，虽然与圣马可大教堂毗邻，但是两者的建筑风格截然不同。“威尼斯总督府是欧洲中世纪最美丽的建筑之一。总督府曾经几度改建，原来是一座拜占庭式的建筑……它的平面是四合院式的……总督府的主要特色在东立面、南立面和西立面中呈现……外立面的样式极富有独创性，奇光异彩，世界建筑史中几乎没有可以类比的例子……”总督府的原貌是拜占庭式样的，中途因火灾重建、改建过，拜占庭式样的外形当时只能保留，其他也就复原了。所以现在总督府内庭的主要立面以及室内空间大多是古典风格，依稀也可以见到巴洛克风格在建筑上的体现。

而图书馆东立面是古典风格。总督府和图书馆的立面风格上没有一致之处，但是它们在视觉感知上统一协调了，我觉得是尺度和色彩一致性的原因，总督府的建筑高度与图书馆的高度是近似的，它们的颜色都是统一的亮灰色，两幢建筑的尺度与色彩的协调促使小广场整体感是统一的。

威尼斯海边的建筑有两类：分别是面朝大海北侧和与总督府毗邻的建筑物，从风格上讲有古典的、新古典的或者是一些说不清什么风格的建筑物，建筑的颜色则有红色的、灰黄色的、白色的。

意大利威尼斯码头像绿色绸缎一样丝滑的水波
（高祥生摄于2018年4月）

特别值得一提的是著名的叹息桥，其外轮廓具有巴洛克的建筑风格。

至于毗邻大海的建筑与大海两侧的建筑之所以能让人感到和谐，是因为有大面积的水色作衬托。水色或是湛蓝的，或是钴蓝的、蓝灰的，它能包容建筑的色彩和样式，使之能处于统一的视觉感知中。

而游览威尼斯的水巷就会看到各种风格杂乱的建筑，那些水巷的建筑谈不上是什么时期的风格，但相互之间的尺度、色彩是协调的。威尼斯运河两岸的建筑琳琅满目、色彩斑斓、风格各异，建筑的饰面与水中倒影五彩缤纷，零星间隔着公共建筑。

海边的码头和贡多拉是一道引人注目的风景：辽阔的水面、飞翔的海鸥、黑色精灵般窜动的贡多拉……

先前我不理解威尼斯建筑为何会产生这样的美感，宗教建筑为何会出现建筑样式的混搭，我过去认为建筑风格杂乱无章会不美观。但在现场观看威尼斯建筑后，我觉得这些建筑是美的，建筑环境是和谐的，而这种美与和谐是源于水的。后来我逐渐明白：是水包容了建筑，是水衬托了多姿多彩的建筑，是河流促进了交通，是交通促进了信息交流，是信息的交流促使了建筑的多样化。威尼斯的历史上曾有倡导多教共治的佳话，多教共治又催生了教堂样式、建筑样式的多样化。因此，可以说，水文化又产生了威尼斯的建筑、宗教、戏剧、文学。虽然我无法考证圣马可大教堂多种建筑样式混搭的具体原因，但可以肯定的是：水文化的力量促使了宗教文化中的多样化，促使多样的宗教文化在同一个城市、同一个区域甚至同一座建筑中共存。

多元文化具有各种优势基因，优势基因的整合必然会产生更好的品质，威尼斯就是一个由水文化所促成的建筑样式“混血儿”，“混血儿”是漂亮的，为大众喜欢的，所以，我们对于当今建筑和环境设计中的创作无须抱着一种风格不变的理念去看待，我们应以开放的姿态接纳、拥抱这个世界。

阿姆斯特丹的多元建筑

荷兰首都阿姆斯特丹，纵横交错的运河水道和桥梁遍布整座城市，演绎着欧式的小桥流水人家。阿姆斯特丹共有桥梁1600余座，大大小小的运河河道有160多条，大运河宽敞而舒展，小河道纵横交错、井然有序，像世界上大多数城市内的道路交通，其河流面积远超威尼斯，数量远超过我国江南的任何一座城市。我曾在此地游览，一路走来，领略了这座城市独具特色的建筑风格。

13世纪是荷兰的黄金时代，当时的滨河建筑已依稀可窥；现在，更有出自诸多大师之手的现代建筑点缀其间。一城多元的建筑形态已然展示出了阿姆斯特丹数百年的城市发展。

一、古典复兴建筑

19世纪是阿姆斯特丹城市发展的第二个黄金时代，新一轮的建设大规模扩张，伴随着新的公共建筑的诞生，古典复兴建筑也陆续出现于此时。最具代表性的阿姆斯特丹中央火车站就落成于那个时代，这座新哥特式风格的建筑有两幢对称的塔楼，塔楼的顶部都设计成了塔状的坡型房顶。

另外于此时建成的还有阿姆斯特丹国家美术馆、阿姆斯特丹音乐厅等。这些具有荷兰特色的古典复兴建筑大多分布在市中心，给恬淡、闲适的老城区增添了几分历史古韵。

我不得不说，相较于荷兰鹿特丹，阿姆斯特丹是幸运的。因第二次世界大战期间未过度受战火波及，阿姆斯特丹的古典复兴建筑大多得以保留，阿姆斯特丹国家科技中心、凡·高美术馆，还有市立博物馆等都是在旧址上翻新修葺，旧建筑与新形式融于一体。

二、滨河建筑

老话说，一方水土养一方人，而阿姆斯特丹则是一方水土孕育一方建筑，水的巧妙利用，贯穿了整个阿姆斯特丹城市空间营建的历史，使它形成了自己独特的建筑空间文化景观。

阿姆斯特丹的土地都位于海平面以下5米，对于这座城市而言，最具有水都特色的便是滨河建筑。沿河边两侧，三层到五层的狭长建筑毗邻而置，临水而筑，且窄而瘦高的滨河建筑面向运河向前倾斜，因未曾从文献中找到此类建筑的名称，故取自作者的主张，称它为滨河建筑。不一而足的彩色粉刷，红的、黄的、绿的、白的、灰的，应有尽有，排在一起却并不如想象中那般纷杂。一眼望去，还会发现沿河两岸的房屋之间往往紧密相连，不留空隙，狭长的楼房的顶部各具特色，有尖顶的，有梯形的，也有像拿破仑帽造型的，这类建筑大概属于“北欧特色”，阿姆斯特丹这种独树一帜的建筑风格则与其发展历史和地理特质密不可分。

入目所见的“窄”是因为16—17世纪时，此地在房屋建筑的税收上曾有过规定：门越大缴纳的税越多。人们为了避税就尽量把门面修得窄小，所以，一代代人在无形中就养成了修窄房子的习惯，并形成了当下的滨河建筑群的特色，现有的阿姆斯特丹的滨河建筑大多出现于13世纪，模仿了中世纪时北欧建筑中陡直的建筑立面。因为当地的土地都在海平面以下5米，早期的阿姆斯特丹房屋通常面向运河向前倾斜，所以为吊运家具提供了充足的空间，并避免撞坏家具和玻璃。当地的地基软，很多老建筑都建造在沼泽上，并用木桩做深基础，因为长久的变迁，虽然看起来歪歪斜斜，但其实并不影响建筑的安全。为了保护这些滨河建筑，当地政府于1988年颁布了《古迹和历史建筑法》，这部法律规定了人们未经许可不得私自改变滨河建筑的外观。

三、 现当代建筑

阿姆斯特丹一行，我们先是惊诧于老城区浑然一体的滨河建筑，之后却又不得不对坐落于码头区的现代建筑博物馆叹为观止，其间的现当代建筑都展示出建筑大师独具匠心的设计。

发展到20世纪，这座城市的新旧城区便出现了较为明显的分界，一幢幢风格迥异的当代建筑相继建于市郊，呈现出与老城区截然不同的建筑风貌，比如，光和空间协调作用下的EYE电影学院极具现代感，白色的立面上镶嵌着大片蔚蓝色的玻璃，强调着明与暗、虚与实的对比；还有造型犹如变形船体的阿姆斯特丹建筑协会大楼，弧形的立面造型上，嵌着一块块方形组合的玻璃面。除此之外，阿姆斯特丹现代艺术馆、国家科技中心等都有着各自独特的设计。

但在游览时，阿姆斯特丹的这些新式建筑并未给我带来巨大的冲击感，想来是因为阿姆斯特丹的城市面积较大，新式建筑零星分布在各个角落，而无法形成汇集效应。

荷兰阿姆斯特丹的滨河建筑
（高祥生摄于 2018 年 6 月）

荷兰阿姆斯特丹 EYE 电影学院室内空间
（高祥生摄于 2018 年 6 月）

四、 室内装饰

众所周知，鹿特丹的室内装饰设计堪称世界一流，而阿姆斯特丹的室内陈设比之亦不遑多让。单看一些现代建筑的外观便可窥见其内部所具有的时代感。

若有机会，人们不妨去参观一下阿姆斯特丹现代艺术馆，从底层大厅的入口处进入，一眼望去，一面建筑石墙凌空对接着一个白色的不规则室内空间，下方的橘红色的走廊式自动扶梯通往现代艺术馆的二层平台，由白底黑字的简约式海报渲染了室内空间，建筑室内摆放的装饰品也是新意十足。

再看一下阿姆斯特丹EYE电影学院，室内光和自然光的组合使空间的色彩更为典雅、精彩，举目所及，大块简约的体块互相穿插构成了多姿多彩的空间形态。除此之外，阿姆斯特丹建筑协会大楼的室内设计同样别具一格。

其实，时尚和传统的碰撞不仅是发生在阿姆斯特丹的现当代建筑中，同样也会出现在传统的建筑空间中，致使建筑的外观和室内让人产生截然相反的感受。

这是因为一个城市整体风格的变化往往要滞后于单体建筑的变化，单体建筑的变化又常常滞后于室内装饰装修的变化，同样地，室内装饰装修的变化又滞后于人们服饰的变化，而这种变化的滞后性则与经济、社会、政府、文化等诸多方面的因素有关。按此规律就会出现经济投入大的形态变化永远滞后于经济投入小的形态变化。

五、 感悟

不管是运河沿岸的滨河建筑，还是古典复兴建筑，抑或是后来兴起的现当代建筑，它们在阿姆斯特丹都有着一席之地，并以其独具特色的风格组成了阿姆斯特丹“一城多元”的建筑形态。

其实，“一城多元”这个词不仅仅是指阿姆斯特丹的建筑形态，亦可以用来形容这个具有数百年历史的古城的多样化文化形态。城市和建筑是人类生存居住的空间，都受着社会、经济、法律、地理等各方面因素的影响，也会随着时代更迭而进行自我的更新换代，但我们能发现阿姆斯特丹城市的变迁是缓慢的，且城市的变迁与建筑的变化并不同步。这种现象的出现涉及社会生活的方方面面。

首先，水网密布的阿姆斯特丹由于长久以来与水毗邻的地理环境，难以在整体的建筑风貌上进行大刀阔斧的修改。

其次，政府话语始终影响着阿姆斯特丹的建筑地域文化的变迁，并有着最终的决定权。为保护历史遗迹，荷兰建立了省、市不同级别的认定体系。任何建筑或遗迹被认定后，有专项资金用于维护它们，且其修复、拆除等都需要相关部门许可。此外，这里的房屋重建必须经政府批准，并且要保持原样，也许室内装饰设计已经变了几番，可外表还定格在最初的样式。

随着阿姆斯特丹的经济发展而来的是人们对生活环境舒适性的不断追求，因此阿姆斯特丹的室内装修设计一直位居时代和世界的前沿；倘若要改变一座城市，需要的经济体量是庞大的。阿姆斯特丹的经济在第二次世界大战后的恢复和发展，使得城市足以新建大量的居民区，并有了一些新式建筑，但并没有形成一个庞大的建筑群，进而大幅度地改变阿姆斯特丹整个城区的风貌。

此外，城市风貌的形成很大程度上还得益于当地的地域文化，黄金时代的城市原貌得以保存至今一是因为文化景观驱动下的旅游产业形成当地财政收入的主要来源，二是因为当地民众普遍对于传统建筑持以保护心态，历史上的“新广场骚乱”便是源于第二次世界大战后政府对犹太人聚居区老房子的强制拆除。

总之，一部城市发展史，就是一部文化发展史。阿姆斯特丹的“一城多元”显示的是当下风貌，承载的却是城市文化，这种文化受地域文化、历史文化、时代文化共同影响。

鹿特丹的当代建筑

这些年我国建筑设计界和环境艺术设计界经常会谈到当代建筑。当代建筑的产生和发展有其深刻的社会因素和基础。

人们认为鹿特丹是当代建筑师的试验场，其素有“当代建筑露天博物馆”之称，2018 年我去荷兰重点参观了诸如方块屋、拱廊市场、鹿特丹大厦、天鹅大桥、鹿特丹建筑协会大楼、鹿特丹现代艺术馆、鹿特丹现代住宅大楼等一批当代建筑。

因为去过荷兰鹿特丹，所以也就有兴趣对荷兰鹿特丹当代建筑艺术的产生和中国当代建筑现状表述自己浅显的看法。

鹿特丹还是一个当代建筑师辐辏云集的地方，诸如雷姆·库哈斯、艾利娅·曾格荷里斯、扎哈·哈迪德、威廉姆·扬·纽特林、玛德珑·弗里森多普和佐伊·曾赫利斯等。他们都参加了鹿特丹一些现代性建筑的设计，这些建筑至今仍不断吸引着世界各地的设计师前往参观。

鹿特丹为什么有那么集中的当代建筑？鹿特丹为什么有那么多当代建筑设计师？鹿特丹的当代建筑为什么能让人感觉很和谐？本人认为有以下一些因素。

荷兰鹿特丹拱廊市场外立面（建筑事务所 MVRDV 设计，高祥生摄于 2018 年 6 月）

1. 地域因素

鹿特丹原本只是鹿特河附近的一个小渔村，因地形为河口三角洲平原，同时是天然避风深水良港，至 20 世纪初，鹿特丹成为荷兰第一大港。

水是鹿特丹人赖以生存和鹿特丹发展经济、社会进步的源泉，水文化是鹿特丹社会文化的重要基础。便利的水运条件使当地信息交流发达，使其成为新思潮汇集的据点，前沿的思想和理念同时催生了前卫建筑师的诞生。

2. 历史因素

鹿特丹在 1563 年发生了一场大火，大火几乎把鹿特丹市的大部分建筑烧干净。随后 1570 年，鹿特丹又遭到西班牙军队的占领、掠夺，使它的繁华毁于一旦。

而在 1940 年 5 月 14 日，第二次世界大战期间，德国军队在鹿特丹投下了近百吨炸弹，使整个市中心和东部广大地区完全被破坏，25 000 座建筑灰飞烟灭。德军撤离鹿特丹时，又对鹿特丹港口进行毁灭性的攻击，制造出了港口历史上空前的灾难。

因为鹿特丹的多灾多难，所以在城市很少能见到具有历史文脉的古典建筑（限于我所游览的范围），但这也迫使鹿特丹日后兴建新的建筑。

3. 人才因素

鹿特丹经过多年战后发展，在满地瓦砾上重建，30 年前一跃成为世界第一大港口，所以它必然需要有众多的建筑设计师，同时它也成为众多知名建筑师事务所的基地，其中包括 OMA、MVRDV 建筑事务所，Neutelings Riedijk 建筑事务所，以及 NAi（荷兰建筑协会）等。

20 世纪 80 年代时欧洲各派哲理思想和多种艺术潮流碰撞交汇，荷兰建筑师开启了多元化的创作视野。著名的建筑设计师雷姆·库哈斯就出生于鹿特丹，他与艾利娅·曾格荷里斯、扎哈·哈迪德创立了大都会建筑事务所（OMA），在世界各地设计了大量建筑项目。

库哈斯无疑对荷兰当代建筑的发展起着至关重要的作用，在库哈斯的影响下，许多荷兰建筑师都开始钻研起其作品与当代艺术的关系，因此鹿特丹当代艺术的产生是与鹿特丹诸多当代建筑师有关的。

4. 社会因素

20 世纪 70 年代，鹿特丹艺术委员会开始邀请国际知名的评论家来鹿特丹探讨、交流，促使了新艺术思潮的诞生。没多久，鹿特丹艺术委员会又组织了第一届鹿特丹建筑国际论坛（AIR），这些举措使鹿特丹当代艺术的理论得到了进一步发展。

1988 年，鹿特丹成为第一个采用“差异化住宅”理念的荷兰城市。鹿特丹市民对于住房有着不同的偏好，因而对居住环境条件提出了有差别的要求。为了满足一些人多样化的要求，政府与设计师们按照不同地区的地方特色，加以改造，使得每个地区都具有区别于其他地区的多样性和独特性。“差异化住宅”理念的提出，也是鹿特丹新式建筑崛起的原因之一。

鹿特丹受历史因素、地域因素、人才因素、社会因素影响，在废墟上建成了大量当代建筑，并且让人感觉不突兀，我认为有以下几点原因：

第一，鹿特丹是在一片空旷的废墟上重新建造房子，原来的传统建筑几乎没有保留，所以新产生的当代建筑的形态再奇特，也不会跟传统的建筑发生比较，没有比较就没有差别。

第二，鹿特丹所谓的异形的建筑虽然有很多，都是一个一个你争我夺地吸引人眼球，但在这种情况下，你也突出我也突出，大家都突出，最后的结果也就是在突出中取得和谐。所以在鹿特丹看当代建筑并没有感觉到很突兀。

谈及鹿特丹被誉为“现代建筑的试验场”，我想到中国的北京也被称为“实验性建筑的集中地”，如北京古城里出现了很奇特的当代建筑。特别是在我国的人民大会堂边上，出现了像“水煮蛋”一样的建筑（中国国家大剧院），在北京的古城中出现了高高耸起的很不雅观的“大裤衩”（中央电视台总部大楼）……

我不排除当代建筑在建筑材料、建筑科技、建筑审美观念上的突破，但是如果不顾环境、不顾国情、不顾受众者的接受程度，一味引进现代建筑，将审美感觉强加在他人头上，这种做法实际上是无视具体情况的。

荷兰鹿特丹是一个现代化城市，城市汇集了诸多当代建筑，集结了一批世界著名的当代建筑师。荷兰鹿特丹的当代建筑对当今的世界建筑界产生了不小影响，也引起了关心建筑发展的人们诸多的好奇。

本文主要就鹿特丹的历史因素、地域因素、人才因素、社会因素等对城市和建筑形态、对当代建筑产生的影响作了粗略的分析，得出结论：鹿特丹的城市形态、建筑形态的构成与地域因素、历史因素、人才因素、社会因素，以及建筑材料和建筑技术等密切相关（虽然当代建筑的产生和发展还与建筑材料、建筑技术关联紧密，然而这些因素其他国家也都具有，所以我在此未作赘述），缺一不可。试想一下，倘若缺少其中任何一个因素，鹿特丹就不可能成为当代建筑的集中地，也不可能集结那么多当代的著名建筑师。

所以我们在学习外国建筑技术时，应综合考虑上述诸多因素，如城市的环境、城市的历史文脉等。不要做东施效颦的事，更不要让少数外国设计师在我国做“实验性建筑”的试验，我们不能再当“冤大头”，真正做到洋为中用，真正做到为我国社会、为我国民众服务。

鹿特丹的“方块屋”

荷兰的鹿特丹市以“现代建筑的试验场”闻名于世，在鹿特丹市众多的现代建筑中，“方块屋”是最有名的建筑之一。因此我在鹿特丹市重点参观了“方块屋”。现将参观后的感想总结出来与朋友们交流、分享。

“方块屋”建于20世纪80年代，由荷兰知名建筑师布洛姆(Piet Blom)设计。“方块屋”是由38组黄白相间的方块房子构成的一个连排住宅群，这些尺寸、形状和色彩都相同的倾斜的立方块，呈半弧状排列，像硕大的魔方似的连成一道天桥，构成鹿特丹市奇特的一道风景线。

“方块屋”的一组建筑与另一组建筑交接处，设有露台和内廊。露台与内部交通有机地结合，使室内空间收放有致。从室内看，湛蓝的天空、黄白相间的屋面、灰红的地面，加上点缀其中的深绿色的植物，构成一幅形态生动、色彩鲜艳的画面。

“方块屋”的室内在使用上有诸多不便，因为它的卧室、客厅、卫生间、厨房都很难与人的行为方式协调。狭窄的通道无法两人双向或并肩而行，而最窄处只能侧身而过。登高的倾斜面无法径直到达，只能匍匐攀爬……而边角空间或异形空间也只能很勉强地利用。

它的窗户虽然具有良好的通风、采光条件，然而，倘若居住者需要观赏窗外的景观，取景则是一些呈多边形或斜方形的景框。很显然这种房子在设计时为人的居住考虑不足。

我们不清楚荷兰鹿特丹市售房时有无“得房率”一说，如果有，这种方房子的边角是难以利用的，因此它的“得房率”应该是很低的。从城市中观赏“方块屋”是一道美丽的风景，但从“方块屋”的室内观赏室内、室外的环境怎么都不觉得美观。

这是一幢实验性建筑，作为城市景观来说它无疑是可取的。而且因为“方块屋”的缘故，来自世界各地的设计师、游客都以来到鹿特丹市一睹“方块屋”为快。

“方块屋”具有超强的视觉冲击力，它对增加城市活力有着积极的意义。但我认为：如果“方块屋”的建筑体量再小一点儿，作为城市景观、作为公共艺术品也许会更合适。但如果作为住所，我想这房子在销售时会遇到问题。

荷兰鹿特丹市“方块屋”的外立面（高祥生摄于 2018 年 6 月）

关于建筑的本质，各个时期都有一些解释：古罗马时期，维特鲁威在《建筑十书》中提出“实用、坚固、美观”的建筑三要素，这是一个比较经典的观点。

新中国成立后，明确提出中国的建筑方针，就是“适用、经济、在可能条件下注意美观”。

近年来，中国的建筑方针又提出新的八字方针：适用、经济、绿色、美观。这个方针是符合我国国情的。

谈到房子的功能，大家都知道，“房子是用来住的，不是用来炒的”。

谈及房子的基本功能时，绝大多数国家的政策和绝大多数设计师都认为房子的第一功能就是适用。

既然房子主要是用来住的，那么好看只能是其次的。因此我认为舍去了使用上的便捷，只顾好看的房子，与我国的批量性的住宅建筑的设计方针不符。

我们无须对其他国家的建筑设计提出过多的指责，但如果从学习的角度来说，我们对学习的事物是应有选择的。

建筑设计的诗和远方

——卡拉特拉瓦的建筑设计

近年来查看世界最著名建筑大师的名录时总会发现西班牙瓦伦西亚的卡拉特拉瓦的名字。卡拉特拉瓦出生于西班牙瓦伦西亚的贝尼马米特，自小经历过多种文化的熏陶，求学期间在巴伦西亚建筑学院专修建筑设计和城市设计，后又赴瑞士苏黎世联邦理工学院攻读结构工程学，取得博士学位后留在苏黎世联邦理工学院任教，随后，卡拉特拉瓦组建了自己的建筑和土木工程事务所。

从相关资料获悉，卡拉特拉瓦曾主持或参加过多座桥梁的设计，如威尼斯、都柏林、曼彻斯特、巴塞罗那的大桥梁等，主持或参加过多个车站和公共建筑的设计，如里昂里斯本、苏黎世的火车站等，最著名的是 2004 年雅典奥运会主场馆。

因敬佩卡拉特拉瓦的才能和酷爱他的作品，在游学西班牙期间我专程去瓦伦西亚参观、学习了卡拉特拉瓦设计的艺术科学城。在美国期间，又专程去纽约参观、学习了卡拉特拉瓦设计但尚未竣工的纽约交通枢纽中心。事后我又在网上查看了卡拉特拉瓦的其他作品，诸如美国威斯康星州的密尔沃基美术馆、美国佛罗里达理工学院的科技创新大厦、科威特博览中心……这些作品在给我留下深刻印象的同时也使我对设计者的才能极为佩服。

卡拉特拉瓦的成就与其具有多专业的知识和工作经历有关。是他的知识奠定了他成功的基础，而丰富的工作经历又帮他开启了成功殿堂的大门。他对建筑结构、雕塑知识的掌握，加上他的艺术创作天赋，使他的设计发挥到淋漓尽致的地步。如何描述卡拉特拉瓦的作品？只能借用文学评论的话描述：在他的作品中有“诗和远方”。

他的建筑或构筑物中总是蕴涵着形态的律动和生命的活力。他的设计是舒展的、平缓的，又是富有张力的；是白色的、清朗的、雅致的，没有半点粗野之气。卡拉特拉瓦的设计的形体整体，有的像贝壳、鱼虫，有的似飞鸟、走兽，有的建筑物中的装置还会运动……

西班牙瓦伦西亚艺术科学城索菲娅王后大剧院室外（高祥生摄于2014年9月）

人们会对卡拉特拉瓦的设计作品感到新奇，会被他的创意折服。那么卡拉特拉瓦设计作品到底属于什么呢？

人们说他是现代主义的建筑师，但在他的作品中找不到现代主义建筑需要遵循的几个原则；有人说他是后现代主义的风格，但在他的作品中看不到任何历史文脉或世俗因素的影子；也有人说他是高技派的建筑师，但我认为虽然他对建筑构造、建筑结构技术娴熟，但是他将所创造的建筑形态与结构技术紧密结合成为一个不可分离的一个整体，他没有在建筑或构筑物处的非功能位置，暴露结构件、暴露设备件……。我认为卡拉特拉瓦就是一个懂建筑、懂专业、懂艺术，并将这三者有机结合起来的、天赋极高的一位设计大师。像这类大师，世界建筑史上曾出过米开朗琪罗·博那罗蒂、安东尼奥·高迪等，而当代很难找出第二个人。

卡拉特拉瓦是建筑设计界的奇才，他的作品集技术与艺术于一体。他的作品充满了诗情画意。他的作品雅俗共赏，为城市、为世界增添了光彩。

巴塞罗那形态迥异建筑的启示

去西班牙巴塞罗那旅游的建筑师和艺术家大多会去参观安东尼奥·高迪设计的圣家族大教堂和路德维希·密斯·凡·德·罗设计的巴塞罗那世界博览会德国馆。我是学建筑、学艺术的，因此也无例外地参观了这两座建筑。

这两座建筑是由两个不同国家、不同个性、不同设计理念的设计师在同一国家的同一城市设计的不同体量、不同形式的建筑。而这两座建筑都是世界著名的建筑，两位建筑师都是世界著名的建筑师。

安东尼奥·高迪是西班牙加泰罗尼亚人，虽然生性乖张，但热爱大自然。青年时就立志要仿效大自然去建造点什么。高迪的主要作品有奎尔公园、米拉之家、巴特罗之家等，其中最负盛名的为圣家族大教堂。高迪一生中有 17 项作品被列为国家级文物，7 项被联合国教育、科学及文化组织列为世界文化遗产，而圣家族大教堂是唯一在未建造完成就被列为世界遗产的建筑。

圣家族大教堂始建于 1882 年，占地面积 12 800 m^2，开始为哥特式，高迪于 1883 年接手主持工程设计后，在哥特式和新艺术运动风格中融入自己的建筑风格。1926 年高迪去世时教堂仅建完四分之一，但教堂还是延续了高迪初始确定的风格。虽然，至今教堂尚未竣工，但乐观估计在高迪逝世百年之际即 2026 年应可完工。

圣家族大教堂是高迪风格的代表。建筑外立面饰有五颜六色的马赛克，四座哥特式高塔周围簇拥着争奇斗艳的小塔，建筑局部雕刻着千姿百态的人物、动物。

而教堂的室内大厅耸立着的别致的巨型结构柱格外引人注目，其下部为“树干”，承受上部的荷载，上部伸出的“树枝”支撑宝石、花卉造型的装饰物。教堂中的玫瑰窗比一般教堂中的大，经过彩色玻璃过滤后的日光、月光形成的红光、黄光、蓝光、绿光成片地挥洒在教堂的上空，使人产生无限遐想。与一般教堂比较，圣家族大教堂赋予空间以生命的力量和自然的气息。

圣家族大教堂的建筑形态极为丰富，各种人物、动物、植物造型极为生动，而要表现这些建筑形态和装饰装修形态，在一个没有电脑、没有大数据的时代是不可思议的。而就是这种不可思议的事情，高迪穷其毕生精力做到了。

虽然圣家族大教堂在高迪生前没竣工，但其竣工后的建筑形态、装饰装修形态还是延续了高迪先生生前的思路。圣家族大教堂是西班牙的奇迹，人类的奇迹。高迪先生是西班牙的奇才，也是建筑界的奇才，这位伟大的奇才必将被载入世界建筑史。

然而，对于圣家族大教堂设计界曾有过非议，但是无论怎么讲，圣家族大教堂已成为巴塞罗那城市标志，成为西班牙的骄傲。虽说它的建筑形态复杂，建造困难，无法批量化普及，但是我深信若干年后当人类的数字化技术进一步提升，人类可以在海洋、在太空建造建筑时，类似圣家族大教堂的建筑形态会大批量地产生，因为喜欢曲线是人类的一种天性。

西班牙巴塞罗那圣家族大教堂
（高祥生摄于 2015 年 8 月）

路德维希·密斯·凡·德·罗生于德国亚琛，思想深受德意志民族中理性、严谨作风的影响。密斯主要的设计理念是“少就是多”，设计作品大都精简到极致。密斯建筑设计研究的成就体现在钢结构与玻璃幕墙的结合上。密斯在设计理念和实践上的成就使他当之无愧地成为四位现代建筑大师之一。而巴塞罗那国际博览会德国馆则是奠定密斯在现代建筑史中地位的扛鼎之作。

巴塞罗那国际博览会德国馆建于 1929 年，这个展馆占地面积 1250 m^2，1930 年也即在世界博览会结束后的第二年被拆除。后缘于这座建筑对世界现代建筑的巨大影响，1986 年人们又在原址上按原样建造了我们现在见到的巴塞罗那国际博览会德国馆。

巴塞罗那国际博览会德国馆的建筑造型横平竖直，成正数比例的体积干净、利落地互相穿插、切割，其空间的组织缜密、流畅、舒展。国际博览会德国馆内没有多余的展品和饰物，人们大都也将其看作展品。国际博览会德国馆在建筑用材上将大理石和玻璃组织得非常协调，其色彩的组合、肌理的对比都充分体现了材料和空间的美感。显然巴塞罗那国际博览会德国馆的设计在建筑空间的划分和建筑形式的处理上是现代建筑的经典之作。

但是，由于密斯建筑过分理性、清冷，以致业界对其有“少就是除了没有还是没有”的批评。然而密斯的“少就是多”的建筑设计理论对整个二十世纪中后期乃至二十一世纪的上半叶的建筑设计，尤其是工业化建筑的影响是巨大的。特别是在人口众多的中国，在倡导工业化建筑以及“全装修”的政策中更需要借鉴密斯的设计理念和方法。

密斯的代表作还有美国芝加哥伊利诺工学院的克朗楼及图书馆、美国纽约的西格拉玛大厦、美国范斯沃斯住宅、捷克（当时的捷克斯洛伐克）图根哈特别墅……虽然密斯的少数作品有过度简洁的弊端，但他对20世纪现代主义建筑理论和实践的贡献是巨大的，他的不足和成就是瑕不掩瑜的关系。

巴塞罗那国际博览会德国馆（高祥生摄于2014年9月）

毫无疑问，高迪与密斯虽然在建筑设计的理念、方法上大相径庭，但他们都不愧为世界顶级建筑大师，高迪的建筑更多地关注人的精神需求，密斯的建筑主要解决人的工作、生活空间以及建造问题。

比较他们的作品，我体会到：成功的设计不在于建筑面积的大小，不在于建筑形态的区别，也不在于建造时间的长短，而在于建筑作品是否被社会接受。另外，建筑设计总体要求应兼顾功能、安全、经济、环境等因素，而特定的建筑可强化某一种功能，形成设计的特色。这个世界是多元化的，人类既需要感性，也需要理性，当感性走到极端或理性走到极端都必然产生鲜明的特色，直至形成一种特色、流派。

欧洲的大花园

——萨尔茨堡

我去过一些欧洲国家，给我留下最美印象的城市就是奥地利的萨尔茨堡，主要因素为环境和文化。

如果说上帝向欧洲惠赠了阿尔卑斯山脉，而阿尔卑斯山脉又向奥地利惠赠了萨尔茨堡，使它成为欧洲的一座美好的花园，而这座花园中的萨尔茨河、古堡、莫扎特都是稀世珍宝，闪闪发光，让世界为之瞩目。

一、萨尔茨河

如果说水是人类生命之源、文明之源，那么萨尔茨河就是孕育萨尔茨堡两岸的民众、滋生了萨尔茨堡古今文明的源头。

流经萨尔茨堡的河流也是曲折的，但它的曲弯很少，河道宽敞、平坦、舒展，一个亘古悠久的萨尔茨河，或波浪翻滚，或缓缓而行，不知疲倦地前行，不知疲倦地关爱着两岸的民众。

萨尔茨河两岸的山脉延绵，山谷楼宇接踵，山脊古堡林立，古堡的形态各异，古堡的高低不一，古堡的顶部有尖锥形、圆球形、半圆球形、穹顶形等。古堡都有标识作用，最高的古堡伫立在山丘之顶，似乎是为萨尔茨河站岗的卫士，挺立而坚毅。

二、花园中的瑰宝

人们都说阿尔卑斯山脉下是诞生音乐家的圣地，难道不是吗？作为阿尔卑斯山脉门庭的萨尔茨堡就诞生过弗朗茨·约瑟夫·海顿、弗朗茨·舒伯特、卡尔·车尔尼、约翰·施特劳斯、赫伯特·冯·卡拉扬、阿诺尔德·勋伯格等。在这闪耀的群星中，伟大的音乐天才莫扎特则是最耀眼的一颗巨星。莫扎特诞生在萨尔茨堡的一户音乐世家，使萨尔茨堡更加让世人瞩目。我瞻仰过莫扎特故居，造访过莫扎特广场，甚至购买过莫扎特巧克力球、莫扎特钢笔、莫扎特咖啡等，似乎没有这些行为难以表达我对莫扎特的敬意，也难以证明我来过莫扎特的故乡——萨尔茨堡。是萨尔茨堡孕育了莫扎特，而萨尔斯堡又因莫扎特而增光增色。

几乎所有到访萨尔茨堡的游人都会去米拉贝尔花园观赏，电影《音乐之声》曾在这里拍摄。米拉贝尔花园中的建筑、雕刻都是巴洛克风格的，花园应是欧洲古典花园的样式。红花、绿地、雕刻、围栏、水池构成一个个精美的几何形图案，靓丽、舒展。

奥地利萨尔茨堡米拉贝尔花园
（高祥生摄于 2017 年 8 月）

优质的环境会培养出优秀的音乐人才，而一个伟大的音乐天才又会提升一个地方民众的品格。萨尔茨堡是一座花园式城市，一座音乐之城，而花园中的瑰宝就是莫扎特。

三、 老区与新区

我登临过老区的古堡，也涉足过新区的街巷。

登临古堡俯视全城，老区与新区、旧貌与新颜融为一体，同色共辉。萨尔茨河是老区与新区的分界，而马卡尔特桥等十余座大桥连接了老区与新区，老区的古堡固然沧桑古朴，至今攻防设施仍历历在目，记载着往日的荣衰。

新区虽有高楼新宇，但难见时尚、怪诞的建筑，不少建筑有巴洛克风格的痕迹，街道的道路多为卵石和小石块铺贴，新区的诸多角度都能目睹往日的古堡，甚至有古老的洞穴式酒店。这些元素都褪去了新区楼宇的一层“新味”，悄悄地与老区的建筑作了呼应。

在新区仍可见古堡的景致，可见数十年前流行的电车。偶然间可见时尚的马车，这种马车虽有“马夫”驾驶，但马车上配有现代的动力装置。这种既传统又现代的马车，成了萨尔茨堡的一道风景线，更是萨尔茨堡新、旧文化的联结。

“S”形河道包裹的小镇

一、河道边的小镇

捷克南波西米亚的克鲁姆洛夫，俗称CK小镇，联合国教育、科学及文化组织将它列为世界文化遗产之一。许多人称它为欧洲最美的小镇，但我并不认同，我认为它是欧洲最有特色的小镇。

2017年的秋天，我与人结伴游览了CK小镇。到达那天天气晴朗，阳光明媚，小镇的镇口，远处的房屋、树林、草丛、车辆都显得格外明朗，橘红屋顶，乳白、浅黄、浅灰的墙面，草绿、葱绿的树荫，一派生机。浅褐的石块，铺地伸向远方，蓝灰色的山峦延绵不断，橘红色的屋顶中有尖顶的古堡建筑，记载了小镇曾经的故事。

小镇地处伏尔塔瓦河起始的山丘处，伏尔塔瓦河经过小镇时画了两个大大的连续的大半圆，宛如一个巨大的“S”，成了CK小镇，而这个巨大的“S”像两个大网兜揣满了一堆堆红色的、金色的房屋，一串串绿色的翡翠、银色的珍珠。CK小镇少有笔直通长的街道，街道都是由大块卵石铺贴，间有长条石板。虽说这里的街道并不蜿蜒，但都曲折，这大概与地势、地理有关。在小镇街道的交汇处有宽阔的广场，广场铺贴方形卵石，建筑都是三四层的，比别处的房子规格高，广场的内侧耸立一尊纪念柱，纪念柱的下方簇拥几尊雕像，雕像下有供游客休憩的台阶，这里应该是小镇的中心了。

小镇道路的拐角处也有休息的空间，这里有茶点，有咖啡，也有欢声笑语。

小镇的端头有小巧的公园，公园的绿荫中有蜿蜒的小道和少许的红房子。

另外，小镇中有位于伏尔塔瓦河畔的圣维塔古堡，有位于街道边的圣约施塔古堡和契斯基库伦隆古堡塔。古堡都是翠绿色塔顶，乳白色的塔身，有哥特建筑特征的古堡塔高耸在成片的红色的底层建筑群

捷克CK小镇（高祥生摄于2017年8月）

中，显得格外突出。也因此这三座建筑塔成了小镇的标志性构筑物，成了小镇建筑群的制高点。

CK 小镇的历史很古老，但现有的建筑都不久远，因为 CK 小镇是在 20 世纪末才按 17 世纪的样式全面复建的。CK 小镇也不太时尚，因为它需要以旧貌吸引游客的眼球。

平时 CK 小镇的游客一批批蜂拥而来，川流不息，因为 CK 小镇的规划，CK 小镇的样式，CK 小镇的功能，正适合现代人的怀古的情趣，适合现代人的娱乐休闲的方式。

CK 小镇不大，但它的城市功能齐全，这里有民宅、商铺、酒肆，有广场、花园，有街巷、市井。它的环境典雅、精致。

CK 小镇的市镇规划合理，街道、广场布局合理，开发有度，动静有别，疏密有致，高低错落，是人居的优质市镇空间。

捷克 CK 小镇的河流（高祥生摄于 2017 年 8 月）

CK 小镇中圣维塔古堡、圣约施塔古堡和契斯基库伦隆古堡塔三座建筑高高耸立，既是小镇的地标，也是小镇的亮点。

徘徊在 CK 小镇的街道、河畔，我在思索是什么滋养了 CK 小镇的文明，构成了 CK 小镇的市镇特色，濡养了 CK 小镇的智慧。对此，我认为是伏尔塔瓦河，是伏尔塔瓦河的河水，是河水的河道形成了 CK 小镇特有的地形、地貌，养育了 CK 小镇的市民，演绎了 CK 小镇的千年文化和现代文明。

二、 河道中的情景

伏尔塔瓦河穿越 CK 小镇呈“S”形，而“S”形的舒坦处水流是平缓的，河道是平直的，河水是缓缓而流、不断前行的，而“S”形的急剧拐弯处或狭窄处的水流则是汹涌澎湃、争先恐后的。CK 小镇位于山丘地带，伏尔塔瓦河的河床高低不平，其水流势必跌宕起伏，起伏处似瀑布倾泻，泛起一道白浪。于是在伏尔塔瓦河河床高低落差处，有玩游艇“冲浪”的人，越过水流的高差处，游船快速前行，人们伸手比“V”字形手势，这时他们都像归来的勇士，“冲浪”处水流声、尖叫声混在一起，宣泄着“冲浪”人探险的刺激感。

在水流转折处，有大股水流变小股的，甚至有岔道而行的，水流撞击湖中的礁石，发出沉闷的响声，掀起一堆白色的浪花，洒到湖中，洒到岸边。这种状况是没有危险的，因为每条船上都专配了船工，但人们还是发出一阵尖叫，表现出莫名的甚至做作的惊讶和兴奋。

在经过 CK 小镇的伏尔塔瓦河的平缓处，河道中有乘坐游船的游客，岸上有品茶、喝咖啡的游客，游船上的游客可以欣赏两岸的景致，岸上品茶、喝咖啡的游客也可观赏游船的“水中行”。

岸上的游客、船上的游客是不同肤色、不同国家、不同年龄的，但都是友好的，都是欢乐的，他们不时发出“您好！”“Hello！”的声音，人们在互相致意，表示友好，在欢笑，在尖叫，呼唤雀跃……

此时我真切地领会到景观设计中常讲的“对景”一说，同时也真切地感受到人类对水都是有亲近感的，这大概是因为水是人类生命的起源，人类对快乐的感受大致是相似的，是可以互相分享的。

三、 河畔的思乡情结

傍晚了，夜色渐暗，CK 小镇仍是欢声笑语，居高远眺已有百家灯火，临河观景有成排酒楼、茶肆，灯光耀眼，店招显示这里有中国餐馆，我们不假思索地进了一家中国餐馆。

餐馆的老板娘是一位南方人，见到中国人来很是高兴，笑嘻嘻地迎着我们，比对外国人客气：“你们想吃点儿什么？”再听声音，我认定她是浙江人。“西红柿炒鸡蛋再加鱼香肉丝，出国多日未尝到中国菜了。”我强调了“要有江浙菜的味道”。“好的，中国人来这里大都点这两道菜，特别是江浙人。”“是啊，看来我这辈子也改变不了。”因上菜还要等一会儿，我便与老板娘聊起客套话：“到这里几年了，习惯吗？”老板娘回答：“十多年了，平时到店里来的中国人很多，也不想家，只是空闲时总想看看‘绍兴戏’，广播、收音机那里听的不及看的有味道。”“是啊，是啊。”我回答着，心里却在思索老板娘的诉求和自己的习惯。

我想吃家乡菜，这是童年甚至成年后的味觉记忆，这种记忆到哪儿都忘不了。老板娘是想听、想看曾经的“绍兴戏”，那是听觉和视觉的记忆，味觉、听觉、视觉的记忆好像是肤浅的，但一旦形成却是难以忘记的，一辈子都难以忘记。

“标新立异”的酒店

——西班牙希尔肯美洲之门酒店一瞥

西班牙马德里的希尔肯美洲之门酒店被称为“19个世界级设计师的竞技台”，因为这座独特的酒店是由伊拉克裔英国籍的扎哈·哈里德、澳大利亚的马克·纽森、日本的矶崎新等19位来自13个不同国家的世界级设计师联袂设计完成的。酒店于2005年竣工，颇受社会关注，至今慕名前往的游客依然络绎不绝。

希尔肯美洲之门酒店在很多地方都颠覆了传统酒店的设计模式，例如在传统酒店的设计中，入口大门大多位于酒店的显眼位置，而且往往设计得十分醒目，但是希尔肯美洲之门酒店的大门位于酒店的一侧，入口并不明显，游客由入口鱼贯而入就进入了宽敞明亮的酒店大堂，这种先收后放的平面设计与有些中国私家园林的设计方法有相似之处。

酒店大厅与会客处的墙体运用大量原木条有机拼接完成，给人留下了质朴、简洁的视觉印象，在灯光照射下舒展而温馨。人们在这里小憩，能感受一种平静与安宁。

酒店大堂一侧的咖啡厅极具现代简约风格，以黑、白、灰三种冷色调为主，透过咖啡厅前宽敞的落地窗就可以眺望酒店的户外休闲区。

西班牙美洲之门酒店电梯间
（高祥生摄于2015年8月）

位于酒店内侧的公共卫生间新颖别致，置身其间，人们会被砂岩板、金属水龙头、大片镜面玻璃饰面吸引。卫生间美丽而大方，高贵而脱俗，如同一件精美的工艺品。

希尔肯美洲之门酒店的电梯设计跟常规酒店不一样，酒店的电梯间是在靠外立面的挂置，电梯厅是一个不小的空间，每一层的电梯厅都各具特色，有不同的样式、不同的色调，仿佛是一个个璀璨的珠宝盒，各层电梯都有自己的颜色，翠绿、绯红、银白、亮黑……这些千姿百态的电梯厅形成了一个个令人流连忘返的视觉亮点。

由电梯厅往前走，是一个酷炫十足的通道，每一层通道都有一个主题色，玫瑰红、纯乳白、英国蓝、煤黑色……颜色上的过度区分，虽然方便识别，但使人感到视觉上的生硬，加上走道和客房造型的突兀、怪诞，总让人有一种身处地窖或洞穴的感觉，对于方向感不好的人来说一定会晕头转向。红色调的通道耀眼夺目，白色调的通道干净纯洁，蓝色调的通道清新自然，而黑色调的通道幽暗不明，加上墙体造型尖锐，假如人们不小心碰撞上去，定会产生突如其来的疼痛感。走道的形态有规整的，有曲线的，有洞穴般的；客房的门牌号码有的显示在门上，有的映现在地上，也有的投射在墙上；客房的门洞有方形的，有弧形的，门框有直线的，也有曲线的。总之，从电梯厅到客房入口的色彩及造型应有尽有、绰约多姿，着实让入住者大开眼界。

我在这家酒店住的是第八层客房，这一层的整个空间具有强烈的流动感，感觉很新颖，但是我认为这里的床位高于普通的床位，对于儿童或者年老者来说爬上床都会困难，而这种像太空舱一样的居住空间只适合短暂的体验，并不能带给人舒适的居住感受。另外，我住的房间里，浴缸很高，进去不是很容易，出来更加费劲，而且房间里的电视机竟然出现在天花板上！这无疑是一种创意，但是这种创意并不符合我观看电视的习惯，我想也不符合其他人的观看习惯吧。这些贴近人的东西都无法与人体尺度结合，在使用的时候会造成很多不便，甚至让人难受。

第二天离开酒店前，我问同行的小朋友："这个酒店住得舒服吗？下次来马德里还住这个酒店吗？"小朋友的回答很干脆："很不舒服。下次来西班牙不住这里了。"真是童言无忌，但童言是真实的。

卢浮宫广场上的玻璃金字塔

世界上有很多人都知道法国有个卢浮宫，卢浮宫广场有几座玻璃金字塔。诸多艺术家、建筑师、政要文人都参观过玻璃金字塔，他们根据自己的感受也都写过一些赞赏的文章。法国原总统密特朗称玻璃金字塔“是对法兰西精神的鼓舞”等。我对法国卢浮宫前的金字塔一直很关注，曾两度去了法国观看卢浮宫，后一次下榻在卢浮宫边上酒店，目的是更清晰地观赏玻璃金字塔的风貌和体验设计的奥妙。

卢浮宫的玻璃金字塔由世界著名的美籍华裔建筑大师贝聿铭先生设计，金字塔由600多块棱形的基本透明的玻璃和金属网架构成，坐落于法国卢浮宫广场上。

贝聿铭先生习惯用玻璃和金属网架组合的做法来采集自然光，这种建筑构造的形式他在美国国家美术馆东馆的广场采用过，在约翰·肯尼迪图书馆采用过，在日本的美秀美术馆做过……但是我认为这网架结构与环境整合得最好的应是卢浮宫广场的玻璃金字塔，这是因为卢浮宫广场的玻璃金字塔与建筑物组合在一起后取得视觉上的协调难度最大。卢浮宫广场上的玻璃金字塔与卢浮宫优雅古典的建筑形成既统一又对比的效果。

法国巴黎卢浮宫广场上的
玻璃金字塔
（高祥生摄于2018年6月）

我一直在思索，卢浮宫敦厚的古典建筑与造型现代的玻璃金字塔怎么能取得协调呢？答案是可以的。而如果贝先生将广场上的金字塔设计成像古埃及那样用石块垒成的金字塔，其形态和色彩又如何呢？这时石块的金字塔与石头砌筑的古典主义建筑放在一起，虽然材质是协调的，但形态必然是冲突的，而且卢浮宫广场必然显得拥挤、堵塞。虽然如今的基本透明的玻璃金字塔的形态与建筑是对比的，但是其透明玻璃起到了协调作用，是玻璃淡化了金字塔自身的形态，又是玻璃包容了卢浮宫广场上的建筑、水池和周围的环境：玻璃金字塔折射了天空的颜色、水池的颜色、周边环境的颜色。

同时基本透明的玻璃又使得观者能够从底层入口大厅的不同角度、不同高度仰望卢浮宫的古典建筑身影。此外，金字塔的透明玻璃将光线引入地下两层，照耀在卢浮宫的入口过厅，晴天，过厅的栏板和地面光斑陆离、疏密有致。

清晨，卢浮宫广场罩上了一层淡蓝色，晴天，阳光下的金字塔、水池五光十色、交相辉映，傍晚，卢浮宫广场上的建筑、玻璃、水面披上了浓烈的橙红色或天空的色彩……

卢浮宫广场的建筑是敦厚的、古典的、有序的，玻璃金字塔是现代的、舒展的，卢浮宫广场是美丽的，广场上游人络绎不绝，这是一种什么样的魅力呢？如果说除了卢浮宫的十万艺术作品是吸引游客的因素外，卢浮宫广场上独特而迷人的玻璃金字塔也是不可忽视的另一大因素。我说不清楚是卢浮宫的盛名成就了设计师，还是设计师的作品为卢浮宫添光增色，我想两者都有吧。

至此，我加深了对于对比统一是形式美中最高法则的理解。这就像一个骑高车玩杂技的演员，动作需要惊险，同时又需要力的平衡、稳定，只有这样才是最有艺术感的。同理，贝先生在一个非常古典的环境中采用透明的玻璃设计成非常现代的金字塔取得了恰到好处的平衡，这需要很高的智慧和技能。卢浮宫是有生命力的，法国的文化是有生命力的，既有传统的底蕴又有不断创新的活力。这时我想起了文艺复兴以后欧洲文化艺术的中心从意大利移至法国，直至今天长兴不衰，我想起了巴尔扎克、雨果……想起了莫奈、德加、西斯莱……想起了柏辽兹、德彪西……想起了罗丹、马约尔……想起了很多很多法国近现代著名的文学家和艺术家。我此时似乎理解了密特朗说的法国精神是什么含义，我明白了古老文化和现代文化整合产生的魅力，坚信文化继承和创新的价值。

两种文化交织中的宗教建筑形态

——西班牙南部的宗教建筑

一、建筑形态演变的缘由

千百年来，流淌于塞维利亚城和科尔多瓦城之间的瓜达尔基维尔河给城市的人民带来了福祉，带来了文化，也带来了战争，带来了沧桑变化。

就宗教建筑而言，西班牙的南部我见到的主要有塞维利亚大教堂、科尔多瓦大清真寺和阿尔罕布拉宫三组宗教建筑，而这三组宗教建筑均建在西班牙南部的安达卢西亚地区。安达卢西亚地区的宗教无疑要受法国的基督教文化影响，但是，安达卢西亚地区又属于伊比利亚半岛。北非摩洛哥毗邻伊比利亚半岛，因此摩洛哥人必然强势地带来伊斯兰文化，并以战争形式更新统治者、更新信仰、更新文化。转动的拉斐亚磨坊水车标志着历史的年轮，见证了千百年来的风风雨雨。

千百年来，在这一地区，因两种信仰、两种文化引发了多场战争。战争是一种灾害，需要生命的付出。生命的付出需要精神抚慰，于是这里的宗教兴盛不衰。宗教是一种信仰，宗教的形式和内容都是权力和政治的表现。宗教建筑必然反映宗教的意识形态。

为了维护宗教的各自的信仰，当后一种宗教推翻前一种宗教时，后一种宗教的权力者必然尽其所能修正、改造前一种宗教文化和宗教建筑的形态。而当后一种宗教建筑无法彻底推翻原有建筑形式时，后者就对前者的建筑的形态作出力所能及的改造，同时又会作适当的妥协、折中。

二、塞维利亚大教堂的哥特风格

塞维利亚大教堂是西班牙最大的基督教堂，世界三大基督教堂之一。基督教堂的风格有哥特式、古罗马式和拜占庭式三种，塞维利亚大教堂历久弥坚后凸显的是哥特风格。

西班牙塞维利亚大教堂（高祥生摄于 2015 年 8 月）

塞维利亚大教堂的建造历史可上溯到 8—13 世纪，最初是由哥特人和摩尔人为兴建王国都城而建，至 15 世纪初，塞维利亚人又在推翻伊斯兰教寺院的旧址上，将大部分建筑改建成现今的规模和样式，我认为现在的塞维利亚大教堂的风格主要以哥特风格为主，其间保留了部分伊斯兰建筑的精华。建成后的大教堂确实让人们为之惊叹。大教堂的体量虽然庞大，但由于设计中将大教堂外立面作了有序的平面进退和立面起伏处理，其外观壮观而不刻板。外立面中哥特风格垂直造型的建筑体块、线条和保留的高高耸起的伊斯兰风格的方形希拉尔达塔，使大教堂的立面造型丰富多彩，而立面上琳琅满目的图案和纹样的雕刻，使教堂的立面精致而富有艺术魅力。

塞维利亚大教堂的室内是以哥特风格为主的建筑形态。空间中的柱式和尖券以及顶棚中骨架肋是建筑的结构形式。在这种结构形式中，梭形的尖券和细长的柱式线条精致而有序，构成了哥特建筑室内结构形态的主要特点。

塞维利亚大教堂室内有王室座堂、主座堂、珍藏馆、祈祷厅等。在这里有三个王室成员的骨灰盒，最显眼的有银制的费尔南多三世国王的骨灰盒。另外还有航海家哥伦布的墓穴。主座堂的装饰繁复，哥特式祭坛上荟萃了众多神态迥异、栩栩如生的人物雕刻。教堂的馆内珍藏华丽的帷幔、法衣、赞美诗集、经书等宗教艺术品。主圣器室有各种圣物、金银器，还有诸多著名画家的绘画作品。特别珍贵的是带有精美花纹的 7.8 m 高的大烛台和祭台上的圣龛……这里装饰极为华美、精致，我觉得，这座教堂虽有摩尔人的伊斯兰建筑的印记，但从整体上还是体现了哥特建筑的风格特征，而且是西班牙哥特艺术鼎盛时期的创作风格。

三、 科尔多瓦大清真寺的建筑风情

科尔多瓦大清真寺位于西班牙南部的安达卢西亚地区。最初，它是一座规模不大的哥特教堂，后来摩尔人征服西班牙后，教堂被分成两部分：一部分为伊斯兰教部分，另一部分为基督教部分。8 世纪后，摩尔人阿卜杜勒·拉赫曼一世将基督教部分买下，将原有的基督教建筑拆除，并在原址上建立了现在的科尔多瓦大清真寺。

在阿卜杜勒·拉赫曼一世建造了科尔多瓦大清真寺后，科尔多瓦大清真寺又经过了数次改建。9 世纪哈卡姆二世对科尔多瓦大清真寺进行了扩建、重新装饰了礼拜堂；10 世纪，在阿尔曼索统治下外侧的中殿和花园竣工，科尔多瓦大清真寺达到了现今的规模；13 世纪科尔多瓦大清真寺又重新归于基督教统治，随即又被改建成古罗马式的天主教堂；16 世纪科尔多瓦大清真寺又进一步改建成文艺复兴式的基督教堂和中殿……如此说来最初的哥特式教堂经过数次改造、扩建，在两种宗教建筑风格中徘徊、反复，最终完成了现今的科尔多瓦大清真寺中伊斯兰教的建筑、装饰，同时增设了基督教的空间和装饰。

现有的清真寺占地面积约 4000 m^2 左右，分为前半部分的橘子庭院和后半部分清真寺的主体建筑。主体建筑中的大厅是清真寺装修中最具特色的部分，大厅有近 900 根柱子。

科尔多瓦大清真寺内的双层拱券是独特的，下层券拱有哥特尖券的特征，上层券拱似古罗马式拱券的半圆形。两层拱券的表面都是由白色的石块和暗红色的砖块均匀拼贴。柱子的间距在 6 m 左右，柱身修长，排列密集，组织在一起有排山倒海之势。人们都认为正是这种柱式吸收伊斯兰教的建筑风格，并融合了基督教建筑的风格，进而滋生了科尔多瓦大清真寺样式的独特性。

16 世纪有人拆毁科尔多瓦大清真寺中的石柱，并竖起一座罗马式教堂的中殿。对此，有人惊呼"这是毁了独一无二的东西"。但我从另一个角度思考，倘若没有这种破坏后的样式交融，这种文化碰撞，科尔多瓦大清真寺就不会具有现在闻名于世的更加"独一无二"的特色。

现今人们在科尔多瓦大清真寺中可以见到哥特的柱式，古罗马建筑的穹顶和穹顶中的骨架肋，巴洛克式的装饰屏风及风管琴，古罗马式样的人物、花卉雕刻。在这里大教堂的内部金碧辉煌，到处洋溢着张扬和高调。这种只有在基督教堂才出现的装饰，在科尔多瓦大清真寺中也出现了。

清真寺与教堂是两种教派的信徒进行宗教活动的场所，这两种场所通常出现两种截然不同的建筑形态。清真寺的形态需要表现低调的、内向的"顺从真主"的意向，而教堂建筑则需要表现接近天父的上升的感受。科尔多瓦大清真寺融合了两个教派的风格，集清真寺和教堂建筑形态于一体，这在世界宗教建筑中是罕见的，也正是这种罕见，科尔多瓦大清真寺必然在世界宗教建筑史中占有不可替代的位置。

四、 阿尔罕布拉宫的风采

8 世纪，摩尔人入侵西班牙后，为了其统治的需要，在现在的圣尼拉广场的树木葱茏的山顶处修建了一座要塞，与此同时也兴建了一座 150 m 高的阿尔罕布拉宫。阿尔罕布拉宫是集城堡、住宅、主城于一身的独特建筑。

西班牙阿尔罕布拉宫（高祥生摄于 2015 年 8 月）

阿尔罕布拉宫坐落于格拉纳达的山丘上，周围环绕着蜿蜒起伏的红石围墙，故人们又称其为“红堡”。1492 年摩尔人被逐出西班牙后，阿尔罕布拉宫曾一度荒废，1828 年后在斐迪南七世的资助下，经几代人修缮、复建，逐步恢复原貌。阿尔罕布拉宫的地位相当于中国的故宫，是穆斯林摩尔王国的艺术瑰宝，被联合国教育、科学及文化组织先后列为世界文化遗产和世界新七大奇迹之一。

阿尔罕布拉宫分五个区域，分别为查理五世皇宫、纳塞瑞斯皇宫、上阿尔罕布拉、阿卡萨巴碉堡、轩尼洛里菲花园。

在阿尔罕布拉宫中设有四个中庭，并有一块宁静而开阔的水池，池边铺设深绿色的植物，水池与四周的建筑、树木起相互衬托作用：池中倒映着蓝天、白墙、绿树……这里的一切使人们觉得肃穆、圣洁，是对心灵的净化。

中庭和橘树是清真寺的两个特征，阿尔罕布拉宫的中庭也称狮子庭，狮子庭周边簇立着 124 根密集的伊斯兰风格的拱柱，阳光下拱柱的光影虚实有致、韵味十足。中庭的周边绿荫环抱，中庭中圣心池洁白无瑕，是环境的视觉中心。

阿尔罕布拉宫的建筑是精美的，色彩是绚丽的，风格是柔美而典雅的，在这里泉声潺潺，花木扶疏。毫无疑问阿尔罕布拉宫是伊斯兰建筑中的经典。

阿尔罕布拉宫中装饰纹样细密、精致。阿尔罕布拉宫的装饰纹样遵循伊斯兰教的陈式化规定主要分三类，一是花草植物图案以花叶、花枝为原型，抽象出各种装饰语汇再进行组合，成为二方连续式四方连续图案；二是以几何状图形为基础，构成圆形、波纹形、多边形的面状式线状图案；三是用阿拉伯文字组成装饰图案，其中阿拉伯文字组合会更具韵律，变化的图案具有极高的艺术价值。

行走在阿尔罕布拉宫中到处可见的是水钵、水池，是花草、绿荫，是富有特色的精致纹样……到处呈现的是浓郁的伊斯兰情调。

阿尔罕布拉宫虽然历经千年的战火和权力更替，但是伊斯兰建筑形态及装饰风格依然是完整的，看不出有人工破坏的痕迹，这是一个奇迹……

我一直在思考，这是否因为在本文所述的西班牙南部的三个宗教建筑中，阿尔罕布拉宫距非洲，也即距摩尔人最近，在历久弥新中摩尔人对其的影响一直未减？答案我不得而知，但我深信伊斯兰的宗教文化、宗教艺术，有其立足于世界艺术之林的价值。

建筑设计界的“暖男”

——著名现代建筑大师阿尔瓦·阿尔托

建筑史的书籍中常把阿尔瓦·阿尔托评价为“人情化”的建筑师，我赞同这种评价。而且我在参观了他的大多数建筑作品后，对他人性关怀的设计态度非常敬佩，并在后来的几次撰文中称阿尔瓦·阿尔托为现代建筑设计中的“暖男”。

现代主义建筑的理论和实践虽然提出了如何更好地解决功能问题、结构问题、材料问题、环保问题、建造问题等，但还是有在设计中缺乏对人性关怀和对历史文化表述的缺点。作为同时代的著名建筑师阿尔瓦·阿尔托则是在实践中解决了设计对人性关怀的问题。因此，我认为芬兰的建筑大师阿尔瓦·阿尔托在现代建筑发展史上是一位非常值得赞扬的建筑大师。他的设计作品对现代设计具有很重要的借鉴意义。

一、 现代建筑设计师中的“暖男”

阿尔托的自宅谈不上豪华，但他对室内的功能布置、交通流线、采光通风、色彩等都处理得非常合理、非常细致、非常“到位”。阿尔托设计的卡雷别墅在室内装修细部设计不亚于赖特的流水别墅以及赖特的自宅，即便斯卡帕建筑设计中的装饰细部可以超过阿尔托，但是无论是赖特还是斯卡帕的装修细部大都停留在视觉感官的层面，而阿尔托所有的细部都表现了设计对生活、工作细节的关注，对人性的关怀。

提及阿尔瓦·阿尔托的设计，不能不说他在家具设计、灯具设计上的成就。就拿我们现在坐着的许多现代椅子、桌子的样式而言，有些就是模仿阿尔托的设计。

20 世纪 20 年代，阿尔托与妻子阿诺·玛赛奥在层压胶合技术制作曲木家具方面获得了突破性的成就，他们使用本土桦木，运用有机形态进行了木材弯曲试验，历经多年的试验终于有了成果。

阿尔托在这些家具的设计上，很注重家具造型与人体曲线的契合度、对空间的利用率以及装饰构造的合理性。他设计的圆凳是可以一个个地套叠起来的，像俄罗斯“套娃”玩具一样。

阿尔托个人工作室的柜子长度、宽度都是跟图纸大小一致的，构造精致，开启自如，柜子的构造严丝密缝，这表明了阿尔托个人工作室的设计图纸是很细致的。

芬兰赫尔辛基阿尔瓦・阿尔托工作室
（阿尔瓦・阿尔托设计，
高祥生摄于 2017 年 6 月）

阿尔瓦・阿尔托在室内装饰装修的细部设计上更是体现了一种对人的关爱，楼梯及楼梯扶手的设计，踏步的端头大多呈弧形，每一节踏面上都包上了木条，减弱了混凝土踏步的生硬感，给人以温暖、舒适的感觉。楼梯的扶手他常设计成高低两层，同时满足了成人和儿童的使用需求。在阿尔托设计的多数室内与人体有接触的位置都有弧形木材的收口，如此设计不仅有一种柔和美，更重要的是减弱了人体与建筑接触时由碰撞产生的生硬感。

阿尔托在设计中善于利用自然光，努力减少眩光对眼睛的刺激。在阿尔托的个人工作室里，窗户都经过精心的设计，立面中有大面积玻璃窗，阳光透过窗外的树木洒落在桌面上、地面上、家具上，斑驳落离，错落有致，极富韵律感。高窗的应用和侧向采光避免了眩光，而侧向采光的构造方法似乎对 20 世纪后的设计师都有影响。

人们在谈到阿尔托设计的时候，经常会说到阿尔托设计的灯具，他设计的灯具形状有筒状的、盆状的、圆形的、流线型的……灯具的外形都是弧形的，就是没有方形的，灯具的颜色有白色的、灰色的、黑色的、银色的……灯具材质有金属的、玻璃的、塑料的……它们被应用到各种场合后便受到了使用者的广泛欢迎，这些灯具一是可变，二是温馨。

二、 芬兰的瑰宝

阿尔瓦・阿尔托是一位现代建筑大师，同时也是一位工艺设计大师及艺术家，他一生中大约有 500 件设计作品，而其中 80% 的作品都在故乡芬兰，他对世界现代建筑的发展作出了巨大的贡献，对于芬兰来说他的贡献更是不言而喻的。有人说“阿尔托是芬兰进入现代工业文明这一进程中可靠的、优美的导航员，阿尔托用他的建筑和家具设计定义了现代芬兰，使芬兰在全球化进程中得以平稳着陆”。在芬兰许多城市的商店、宾馆等场合，人们使用的大多数家具、灯具等都与阿尔托设计相关，他的设计样式在芬兰随处可见。

同时阿尔托的设计也极大地影响了北欧家具的风格，对宜家的家具风格也产生了重要影响。据说宜家最早的董事长是阿尔托的学生，现在从宜家很多热销的经典家具中仍能看到阿尔托的设计原型。

芬兰人对阿尔托特别地尊重与重视。阿尔托不仅为芬兰作出了巨大的贡献，更是芬兰人世世代代纪念而尊重的瑰宝。

芬兰著名的阿尔托大学，就是为了表彰和纪念阿尔托而以他的名字来命名的。阿尔托大学主校区的多座建筑也是阿尔瓦·阿尔托的设计作品。他是该大学的一名校友，同时也是阿尔托大学理工学院的创造者、规划者和主教学楼的设计者。

2017 年芬兰国家美术馆专门为阿尔托举办了建筑设计及家具设计的个人展，其中有他的设计图纸、绘画作品、成品家具……展览时间持续半年，来自世界各地的参观者络绎不绝。一般来说，西方的一个国家美术馆是很少这样为一个建筑师举办个人展的……

三、 森林的守望者

芬兰全国约有 65% 的面积为森林覆盖，松树、冷杉和桦树是芬兰的主要树种。芬兰的森林随处可见，森林对于芬兰人来说似乎有一种魔力，而阿尔托出生在一个工程师家庭，父亲是地形测量工程师，外祖父是一名高级森林管理员，在这种家庭环境下成长的他对森林、对树木、对木材有着深刻而又虔诚的认识。所以我总觉得阿尔托的身上有一种对森林、对木材特有的情感。

阿尔托最具有代表性的几件作品都与森林有着密切的关系。帕米欧疗养院坐落在一座小山丘上，在参天大树的守护下成了一个休养生息的绝佳之地。玛利亚别墅建在芬兰西部努马库附近的一座小山上，漫林碧透下的玛利亚别墅似乎是被山丘林木捧在了手心里；卡雷别墅位于巴黎郊区的一个山谷上，周围绿树成荫，青翠欲滴。另外，阿尔托的个人住宅和工作室虽然建在居住区，没有自然的森林环境，但是住宅和工作室的周围也都有树木围绕，郁郁葱葱的树林为他的生活与工作营造了一个生机勃勃的环境。

芬兰马库镇玛利亚别墅室外（阿尔瓦·阿尔托设计，高祥生摄于 2017 年 6 月）

阿尔瓦·阿尔托设计的建筑中许多部位都用到了木材，如木材的顶棚、木材的楼梯、木材的墙面……到处都有木材的影子。纯正的现代建筑就是用白色来修饰墙面，而阿尔托设计的建筑墙面有部分却用了木材，木材的使用使得阿尔托的建筑不全部是白色。

在室内阿尔托的家具设计也是以木质家具为主，特别是他使用多层白桦木胶合板制成的各种曲木家具，后来成为举世闻名的“北欧家具”的原型。我们可以看到他的住宅、个人工作室、他设计的教堂里及其他大量的建筑设计中，都有大量木材装饰，除了他的木质家具之外，很多装饰的细部也用到了木材。这一方面是他对人性的关怀，另一方面也是他对森林的执着、热爱。

阿尔托对树木有着深厚的感情，他曾深情地说：“树木的保护包围感仍深藏在芬兰灵魂中。”树木在阿尔托的眼里不仅仅是自然界的景观，更是富有生命的最佳伙伴，他将树木的肌理、树木随季节的变化所产生的光影效果与建筑设计融合。可以说是阿尔托赋予了树木更丰富的生命意义，而树木又赋予了建筑生命与灵魂，也成就了这位建筑设计界的“暖男”。阿尔托50余年的建筑生涯中从未停止过对树木的这份挚爱，无论是基于他身为芬兰人对森林与生俱来的灵魂认同感还是基于他血液里流淌的对父辈的眷恋，他的生命和工作充分体现了他的身份不仅是一位建筑设计师，同时也是一位至诚的森林的守望者。

四、结语

现代建筑无疑是对传统建筑的一种反叛，它对近现代建筑设计的发展起到了促进的作用，但是部分现代建筑缺少适当的功能细化和装饰，所以有人说现代建筑“除了没有还是没有”，于是在现代主义建筑之后又出现了后现代主义建筑，但是，部分后现代主义建筑过多地关注文脉符号的表现，以致有些后现代建筑出现形式主义的倾向。我认为建筑的空间就是供使用的，要用得舒服，看得舒服，住得安全、生态，这才是好建筑。基于这样的认识，我非常推崇阿尔瓦·阿尔托的设计。

阿尔托处于工业文明不断发展的时代，工业技术的飞速发展不仅促进了建筑设计的发展，也给社会结构和社会生活带来了极大的冲击，在当时那种充满理性主义和激进主义的现代主义建筑思潮中，阿尔瓦·阿尔托像一股清流，褪去了现代主义的冰冷、严峻，多了一份亲切、柔和，他在这样一种现代主义建筑的环境下，能够做得如此精细化，这与我们国家提出的“简装修、重装饰”的设计理念有很多相通的地方。仔细看阿尔托的建筑，它是一种关心细部、关心功能、关心人情的现代建筑，强调功能的细化问题，当然这种功能的细化也跟木材的应用有关，它的精细化与人的需求紧密相关，楼梯的转角处、桌子的棱角处、扶手栏杆等，触摸的地方都是弧形和小尺度，而这些弧形和小尺度与人体的尺度一致，这种精细化的设计理念对我们建筑设计的发展是非常有可取之处的。所以我大声疾呼阿尔瓦的很多设计值得现今的中国设计师好好学习。

卡罗·斯卡帕的建筑装修设计

——以布里昂墓地为例

我到意大利威尼斯后，着重参观了著名建筑师卡罗·斯卡帕的建筑设计。斯卡帕在维罗纳设计了古堡美术馆（改造）、奎里尼·斯坦帕里亚基金会大楼（改建）、威尼斯建筑学院大门、奥利维蒂陈列室、维罗纳人民银行大楼，还有坐落在威尼斯广场上的斯卡帕纪念馆……在斯卡帕的建筑设计中我印象最深刻的是布里昂墓地。墓地建筑的空间之美、细部之精，令我为之钦佩不已。

在我参观的这些作品中，最让我回味无穷的是位于意大利北方小城特莱维索附近的桑维多的布里昂墓地，这是斯卡帕生命中的最后一件巅峰之作。1969 年斯卡帕开始着手这件作品的设计，一直到 1978 年斯卡帕过世那年才完工，最后斯卡帕也长眠于此。这件历经数十年的作品集中展现了他建筑设计的特点及水平。斯卡帕建筑设计有五个主要特点。

一、 素面朝天的混凝土饰面

在斯卡帕的作品中，建筑的主要材料是素水泥（虽然在古堡美术馆的改建中他也用到了红砖）。布里昂墓地的建设开始于 1969 年，这一时期是现代主义建筑的盛行期，混凝土在建筑中广泛使用，水泥就成了最重要的材料。在斯卡帕设计的布里昂墓地中，混凝土几乎遍布整个建筑（而且留下了模板的痕迹），无论是室内还是室外我们都可以看到混凝土一直是最主要的建筑材料，而且他也不会过多地去使用其他材料，在墓地参观，映入眼帘的就是简单朴素的混凝土饰面，不需要包装与修饰，他就给我们展现了一个完整而丰富的建筑空间。布里昂墓地有一个带方亭的水池，这里更像是一个让参观者沉思的地方，方亭和水池使用混凝土筑成，方亭和水池的边缘、沟通主墓与方亭的水渠也用混凝土筑成。

甚至在墓地外边的地面上，虽然是用石头铺地，但是他却特意用混凝土收边、小石块作填充，给人的感觉仍然是整个地面是被混凝土包裹着的。斯卡帕似乎特别擅长给这种看似冰冷而沉重的混凝土建筑注入情感与生命，我们常常觉得墓地是一种庄严肃穆、冰凉冷漠的存在，其实不然，在斯卡帕的设计下，墓地的庄重之中不失柔情，不失温馨，这样的混凝土饰面似乎有一种对逝去生命所表达的敬畏之情。

二、 律动的线条与叠加的双圆

斯卡帕的建筑设计有一个特别鲜明的特点，就像很多人说的那样，只要看到了这种富有律动的线条和叠加的双圆，就知道一定是出自斯卡帕之手。这在斯卡帕的很多作品中都有所呈现，在我所参观的这些作品中也处处都有，而对于他那种富有节奏感的线条，有人说这种设计形态源于水波纹的启发，我不得而知，但是这种特点恰恰突显了他的一种个人风格。

布里昂墓地整体上呈“L”形，斯卡帕通过一些线条来强调轮廓，我们在进入墓地之后会有一个强烈的视觉冲击，整个墓地有很多节奏强烈的混凝土线条，比如说墓地外面草地的两端、建筑物的外立面、主墓的拱形篷两端、墓地的室内空间到处都有这样的设计，在家族小教堂的祭坛顶部天花的处理上，他使用韵律优美的放射性装饰线条以形成空间上的变化。

意大利威尼斯布里昂墓地外面的水池
（高祥生摄于2018年4月）

另外他还多次使用叠加双圆，形成一个视觉焦点，两个圆圈叠加在一起，在从一个空间进入另一个空间时，他经常用两个圆圈的叠加来做这样一个吸引人眼球的视觉中心。双圆这一符号元素在布里昂墓地中反复出现：从公墓区进入墓园的实墙上，方亭的前面，家族小教堂的角落装饰，流入主墓的水渠之间的连接上。我不清楚这一符号的设计源于何处，但是在威尼斯只要看到这样的双圆符号就知道是斯卡帕的设计作品。

三、相互穿插流通的建筑空间

在斯卡帕的设计中，整个空间里，只要站在一个空间就可以清晰地看到另外一个空间，他始终讲究从这一点能够看到另外一点，所谓流动空间在他的设计里已诠释得清清楚楚。在他设计的建筑中，一个空间和另一个空间之间实际上是互相穿透的。在布里昂墓地中，斯卡帕没有采用传统的中轴对称手法设计墓地，而是选择了类似于中国园林式的布局，似乎建筑的每一个部分之间自然衔接，人在建筑中是自由的，行走于其中是在漫游。这与他设计的很多双圆形窗口正好呼应，仔细看每一组双圆的设计，似乎是一双眼睛，正是通过这双眼睛我们可以看到另一个空间。

我在参观布里昂墓地时，发现整个建筑空间里没有任何一块墙是整面封闭的，里面有很多竖立窗户，这种连续几个又长又窄的窗户，使建筑立面极具韵律感。

四、与建筑环境浑然一体的水面

威尼斯是著名的水城，水象征着永恒，斯卡帕的建筑里到处都用到了水。特别是布里昂墓地，很多地方都用到了水，而且用得很精致。比如说在进入墓地内部的入口处，建筑与水相依，水面不是很大，却把上面的建筑倒映在里面。我去参观的那天正好赶上一个好天气，在阳光的照耀下，水面上建筑清晰的倒影以及周围树木的倒影摇曳生辉。也许是斯卡帕想要扩大整个墓地的垂直距离，因为整个墓地的构造物不是很高，也许是水又有另外一种寓意：它象征着永恒。斯卡帕在设计的时候是否有什么特殊含义我不得而知，但有一点，水和这些有序的纹样给我留下了静谧的、永恒的印象。

布里昂墓地主要分为三个部分：带方亭的水池、主墓及次墓、家族小教堂。其中水的运用不单单是建造一个水池这么简单，斯卡帕的独特之处在于他精细绝妙的设计，在方亭和主墓之间连有一个水渠，从带方亭的水池处引出一条长长的水渠，经过一段距离之后开始缩小，快到达主墓的地方又有两个双圆形小水池连接，水既是静止的，又是流动的，它会有一种生命的净化和延续。

五、细致到极致的细部

“上帝也在细部之中”，这是斯卡帕的创作宣言。在布里昂墓地中，我们可以看到斯卡帕对细部的追求已经近乎极致。夫妻主墓选在墓地中心的草地上，两个棺木相互倾斜，棺木的上方他建了一个拱形混凝土，为了避免给人桥的印象他在拱形篷上加以装饰，涂上颜色，贴上马赛克。入口门廊的双圆交叠也是十分细致的，上面的彩色马赛克红蓝交错，更是具有了生与死相互联系的意味。

另外家族小教堂的祭坛顶部那种富有节奏感的装饰线条似乎是以金字塔为基本型，也为教堂增添了一份神圣感。

斯卡帕希望“这个为死者建造的空间是一个花园。这是一个可以沉思冥想的空间，平和也很美丽。我很喜欢待在那里。这样的安排可以让你在一个祥和的环境中拜访死者”。所以我们在布里昂墓地中看到的不仅仅是对死亡的敬畏和对逝者的尊敬，也看到了他对生命的渴望和对生者的关怀，生与死不是一种永别，而是永恒的联系。而他所有这些情绪的表达都是通过对细部的塑造来完成的，可以说斯卡帕是一个细致到极致的设计师，我感觉他的建筑作品里面的装饰，就是建筑的细部非常精美，致使任何附加上去的装饰都是多余的。细部精美是他最为重要的一个特点，目前我所见到的设计师能够把装饰做得那么细致的也就只有斯卡帕了。

斯卡帕的设计中，所有室内外均未做两层皮。他的建筑大多是素面朝天的，建筑的构造就是装饰。这与我们当前做完建筑再在外面像热水瓶一样加上一层外罩的做法刚好相悖。斯卡帕的做法对当前的建筑设计来说似乎是一种讽刺，这种在建筑构造完成后将建筑再进行一层层的包装是否有必要呢?

毫无疑问，斯卡帕的布里昂墓地作为建筑艺术来说，对于设计师具有重要的参考价值。斯卡帕在设计和建造布里昂墓地花了十年的时间，但是作为一个墓地，对于人多地少、强调设计必须服务于大众的中国来说显然是没有参考意义的。但是斯卡帕倾注了十年的心血来完成布里昂墓地，将装饰做到如此极致，在设计界几乎无人能及。

雕塑感的楼梯、楼梯中的雕塑

一、 楼梯的设计

楼梯是楼房中的垂直交通枢纽，也是楼房中引人关注的景点。换言之，楼梯应在满足功能的前提下，也满足人们的审美要求。

我在参观楼梯设计时总会关心楼梯的功能性和美观性。功能性是要满足人体的生理要求，美观性则是应给人们心理带来愉悦性。满足楼梯的功能要求和安全要求是必须的，它是关乎楼梯存在的必要，而美观则是在满足功能要求后的更高层次的精神需要，这是设计品质高的重要因素。

解决建造楼梯的经济和技术问题后，楼梯的造型美观就是提升设计品质的关键。通常符合功能需要的楼梯是美观的，而满足审美需要的楼梯也必须符合功能要求和国家、行业的有关规定。楼梯设计中的安全问题、结构问题、防火问题是设计中首先要解决的问题，不得有半点疏忽。凡涉及人体需要的合适尺寸，诸如踏步宽度、深度、高度，栏杆、栏板的高度、间隙等都应让使用者用得舒适，这种要求全世界都一样。如因造型需要出现不符合人体功能要求的造型，应附加符合人体功能要求的构造。凡有承重作用的结构或有安全隐患的装饰构件均应有结构验证……

实际上优美的楼梯造型设计，就是“戴着镣铐跳舞的辛劳”。能否将这个“舞”跳好，就得看投资者的眼光、设计者的智慧和建造者的能力。

楼梯的造型让我惊叹不已的有不少，但使我经久不忘的只有两座：一是美国纽约第五大道上阿玛尼精品店中的楼梯，二是斯里兰卡灯塔酒店中的艺术楼梯。它们一个是将楼梯设计成一座别致的雕塑，一个是将旋转楼梯与一组群雕整合在一起。

二、 雕塑般的楼梯——美国纽约的阿玛尼精品店

美国纽约的阿玛尼精品店开设在第五大道，拥有 7000 m^2 店面，该店是由马希米列诺 · 福克萨斯和多利亚纳 · 福克萨斯夫妻设计的。这是他俩继日本东京银座和香港的两家概念店后设计的第三件阿玛尼精品店作品。也就是说在纽约的阿玛尼精品店建成

前，世界上的阿玛尼精品店已有成功的案例。

曾有朋友向我介绍了纽约的阿玛尼精品店，于是我去了这家精品店，与其说逛精品店还不如说是欣赏店中的楼梯。

店中的展橱、展架现代、新颖；店员很靓丽、帅气；展橱中的商品时尚、高贵……处处都是夺人眼球的景点。

美国纽约阿玛尼精品店中的楼梯（高祥生摄于2016年8月）

但使我眼前一亮、为之震撼的却是位于店中后部的大型雕塑般的楼梯。

楼梯由合成材料包裹，呈乳白色，且呈现不同的光色。楼梯有四层，每层的梯段、栏板都是曲线的，踏面、平台都是扇形的。楼梯中栏板的体量最大，高的栏板像女裙的裙摆，窄的栏板似女裙的裙带。每层的栏板、踏步的转折处都嵌有暖色的光带，商店的玻璃窗和楼梯的镂空部分与实体的楼梯构成空间的虚实对比。楼梯的形态是新颖的、奇特的，既有旋风般的力度，又有舞蹈般的飘逸。灯光除有照明作用外，更是强化了楼梯的动势。踏步的宽窄适合人们行走且收放有度。

我从底层到四层，又从四层到底层，仔细欣赏了楼梯的所有造型。

我赞叹投资者的魄力，建造这楼梯除需要可观的资金外，还需要占据商店中不少的营业面积。我赞叹设计者的智慧，楼梯造型的每个细部都是不同的，但每个细部的形态又是统一的，楼梯的造型是夸张的，极有张力的，但又都具有满足使用者需要的舒适尺寸。我赞叹建造者难得的工匠精神，每段不一样宽窄的踏步，每段不一样高低、不同曲率的栏板，需要多么认真地放样，多么精确地施工。

从造型的实施角度来说，完成阿玛尼精品店中的楼梯比完成一件雕塑作品更困难。通常雕塑的造型根据感性要求表达主题、情感、风格等，而像这种既有感性要求，又有理性使用要求的雕塑感的楼梯，其难度已超过一般的雕塑作品实施。

三、与群雕整合的旋转楼梯——斯里兰卡灯塔酒店

倘若提起斯里兰卡的现代建筑，业内都会向大家介绍建筑大师杰弗里·巴瓦，同时也会说到巴瓦晚年的代表作——灯塔酒店，而说到酒店时又必然会说到酒店旋转楼梯的设计。这座旋转楼梯是集历史、科技、艺术于一体的斯里兰卡的文化珍品，也是灯塔酒店中最引人注目的亮点。

斯里兰卡灯塔酒店中的楼梯
（高祥生摄于 2016 年 4 月）

斯里兰卡灯塔酒店坐落在一座山丘的顶部，酒店旋转楼梯中金属雕塑是杰弗里·巴瓦的好友拉奇·塞纳那亚克设计建造的。拉奇是一名优秀的室内装饰大师，我曾拜访过他，拉奇擅长绘画和制作金属装置、雕塑等。巴瓦的建筑作品中诸多艺术作品出于拉奇之手。灯塔酒店旋转楼梯中的金属雕像表现的是 17 世纪斯里兰卡人民反对荷兰殖民统治的战争场面。

金属群雕设置在圆筒状的中空的壁面和楼梯的栏杆上。群雕随栏杆的设置盘旋而上，群雕表面呈深蓝色或黑色。群雕的人物均呈战斗姿态，有手持长矛、战刀的；有手抓盾牌奋勇抗击的；有挥舞旌旗、振臂呐喊的……战马长啸、战车驰骋，群雕似主题性长卷画，画面疏密有致，构图跌宕起伏，一展古时的战争场面。旋转楼梯的踏步宽度足够两股人流的相向而行，当人们踩到楼梯的踏步时，踏步会发出“嗡嗡”的声音，此声音宛如古代战争中的击鼓声，使人幻想起古代战争的场面。从中庭玻璃顶棚中泻下的光线不断变幻，使旋转楼梯和群雕的形态产生更为丰富的变化和更为强烈的艺术魅力。

四、结语

我介绍纽约第五大道阿玛尼精品店的楼梯和斯里兰卡灯塔酒店的旋转楼梯的造型，只是说明使楼梯造型美观的一些元素。但这两座楼梯在面广量大的楼梯造型中只是个例。设计师对服务大众的建筑及其附属的楼梯，仍应遵循“实用、安全、绿色、美观”的原则，做好设计。

涅火重生的芝加哥

一、芝加哥概述

芝加哥位于北美中心，它是美国的金融中心之一。在这里企业云集，商贸大楼林立，有著名的芝加哥大学、西北大学、伊利诺伊大学。它被公认为是美国的第三大城市。

18 世纪芝加哥曾是印第安部落的领地，1803 年美国陆军在这里建立了迪尔伯恩要塞，1812 年迪尔伯恩遇害，要塞遭毁，1833 年芝加哥镇成立，1837 年芝加哥市成立。19 世纪的芝加哥兴建铁路，开发水运，随后工商业快速发展，大量农村人口涌入芝加哥，此时的芝加哥拥有近两百万人口，成为美国中西部地区的经济、贸易、文教中心。

二、芝加哥的火灾

只要提到芝加哥，人们就不会忘记 1871 年那场使芝加哥城遭受巨大灾难的大火。

那是 10 月 8 日的夜晚，一名农妇给一头生病的奶牛喂草，奶牛踢翻了草堆上的油灯，火苗烧着了牛棚，燃烧的牛棚引发了火灾。大火迅速流窜到一条条街道，爬上了一幢幢楼房。当时正值隆冬季节，天气干燥，加上芝加哥的房屋都用木材建造，家家户户都用木材烧饭取暖，又都囤积了一堆堆的柴草。有记载说当时还刮起了龙卷风，风助火威，火借风势，熊熊大火在芝加哥城蔓延，上空又有似燃烧中的陨石散落到城市各个角落。面对熊熊大火，城市的数百位消防人员只是杯水车薪，消防设施十分有限。火灾中的人们四处逃散，情急之下还有跳入水池中避难的。大火燃烧了两天两夜，无数人葬身火海，无数人淹死在湖泊，无数人被掩埋在倒塌的楼房下，无数人无家可归。

这是一次震惊世界的灾难。这场灾难让人们认识到消防和消防措施的重要性，认识到木结构建筑防火的重要性。劫后的芝加哥增强了消防意识，增加了消防设备。更主要的是劫后的芝加哥城进行了新的规划，重建的芝加哥建筑全都采用了钢结构建造，从此一幢幢新型的钢结构的高楼拔地而起……

很显然，芝加哥城的火灾，警醒人们应重视消防工作，并加快了钢结构建筑的发展速度。

美国芝加哥密歇根湖畔
（高祥生摄于2015年8月）

三、 芝加哥的现代建筑

我到芝加哥后住在水楼丽笙酒店。从丽笙酒店的窗口可以观赏到著名的密歇根湖、千禧公园和其他的景色、建筑。出丽笙酒店的大门向右拐就可以感受到芝加哥城的繁华气氛，满眼都是高楼大厦，建筑的立面各不相同，但高度差不多，建筑的密度较高，道路则很宽敞，城市的交通井然有序。

密歇根湖畔最显眼的应是摩天轮和海军码头的舰艇。据说密歇根湖畔的摩天轮是当时全世界最大的摩天轮，是否如此我无法得知，但密歇根湖畔摩天轮的巨大尺度与周边环境是匹配的，与一望无际的密歇根湖是匹配的。

与摩天轮毗邻的是海军码头，这个海军码头有一艘舰船和一座上下船用的钢制桥架。摩天轮和海军码头都是白色的，它们在湛蓝色的湖面和绿荫的衬托下夺人眼球。

千禧公园包含的内容多一些，它有露天舞场，有各种装置、雕塑。其中最有名的还是弗兰克·盖里设计的露天舞场，透过露天舞场裸露的金属网架，可以清晰见到城市的高层建筑，整个舞场铺着红色的地毯，银灰色的金属设备被搁置在舞台后部……这里的一切都有粗犷、工业制造的美感。

在密歇根湖畔还有芝加哥艺术博物馆，其是三幢连体的三层建筑，馆内的空间形态新颖、通透。馆藏的艺术品很丰富，有绘画、雕塑、工艺品等。馆藏初期的艺术品主要是为教育学生提供艺术学习的范本，后来馆藏艺术品不断丰富，成为美国第二大艺术博物馆。

虽然我对芝加哥艺术博物馆的建筑空间，对各种艺术品都很感兴趣，但由于时间的限制，我只能选择观赏在别处无法看到的印象派和后期印象派的作品。

美国芝加哥艺术博物馆
（高祥生摄于 2015 年 8 月）

在这片景区中，密歇根湖应是主角，景观、建筑也都是在湖畔上展开的。当人们把视线转向密歇根湖，都会惊叹湖景的美丽。深蓝色的湖面上游艇划开湖水，留下一道白色水浪，然后又快速前行，游艇上人们的叫喊此起彼伏，马达在连鸣……人们在享受冲浪带来的感观刺激，享受生活给予的甜蜜。此情此景似乎让人们忘却了一百多年前的那场火灾。

绿色建筑的典范

——斯里兰卡坎达拉玛遗产酒店

一、 山体中长出来的坎达拉玛遗产酒店

在杰弗里・巴瓦诸多的建筑设计作品中，最著名的当数坎达拉玛遗产酒店。它是杰弗里・巴瓦获奖最多、影响最大的设计作品，同时还曾被美国《国家地理》杂志推荐为世界最好的 50 家酒店之一。

酒店坐落在斯里兰卡丹布拉的一个山丘上，毗邻坎达拉玛大水库。因为酒店位于多个世界文化遗产的“文化三角”地区，所以被称为坎达拉玛遗产酒店。

这是一座镶嵌在岩石上，用绿植包裹着的建筑。沿着一条山林中的蜿蜒曲折的小道可以进入坎达拉玛遗产酒店入口，酒店的入口很宽敞，没有门，两侧岩石似乎是限定酒店空间的侧界面。大堂空间是一个富有野趣的“灰空间”。酒店一侧的岩石上坐着当地的民间歌手。

酒店大堂将客房部、售卖部、商务部与餐厅、娱乐休闲区一分为二。大堂的一侧是售卖部、书店和客房部。客房有 160 多间，酒店大堂到售卖部、书店、客房部，要经过一条高低错落的长廊，很显然，这里的楼梯和坡道在建造时，无法用图纸表示，只能由设计者在现场示意。客房廊道一侧依然是开敞空间，山林的气息扑面而来。廊道的转折处总有露出山脊的石块。

房间的外墙面只是刷了浅色涂料，墙上挂着裸露的消防栓，这与有些设计喜欢“包裹”“伪装”的方法完全不同，这种设计实用、生态，视觉上具有一种原生态的、质朴的美感。

酒店的房间面积、设施、样式，与我国大多数酒店的房间差不多，只是窗户大了些。在房间打开后，明显地有一股清凉的“穿堂风”。酒店中随时有“猴哥”们登堂入室后，会搜寻游客的行李、背包等。住在这个酒店，虽然有点被骚扰，但我还是满足的，因为这个酒店一是新奇，二是很生态。

斯里兰卡坎达拉玛遗产酒店室外泳池
（高祥生摄于 2016 年 4 月）

酒店大堂同一层的另一侧是休息空间，在休息大厅中，裸露的山头体量巨大，山石的墙上还绘出了一条巨大的蟒蛇，“蛇”是不是斯里兰卡的图腾，我没弄清楚，但这是一种原生态的、绿色理念的表现。

大厅开敞的一面可以观赏室外泳池，眺望坎达拉玛大水库。

在三层有宽敞、明亮的大餐厅，有舒适、安逸的茶吧，有健身的空间。看遍二楼，一般酒店有的功能，坎达拉玛遗产酒店也都有，而一般酒店没有的生态特色，坎达拉玛遗产酒店会有。我跑遍了二楼，发现在这酒店中没有一处使用“豪华”的材料，地面铺贴的是普通地砖，墙面刷的是一般的浅色涂料，柱子刷的是深色油漆。

给我留下印象最深的是酒店的装置，例如二、三层楼层转折处的铸铁的、类似猫头鹰状的飞鸟装置和木马雕刻，这些作品大概出自巴瓦的密友拉奇之手。联想到在一层看到的蛇形图腾等，不能不体会到坎达拉玛遗产酒店设计中绿色、生态的理念和举措。

傍晚时分我去了酒店的屋顶，屋顶是在山丘的顶部做了一层构造层后铺设一层绿植，在绿植上又铺设一条小道，绿植上点缀了大、小灌木，整个屋顶就是一座名副其实的亚热带的花园。

屋顶端头有一个创意十足的泳池，它是建在屋顶裸露的山脊上的，天色还亮时，泳池中石块还隐隐约约能见。泳池周边有一面敞开，蓝色的泳池连接着屋顶的草坪，纵目远眺，仿佛连接着远处的水库，直至山峦、蓝天、白云，这是多么美妙的景象。

我由衷地感叹：坎达拉玛遗产酒店，就像是从山体中长出来的建筑。这个从山体里长出来的建筑，长得很自然，很生态，也很美……这就是我们所追求的真正理想中的绿色建筑。

斯里兰卡是位于南亚的印度洋上的一个岛国，水源充足，湖泊密布。其城中水域面积虽不及欧洲的水城威尼斯，但山丘纵横，热带植物茂密，足以构成了斯里兰卡的地域特征，这种地域特征也为建筑大师巴瓦具有亲水情结的设计提供了丰富资源。我观赏过巴瓦的大多数公共建筑和部分私宅建筑，感觉几乎所有的建筑设计中都有对水及水环境的表现。

二、 面海而筑的灯塔酒店

斯里兰卡灯塔酒店（高祥生摄于 2016 年 4 月）

位于斯里兰卡加勒古城北部的灯塔酒店，是巴瓦大师晚年的作品。酒店的建筑平面沿海岸线纵向布置。在现场观看感到建筑物被裹挟在海岸与公路之间的石岬上。酒店的首层餐厅有一面朝向大海，餐厅的廊柱构成了观赏海景的巨大画框。游人在餐厅内，可通过画框欣赏大海的呼啸，海浪击拍石山时的恶猛态势和退潮时的无奈、平和……酒店的客房同样面向大海，透过客房的窗户从多数角度都可以看到大海、沙滩、礁石、椰树……这些构成了一幅幅壮观美妙的画面，并伴随阵阵海风和海浪的喧嚣……此时此景足以使游人忘却尘世中的种种烦恼。

三、 面朝大海的阿洪加拉遗产酒店

酒店的建筑平面呈“品”字形，有三个院落组团，主立面均面朝大海布置。酒店的屋顶是四坡顶，墙体设大玻璃窗。平面纵向轴线的中部两侧敞开，其中一侧从室外至室内为透明的玻璃隔断和玻璃大门，形成穿透式，而另一侧朝向沙滩和景观，一直伸向海洋，感觉深远无际……酒店设计既有南亚的特征，又具现代气息。

斯里兰卡阿洪加拉遗产酒店（高祥生摄于 2016 年 4 月）

阿洪加拉遗产酒店横向平面的中部外侧设有两个方形水池。水池的装修简朴，但湛蓝的天空，碧绿清澈的池水，赭红色的屋面，伟岸潇洒的棕榈树，连同它们的侧影，构成了一幅靓丽的画面。在朝向大海一面的水池端头设有情侣座椅、游船等，又给游人增添了无限迷人的想象空间。

四、碧水清波托起的希马玛拉卡寺

巴瓦大师设计的希马玛拉卡寺位于科伦坡市区内的贝拉湖心，寺庙具有穆斯林风格。贝拉湖位于科伦坡市区的中心，而希马玛拉卡寺又位于贝拉湖的中心，毫无疑问希马玛拉卡寺就是科伦坡市的中心中的中心，也因此希马玛拉卡寺成为游人格外关注的建筑。

远眺希马玛拉卡寺，感觉像一组大小不一的湖心亭，阳光下湖面碧水万顷，波光粼粼，湖岸楼宇接踵，绿树成荫。从岸上拾级至希马玛拉卡寺需要经过一道“浮桥”，它的作用主要是引导和作为景观。

希马玛拉卡寺装饰装修的窗棂、栏杆、铺地、雕像的排列，井然有序，大小、主次分明。从任一角度欣赏都会感叹设计者在设计选址和造型上的匠心独运、不同凡响。

五、本托塔海滩酒店在建筑内外设置的水景

本托塔海滩酒店位于加勒通往科伦坡海滨公路的一侧。关于本托塔海滩酒店的褒奖文章很多，无须赘述，我所关注的还是巴瓦大师在酒店设计中的亲水情结。

本托塔海滩酒店与海滩之间设了两个泳池，池岸环抱各种乔木、灌木，泳池的功能与其说是游泳，不如说是观赏，泳池与池边的连接没有明显的收边，池底都是若隐若现的山石，显得原生态。酒店的中庭位置设了一块与中庭面积几乎一样大小的水池，在水池中种植了两棵鸡蛋花树，形态既婀娜多姿又苍劲有力。在诸多描述本托塔海滩酒店的文章中几乎没有提到酒店中庭的水池水景，然而我却认为本托塔海滩酒店中庭的水池是酒店环境中最为出彩的部位，倘若没有中庭的水池，本托塔海滩酒店的室内设计将缺乏灵气。

六、水淹大堂的碧水酒店

碧水酒店又称深海酒店，这是巴瓦大师一生中最后一件作品。

碧水酒店与前面提及的酒店一样在面朝海洋的环境中都设置了各种形式的水景、装置，栽植各种富有南亚热带特征的灌木、乔木。似乎没有必要强调，但当游人到达酒店的大堂前，就会被巴瓦大师对水的表现形式折服，并为之惊叹。自外部进入酒店是通过一条近百米的廊道，廊道两侧是两个数百平方米的水面，在这里廊道作为空间序列的起始，点明本建筑的设计或本装饰装修的设计就是水的文化。

自廊道再向前就是酒店大堂，大堂的场景更让人瞠目结舌：大堂的总服务台已有计划地被水“淹”了一小半，而游人去酒店其他地方办事，则另行小道。可谓“水淹

碧水店，又见亲水情”，亲水，是一种情感的表现形式，这种形式虽然有点出人意料，但又在情理之中，这种情理就是巴瓦大师敬畏自然。

七、“爱水及罐”的巴瓦水罐

在斯里兰卡的街头巷尾，酒吧、廊道、私宅庭院常看到一些不同形态的水罐，布置在恰当的位置。

布置水罐的建筑环境大都没有大片的水面、水流。因此我推测，这是一种亲水情结的间接表现，类似我国爱屋及乌的观念。很显然，在巴瓦大师设计的建筑中，倘若是缺少水资源的空间，他都布置了水罐。诸如：科伦坡的巴瓦工作室、天堂鸟酒店……

总之，有水的地方就有生命，有植物，有万物，有地域的特征。建筑大师杰弗里·巴瓦，生活在水资源丰富的斯里兰卡，所以在他的地域主义风格建筑中，处处流露出对水的青睐和迷恋。

斯里兰卡的巴瓦水罐
（高祥生摄于 2016 年 4 月）

敬畏自然的庄园

——斯里兰卡卢努甘卡庄园的建筑景观环境

如果说斯里兰卡是印度洋的宝石，那么卢努甘卡庄园就是斯里兰卡宝石中的瑰宝。如果说斯里兰卡是一个绿色的国家，那么卢努甘卡庄园就是绿色中熠熠生辉的水晶。

巴瓦是一位多产的大师，他一生中设计的私宅五十余套，设计的酒店有三十来家，而这些酒店建筑大多是在他的自宅卢努甘卡庄园完成设计的。巴瓦是一个大器晚成的设计师，他38岁才真正以建筑师的名义从事建筑设计，而在他去世前的四十余年中，他的生活、工作主要是在卢努甘卡庄园。因此要了解、认识杰弗里·巴瓦的设计思想，就应认真研究卢努甘卡庄园的设计思想。巴瓦一生很少对自己的作品作评论，所以我们只能用自己的眼睛去看巴瓦的作品，用自己的心去体会卢努甘卡庄园的设计理念。

卢努甘卡庄园坐落在伸向德杜瓦湖的岬角上，面朝宽阔的德杜瓦湖，被包裹在橡树林中。它横跨两座低矮的山丘，庄园很开阔，地面不太平整，房屋的位置很松散，很显然山丘是经过切割、修整的，但地面、山头、树木又不露修整的痕迹。

卢努甘卡庄园既没有东方私家园林那种小中见大、有藏有露、禅意十足、意向通灵的感觉，也没有法国、意大利等园林规划中的规整严谨的几何布局。因此，卢努甘卡庄园应是一个贴近自然、舒展开阔的英国田园式的园林。

这里的建筑大多为一层，少数为二层，与庄园整体空间相比建筑占的比例不大，星星点点地洒落在卢努甘卡庄园的山丘上、草坪上。这些建筑面朝草坪、山丘、绿林直至远处的德杜瓦湖，建筑的环境显得开阔而深邃。庄园中的水池都不大，有数十平方米的，也有百余平方米的，形状都不规整，与绝大多数水池不同，这里的池岸没有收边，显得很自然、质朴。多数水池中都漂浮着浮萍，有点像中国南方农村水塘。

池岸大多被高大的棕榈树、印度麻竹、斯里兰卡的鸡蛋花树等围合，中间又夹杂着剑麻等一些不知树名的灌木。这里的印度麻竹高大伟岸，但又弯着竹身，显得很谦和。鸡蛋花树不知道是否应是斯里兰卡树木中的特色树，鸡蛋花树婀娜多姿，枝繁叶茂时，感觉丰满气盛，树叶掉落后留下树干，树枝曲折多变、刚劲有力……这又很像饱经风霜后女人的形象，坚韧不拔、生生不息，守望着这片土地。庄园的草坪是开阔的，草坪中除了绿色植物和水池外，不时点缀着数只具有巴瓦设计风格特征的水罐，这些水罐感觉像不经意放置的，却又觉得摆放的位置恰到好处。草坪上还有一些耕牛和牧童，是否故意导演的也不知道，但与环境很协调，很出彩。

最令我赞叹的是巴瓦大师在卢努甘卡庄园的工作室，它的体量不大，有白色的墙面，绛红色的屋顶，室内陈设很精致、很得体，丝毫没有奢华的感觉。杰弗里·巴瓦是一个很富足的设计师，但这里没有任何张扬的摆设，这大概就是一种低调的奢华，一种在自然面前谦和的作风。卢努甘卡庄园的房子基本掩映在绿树丛中，在大自然面前，建筑退让了，或者说建筑与大自然融为一体了。这就是杰弗里·巴瓦敬畏大自然，热爱大自然的设计观的最好体现。

据说杰弗里·巴瓦过世后，他的骨灰被撒在卢努甘卡庄园中心位置的一棵鸡蛋花树下。这棵鸡蛋花树孤傲独立、雄踞一方，朝着草地、树木、房子，朝向远处的德杜瓦湖和山峦……朝向他所眷恋的自然环境。

斯里兰卡卢努甘卡庄园的鸡蛋花树
（高祥生摄于 2016 年 4 月）

韩国掠影

我曾在韩国游学，在那里与不少韩国人打过交道，有些事让我印象深刻，也让我对当地的文化产生了一些不同的认识。

韩国的疆土面积有限，是一个小国，不过一些韩国民众好似并不这么认为。我刚到韩国时，就听到一位韩国的导游在说："欢迎来到大韩民国！"，我突然怔住了，疑惑为什么要用一个"大"字来形容自己。转念间，我想了想，或许是因为当地有一些民众觉得自己的国家很伟大，国土十分辽阔，所以才如此称呼的。既是自卑情绪的体现，也是自负心态的象征，不过这也是当地民众对他们国家未来的美好愿景和对国家地位的渴望。

在韩游学，我更多关注的是建筑元素和文化。我在当地许多地方都看到了韩国的古代建筑，其外观样式与中国的古代建筑很像，不过他们将其称作"皇宫""大殿"。仔细观察可以看出，韩国设计的这些古代建筑，缺失了一些细节，或是少了某种内在，不如中国的传统建筑那么精致、美观，总觉得看起来不是很舒服，就像是将学习、借鉴的我国文化"本土化"时，没有理解、挖掘透彻，有点硬生生地仿造而做出来的半成品。对此，我更多表示遗憾，希望他们之后可以更好地发展和创新。

另外，我在韩国听到了一些与中国文化中一样的故事，最典型的有两件。一是一些韩国人认为端午节是韩国的。我不太理解，因为我们从小在教科书中学习到的屈原是爱国的，学了屈原的楚辞，知道屈原投江于汨罗江，为了纪念屈原，我们有龙舟节、吃粽子、喝雄黄酒。现在耳边却听到当地有民众称端午节、屈原是韩国的，而且还将端午祭申遗，我当时比较震惊。二是我听说韩国将十二生肖也说成是他们国家的文化，我在韩国也拍了他们的十二生肖雕塑，像中国的十二生肖，又不像中国的十二生肖，当时我的心情是沉重的，是担忧的。不过，现在回想，我觉得这对我们很有启示，这是在告诉我们，也是在激励我们，我们要重视和保护自己国家的文化遗产，要传承与弘扬自己的文化。

历史上，韩国与中国之间的文化交流颇多，韩国文化受中国文化的影响十分明显。在唐朝，朝鲜半岛的新罗国派专人来我国学习文化、治国策略，有些东西直接被照搬照抄地拿回去，“本土化”后便成为韩国人口中自己的文化。在 17、18 世纪，韩国多学习西方文化、中国清朝时期的历史文化等，并不断使其本土化，使其更好地为本民族服务，他们受益匪浅。

文化交流是必要的，但是，我认为其间需要有“度”的把握。虽然很多中国文化、中国元素被不同的国家借鉴和学习，但深深植根于我们伟大民族的文化内涵、文化精神是不容侵犯的，我们始终要保护好、传承好本国的文化。

对日本人的多样印象

1. 日本人的工作思维

我在南京板桥设计过一栋小楼，当时有一个增压轻型板材研究项目需要建造一个以RLC板材为主要材料的研修楼，楼层不多，我担任这个工程的总设计师。这个工程的投资方是日本的旭硝子玻璃股份有限公司（以下简称“旭硝子公司”），该公司被称为日本的“玻璃大王”，旭硝子公司总部也有一些常驻的总设计师、总工程师。

在楼房的建造期间，连续下了好几场大雨，当时房子的质量受到了大雨的影响，我很想去现场看看具体情况，但是去不了，因为雨实在是下得太大了。没过多久，我收到了旭硝子公司相关负责人打来的电话，对方说这栋研修楼的板材都搞错了。我当时询问对方可不可以去现场要求工人纠正这个错误。对方直接和我说，他不是总设计师，无权要求工人来纠正我们的问题，称这个错误是我们中方的事情，他不负责。当时天气状况很不好，我也和对方作了充分的解释，若是要我亲自去一趟的话，到板桥有一段距离，可能时间会来不及。原本楼层也不多，若是他可以协助解决，这个错误应该很快就能改正过来。

但是经过一番苦口婆心的劝说，对方还是坚持说我才是项目的总设计师，我也就没有再和对方争执，对方也很礼貌地说要等着我过去解决问题。所以，最后我还是赶了过去，去了之后我发现楼房的一些地方是歪的。看了现场的情况之后，我和日方的总工程师交谈，表示作为投资方，若是当初发现之时就及时让工人纠正，大概就不会产生这些问题，效果自然也会明显地提升。但是他一直坚称我才是总设计师，这都是总设计师的事情，他不好干预。

2. 日本人对中华文化的态度

有一次项目完成之后，在我们即将要离开日本之前，旭硝子公司派人来请我们吃饭。当时参加晚宴的人，日方的人和中方的人数量上差不多。据了解旭硝子公司有5000多名员工，其中三分之二的员工懂得三国语言，分别是日文、中文、英文，而其他员工基本也都掌握两国语言，即英文和日文。这种情况放在中国的公司或企业中，应该是很少见的。

在晚宴上，日方出席的人员多是中层干部，大家谈话的主题也都是围绕着中国和中华文化展开的，谈话过程中有件事情让我感到很惊讶。那就是日本人对中国的现有状况和文化是很熟悉的。他们在饭桌上可以直接讲出一些广州的段子，同时可以讲出来一些北京的段子，而我们中国人对自己国家的文化实际上了解得不够深入。他们也跟我们提到了诸葛亮的《出师表》，我们这群人里能背出来原文的很少，而他们居然把《出师表》讲得头头是道。

虽然不知道他们是提前做了准备，还是真的学习、吸收了中华文化，但我感觉到至少他们对中国的传统文化是尊重的，这让我觉得日本是一个很多元的民族。

3. 日本人的礼品包装

我曾经在中日合资的企业做过项目总设计师，工作期间也接触过较多的日本人，有些人给我留下了深刻的印象，现在回想起来我觉得也蛮有意思的。

由于工作的原因，我与日本的设计师和工作人员来往较为密切，其中与某先生的工作来往最多，共事一年多后，我计划着请某先生一起在随园饭店吃顿饭。去吃饭之前，我准备了见面礼物，在饭店见到某先生之后，他又是握手，又是鞠躬，使我感觉到日本人特别客气。我看到某先生来也是带了礼物的，我们互相之间十分友好，双方也都很礼貌。相继落座之后，我们拿出各自所带的礼品。

我先是把自己带的礼物拿出来给某先生。一眼看上去，我带的礼物包装可能不怎么样，却是实实在在的、具有南京特色的南京板鸭，还有一些其他礼品。将礼物送给某先生之后，我对某先生所带的礼物也饶有兴趣，很期待对方的礼物是什么。只见那是一个非常漂亮的礼盒，外部打着一个好看的蝴蝶结，解开包装带之后里边出现了好几层包装，在没看到之前，我满怀期待，还在想这里面是什么珍贵的东西，竟然一层又一层包裹得如此严密。最后我终于看到了他送的礼物，是一个工艺品。后来慢慢地我才明白，日本人送礼物时都会将物品包得一层又一层，比较注重仪式感。

4. 日本人的照章办事

为了 RLC 板材研究，我们团队成员去了日本，在日本期间也经历了许多，其中有些事情，让我至今印象深刻。

那时我记得是住在东京，大家商量之后决定上午去大阪参观，然后下午去京都参观。日方负责我们交通的司机说，按照路线安排，中午还是需要回到东京，下午再从东京出发去京都。

当时我就在想，京都与大阪之间距离很近，完全可以采取直接从大阪到京都的路线，但是为何司机坚持己见，非要先回东京一趟，再去京都呢？当时司机回答说上级派给他的任务就是这样的，他只按照规定行事。我觉得这大概就是日本人的性格和行事风格。

就像是南京板桥的工程项目，日方也坚持认为自己不是总设计师，就不应该过多干涉不是自己所负责的事情。

5. 日本人对文化的学习

在大多中国人看来，日本学习了中国唐代的很多文化。我也觉得的确如此，确实有不少的东西是从唐代那时候传到日本的。

有一次我们参观日本京都的一个展览馆，在展览馆里，我认真地看了日本的发展历史。我觉得，在明治维新之前，确实有很多东西特别像是中国唐代的一些物品；但是在明治维新之后，日本有很多的东西是向西方学习的。因此，不能“一刀切”，认为日本的所有东西都是向中国学习的，它是有一条时间界限的，这个界限我感觉应该就是明治维新。所以说，不能片面地认为日本所有的东西都是学中国的。

日本的房子建筑，比如说二条城、金国寺，确实是保留了日本建筑原始的风貌，同时又有一些中国建筑的气息。但是在日本街头，几乎找不到多少古代的东西，基本都是现代的东西，这也说明了日本之后多是向西方学习的。

6. 中日文明间的微妙差异

在日本游学期间，我发现大部分公共场所如展览馆、美术馆是允许中国游客拍照的。然而，参观东京美术馆时，我们正想要拍摄一些雕塑、美术作品的照片时，却遭到了馆内工作人员的阻挠。同样，在参观瀛洲的一个展览馆时，我们也遭到了类似的阻挠，并被告知：“你们拍了照，拿回去，就变成了你们设计的。”当时听到这话，我们感到非常生气、失望。尽管这样的情况并不普遍，但仍然让人感到十分愤怒。

我国的版权法规定，展览馆中的美术作品、雕塑作品等，只要不用来盈利，是允许拍照的。然而，在日本一些展览馆中抵制我们拍照的这种经历让我们意识到，不同国家对于版权保护的认知和实践是存在差异的。

贝聿铭先生现代建筑设计中的东方情结

我称贝聿铭为先生，一是因为他是华裔建筑师，我按中国传统习惯称有学问、被尊重的人为“先生”，是对人的尊称；二是因我敬佩他在建筑设计上的造诣和取得的成就。我虽未得其耳提面授，但我目睹过贝先生的大部分作品，其设计和创作作品的思路令我受益匪浅。

贝聿铭先生的建筑设计思想无疑受到他的教育、经历和社会环境的影响。贝先生童年、青少年时期受中国传统文化的浸染，江南民居粉墙黛瓦和苏州园林的人文气息是其挥之不去的文化记忆。贝先生 18 岁后赴美国，在麻省理工学院和哈佛大学学习建筑设计，建筑专业中的现代主义理论，特别是路德维希・密斯・凡・德・罗和瓦尔特・格罗皮乌斯的极简主义的理论，对贝先生早期的建筑设计影响颇大。后来贝先生又受国际主义建筑理论影响，最终创造性地将中国传统的审美理论与现代主义、国际主义的建筑理论有机地结合在一起，形成自己独到的设计风格。

贝先生在生前称自己的作品为“现代建筑”风格，无疑是对自身风格最准确的评价。我在本文中所述的仅是在他的现代建筑中探寻其中国情结。本文的观点未经贝先生确认，所以仅是自己的一面之词，不当之处请读者赐教。贝先生建筑设计中的中国情结，主要体现在以下几方面。

一、 建筑中的“水文化”

记得有个伟人曾说过“中国文化就是水的文化”（大意）。中国的民族文化，中国古代的城市规划、建筑设计都与水有关。贝聿铭先生在建筑设计中高度重视对水的运用，纵观他设计的建筑，或毗邻水面，或怀抱水塘，诸如中国香山饭店和苏州博物馆新馆、法国卢浮宫金字塔、美国约翰・肯尼迪图书馆、卡塔尔伊斯兰艺术博物馆等都是这样。即使建筑本体远离水源，贝先生设计场地时也会引入水源，如美国国家美术馆，因为在其扩建工程中无法设计大面积水面，于是就设计了喷泉、溪流，在地下通道处设了“瀑布”。

二、 建筑界面的平面感

记得有位学贯中西的大师说过，中国艺术是平面的表现形式，西方艺术是立体的表现形式，我深以为然。中国的书法、绘画、文学、建筑都是在二维的关系中追求意象的变化和意境的极致。就如中国民居的墙面大都呈平面感，墙面的梁柱像是书法中纵横的线条，在满足结构稳定的前提下，使梁架分隔的墙面产生了富有变化的趣味。

而西方的雕塑、文学、艺术、建筑都是寻求三维的立体效果。例如，西方古典建筑的柱式、墙体、壁龛的起伏都要表现三维的体积变化。纵观贝聿铭先生的建筑设计，其功能关系、总体形态都践行了密斯提倡的现代主义建筑的要求，其立面造型多是大体量的块面结合。而每个块面的界面又是干干净净的平面。美国国家美术馆东馆和约翰·肯尼迪图书馆、卡塔尔伊斯兰艺术博物馆，其立面变化主要都是体现在建筑体块错落形成的明暗变化中和每个界面上线与面的对比关系上。

虽然贝先生设计的建筑也有表现建筑立面变化的，但只是组织了纵横交错的线条，其总体形态仍然呈现出二维平面感的效果。典型的例子应数苏州博物馆新馆和香山饭店。苏州博物馆新馆的墙面都是白色的，只是在平面的边缘加了深色的线条，然后将平面的墙体变形、重组体现。在香山饭店的外立面装饰中贝先生是将主体的中国宫灯结构“压扁”成平面的形态，并以二方连续的图案形成排列。

立面造型的平面感不仅表现在贝先生设计的建筑立面中，在与之相配的装修造型和景观造景中亦是如此。只要看一看苏州博物馆新馆环境中的假山、香山饭店中墙面的灯笼图案，就能体会到贝先生是将山体和灯笼进行了平面化的处理。

三、 程式化的设计语言

在众多介绍贝聿铭先生的文章中，鲜有提及贝聿铭先生的设计语言是程式化的。

程式化是中国艺术的重要表现形式，是东方文化中特有的文化形态。例如中国建筑中的各种形制，书法中的章法，戏剧中的唱、念、做、打……无不都是规矩化即程式化，而艺术的特色和个性化的表现均是在这种程式化的规矩中寻求变化。

构成贝聿铭先生建筑特色的有多种要素，而程式化的图式语言是其中之一。贝聿铭先生的建筑设计善用三角形、方形等几何图形，有用在网架上的，有用在立面上的，有用三椎体的，也有用四椎体的。特别是三锥体、四椎体，从理论上讲是对现代主义四方体形体的发展。贝先生在对于建筑的功能、结构和材料的应用上，都坚守了现代主义建筑设计中的基本方法。如果我们将日本美秀美术馆、美国约翰·肯尼迪图书馆、美国国家博物馆东馆、中国中银大厦和苏州博物馆新馆、法国卢浮宫金字塔集中在一起欣赏，就会清晰地感受到贝先生善用的装饰符号、建筑形态是程式化的图式语言。这种图式语言是中国传统文化艺术表现形式之一，因贝先生使用这些符号的延续性、显明性、易辨性而被大众、被世界认同，因而也就成了贝先生建筑设计风格的主要特征。

法国巴黎卢浮宫金字塔和水池
（高祥生摄于 2018 年 6 月）

日本美秀美术馆中的三角形、梯形造型
（高祥生摄于 2016 年 6 月）

四、 自然光的应用

贝聿铭先生曾多次谈到自然光在建筑中的重要性，他强调要用光线来做设计，认为没有光就没有空间。因此，贝聿铭先生将光引入空间，使空间的形态充满生气。比如用大面玻璃和网架作为空间围合的界面，在光的照射下，室内光影斑驳、明暗有致，充满中国绘画中线条和墨色的韵味。

贝先生通过玻璃的应用使他的设计作品对自然光的采集面积远比其他设计师的设计作品大。同时贝先生采取光线、光影、线韵三者结合的方法，在光影的形态变化上做到了步移、光移、影移，时变、光变、影变的效果。

贝先生采用玻璃与金属网架构成三角形单元面（或体），再由多个或无数个三角形单元体（或面）组合成一个具有围合功能的大界面，其界面的面积大，所以采集自然光的量就大。这些方法与中国园林设计中的造景方法本质上是相同的，所不同的是，传统中国民居中的天窗、天井的面积比较小，现代建筑中天窗的面积比较大。与美国同时期的几位建筑大师的作品比较，贝先生的现代建筑作品显然多了几许儒雅的东方气息。

五、 建筑形态中的意象性

意象性是中国文化的重要特征，并成为审美评价的重要标准，在中国的文学艺术中总是要求设计的形象和观赏形象具有某种象征性，于是有了带有各种故事的景点、建筑。所以中国的建筑设计中也就要有个“说法”，有个故事。贝聿铭先生虽侨居海外数十年，但深谙中国文化的精髓。于是，他在中银大厦的建筑设计中将三角形的结构形态与玻璃幕墙组合，形成了层层叠叠、向上攀升的建筑外立面，就为了体现“节节高”的寓意。

在苏州博物馆新馆的环境中，为了表现中国的文化气息，贝先生在面朝水池的粉墙下垒起了层层叠石，这叠石是起伏的，又是呈平面状的……贝先生力求表现米芾的山水画，很显然，这里表现米芾山水画是一种意象，而这种意象又是与贝先生建筑设计的意境是一致的。

六、 结语

毫无疑问，贝聿铭先生建筑设计的基础是西方建筑学理论，其建筑设计中的功能关系、流线组织、结构设计、设备设计体现的都是西方建筑学的知识体系，但所有这些都不影响我们对贝聿铭先生设计作品中中国情结的寻找。就如贝聿铭先生自己所说，“我的血液中始终流淌着中国人的血液”，因此其作品中必然具有中国情结。

贝先生成功的因素是多元的，有理论上的创新，有创造技术上的创新，也有建筑形态上的创新……所有这些，在贝聿铭先生的作品中都能找到佐证。我深信这种蕴涵文化内涵的作品，在经过历史的沉淀后必将体现出其深厚的人文价值和审美价值。

贝聿铭先生是一位杰出的华裔建筑师，他在建筑设计上的成就令世界瞩目。我常想，在世界现代建筑界中倘若没有贝聿铭先生，世界现代建筑史上就缺少了一颗灿烂的明星。

所以我视贝先生为华人的骄傲，就像芬兰人视阿尔瓦·阿尔托为芬兰人的骄傲，斯里兰卡人视杰弗里·巴瓦为国宝级设计师一样……他们的成就是全世界的宝贵精神财富，世界现代建筑因他们的贡献而生光增色。

赏析茉莉花

我赞美过梅花山的梅花，我赞美过金陵城的梧桐，我赞美过湖畔的杉树，如今我又想赞美江苏的茉莉花。

小时候常听到农妇沿街叫卖“栀子花、茉莉花”，长大以后又常见到商贩在街头巷尾兜售茉莉花，成排成堆的茉莉花或被摆在街边，或被放在挎篮中，商贩叫卖：“3块钱一簇，10块钱一把。”这茉莉花是嫩白、嫩白的，幽香、幽香的，我通常买一把，分别放在上衣口袋里，挂在床边，还放在大家经常走动的地方，这茉莉花香味扑鼻，通常可放三四天。

小时候，我们都学唱过一首民歌《好一朵茉莉花》，这歌传唱的范围很广，城市、乡村，江南、江北，都能听到这歌声，很多小孩、老人也都会哼唱两句。

后来教植物学的朋友告诉我：茉莉花有家茉莉和野茉莉两种，家养的茉莉都是盆栽，体积不大，现在城市中花店里就有可供购买的；野茉莉生长在野外，这些年我们为了拍摄南京风光的图片去了金牛湖，顺道拍摄了一些茉莉花的图片。《好一朵茉莉花》的歌词创作得益于生长在六合的茉莉花。六合的茉莉花种植面积很大，茉莉花的品种也很多，六合的茉莉花应是野茉莉。

朋友还告诉我，茉莉花是木樨科，素馨属直立或攀缘灌木，原产于印度、中国南方，树形有高有低，一般都在3米左右。野茉莉花大多成片种植，花朵成簇、成对开放。茉莉花的单片花瓣有椭圆的，有梭形的，有蝴蝶瓣状的，花瓣的生长有对生的、簇生的，有朵状包裹的。茉莉花的颜色有乳白的，粉红的，紫红的，明黄的……只是大多为乳白的，从远处眺望，星星点点，从近处凝视，稚嫩可爱。

茉莉花可用来制作饮料，著名的茉莉花茶用的就是茉莉花的茶坯。茉莉花茶清热解毒，润肠降脂。茉莉花可作中药用，可治疗目赤、腹痛，还可消炎、消除疲劳、增加活力……

茉莉花（高祥生工作室摄于 2022 年 5 月）

三年前我主持了江南一工程的环境设计，业主要求设计标识，我们以茉莉花为题材设计了一个图案，为了博得业主的认可，我还写了一段赞美茉莉花的话，全文如下：

茉莉寓意：质朴、内涵、优雅、谦和、芳香、奉献。茉莉花叶色青翠，四季常绿，花色洁白，圣洁高雅，香味清新，沁人心脾。与百花相比，茉莉花质朴内秀，具有多花之优，既有玫瑰之大度、梅花之馨香，又有兰花之幽远、玉兰之清雅，古往今来得到世人大众的偏爱。

茉莉素白，不娇不艳，不妖不娆，淡淡的，素素的，静静地绽放于枝头。茉莉花期悠长，不知疲惫地绽放。茉莉花形态娴淑，质白清纯，文静雅致，玲珑剔透，不知疲倦地吐露着馥郁的芬芳，“露花洗出通身白，沈水熏成换骨香”。

茉莉花美丽、清纯、芳香，茉莉花勤奋、顽强、奉献，茉莉花蕴含着江苏人的美德和情怀。

赏金牛湖

金牛湖原为金牛山水库，1958 年政府动员上万名农民兴建水库，他们锹挖、肩担，奇迹般地开挖出了一个巨大的水库。水库面积达 25 000 亩（1 亩约为 666.67 m^2），容积约 9600 万 m^3，成为南京地区最大的人工湖。

毗邻金牛湖的金牛山，山形似卧牛戏水，故名金牛山，湖因山得名，山因湖增色。

金牛湖地处六合、天长、仪征三地，跨越江苏、安徽两省。金牛湖湖面浩渺，碧波荡漾，湖岸山丘逶迤起伏，如锦似画，建筑设施依稀可见。

春光明媚，万物生发。金牛湖畔，油菜花黄，摇曳生姿，溢香四方，惹蝶招蜂，滚滚麦浪。金牛湖中，滔滔波浪，四方泛舟，桨板扣舷，踏浪前行，一派生机。万顷湖水，时而安详静谧、风平浪静，时而波澜骤起、汹涌澎湃。当地人传说：惊蛰春回时，或有巨蟒抬首翻身，嬉戏水面，或有巨鱼扑腾戏水，产卵生息，极具神奇色彩。

梅雨季节，细雨蒙蒙，湖水时涨，百溪争流，昼夜不息，滩涂有软泥青荇，百草生发。盛夏烈日，鱼嬉戏于浅水间，有渔人立于滩涂，争相扭胯撒网，别有野逸之趣。

金牛湖（高祥生工作室摄于 2021 年 4 月）

金秋之际，碧空百里，湖风拂面，浪花相逐，临湖听风，有人语犬吠，嗅秋天水草，闻游鱼腥味，直入肺腑，可解乡恋之情。黄昏，落霞孤鸟，残阳瑟瑟，孤鸟振翅，两岸村落，炊烟冉冉。秋风萧瑟，落红化泥，湖畔小憩，寻幽访秘，别有情趣。

寒冬腊月，冰雪封湖，山水披银，银牛卧湖，天地似雪色穹隆。万籁俱寂，飒飒北风，摇落树梢雪团，野鸟或栖或飞，似苦觅鸟食，似呼朋引伴。

金牛湖盛产银鱼、白鱼、鳜鱼，栖息野兔、野鸡、野鸭，值得推荐的是野生鲢鱼，其最重有百余斤，已制成标本，供游人观赏。鲢鱼头、鲜豆腐可煨炖鱼汤，水虾焖蒸，土色土香，诱惑来客。总之，金牛湖集水利、旅游、水产、种植等于一体。

在这里，晨风送渔唱，晚霞伴炊烟；在这里，惊鸟拂碧波，欢鱼跃清水。我由衷地感叹：金牛湖是人工的水库，也似天赐的瑶池，它惠及百姓，造福百代。

雪·南京·园林

一、雪·南京

近年南京的冬天都下了雪，而2018年下的那场最大，雪花在城里城外飘了两天两夜。雪后山峦、楼宇、房屋、道路、树木都蒙上了一层白雪……

我喜欢雪后的景色，雪后的万物更趋统一，雪后的万物更为素雅。

我更喜欢雪后的南京城的景色：紫金山包裹了一层白色，但依然延绵不断；玄武湖、花神湖、莫愁湖在雪花融化后仍然波光粼粼，碧波荡漾；苍松翠柏虽然披挂着白色，但还坚守着城市道路和庭园。雪后高楼、矮房虽然都披上了白色的头巾，但一家家的窗户白天明净、透亮，夜晚则是透着温暖的灯光。万家灯火、万家故事诉说着南京的昨天、今天、明天。

花神湖

（高祥生摄于2018年1月）

南京的城墙是举世闻名的，中华门、中山门、玄武门、解放门、挹江门……每个城门都是素雅、端庄、静穆、威武的。还有南京城的古建筑，诸如夫子庙、老门东、鸡鸣寺、栖霞寺、牛首山佛顶寺等都是飞檐起翘，斗拱簇拥，形态清晰，神采奕奕。

南京是一个大城市，大城市下雪后仍然有着大的气度，大的美感。南京是一个千年古城，古城下雪后仍有古城的韵味。雪后的南京城更显现出南京的包容、淡定、素雅、与世不争但又坚韧不拔的气质。

二、雪·园林

南京的园林没有苏州城、扬州城、无锡城的园林那么密集，但南京的园林占地面积大，园中的湖面大，空地也大。雪后的空地、草坪上覆盖的白雪大片大片的，很舒坦。南方的园林都是精致的，南京的园林也一样，亭、台、楼、阁、轩、榭、廊、舫总都会有，湖面、岸石、绿植都不缺。南京的园林大多比别地的江南园林大，人们在园子里踏雪，即使人更多一些也不会拥挤……我总会觉得大园林的景致比小园林的要舒展、静谧，在这样的空间中游览人们在精神上会更加逍遥自在。

南京的园林像一把散落在楼宇与街巷之间的珍珠。雪后，这些珍珠闪闪发光。透过这种闪光的珍珠我似乎在市井中嗅到了一种文雅的气息，看到了一种坦荡孤傲的风骨，一种老南京文人特有的风骨。

我喜欢文人风骨，因为这文人风骨更能体现城市文化的深度，滋生出生生不息的文化气息，进而使这个城市的人濡养出孤傲的风骨。

1. 莫愁湖公园

莫愁湖公园是江南古典名园，人文资源丰厚，有“金陵第一名园”之美誉。

雪后初霁，园内的亭台楼阁、树木、草坪、小径均盖上皑皑白雪，湖面上、小池中都结上了厚厚的寒冰，园内的游人稀少，显得格外静谧、素雅。雪后的莫愁湖公园犹如一位冰清玉洁的美人。

莫愁湖公园的景点有胜棋楼，有华严庵，有抱月楼，有郁金堂，但最引人注目的还是莫愁水院。院中有一水池，池中设一尊汉白玉莫愁女雕像，莫愁女侧身低头，款款而来。池中金鱼追逐，湖石耸立，湖岸上来往人群，个个都注视着这个美丽、善良的女子，人们尊敬莫愁女，因为她品德高洁。

2. 瞻园

我对瞻园感受最深的两点：一是瞻园的叠石无论是从数量、体量、质量还是从艺术水平上讲都是数一数二的，大片高耸的叠石在一洼绿水的衬托下显得更有艺术气息；二是雪后瞻园的蜡梅都开了，绽放的蜡梅鲜艳夺目。白色的积雪、暗红的棂窗、褐色的湖石外加探出的数枝蜡梅，成为摄影爱好者眼中的亮点。

3. 白鹭洲公园

白鹭洲公园位于南京城东南隅，是南京城南地区最大的公园。

雪后的白鹭洲公园清冷、静穆。大雪覆盖了公园中的一切，似乎也让人们忘却公园的过去。

我与我的助手吴俞昕、陆艳等都在白鹭洲公园的东侧做过多个工程，现在看来效果尚可。

4. 胡家花园

胡家花园的主要特点是宽阔的水面和峻峭的叠石，胡家花园的雪后比晴天朦胧、统一，树木、建筑、山石都统一在一片白色之中。花园的后庭有厅堂、长廊、叠石，碎石铺地，堆着白雪，唯有凉亭仍然屹立在后院叠石中，迎新的红灯笼格外引人注目。

5. 甘熙故居

甘熙故居又称甘家大院，俗称“九十九间半”，是中国最大的私人民宅。雪后甘家大院的院落、小弄、地面堆满了积雪，很少有人走动，偌大一片的房子空空荡荡的。东院的水池、岸边曲桥都堆满了白雪，花园、院落、屋面、小径也是白雪皓皓。原本甘家大院在闹市中就是安静的地方，雪后的甘家大院游人更少，使整个院落更加静谧、清雅。

白鹭洲公园
（高祥生摄于2018年1月）

多姿多彩的莫愁湖

一、莫愁湖的来历

我上大学时已多次游览过莫愁湖，那时莫愁湖的规模与现在的规模差不多，只是没有现在那么多景点，景点也没有现在那么精致，那么靓丽，那么强调对文化的表现。当然大学时我在莫愁湖也没有用心观赏过各处景致。

近年来我有兴趣关注南京的文化景点，自然就多去了几次莫愁湖。

莫愁湖的历史很悠久，建湖有1500多年了，莫愁湖的人文资源丰富，六朝以来在这里发生过很多故事。

有关史料记载，隋唐时期以前，长江沿南京的城西，也即现在的清凉山西侧经过，后来长江北移，留下大片淤泥、沼泽和诸多湖泊、池塘，莫愁湖就是其中最大的一个。莫愁湖在南唐时期称“横塘”，后又称“石城湖”。在宋元时期极负盛名，在明代更是盛极一时。清乾隆年间，建郁金堂，筑湖心亭。20世纪末辟为公园后，逐渐增建景点。

莫愁湖的名称源于一个莫愁女的动人传说：莫愁女是河南洛阳人，幼年丧母，与父亲相依为命。她貌美、聪明、好学，她善良、助人为乐，善于采桑养蚕、纺织刺绣，当地有“见了莫愁没忧愁”的说法，后莫愁女经丧父的痛苦和丈夫被迫害致死的冤屈投湖自尽。四周乡邻得知后十分悲伤，纷纷来到湖畔拜祭。后来人们为了纪念她，便将湖名改为“莫愁湖”。

二、美丽的莫愁湖

莫愁湖公园很大，公园的景观内容丰富，建筑类型多样，走马观花一天下来通常只能看个大概。

公园的建筑都是中国的明清风格，各种亭、台、楼、阁、轩错落有致，且一律粉墙黛瓦、漏窗有序。园中花木多样，植竹栽梅，能满足四季观花、游赏的需要。

公园中的庭园、水池中都有湖石相拥，院落、小径都以卵石或片石铺地。湖面上碧波荡漾，游船穿梭，碣石耸立，白鹅拨水，临湖听风，楼宇接踵。建筑的空间与空间有廊道、门洞相通……好一番江南园林的景色。

在秋日放晴时；我有选择性地观赏了几个空间，并撰文表达自己的观感。

1. 华严庵

有关史料记载，原华严庵范围颇大，有殿宇数十间，胜棋楼、郁金堂、苏合厢、抱月楼、湖心亭均在其中。清咸丰年间，华严庵毁于战火，同治三年（1864 年）修复，新中国成立后华严庵移至现址重建。

进入莫愁湖公园后，绕过月牙池，有小径连通华严庵。现在的华严庵主要有门面和庭院。华严庵的门面为三开间，端庄，大方，左右设石狮两尊，威严、静穆，屋面青瓦铺贴，飞檐起翘。我曾多次带学生在华严庵内作建筑写生，至今印象深刻。华严庵内卵石铺地，花纹精美，庵内中央耸立一块硕大的湖石，玲珑剔透、气宇轩昂，足以与苏州留园的湖石“冠云峰”比美。华严庵庵内绿荫环抱，西侧廊道通彻，廊柱成排，有门洞通往莫愁女故居，东侧有入口可达棋文馆。

2. 胜棋楼

胜棋楼掩映在华严庵北侧的绿荫丛中，为一座二层的明清建筑，五开间，坐北朝南，中间门楣上有清代名臣梅启照题写的“胜棋楼”三字。楼内暗红梁柱林立，规则有序，北侧大片棂窗临湖有序而设，排列整齐，韵味十足，窗外景致时隐时现。楼内最醒目的是明太祖朱元璋与重臣徐达对弈的雕塑。相传朱元璋、徐达二人棋艺对弈中，朱元璋自以为棋局必胜，问徐达：“爱卿，这局以为如何？”徐达沉着答道：“请万岁纵观全局！”朱元璋细看棋局，发现棋子竟布出“万岁”二字，不禁惊叹：“朕不如徐卿也！”为了嘉奖徐达的功绩和棋艺，朱元璋当即将原“对弈楼”更名为“胜棋楼”，并将莫愁花园钦赐给徐达。这个故事已广为流传，是否真实，没有必要考证，因为它鲜活有趣，已为佳话，成为莫愁湖公园的文化组成部分。

3. 莫愁女故居

莫愁女故居位于胜棋楼西侧，故居中有一庭院，庭院将北边的郁金堂和南边的苏合厢连在一起。关于郁金堂、苏合厢的名称由来，相传莫愁女喜郁金之香，梁武帝萧衍有诗句云：“卢家兰室桂为梁，中有郁金苏合香。”

莫愁水院原是莫愁女故居的一部分，莫愁女故居和莫愁水院的建筑形制要低于胜棋楼，但无论是莫愁女故居，还是莫愁水院，它们现在的社会影响力都要大于胜棋楼。

从胜棋楼前往莫愁水院通常要经过郁金堂和苏合厢。

莫愁女故居
（高祥生摄于2020年4月）

4. 莫愁水院

经郁金堂西墙由满月门洞可直达莫愁水院，莫愁水院也叫荷花池。莫愁水院是一组呈“回”字形的明清风格的建筑庭院，四周均为半封闭建筑。

水院南侧为光华庭，光华庭是游人驻足最多的地方，光华庭南北两面半开敞，东西两头通彻。

自莫愁女故居可远眺莫愁湖西岸景观，水院西北方有二层的江天小阁。登阁远眺湖光水色，景色怡人。水院东西两侧为廊道，东廊墙上嵌有名人书法，尽显文化气息。西廊道满月形冰裂纹漏窗居中，南北两侧各有三扇六角形冰裂纹漏窗装饰，阳光下，廊道的光影斑驳陆离，景象闪烁，富有趣味。

廊道、庭院与水池之间有格栅分隔，池中锦鲤出没，池边倒映着上部的天空、厅堂、廊道。水池的中央是汉白玉莫愁女雕像，雕像表现的是一位采桑的女子，形象秀美、神态平和、身姿侧向，似姗姗而来。雕像四周簇拥湖石，莫愁女的形象无疑给人以善良、勤劳、美丽的印象。

5. 粤军阵亡将士墓

粤军阵亡将士墓位于莫愁湖西南方、荷花塘西侧，它始建于民国元年（1912年）。墓地、墓碑坐西朝东，墓碑正面有孙中山先生“建国成仁”的题字，背面有黄兴为粤军殉难烈士所作撰文。墓前有两尊石狮，墓后设三面青砖围墙，墙后冠木耸立，令人肃然起敬。

6. 莫愁长廊

莫愁长廊沿湖岸南侧而筑，虽颇有曲折，但连绵不断。廊道挂落、雀替、廊柱、格栅均为明清风格。廊道两侧开敞，透过廊道眺望，近处的湖景、远处的楼宇尽收眼底。

7. 抱月楼

抱月楼位于莫愁湖公园的西南岸，它是由一楼、二廊、二阁组成的中式建筑群。楼中有名著雕刻、名家书作，楼外有植树插柳、草坪小径，一派儒雅气息。

8. 莫愁花园

这里我所说的莫愁花园是指莫愁湖公园中部的一个庭园，原为明太祖朱元璋的别院，后为重臣徐达的私家花园，现改为莫愁湖红木家具珍藏馆。馆的入口处有楹联“六代莺花留艳迹，一湖烟水作芳名”，花园内有乾隆皇帝画像，都是花园的亮点。

9. 邹鲁碑亭

邹鲁碑亭位于毗邻莫愁长廊的南岸，亭中有一尊镌刻《重修建国粤军阵亡将士墓记》的石碑。时有游人驻足在碑前瞻仰。

10. 赏荷榭

赏荷榭位于莫愁湖公园的西南岸，为明清风格的卷棚歇山顶建筑，共三间。赏荷水榭坐西面东，绿荫相拥，荷花满地。隔岸有二水亭呼应，东侧有六角亭点缀，赏荷榭的景致充满了诗情画意。水榭上时有现代歌舞表演。

…………

天色渐晚，夕阳下隔岸的楼宇染上了淡淡的橘黄色，晚风吹皱了一池湖水，拍打着三三两两的碣石，一切都开始模糊，开始朦胧，以至我们无法细细品味其他景致……

华灯初上，我们离开了多姿多彩的莫愁湖公园，回头观望公园入口处成片的湖石，高低错落，天然成趣，在绿荫的簇拥下尽显雄浑而包容的气息。

我在想：此景致的意象似乎在表现人们对南京城的印象——南京的历史是悠久的，南京的文化是多元的。南京有帝王文化，有平民文化；有六朝文化，有明清、民国文化；有佛教文化，有世俗文化。有帝王的霸业，有平民的爱憎，有民国往事，有明清遗风……这就是南京文化——一种文化交织、文化重叠后的多元文化，在历史长廊中熠熠生辉。它古老、厚重、智慧、开放、文明。这叠石屏障就像南京文化的生动画卷，徐徐展现在世人面前。

石头城的兴衰

一、 石头城的释义

我最早知道石头城一说是读毛泽东主席的《七律·人民解放军占领南京》一诗，诗中有“虎踞龙盘今胜昔”的诗句，并有注解“虎踞”一词就是指南京石头城雄踞一方。古代在南京的清凉山的西侧曾有一座城堡，这城堡就叫石头城。很多文学作品中讲的“石头城”也指南京城，简称“石城”。后来我知道南京的清凉山也叫石头山。

二、 石头城的兴起

石头城的历史可上溯至公元前 4 世纪的战国中期，当时楚威王消灭越国，占领吴国后即在南京的清凉山的西侧修筑一座城邑，因城邑位于紫金山下，故名称金陵邑。公元 3 世纪，相传三国时蜀国丞相诸葛亮策马经金陵，观地势后赞叹金陵城为“虎踞龙盘，此乃帝王之气”。吴国孙权大帝听取诸葛亮进谏后，决定迁都秣陵（南京的旧称）并于清凉山（石头城）修建城垣，作为抵抗水上敌人之要塞。

石头城公园（高祥生摄于 2020 年 3 月）

石头城是南京最古老的城垣，它利用山体和堆土作基础和内部构造，用城砖、石块作城墙的饰面材料。现在在地面上已找不到由东吴孙权大帝所建的石头城遗迹，能见到的只是明初修建的石头城和现在兴建的石头城公园。也因现在的城墙中有一块酷似“鬼脸”的怪石，民间称它为“鬼脸石”，有鬼脸石的城墙仅在原石头城旧址稍南，而原石头城位置又难以寻找，故此位置既叫“鬼脸城”也叫“石头城”。

现代考古判断：原石头城经清凉山、乌龙潭至国防园。石头城北垣长约 1100 m，西垣约 800 m，东垣约 820 m，南垣约 450 m，全长超 3000 m。石头城的工事坚固，内部的古代战事功能齐全。

在清凉山建造石头城，从战略上讲，其面江背山，具有易守难攻的优势，（因来犯者，大都从西北面水上进入），从风水上说抱阴（江水）、守阳（山丘）必助兴旺。石头城的天然港湾是可容纳平时千艘船只停泊的大型港口。在六朝时期，日本、韩国及东南亚诸国纷纷云集石头城经商贸易，最多时各国各种船只有万余艘以上。一时间，石头城内车水马龙，人头攒动，热闹非凡。即使是在东吴帝国消亡后的隋朝、唐初，石头城仍是南京地区的繁华中心，其景象甚至胜洛阳。

三、 东吴帝国的消亡

东吴的孙权大帝是一位杰出的政治家，他为东吴帝国的建立和繁荣，为蜀、吴、魏三国鼎立局面的形成，为长江流域的经济发展，为吴文化的繁荣和民族文化的交流等都作出过重要贡献。但孙权晚年在继位上的犹豫多疑和失之偏颇，成为东吴帝国政权的消亡的间接原因。东吴帝国自公元 229 年建国至公元 280 年消亡共 51 年，孙权执政 50 余年，称帝 23 年。

孙权活了 70 年，他去世后，先由幼子孙亮继位，后第六子孙休继位，再由孙权之孙、孙和长子孙皓继位。孙皓是东吴帝国的最后一位皇帝，换一句话说，东吴帝国就是在他执政时灭亡的。孙皓生性残暴，滥杀无辜，滥施酷刑，且酒色无度，荒诞离谱，众叛亲离。

公元 279 年，晋武帝派出水军 20 万，兵分三路进攻吴国。大将王濬率水军烧毁了吴国在江上拦截的铁链，然后战秭归、平建业。吴国水军见状，纷纷投降，而此时的孙皓则脱掉衣服，命人将自己反绑，再抬着棺材，牵着素马，出城投降。孙皓认怂了，彻彻底底地认怂了。孙权是一位英雄豪杰，而其孙孙皓则是残酷的暴君、懦弱的亡国之君。

东吴灭亡后，石头城仍具有重要的军事地位，此后的石头城至少经过三次大规模的修缮，我们所见的鬼脸城为明初筑建京城清凉门时完成的。

四、 石头城的衰落

石头城衰落的主要原因应是自然环境的变迁。唐朝初期长江干流日渐向西北方向迁移，北宋以后在原石头城的西北面已形成一片浅滩平地，其位置就是现在的南京河西地区。从唐代起石头城逐渐失去往日面江背山、雄踞江岸、扼守城池的军事优势。

明朝初期兴建京城，将石头城稍迁南侧，并入京城城垣。修建后的石头城中包裹着一块怪石。根据我们现场测绘，怪石高 22 m，底宽 16 m，凸出城墙面的平均尺寸为 4 m。

这怪石因经长年风化，砾石剥落，形状嶙峋、狰狞，酷似鬼脸，表面坑坑洼洼，斑斑点点。所以在民间此段城墙被称为“鬼脸城”。所以说在明代起由孙权兴建的石头城已逐步消失，而从“石头城”到“鬼脸城”称谓的变化，也表明了原石头城的衰落。

五、 石头城公园

20 世纪 90 年代初，南京市政府兴建了石头城公园。现在人们要看历史上的石头城面貌也只能在公园中寻访、推测。

石头城公园的主题是“石城怀古”，公园划分为国防春晓、石城霁雪和山居秋暝三大景区，设 21 个景点。对于这些世俗的景致，我通常是不感兴趣的，我只关注石头城的原貌及石城霁雪中“鬼脸照镜”这些景致。

石头城公园的城墙应是明初兴建的，城墙从南京体育运动学校到清凉门大约有 1 km，城墙的平面歪歪扭扭，城墙的立面坑坑洼洼，斑斑驳驳，像垂暮之年的人的脸。城墙上时有绿色的灌木伸出，坚韧、顽强，充满生命力，城墙脚下是绿色的混合草坪，春天来了，它又重新换了新的绿茵。城墙、绿植、草坪又似乎在与新的一年对话。

我很想知道当初孙皓被反绑下城楼的位置，很想感受一下刘禹锡诗中“千寻铁锁沉江底，一片降幡出石头。人世几回伤往事，山形依旧枕寒流”的情景，但现在无法找到，只能臆想着城墙上的“鬼脸”仿佛就是孙皓的写照。“鬼脸”的形象是丑陋的，怪诞的，哭丧的，倒映在水塘上的“鬼脸”更是变形的，恍惚的，破碎的……我厌恶这张丑陋的脸。

我注视着眼前的水塘和水塘边游憩的人们，水塘不大，有 1000 多 m^2，其面积与鬼脸石的位置对应，水塘的岸驳很有园林的特色，叠石参差，绿荫水岸，水塘是清澈、透明的，人们伫立岸边似乎还能看到水中的小鱼、小虾连同塘底的杂物。岸边有青年情侣，有拍照的，有用网兜捞鱼的，也有练拳的、散步的……

水塘的南边是直奔长江的秦淮河，河岸上杨柳万千，河浪前呼后拥，河水缓缓而行，在岸边也能听到河水喘息的声音，似乎在诉说着石头城的千年沧桑。

历史已进入 21 世纪，我伫立在石头城下，遥望河西的楼宇、道路、广场、绿植，心想倘若诸葛武侯健在，定会惊叹“沧海桑田、曾几何时”。

六朝烟雨　吴风新韵

一、 蜿蜒曲折的秦淮河

秦淮河是长江南岸的支流。汉代前称龙藏浦，汉代起称淮水，唐代以后称秦淮河。

秦淮河由南北两源汇成，北源为句容河，南源为溧水河。两源在南京江宁方山汇合成秦淮河干流后从方山出发，而后秦淮河水蜿蜒曲折，或浩浩荡荡，或缓缓流淌，朝西北方向奔向南京市区的武定门。随后又分为两支，一支流经城墙南侧，从西北方向汇入长江，此支河流称为外秦淮河。另一支从东水关入城，蜿蜒曲折地从淮清桥下又分为南北两支，（北支与十里秦淮关系不大，故不赘述）。偏南的一支经东园桥、白鹭洲公园拐弯进入夫子庙景区，时而曲曲拐拐，时而舒展平缓，经名胜，过古迹，经西水关后直奔长江。此支流从东水关至西水关的距离约 4.2 km，正名为内秦淮河，俗称“十里秦淮”。

秦淮干流是十里秦淮的源头，是南京文化的重要发祥地。它哺育了秦淮河两岸的生命，孕育了南京悠久的文化，催生了六朝文明。

二、 六朝烟雨，十里秦淮

自六朝时期至明清时期，十里秦淮聚集了名门望族、达官显贵、文人雅士、商贾巨富、能工巧匠、名伶靓女。千百年间十里秦淮环境虽几度兴废，但秦淮文化生生不息、神采依旧。

十里秦淮名胜古迹无数，它有曾世界闻名而惜毁于战火的七彩琉璃塔，有举世无双的中华门瓮城，有沧桑换新颜的愚园，有芳华犹在的白鹭洲公园。

这里有名士王导、谢安的府邸旧貌以及曾经的朱雀桥，这里有文豪巨匠吴敬梓、吴承恩的故居，这里有晋代遗风的古桃叶渡。这里有跨越南北两岸的文德桥、文源桥、平江桥。更有闻名天下，影响百代的天下文枢夫子庙……

总之文化瑰宝在这里信手拈来，将这些瑰宝串联起来的就是十里秦淮。这名胜古迹就像一串闪闪发光的项链，使南京的城市面貌更加靓丽多彩。

秦淮河岸的民居
（高祥生摄于 2020 年 4 月）

新兴建的十里秦淮更是多姿多彩、魅力无限。从东水关至西水关两岸，新建的民居一律为现代中式风格，粉墙黛瓦，棂窗密布，封火墙高低错落，成排成排的民居疏密有致，点缀其中的亭、台、楼显得尤为突出。

在绿水、绿荫的簇拥下，两岸的河房建筑醒目靓丽。而河面上的倒影几乎就是岸上景致的拷贝，在波浪的涌动下显得更有韵味。

秦淮河上总是有川流不息的明黄色船舫，其在绿色的河面上不紧不慢地行驶，于所经之处留下一道道放射状波浪，后面波浪挤着前面的波浪前行直至亲拂河岸的护壁后停息。

沿河的茶楼、酒肆中时有小曲声、琵琶声、三弦声穿出窗户，散落在河面上、河堤上、船舫中……这声音清脆、明净，似大珠小珠落玉盘，这声音甜润、细腻，又似春风拂面袭人心……如今在这春光明媚、歌声喃喃的秦淮河畔，我不禁思索：倘若朱自清重游秦淮河，他也许会重写《桨声灯影里的秦淮河》的内容，并盛赞秦淮河的景色今非昔比。

岁月流逝夫子庙

——记忆中四十多年前的夫子庙景区

我所述的“岁月流逝”是指20世纪80年代初至今。

文中所述的“夫子庙”不是仅指夫子庙核心区祭祀孔子的孔庙，而是泛指现在的夫子庙景区。

20世纪80年代初的夫子庙景区是一个旧城区，范围没有现在大，且界限不很明确，大多指北起建康路，南至大石坝街，东自秦淮河平江桥、桃叶渡，西至文德桥、乌衣巷一带，后来景区的范围逐渐扩大成现在的样子。

因为教学需要，20世纪80年代至今我去过夫子庙数十次，因此，对夫子庙的变化印象颇深。

一、 贡院西街与贡院街旧貌新颜

崔豫章20世纪80年代的水彩画

40多年前人们去夫子庙大多从建康路一段进入，那时还没有端庄的夫子庙牌坊，也没有现代、气派的状元楼酒店。贡院西街两旁大多是一两层楼的民房，其间夹杂着零星的店铺。现在街上都是时尚的新中式风格的店铺，为了让人们不忘贡院西街旧时的面貌，街道东侧设立了一座“老街”的牌坊，设立了旧时商贩的人物雕刻。

贡院西街的南端就是贡院街，当时的贡院西街和贡院街上有一些老字号的餐饮店，印象最深的有奇芳阁、蒋有记、永和园、晚晴楼等。现在贡院街的尺度还是原尺度，只是街区的立面都已更新，特别是新增了“科举博物馆”。毫无疑问，贡院西街和贡院街的变化是一种进步，一种必然，但人总有怀旧的心理，我也是，特别是对于曾经常去的地方。让我印象深刻的是，40年前贡院西街和贡院街上的人不多，不像现在一到节假日人来人往、车水马龙、热闹非凡。那时，街上的人可以停下来安心地取景照相，可以在街旁坐下来画画，不担心有人撞到自己。

最让我念念不忘的是贡院街的北侧有一座明远楼，绘画大师崔豫章教授用水彩画表现过它，画面上明远楼和两旁的梧桐树都弥漫在纷纷扬扬的大雪中，绘画时雪花飘落在画面上，浸开的水迹使水彩画的水韵更浓。如今大师已去，旧时的明远楼已不在，留下的只有大师的才情和满满的夫子庙景区旧时的记忆。

我还记得贡院街上有一家叫"永和园"的饮食店，现在已搬至毗邻建康路的夫子庙景区内。永和园中最出名的是"黄桥烧饼"，这烧饼要比真正的黄桥烧饼还脆，还香，还酥，二十世纪八九十年代，我常专程去永和园为家人、邻居购买"黄桥烧饼"。"永和园"的店招是书法大师林散之先生的作品，在琳琅满目的店招书作中，林先生的书法作品是出类拔萃的。"永和园"的书法一改大师清丽、飘逸的作风，而是在敦厚中显清秀，洒脱中见厚重，儒雅中有平和的气息，大师这种风格的书法作品我极少见到。

二、 东市、西市的轶事

20世纪80—90年代初夫子庙及东市、西市已建成并已有现在规划的雏形。当时东市、西市的商铺大都是经销字画、珠宝、古玩的。

记得我的一位在夫子庙经营艺术品的朋友告诉我，曾经一位艺术品掮客要在商店内寄售著名国画大师的一幅《公鸡》作品。我朋友瞄了那幅《公鸡》即告诉那掮客："你那幅《公鸡》画得很好，但不值钱，因为它是赝品……我是大师的学生，亲眼看到他晚年的作画习惯和状态。大师晚年患眼疾，视力模糊，不可能将'公鸡'的结构画得很准确，另外，大师晚年作画习惯用枯笔，所画出来的'公鸡'大多是'翻毛鸡'。"

现在夫子庙东市与西市的商铺大多销售南京特色的工艺品，显然，山寨版的艺术品已经少了。

在东市与西市交界处有一印社等建筑的院落空间，20世纪80年代我每年都有几次带一二十个学生在这里画建筑画，教学中少数市民对学生作画好奇，常出现围观现象，这也无妨。但也遇到过捣乱的"小纰漏"（南京方言，不务正业、惹是生非的小青年）在一旁说三道四，干扰教学，极个别的甚至

我经常带学生在这个小广场写生
（高祥生摄于2021年6月）

喜欢与女学生“多嘴”“硬搭讪”，我表示了不满和责备，但无济于事。于是学生中有一个练拳击的男生，就将“小纰漏”拉到一边说“我们到别处谈谈”。于是他们都离开了画画的圈子，去“谈谈”了，不出一刻钟，练拳击的男生精神抖擞地回来了，几个“小纰漏”跟在他后边，在相距十多米外叫嚷道“我叫 ××× 来”，练拳击的男生笑着说“你们别叫了，他是我拳击队的队友，他打不过我……”。于是一场小风波平息了。

这事情以后一段时间，我总喜欢将那位练拳击的学生带去夫子庙，因为那时夫子庙景区还没有现在这么多的巡警，社会风气、社会治安没有现在好。

三、 南京工学院建筑系的教师与夫子庙景区的建设

记得 20 世纪 80 年代初，当时南京工学院建筑系（现在的东南大学建筑学院）在潘谷西教授的主持下，在 80 年代以前还是永安商场的位置上完成了夫子庙核心区的规划设计，重新建造了敬一亭、尊经阁、明德堂、大成殿、大成门、棂星门、夫子庙广场、天下文枢坊、泮池、照壁等建筑，同时对整体环境做了整治，对学宫等建筑进行了修缮。陈薇教授、张十庆教授等专家都参加了夫子庙建筑群设计。与此同时，王文卿教授、丁沃沃教授、叶菊华总工程师、崔昶高级工程师等专家对东市、西市的建筑做了精心的修建工作，薛永骙高级结构师等做了建筑结构设计。

参加夫子庙规划和建筑设计的教授、专家还有很多，但年代已久，我记不清了。应该说这些教授、专家对夫子庙的规划设计、建筑设计功不可没，正因为有了他们设计的夫子庙景区建筑和构筑物的样式，才有了后期夫子庙景区建筑拓展的依据和模板。从文德桥、文源桥、平江桥观看秦淮河两岸接踵相连的民居、商铺，粉墙黛瓦、棂窗暗红、山墙层层叠叠，驳岸进退有度，应是东市、西市的建筑样式的延续。北入口、西入口的牌坊，天下文枢、古秦淮的牌坊，比例恰当，尺度适宜，又似乎都出于南京工学院古建专业的教授、专家之手。

原贡院街的商铺在减少，而在大石坝街的商铺，特别是餐饮建筑增加了。在这里有晚晴楼、天圆楼、老盛庆、金陵春、秦淮人家、咸亨酒店等餐饮店，大石坝街的商铺比贡院街原来的商铺更加注重细部装饰，店面上大多采用回字纹、万字纹等中式纹样。店面的店招一律由名家书写，店招的形式多数竖向布置，有点儿古代幌子的感觉，但都是新中式风格。很显然大石坝街商铺的样式也延续了东市、西市商铺的样式。

夫子庙的建筑设计、城市设计在不断更新、进步，但数十年前的夫子庙的城市面貌一直让我记忆犹新，就像若干年后虽然夫子庙的建筑和环境都已更新，但人们对现在的夫子庙也会记忆犹新一样，这大概就是城市文化的记忆，城市文脉的延续。

诸子百家　唯儒独尊·夫子庙

每每有家乡或外地的朋友来南京，倘若他们有时间，有兴趣了解并欣赏南京的历史文化，我总是饶有兴趣地带他们去夫子庙转一圈，因为夫子庙的儒家文化积淀丰厚，是体现南京传统文化的一张名片。

一、 夫子庙的解释

介绍夫子庙首先应解释夫子庙的名称。

“子”是中国古代对有学问、有思想、有德行的人的尊称。例如李耳称老子；庄周称庄子；孟轲称孟子；荀卿称荀子；墨翟称墨子；韩非称韩非子；孔丘称孔子，尊称孔夫子……由此就有了诸子百家一说。

“庙”是祭祖的地方。孔子出生在山东曲阜，故山东曲阜设孔庙。南京复建夫子庙的意义在于在供奉、祭祀孔子的同时弘扬儒家文化、传承历史文脉。夫子庙又叫文庙、文宣庙、文宣王庙。建设南京夫子庙景区是出于彰显南京城市传统文化，带动城市景区特有的商业文化的需要。

夫子庙
（高祥生摄于 2020 年 4 月）

广义的夫子庙由孔庙、学宫、贡院三大建筑群组成，狭义的夫子庙就是指孔庙。根据孔庙复建后的实际情况，本文中的孔庙的范围是指北起学宫尊经阁后的敬一亭，南至夫子庙广场泮池对岸的二龙戏珠照壁之间，并含东市、西市商业街在内的区域。

夫子庙景区应指东起吴敬梓故居区域，西至中华路、瞻园路区域，北起建康路夫子庙牌坊入口，南到桃叶渡公园南侧的一片区域。

夫子庙景区与秦淮风光带有大部分区域是重合的，只是秦淮风光带的范围更大些。

二、 千年文脉、立德树人——建立学宫

东晋成帝司马衍于咸康三年（337 年），根据丞相王导“治国以培育人才为重”的提议，立太学于秦淮河南岸。当年只有学宫，并未建孔庙。北宋仁宗景祐元年（1034 年），移学宫于秦淮河北岸现址，并在学宫的前面建祭奉孔夫子的庙宇，即夫子庙。在学宫的前面建夫子庙，目的是希望士子遵循先圣先贤之道，接受封建教化。

学宫主要建筑有明德堂、钟鼓楼、尊经阁、敬一亭等。

人们通常从大成殿进入学宫，大成殿后东侧设玉兔泉景观，西侧立南京仅存的元代集庆孔子庙碑、封至圣夫人碑、封四亚圣碑石碑三尊和南朝孔子问礼图碑石碑一尊。

学宫与大成殿之间以一院落空间过渡，进入学宫的明德堂需要通过一段隔墙，隔墙的入口处设有清代状元秦大士书写的“东南第一学”匾额。

明德堂是学宫的主体建筑。明德堂是培养旧时人才的场所，设有县学、州学、府学、国学四个等级的教育制度。明德堂前有“习礼”和“仰望”的钟鼓楼，两楼相对而望，庭院中不时鸣有钟声、鼓声。明德堂庭院东西两角立有镌刻宋代理学家朱熹对做好教育工作的警句“学而不厌”“诲人不倦”。虽然我认为朱熹理学有违背人性的内容，但他的这两条警句可作为当今教师和学生的座右铭。明德堂门匾集南宋状元文天祥手迹，楹联由书法大家于右任手书。明德堂内现辟为雅乐宫，室内高悬“金声玉振”的匾额，匾额下立有数挑古代乐器编钟，不时有年轻人敲打编钟发出乐声。

从明德堂去尊经阁要经过一段开阔地，尊经阁在不大的学宫空间中显得高大、挺拔、精神。夫子庙原尊经阁建于明嘉靖年间，上下两层各五间，用作收藏明代儒学经典书籍，尊经阁也是几毁几建，历尽磨难，最后一次重建于 1988 年。现在的尊经阁为三层，为展示中国书院历史，收藏、展示传统经典书籍所用。学宫是一个具有儒学氛围和学究气息的场所。

三、夫子庙的建筑等级

孔夫子被尊称孔圣人，被奉为万世师表。自汉代独尊儒学后，儒家的地位令人仰止，以致自汉代起历朝皇帝都祭拜孔子。因此孔子庙必须是高规格、高等级的建筑形制。

据说在建造山东曲阜孔庙建筑论及关于如何处理孔庙与皇宫建筑的等级关系时，孔家人说了这样的话："我们孔家让皇家一块砖。"此话是否属实我未考证，但全国的孔庙都是非常了得的建筑。

南京夫子庙的规模、等级不及山东曲阜孔庙，但南京夫子庙与毗连的其他建筑相比，显得高大、宽敞，气宇轩昂，庄严肃穆。

夫子庙是一组中式建筑，入口为三开间两进深的门斗。门扇满布门钉，飞檐起翘，屋脊鸱吻相望，入口两石狮守望。大成门后两侧为碑廊，地面甬道通向大成殿台阶，甬道两侧有孔夫子 12 门生的雕像，个个温良、恭俭、谦让。

12 门生雕像
（高祥生摄于 2020 年 4 月）

与大成门对应的建筑是宏伟的大成殿，大成殿正脊和殿前丹墀皆有二龙戏珠的雕刻，平台上伫立着 4 m 多高的孔夫子青铜雕像，雕像身子前倾，双手作揖，神情自若而谦和。

在孔夫子雕像后是大成殿，大成殿为孔庙主殿，重檐五开间，檐下有两层斗拱密布，边脊呈龙形状曲线，法戗呈弧形起翘，造型端庄而优美……孔庙的形制无疑高于民间的建筑。大成殿中有 6.5 m 高孔夫子画像，另有四亚圣颜回、曾参、孔伋、孟轲的汉白玉雕像和圣人的介绍……这里所有建筑、构筑物、雕像等都是按皇家建筑形制设定的。

广场上棂星门、牌坊、聚星亭、魁星阁等明清时期的中式建筑设计经典、工艺考究，广场的建筑物、构筑物相互间的比例恰当、尺度协调……很显然设计者除了对中国古典建筑形制娴熟外，同时也恰当地把握了中国传统建筑设计中局部与整体、单体与建筑群的比例、尺度关系，这充分体现了儒学中"过犹不及""不偏不倚"的中庸思想。

通过木牌坊的楹联柱形成的“门洞”可以看到泮池，看到秦淮河上的明黄色船舫，看到醒目的巨龙起舞的大型照壁。巨大照壁的底色为土红色，巨龙为金色，在秦淮河岸绿色的水面衬托下，尤为气度不凡。

从学宫后部的尊经阁起经明德堂、大成殿、孔夫子像、大成门、棂星门直至“天下文枢”木牌坊和巨龙飞舞的壁雕，均在一条轴线上呈左右对称布置，这条轴线控制着夫子庙的建筑、壁雕、装置等的规划，而所有的一切又遵循、听命于“真龙天子”，我想也应该是儒学的本质。

四、 儒学的缺失

供奉、祭祀孔子，宣传儒家的道德观念、治学思想，无疑是弘扬中华民族的优秀文化，它对稳定中国的社会秩序，建立良好的社会道德观念，建立文化自信、民族自信具有积极意义。通过对夫子庙的参观、学习，人们可以了解到传统文化的博大精深。但不足的是儒学内容和科考内容严重缺失对科学知识的教育、宣传。人们在儒学教学中心的明德堂中看到的仅是儒雅的礼仪和优美的音乐演示教育，在尊经阁展示的书院、学堂的教材、考卷中看不到自然科学的知识内容……而倘若我们在宣传儒学的同时也能及早加大力度宣传墨家的思想、墨家的成就，中国的教育内容将更加完善。倘若我们能更多地宣传法家，则可对建设法治社会有更多的帮助……因为这些也是中国传统文化中的宝贵财富，现今我们似乎没有对其足够重视。儒学对中国文化、对中国社会进步无疑是有贡献的，但儒学在中国的文化教育、民族精神上也是有缺失的。

科举博览　江南文枢

夫子庙的建筑群主要有三部分，一是夫子庙学宫，二是孔庙，也即广义上的夫子庙，三是贡院，原址在现在科举博物馆的位置。

夫子庙的学宫是进行儒学教育的中心，贡院是检验儒学水平、选拔封建社会官吏的场所，而孔庙则是供奉、祭祀孔夫子的庙宇。学宫、孔庙、贡院三位一体，构成倡导儒学、维护儒学、践行儒学的完整体系。科举博物馆是在原贡院基础上新建的展示江南科举文化的现代博物馆。

一、 千年科举，万种形态

南京科举博物馆是江南的科举文化中心和科举文物收藏中心，它包含主馆、江南贡院南苑以及明远楼遗址区三大区域。科学博物馆主馆建筑是江南科举文化的集中区；江南贡院的南苑是科举博物馆主馆的配套区域，有魁星阁、科举展示馆、室外雕塑等；明远楼遗址区是科举博物馆的重点建筑，主要有明远楼、至公堂、部分号舍和历代碑刻。

科举博物馆建筑与浅水池（高祥生摄于 2020 年 4 月）

现在的南京科举博物馆是在原江南贡院的旧址上扩建、改建的。江南贡院始建于南宋孝宗乾道四年（1168 年）后，为中国古代最大的科举考场。

现在的南京科举博物馆没有遵循原贡院的形制设计，而是从表现旧时科举考试的主要内容出发，采用现代人容易理解的现代中式建筑的形式表现。

科举博物馆主体长 36 m、宽 36 m、高 20 m，整体沉入地下，上部设方形浅水池。贡院牌坊与明远楼相对而望，入口浅水池如同一面晶莹剔透的镜面，将明远楼和毗邻的建筑的粉墙黛瓦、蓝天倒影收纳其中。

现在的明远楼为1986年后修建，它是科举博物馆的重要建筑，位于入口建筑群的中轴线上。明远楼建筑庄重、严肃。入口两侧设两尊古时士兵站岗的雕塑，“士兵”手握长枪笔直站立，具有威武刚正、不可侵犯的气势。明远楼为三层木结构建筑，平面呈正方形，其后部是官员号令和指挥考场的场所。由于其地位与作用特殊，贡院内的建筑，包括贡院以外一定范围内的建筑，在高度上均不准超过明远楼。

明远楼的东西两侧，整齐排列着砌筑简陋、功能明确的号舍。号舍以砖墙构筑，在离地一二尺之间，砌出上、下两道砖托，可在上放置上、下层木板，号舍侧设防火水缸和碑刻。号舍是中国古代科举文化中最有代表性的建筑，明远楼的号舍最多时有2万多间。

明远楼正后方有至公堂，原为主考官的办公处，现开辟成为科举考试的陈列室，室内高悬“为国求贤”的匾额。至公堂陈列了介绍中国科举制度的撰文和相关实物等。至公堂力图表示这里是最公正、公开、公平的场所。

进入森严壁垒的科考场地（高祥生摄于2020年4月）

浅水池下为科举博物馆的展厅，展示科考的林林总总的形式、内容、成果。人们可以环绕水池踏步而下，鱼贯进入地下展室。在这里人们可以看到层层叠叠的书卷，看到令人咋舌的考卷，看到使人惊讶的答卷，还可以看到与科考相关的各种文化展品，看到历史上与科考有关的著名人物，看到莘莘学子专注科考、慈母教子的场面，看到学子登科的荣耀……

总之，南京的科举博物馆向人们充分展示了自科举制度建立以来的江南的各种科考内容、形式，使人们能够清晰、客观地了解到科举制的功绩和弊端。

二、 科举千年，江南文枢

在我国科举制度建立至废除期间，从南京贡院走出的状元有800多位，进士10万人，举人上百万人。据有关资料统计，在明清时期全国有一半以上的命官都出自南京贡院。

在这里展示了历朝历代进入贡院功成名就，取得状元、榜眼、探花功名的著名学人，也展示了虽踏入贡院但没有金榜题名的著名文学家、诗人、思想家、教育家、社会活动家等，他们对中国的社会发展、文学创作、文化教育、社会改革都作出过巨大贡献。我印象深刻的有林则徐、文天祥、刘禹锡、秦大士、吴敬梓、施耐庵、魏源、袁枚、郑板桥、左宗棠、曾国藩、李鸿章、张謇、陈独秀、方苞、唐寅等。

千百年来，中国社会是人才济济、群星灿烂。这些卓越的人才以其不朽的成就名垂青史，千古传颂。

三、 科举千年，功过一说

南京的江南贡院是古代江南地区最大的科举考试中心、通过考试选拔官吏的场所。

科举考试通常分为乡试、会试与殿试。乡试中榜者为举人，第一名为“解元”；会试中榜者为贡士，第一名为“会元”；殿试第一名为“状元”，第二名为“榜眼”，第三名为“探花”。

科举制度萌发于南北朝，成形于唐朝，经宋朝、元朝、明朝、清朝的实施对社会有增益之处，也有种种弊端。清光绪三十一年（1905 年），科举制度被废除，至此科举历经了 1200 余年。

早期的科举制度对于封建社会的人才选拔具有公平、公正的作用，有清明用人、广纳贤才、促使社会下层人才向上层流动的作用。科举考试使考取者无私恩、黜落者无怨恨，这对社会安定、清明制度和社会阶层的适度流动，对统治阶层广纳贤才有无可争议的帮助。科举制度的开放性、公平性，打破了上层社会门阀的壁垒，筑牢了统治阶级的社会基础，推动了文化的发展。

科举考试的内容是宣传儒学，宣传孔孟之道，对维护封建制度的稳定和建立社会秩序、伦理道德观念起到了明显的作用。但是科举考试范围大都限于儒家经书，限于人文社科，严重缺乏自然科学的内容，因而限制了学人对自然科学探索、研究的积极性，限制了学术的自由发展，影响了中国科学技术的进步，特别是在科举制的后期那种重文轻理的思想主导下，产生的消极作用远远大于积极作用。

另外，当时产生的状元、进士、举人，在对社会政治、经济发展、人文思想进步产生过重大影响和巨大贡献的人物中占据的比例不高，不及那些并未取得功名，但胸怀大志、矢志不渝、为国为民做出贡献的历史人物。

时至今日，对科举考试制度我们应客观地分析它的优劣之处，应从中吸取有益的成分，剔除负面的因素，为人才的选拔制度、教育制度的完善，为人才的素质教育和科学技术的发展做出有益的贡献。

岁月芳华玄武湖

一、 历经沧桑玄武湖

有关玄武湖的历史知识我是从我的老师——著名建筑历史专家郭湖生教授的讲课中获得的。郭先生知识渊博，治学态度严谨。郭先生介绍：玄武湖形成于长江改道时期，与江水泛滥有关，最初湖面很大，并与长江联通。东吴的周瑜和东晋的司马睿就是在此训练水兵的。后来玄武湖的水面逐渐缩小成现在的样子。

之后，我又从相关的杂志上了解到“玄武湖是在岩浆侵入体和断层破碎的软弱部位，经过风化剥蚀发展而成的湖盆。……形成的沼泽湿地，湖水来自钟山北麓……”。

两种说法我认为都是合理的，试想倘若没有江水泛滥，哪里会有玄武湖？而倘若没有山体变化形成低洼的盆地，又哪有如此巨大的蓄水池？我不是学地理、历史的，正确的结论也只能由专家们给出。

二、 命运多舛玄武湖

人文历史资源丰厚的玄武湖距今已有二千三百多年的历史。最早可以追溯至先秦时期，玄武湖古名桑泊、后湖、北湖。在历史上，玄武湖先后有过昆明湖、饮马塘、练湖、习武湖、练武湖等名称。多数资料表述，因为玄武湖位于东吴宫城之北，故现在又名“北湖”或“后湖”，我曾几次在撰文中用过“后湖”一词，愿读者认同。

六朝时期，玄武湖曾是皇家园林，明朝时期辟为黄册库，均属皇家禁地。清末两江总督下令开放丰润门（今玄武门），形成玄武湖公园的滥觞。

玄武湖环境曾遭受三次大劫难：

首先是隋文帝灭南陈之后，曾下令夷平南京城，在这一指令下，玄武湖消失了两百多年。

其次是唐代书法大家颜真卿出任升州刺史时，一度改玄武湖为“放生池”。

最后是南宋王安石调任江宁府时，提出“废湖还田”的主张，致使湖面缩小，洪灾泛滥。

总之，这三次玄武湖自然环境的改变，极大地破坏了南京城的生态环境。

三、 寻觅旧痕玄武湖

我于 20 世纪 70 年代初求学于南京工学院建筑系（今东南大学建筑学院）。其教学区和宿舍区都距玄武湖很近，从教学区或宿舍区经解放门进玄武门大约一刻钟，那时进玄武湖也是无须购门票的，我们每周都去玄武湖。要是到了夏天我与三五个同学几乎每天都去玄武湖，说是游泳，其实就是去吹吹湖风，泡泡湖水，纳凉。

那时的湖水不深，我们常在湖中戏水，在离湖岸数十米开外，人还能踏着湖水，冒出个头来。那时湖区似乎没有管理人员。

二十世纪七八十年代我还常常去玄武湖西边的城墙上逛。那时，现在鸡鸣寺东侧的城墙有几段是断开的缺口，缺口处高低错落，正好供人踩踏攀爬，城墙上也没有任何建筑物、构筑物和装置之类的。城墙上有从墙砖和城砖缝中长出的杂草野花——无人问津、与世隔绝的荒芜样子。我曾一个人或约一两个至交到城墙上逛逛，有时我还“五音不全”地哼着“长亭外，古道边，芳草碧连天……”，有时我故意将歌词改为“芳草连九华……”，自觉是一种莫名的精神释放。

四、 春光明媚玄武湖

我记不清去过玄武湖多少次，数十年了无法计算了，估计应有近百次了，玄武湖的景区有环洲、樱洲、菱洲、梁洲、翠洲五洲，每个洲我都曾在春天、夏天、秋天、冬天涉足过，其中春天去得最多。

春天的湖风是细微的，吹到身上有些湿润，但是温和的。春风拉动千百条嫩绿的柳条，摇曳了岸边金黄的迎春花。

玄武湖
（高祥生摄于 2020 年 3 月）

池边的太湖石增添了几分江南园林气息。紧邻城墙下，湖滩旁高耸的水杉已冒出新芽，嫩绿的，星星点点。春天水杉树既有一种刚毅向上的气质，又有一种坚忍、自律的品格，树的这种特性很像南京人的品格。

湖岸的空地上植满了观赏树，有成片的樱花，也有零星的梅花、桃花、杏花……岸边的凉亭、长廊中通常都有休闲的人们，有的在聊天、品茶，有的在棋盘上对弈，亭边常有嬉闹的儿童和练气功、打太极的老人。

湖面、远山、远景，呈现一幅开阔、舒展、大气的画面：蓝灰色的紫金山，九华山衬托着远处的白色的建筑，衬托着钴蓝色的湖面。湖面上来往穿行着几条明黄色的游艇，游艇划开的水面留下几道白色的水浪。这蓝色的天空，淡灰色的山体，与黄色的游艇和湖岸上的建筑、植物、小品、游人构成了一幅阳光明媚的图画。玄武湖是美丽的，玄武湖的春天更是明媚动人的。

玄武湖的历史、玄武湖的文化、玄武湖的景色、玄武湖的贡献，在国内的城市公园中应是首屈一指的。

弥足珍贵的芥子园

我是先知道《芥子园画谱》，后才知道南京市秦淮区老门东的芥子园的。

芥子园的园主和设计者都是清初的文化界名士李渔，《芥子园画谱》的创作者也是这位名士李渔。

我熟悉老门东的芥子园一是因为我经常去老门东的边营，而现在的芥子园就在老门东边营的一条深巷里；二是老门东的芥子园是由东南大学建筑学院一位教授设计的，我自然会关注校友的作品。

虽然历史上的芥子园已不复存在，但现在老门东的芥子园已依据造园思想高度地还原了原有的景点，吸收了《芥子园画谱》的内容。

芥子园很小，用李渔本人的话说："地只一丘，故名'芥子'，状其微也。""芥子"是精美的，"芥子园"也是精美的。在南京，在整个江南，"芥子园"都是个小园，但其设计、建造的精巧不亚于苏州的留园和沧浪亭。芥子园虽小但收放有度，有藏有露，它做到了密处"密不透风"，疏缓处"疏能跑马"。芥子园达到了"壶中天地"的境界。

李渔在芥子园内完成了《无声戏》《笠翁一家言》《闲情偶寄》的创作，特别是《芥子园画谱》的创作。其中以芥子园为名编撰的《芥子园画谱》更是影响了中国三百多年来的诸多著名画家，如黄宾虹、齐白石、潘天寿、傅抱石等。《芥子园画谱》施惠画坛，功德无量。

芥子园
（高祥生摄于 2019 年 10 月）

芥子园布局密集的内容集中在园林的四周，它与留园一样，进园后的空间都是极为紧凑的：小厅数尺，有洞门相连，长廊起伏，相邻书房、客厅，粉墙相随，有漏窗儿扇，叠石错落，扶疏相间，跨小溪见山房。芥子园的南侧和北侧在厅房呼应，两侧是绿荫曲径，因此芥子园的周围紧密，而园中有一大池塘，大水面在芥子园显得开阔、疏朗、清新，与园林周边形成了一紧一松、一张一弛的特征，这个特征在芥子园中很明确。芥子园的北岸上有一垂钓老人的雕像，老人注视着水面，旁若无人，目不转睛，我猜这大概是“李渔”雕像。池塘有两柱喷泉，像两朵盛开的白花，晶莹剔透而又疏密有序。

这里是否是园中需要表现的主题或趣味中心，我不得而知，而我作为游园的观赏者认为这里应该是一个中心区域。

芥子是闪光的，芥子园也是闪光的，它在中国绘画史、艺术史中闪闪发光。李渔的后人李长白是南京艺术学院的著名教授，我在南京进修时听过他的课，也算是编外学生。李长白教授的儿子曾是南京的年轻教师，我曾与他一度熟悉，也可以说是学友，为此我对李渔除了敬仰外，还有一种亲切感。

愿我们能记住这位为南京文化、中国文化的繁荣作过莫大贡献的文化名士。

南京的梧桐树

一、 南京梧桐树的由来

曾有一位林业专家告诉我：南京的梧桐树在专业上应叫二球悬铃木。后来我查看了有关林木的书籍，书中也介绍了二球悬铃木。

悬铃木以树叶中的果球数量分一球悬铃木、二球悬铃木和三球悬铃木。一球悬铃木源于北美洲，可称为美桐。二球悬铃木源于英国，可称为英桐。三球悬铃木源于欧洲东南部及亚洲西部（如印度、云南），也可称为法桐。17 世纪英国人以一球悬铃木和三球悬铃木为亲本培育成二球悬铃木。19 世纪末 20 世纪初，法国人在上海法租界的霞飞路（现淮海中路）用二球悬铃木作为行道树。

中国宋代词人李清照词中“梧桐更兼细雨，到黄昏、点点滴滴”的梧桐与现在南京的二球悬铃木的叶子形状也是相似的。这也成了英桐落户南京后被很快叫成梧桐树的主要原因。本文中提及的梧桐树即二球悬铃木，这在南京已约定俗成了。

梧桐树在诸多国家都有“行道树之王”的美誉。南京最早引入梧桐树是在 19 世纪末，由法国传教士在石鼓路种植，但数量很少，并未作为行道树。

陵园路的梧桐树
（高祥生摄于 2019 年 11 月）

南京大批量地种植梧桐树是在孙中山先生奉安中山陵前夕，当时政府从上海法租界购得一批梧桐树，分别作为南京陵园路、中山路、长江路、江苏路、颐和路、黄浦路等道路的行道树。而后，南京诸多单位在道路上、庭院内又陆续种植了梧桐树。20世纪50年代初南京市政府组织种植了大量的梧桐树。现在诸多单位，特别是高校，如东南大学、南京大学、南京理工大学、南京师范大学、南京林业大学、南京航空航天大学、南京体育学院、河海大学和南京艺术学院等高校都有梧桐树界定的林荫大道、休息草坪……梧桐树已遍及南京的各个角落，成为南京市标志性树木。

二、 梧桐树的功过

南京人对梧桐树曾有微词，就像再好的孩子，父母也会批评两句。南京人认为梧桐树的缺点，主要是每年春季，树上会飘落灰白的毛絮絮，无论是掉在眼里还是吸在鼻中都会刺刺的、痒痒的，好在近年人们出门习惯戴口罩，再配一副墨镜或太阳镜。

南京人对梧桐树也有很多褒奖：梧桐树的生长不需要优渥的环境，它在道路上、庭园中、湖岸上的各种土壤中都能成活。梧桐树的树材虽不通直，难做大料，但木质优良，板料可做小件优质家具和乐器，旋切的薄板材，可做装饰板，集成的碎料可做木工板、芯木板，至于再小的木料也可做成工程木方……

另外，梧桐树呼吸空气时会吸收空气中有害的气体，并将其转化成氧气，释放在空气中，其释放量是多数乔木的数十倍。

梧桐树的这些优点足以抵消它的毛絮絮缺点，梧桐树的功劳远远大于它的过错。也正因为梧桐树有这些优点，南京人都很维护梧桐树，10年前当南京市民听说地铁建设中主管领导有移走梧桐树的想法时，部分市民自发组织了护树行动，护住了梧桐树。很显然，梧桐树在南京市民的心里就是城市的一部分，就是南京城的吉祥符号。

三、 梧桐树的风采

每年春节过后，南京城的梧桐树开始萌生嫩绿的叶尖，叶尖悄然生成叶片，叶片开始长大，并由嫩绿长成翠绿……在春风里，梧桐树与城市的花花草草一起呈现五光十色，唤醒一城昏睡。

盛夏，梧桐树的叶子由翠绿渐变为深绿，由稀疏扩张成密集，其树形雄伟、树冠广阔，零星的叶子聚集成一顶顶绿色的华盖。南京的梧桐树大多有60年以上的树龄，因此，在南京稍窄的交通道路中，天空几乎都被梧桐树叶覆盖，稍宽交通道路中只能见到碎片化的天空，此时梧桐树的遮阳作用是显而易见的。华盖下，夹杂着星星点点二球悬铃木果球，悬铃木的表面有点儿红色，在微风中时隐时现，显得风情万种。此时梧桐树的遮阳和审美功能共存。

秋日，掌状的梧桐叶逐渐泛黄，再由黄绿色向黄色、橘黄色过渡。适逢秋高气爽，蓝色的天，金黄色的叶，梧桐树更加绚丽、辉煌。往后梧桐树最亮眼的叶子华丽登场后迅速“退位”，大片金黄的、赭黄色的叶子逐渐从树枝上抖落，飘入空中，纷纷扬扬地洒在地上……随后南京城出现了“满城尽带黄金甲”的壮观场面。

冬日，树叶凋零后的梧桐树，枝干、树枝、树杈分明。树干粗矮、敦实，树皮分批脱落后呈深色与浅色交叉的斑驳状，树枝曲折、多变，树杈细密向上，有的还粘着枯萎的叶子，星星点点的，在蓝天下，这树干、树枝、树杈风骨清朗，傲然挺立。在寒风中梧桐树尽显饱经风霜的骨骼和柔情依在的情怀，窸窸窣窣，不断地发出时高时低的“哗哗”的声音，此时它似乎还在诉说往日的风采和对南京城的一腔情怀。

四、梧桐树赞

梧桐树体态丰硕，骨骼庞大，其形体下松上紧、下疏上密、疏密有致。

单株的梧桐树一年四季形态变化分明：春季秀丽、夏日丰满、秋天富丽、冬日清朗。

成组的梧桐树，整齐有序，气度恢宏。

梧桐树有南方的秀丽，也有北方的粗犷。这种兼具南北方美感的树种很像处于南北交汇处的南京人。

南京城，南京人，一方水土养一方人，一城梧桐伴一城市民。

我在南京生活数十年，我喜欢南京，也喜欢南京城的山山水水，更喜欢南京城的梧桐树。

梅花山·梅花·赏梅

我最初了解的梅花山的历史知识是从20世纪70年代我的老师——古建筑专家潘谷西教授的讲课中获得的。

我关注梅花山的梅花是从20世纪80年代初协助水彩画大师李剑晨教授在梅花山上课开始的，那时，梅花山上的梅花稀稀拉拉的，寥寥数棵。

我逐步熟悉梅花山的梅花得益于20世纪80年代后多次随著名水彩画大师崔豫章教授在梅花山上画梅花。那时我几乎每一两年都去梅花山画画。

梅花山的梅花是逐年增加的，我对梅花的了解、欣赏、热爱也是逐年增加的。

20世纪80年代梅花山的梅花没有现在那么多，观梅、赏梅的人也不多，三三两两的，游梅花山也不必买门票。回想起那时的梅花山，有一种质朴、自然、野逸的美感。21世纪后，梅花山一年一个样，梅花山的梅花数量、品种越来越多，宣传资料有说现在的梅花山有梅花3万多株，各式品种近500种，这些对于一般的观梅、赏梅的人来说，其实都是弄不清的。

梅花掠影（高祥生摄于2021年2月）

去梅花山的人逐年增多，景观增加，服务设施也增加了，现在的梅花山新增了博爱阁、东吴大帝孙权纪念馆、梅花馆、惟秀亭，同时梅花山也在扩建，增加了收费的门岗……

一、 梅花山

有关资料记载：梅花山早先称为孙陵岗，1929年孙中山先生逝世奉安大典后，开始在孙陵岗上种植梅花，以此作为中山陵的纪念性花木区。此后规模逐渐扩大，孙陵岗也从此被人们称呼为梅花山，此后梅花山蜚声海内外。

曾有报道，地质勘探人员测量出梅花山顶有坚硬的构筑物，故推测此处应曾葬有孙权的爷爷、孙权、孙权夫人和宣太子孙登等。“博爱阁”三字仿孙中山字体，博爱阁由东南大学建筑学院刘叙杰教授设计。另外汪精卫夫妇也曾葬于梅花山山顶，后被何应钦部下率领74军51师工兵营炸毁。毗邻博爱阁建有一长廊，正对博爱阁的一面为放鹤轩，楹联为孙科题写，背面的“观梅轩”三字由谁题写，不详。

这几年梅花山一直在扩建，梅花山南侧山脚下，新建了东吴大帝孙权纪念馆。纪念馆广场中央设有一尊汉白玉的孙权大帝的雕像，雕像为全身立像，一派君临天下的气势，成为纪念馆广场的视觉中心。纪念馆建筑为一层现代中式风格，总体呈“凹”字形，正好三面围拢孙权雕像，成为梅花山的又一景点。

以石象路为界，梅花山的西侧为梅花谷。在我的概念中，20世纪80年代以前梅花谷似乎不在梅花山的范围内。梅花谷的惟秀亭是近年来建造的文化景观建筑，登梅花谷的“惟秀亭”可赏阅明代大学士宋濂在《游钟山记》中所述的钟山风韵。

孙陵岗位于现明孝陵南段，兴建明孝陵时按传统的皇陵形制，按传统皇陵形制陵墓的神道需要垂直于墓穴，因孙陵岗在皇陵的范围内，因此需要开通经过孙陵岗的直线道路，而如此设计其工程量堪称巨大。相传明太祖朱元璋得知如此情况后便表示：“孙权是一条好汉，留下来可以让他给我守陵。”所以现在的明孝陵的神道分为翁仲路和石象路两段并呈直角拐弯，这布局虽然不合传统皇陵形制，但显然朱元璋的决策是明智的。

现在的梅花山毗邻明孝陵，成为南京东郊重要的旅游景点，从旅游的角度讲，明孝陵、梅花山互为对景，遥相呼应，旅游客群长年络绎不绝，至此，明文化、梅花文化相得益彰。

二、梅花

探梅、赏梅是南京的习俗，而南京植梅与赏梅的历史悠久，历六朝至今不衰。

梅花是矮小的乔木，树高在4 ~ 6 m，树皮或浅灰色或绿色。树干曲折，无毛，呈灰绿色，花朵有单生，也有双朵同生一芽内的。朵径在2 ~ 2.5 cm，花开于叶前，花期在春季，果期在5—6月。网上说梅花的种类有江梅、野梅、绿曹梅、鸳鸯梅、宫梅、红曹梅、红梅等。根据花色，这里的梅花可分为白梅、绿梅、朱砂（红梅）、宫粉（粉红）、黄梅等几种。我无专业知识辨别梅花的品种，也辨不清山上的各种梅花颜色的细微差别。为此我请教过植物学专家王老师得知：“梅花有十一个品种群，而常见的有花单瓣、萼片绛紫色的江梅品种群，花重瓣、呈白色、萼片绛紫色的玉蝶品种群，花呈白色、萼片纯绿色的绿萼品种群，花重瓣、呈粉红或大红色的宫粉品种群，花和花色呈淡紫红色的朱砂品种群，等等。”而我对所见的梅花的色彩只能区分红色类和白色类。

近年来，每当春节一过，梅花山的万株梅花竞相开放，层层叠叠，云蒸霞蔚，繁花满山，一片香海，前来探梅、赏梅者络绎不绝，最多时有四五十万人，可谓热闹非凡。

欣赏梅花通常从色、形、香、韵四个方面感知。

“色”，是给人第一印象的形态要素。红色的梅花使人感觉到热烈、热情和希望；白色的梅花使人感觉清新、雅致；绿色的梅花使人感觉典雅、新奇。梅花单色因远近、疏密的变化，会呈现丰富的视觉效果，而红色、白色、绿色组合则会出现色彩斑斓的视觉效果，再加树干、枝、叶的配合更是妙趣横生。

“形”，是赏梅的重要内容。“形”即指梅树的形态，其树干或直立，或屈曲，或倾斜，或强劲，或柔弱。姿态曲折的有苍劲嶙峋、饱经沧桑之美；强劲的有威武不屈之势；柔弱的具有缠绵、温顺的气息。其枝虬主次分明、枝条细密、纵横交错。其枝头的梅花或星星点点，或星罗棋布。

“香”，梅花的香味是淡雅清幽的，词云“著意寻春不肯香，香在无寻处”。梅花的香气让人难以捕获，却又有沁人肺腑、催人欲醉的感觉。而倘若置身于梅花山的花海则可享受清幽的花香飘拂，暗香袭人的气氛。

“韵”，审梅的高境界应是重其气韵。如宋代范成大在《梅谱》中所说，“梅以韵胜，以格高，故以横斜疏瘦与老枝怪奇者为贵”。在中国绘画中，梅花的形态总是通过组合呈现纵、横、疏、密的布局。而西洋油画中则注意梅花的整体色调和梅花的动势、虚实。在我看来以中国画表现的梅花更为适宜，也更加生动。

三、 赏梅

梅花没有牡丹的雍容华贵、国色天香，形态没有昙花的妖娆美艳、独领风骚，也没有荷花的清雅幽香、不俗不染的淡定。

我赞美梅花是因梅花的色彩秾丽而不低俗，明朗而不喧闹。它的红色、白色、黄色等都能给人间带来春天的气息和温馨。

我赞美梅花是因为梅花有不畏严寒、经霜傲雪的品格，在大雪纷飞的冬天，尽管万物披上了白色，唯有梅花仍然笑傲河山，傲然挺立在寒风中，给冰冷的世界带来温暖。

我赞美梅花是因为梅花的形、枝、花都是那么动人、那么舒展、那么优雅、那么坚毅，它给人间带来的是一种高雅的美感和不屈不挠、坚韧不拔的精神。

我赞美梅花，它虽没有高大的身影，但具有崇高而谦虚的品格。当万物复苏之时，它却悄然隐退，给人间留下的是美好，是希望。

我赞美梅花山的梅花也是因为梅花的习性中蕴含了南京人的气质，蕴含了中华民族的品格，它不畏强暴，不惧困难，顽强拼搏，默默奉献。

杉树赞

杉树的种类很多，诸如水杉、池杉、红杉、黄杉、松杉等，但我只熟悉在南京常常见到的水杉和池杉，我可以大致说清楚它们的基本特征和作用。我愿意不厌其烦地介绍它们、讴歌它们，是因为我喜欢。水杉大都长在道路两旁、湖岸边、庭院中、公园内，池杉一般长在河滩、池塘里，它们都可叫杉树。

一、水杉树

现在人们在南京看到的高大的水杉树应该就是20世纪80年代后引进的。

水杉树生气勃勃、高大峻秀。我欣赏过南京理工大学校园内的水杉树、玄武湖内城墙边的水杉树、太平门的山坡下的水杉树，也观赏过南京进香河路、北京东路等一些离水源较远的成排成片的水杉……水杉树都呈现出向上的精神和集群的力量。

水杉树在城市环境中可美化环境，可净化空气。因此种植水杉是优化环境质量的良好举措。水杉树材质美观，可以用来制作优质的板材，可以在建筑、装饰上使用，可见水杉树有丰厚的经济价值。

我喜欢水杉树、赞美水杉树主要出于对水杉形态特征的偏爱。

水杉树无论是小树还是大树，其树形都是笔直向上的，率直、挺拔。水杉树的生长高度可达30 m，胸径可达2.5 m，树干基部较大，常见的树干地径有0.3 ~ 0.5 m，树干胸径约在0.2 m，往上逐渐收分。水杉树的树冠呈圆锥形，姿态优美。水杉树的体形是修长的、俊美的、伟岸的。长大的水杉树干、枝、杈都呈灰色或深灰色，显得低调、内敛。水杉树的枝杈长在树干的上部，树杈向下有序披散，叶子为条状，对生组合后呈羽毛状，春夏季节叶子为淡绿色，秋季变为深绿色、褐色直至暗红色，在深秋初冬水杉树呈现出深绿色、褐红色、金黄色等五彩缤纷的色调，至此水杉树完成了一年一度华丽的转身和高亢的绝唱。

水杉树质朴、爽直、无华、低调、奉献……这多么像我们南京人，具有南京汉子的品格。

成排成片的水杉树的株距不大，通常在3 ~ 5 m，逾30 m的水杉树耸立在如此紧凑的平面中需要具有一种自律、互让的集群精神。水杉树的株距布置通常呈二方连续、四方连续或二方与四方连续结合的排列方式。这种排列无疑是统一、有序的，这又使我想起了英勇抗洪的军人的形象，想起了抗疫中的白衣战士的形象，想起了集体精神。我心中的水杉形态蕴藏着中国的民族精神。

水杉从中国发源，覆盖世界，使中国、使世界的环境更干净、美丽。

水杉树
（高祥生摄于 2021 年 4 月）

二、池杉树

水杉、池杉都是落叶乔木。池杉又称池柏、沼落羽松，其高度可达 25 米。池杉树枝向上成狭窄的树冠，形状优美，似塔状，其叶呈钻形，在枝上螺旋伸展。池杉树的主干笔直，基部膨大，像练拳击的沙袋缠绕一大摞麻绳，麻绳纵横交叉，盘根错节，形成一个兜住根基的网袋。池杉树的根基扎在水下，倒生出屈膝状的呼吸根，这种呼吸根由水下向上奋力生长，直至露出水面，如此形态可以帮助池杉在水中顺畅呼吸和贮藏养分。我认为辨别池杉树的特征最容易的方法就是看杉树的根部是否有“沙袋状”的根藤。

池杉主要生长在潮湿和有水的地方，但它也可以生长在干燥的地方，它的这种特性表明池杉树对生长地方不很严苛，所以近年来南京的一些浅滩、池岸陆续种植了不少池杉树。池杉又因极耐水湿，抗风力强，是沼泽地区保护林的理想树种，更是池塘绿化、水库绿化、护堤、护坝和净化水源的绝佳树种之选。

池杉木材纹理通直，结构细致，光泽显明，池杉树的板材不翘不裂，工艺性能良好，是造船、建筑和做家具的良好用材；由于韧性强，耐冲击，亦可用来制作弯曲的木器和运动器材。

因为池杉树的叶绿素在光合作用下吸收了阳光的红光和蓝光，然后反射出绿光，所以池杉在春天、夏天全身的叶子都是绿色的。而在秋天，气温下降，叶绿素的合成速度缓慢，而叶黄素、胡萝卜素开始突显成为主角，于是池杉的叶子成了黄色，成了橘黄色、橙黄色、红色、褐色，五彩缤纷、色彩斑斓，进而吸引了成群结队的游览者、摄影爱好者。

止马岭的大片池杉是南京入秋观赏、游览的好去处。浅滩中成片的池杉互相依偎，互相衬托，阳光下水色交融，光影交织。山岗上成片的池杉火红火红，杉树连成一片，奋力地、合力地生长，尖尖的塔形，像点燃的火炬，燃烧着，给人世间带来美好。

燕雀湖的池杉树是近几年培养的，效果很好，我年年都去拍照。深秋时节池杉树的叶子由绿色变成黄色，变成红色，变成褐色……树干、树枝是浅黑色的，池杉生长的土壤是一坨一坨的，堆在湖心、湖边。晴天湖水是淡淡的，倒影是清澈的。这时燕雀湖的色调是暖暖的，是五彩缤纷的，它适合用油画表现，这种景象要比俄国画家列维坦的油画艳丽，比法国印象派画家莫奈的油画鲜活，这景象宛如一曲“交响乐”。

冬日的池杉，树叶开始变成焦黄色、褐色，开始凋谢，这时的池杉呈现出沧桑古朴的样子，这时的池杉仍能让人们想起它往日的辉煌，往日的风采。

燕雀湖的池杉树
（高祥生摄于 2019 年 11 月）

历史的伤痕

——静海寺的钟声

每年春节晚上我总是希望能够听到静海寺的钟声，因为钟声引起了我们的警觉，钟声告诉了我们曾经遭受过的屈辱。

现在的静海寺是一个完整的建筑，它没受过战争的损坏，它不像圆明园那样是满目疮痍、千疮百孔、残垣断壁的，但它仍然记载着中国近代的屈辱。

一看到圆明园，人们立刻就能想到了战争、想到了硝烟、想到了铁蹄、想到了毁坏、想到了帝国主义的残暴。静海寺是完好的，但静海寺受到的屈辱一点儿也不亚于圆明园受到的屈辱，在这里，清政府被迫与英国政府议约，双方共在寺内议约四次。1842年8月29日双方在英军旗舰“康华丽”号上正式签订了中国近代史上第一个不平等的条约——《南京条约》。静海寺因此也成为中国近代史起点的象征。

静海寺广场的林则徐雕像
（高祥生摄于2019年12月）

想起圆明园，我们是屈辱的，想起静海寺，我们也是屈辱的。因为国力的衰弱，我们在面对敌人时毫无抵抗之力，静安寺里的一草一木、一砖一瓦，都见证了中国近代的外交衰弱，见证了中华民族的耻辱，也成为了解南京历史的一座特殊“桥梁”。

静海寺的修缮工作无疑是完善的，但令我印象最深刻的还是静海寺广场上的林则徐雕像和警世钟，林则徐那不畏列强、爱国爱民的精神永载史册，警世钟长鸣警示着人们这个世界的不太平，让我们不能忘记过去，不能忘记历史，不能忘记过去给我们带来的伤疤。

耻辱的记忆

——圆明园遗址公园

近日赴北京开会，重过圆明园。那是一个阴天的下午，黯淡的天光使景物都蒙上了一层铅灰色，极目四望，但见残垣断壁，芳草萋萋，昔日繁华，荡然无存，“庭树不知人去尽，春来还发旧时花”。不禁感慨系之，如烟往事涌上心头……

一幕幕历史惨剧再次浮现在我眼前。如今我们所见到的这片遗址，它曾是举世闻名的皇家园林——被誉为“万园之园”的圆明园。1860 年 10 月 18 日，以英法为主的八国联军在这里点燃了罪恶之火，冲天烈焰吞噬了富丽堂皇的圆明园，大火整整焚烧了三天三夜。能抢的，都抢了；不能抢的，就毁掉！我无法想象圆明园倾塌时的悲惨景象，这是一个繁荣文明的隳颓，这是弱肉强食的见证，这是世界文明史上罕有的暴行！

凝视断裂的石柱，它们曾亲历了整座沉重的宫殿一点一点慢慢倒塌的痛苦挣扎，最终又倔强地屹立在那里……圆明园的形体太庞大，庞大到侵略者无法将它焚毁殆尽。京华四季的回风试图用一个多世纪的漫长岁月，把那些断裂的伤口抚平，但是人们依然能看见它的无数疤痕刻在白色的石柱上，镌在倾圮的石墩里……纯白的石柱在岁月里慢慢泛黄，和天空的阴暗形成一种凝固、沉重的感觉，它成为我的眼中圆明园的独特色彩。

淡淡的灰白色调是陈旧的颜色，也是历史的颜色。曾经，我们的祖先守在这里，守护着一个多世纪前这里的奢华，护着“天朝上邦”的骄傲；如今，我们守在这里，守护着一整片支离破碎的断壁残垣，守着曾经的荣耀，也守着那段我们无法忘却的心痛往事。

圆明园（高祥生摄于 2018 年 5 月）

我们有资格去斥责英法为主的八国联军曾经犯下的滔天罪行，但是在那之前，我们必须反省自己：是我们的骄傲蒙住了我们的双眼，是我们缺乏忧患意识才从思想到实力逐渐衰落，也正是我们的弱小让他国的军队能够在我们的土地上恣意妄为。

圆明园被肢解了，它的碎片滚落山坡，如今正沉睡在这里，无论有多少游人的叹息，还是有多少墨客的悲悼，它都不会再醒来了。静静的、淡淡的，它的荣耀已经结束了，现在，它重新归于平凡，不平凡的平凡。那些拦腰折断的石柱、墙壁宛如阴森惨白的枯骨，它们成为尸体，也用自己的身体，做成了自己的墓碑。“日光寒兮草短，月色苦兮霜白。伤心惨目，有如是耶！”

在它沉睡的时候，杂草长了出来，重栽的树木也越来越葳蕤茂盛，青葱的芳草碧野上开出了无数白色的、黄色的花，仿佛在祭奠着什么。它们挤出每一个石缝，想要努力将那些伤痕掩埋。我想我知道它埋着的是什么，墓地的草会汲取“尸”的养分，所以会格外地茂盛。圆明园的底下，也埋藏着什么，一定也埋藏着什么，我能看见它们旺盛的生命力，野草森森，直到膝下，甚至还没有到夏天……

我想，我知道那底下埋着什么了，是整个民族痛苦的、悲哀的、可笑的、讽刺的、虚伪的、愚蠢的、惨痛的、难以忘怀的、悲愤的、耻辱的、任人宰割的悲剧，是被烙印在中华上下五千年历史上的“刺面”。

在那个时代，整个中国发生了多少这样于无声处听惊雷的悲剧？！只不过圆明园被记住了，《南京条约》被记住了，甲午战争被记住了，《马关条约》被记住了，《辛丑条约》被记住了，南京大屠杀被记住了，剩下的还有许许多多，我们难道就应当忘却吗？

“鸟无声兮山寂寂，夜正长兮风淅淅。”圆明园的残骸已经扭曲、变形，它在阴沉的天空下融入我眼中那陈旧、深重的历史烟霭，化作一张张具有批判性的老相片，它用血的教训告诉我们这些没有亲身经历战争的人——“落后就要挨打”“进步才能繁荣”。在2018年的今天，我们的祖国已经富强，也许我们已经拥有能够重修圆明园的财富和力量，但是永远不能抚平心头的痛。

如果说建筑是一个民族、一种文化最直接、重要的体现之一，那么，被毁灭的圆明园是最应当铭记的文化遗产和民族耻辱。

风声渐大，天色阴霾，我听到那些黑暗中隐约传来的鸟语：永远不能忘记过去的屈辱、过去的屈辱！风声更大，天空放晴，我似乎听到风的呼声：中华振兴、中华振兴！

六朝遗存　千古神韵

——南朝陵墓石刻遗址

一、 关于南京六朝石刻的记忆

我最早关注六朝石刻是从大学学习《中国建筑史》开始的，教材中有一幅表现辟邪的黑白照片，虽然不太清楚，但辟邪的整体形态、动势已足以让人们感受到辟邪造型的生动、工艺的精湛，昂首挺胸、威风凛凛的辟邪好像是在前进中咆哮，似乎在迎接一场新的战斗……

数十年来这是一种抹不去的印象。近年来我做了诸多涉及南京形象、南京文化的装置设计、标识设计，脑海中总是浮现出六朝石刻中辟邪、麒麟的形象，于是将它们表现在书籍装帧、标识设计、墙面美化中，因为我觉得它们最能表现南京的历史文化，最能表现南京人的自信。

陈文帝陈蒨永宁陵石刻
（高祥生工作室摄于 2021 年 1 月）

为了收集艺术创作的素材，表现南京艺术文化的创作素材，为了深切感悟六朝时期的艺术风貌，也为了圆目睹六朝石刻真容的梦想，我与助手去了南京市栖霞区的十月村，因为十月村是南京地区至今遗存六朝时期石刻最多的地方。

二、 南京六朝石刻的现状

关于辟邪和麒麟的区别，我听取东南大学建筑学院刘敦桢教授在《中国古代建筑史》中的指点：“……皇帝的陵用麒麟，贵族的墓用辟邪。”同时也接受刘教授所说“帝陵前的石兽无论其是独角还是双角，都指的是神鹿，故应统称为麒麟”的观点。南京六朝石刻主要有麒麟、辟邪、天禄和石柱、石碑等。

栖霞区和甘家巷两处帝王陵墓较少，陵前石刻多以辟邪为主。栖霞区十月村和甘家巷的六朝石刻现状：

（1）梁吴平忠侯萧景墓（遗存栖霞区十月村）现有辟邪两只，石柱一件。这两件雕刻是我见到的保存最完整的南朝石刻。

（2）梁鄱阳忠烈王萧恢墓，在甘家巷西。现存辟邪两只，东西对立，相距近 20 m。东边辟邪原从头至尾断成两块，且缝宽 0.14 m，四足及尾部均断裂。东西两辟邪均为雄兽，造型相似，体态肥硕健壮，昂首挺胸，张口吐舌，胸部凸显，鬃毛毕露，无角、颈粗，额存披须，头有鬛，翼翎五只。背部及前胸有凹沟，已漫漶，一脚前迈，长尾垂地。辟邪四肢的姿态似乎在前行，面部的精神十足，神态似乎在呐喊，在呼啸……足以给人震撼的力量。

（3）陈文帝陈蒨永宁陵，现在栖霞街道狮子冲。在陵前 200 m 处有石兽两个，一为天禄，二为麒麟，两石兽体态健硕，体长都在 3 m 以上。石兽瞠目张口，形状凶猛，两翼微翘，身体雕饰精致的蕙草纹，感觉在健硕中体现出俊美。

（4）梁桂阳简王萧融墓在炼油厂小学内，陵墓神道有大辟邪石刻两只，小辟邪石刻一只。两大辟邪于东北、西南方向相对，均无角，颈短，仰首挺胸，颏下光洁，张口吐舌，突胸耸腰，有前行之势，体态雄浑、俊美。

（5）梁临川靖惠王萧宏墓在栖霞区仙林大学城路上，有一对石辟邪、一尊石碑、两尊石柱、两个龟趺。东辟邪剽悍凶猛，极富张力。西辟邪残缺不全，具沧桑美。两尊石柱，其中西石柱镌刻“梁故假黄钺侍中大将军扬州牧临川靖惠王之神道”。东西柱原断为数节，后修复。西石碑完好，浮雕精美，碑文漫漶，东石碑已佚，仅存龟趺半掩土中。

除了调研上述陵墓前石刻外，我们还调研过梁安成康王萧秀墓石刻和梁始兴忠武帝萧谵墓石刻。因其石刻作品的风格与已叙述的石刻风格相似，故不再赘述。

三、 南京六朝石刻的特点

我赞赏南京六朝的辟邪、麒麟的石刻艺术主要有三点因素：

一是六朝石刻的造型极有力感。汉代尚武强悍的气质对六朝艺术的影响是明显的，毫无疑问六朝艺术作品中强悍的力度感，是受到了汉代艺术雄风的影响。我比较过，中国其他朝代的雕刻中人物、动物的造型基本不会表现出如此强烈的动势和力度，可以说六朝石刻形态表现的力量感是空前绝后的。艺术大师刘海粟先生认为中国绘画六法中“气韵生动”应为第一法。因此缺乏力度感的艺术作品就难以谈论“气韵生动”了。

二是经常被建筑史、雕塑史介绍、赞美的汉代霍去病墓前的马踏飞燕雕刻，包括这个时期其他雕刻，其动势造型都是精美绝伦的，这个时期的雕刻似乎很讲究人物、动物的动势。而六朝石刻却是在既有动势又有张力的同时也有对形体三维的表现。我喜欢秦始皇陵中的兵马俑，喜欢南京明孝陵文武官员石像和石马、石兽雕刻中的神韵，但兵马俑是以众多人俑组成的矩阵产生气势，明孝陵的石兽和人物石像似乎有一种静态的儒雅，但没有任何物体的三维表现。我看过西方的雕像，无论是古代菲亚迪斯等的雕像作品，还是米开朗琪罗的《大卫》、贝尼尼的《四河喷泉》、罗丹的《思想者》和《巴尔扎克》等著名的雕刻，个个都是对人像结构细部作了细致入微的三维表现……

有教科书讲，西方的雕刻是三维的、立体的，而中国的雕刻是二维的、平面的。我姑且不讲这种观点的正确与否，但雕刻确实应强调三维的造型方法，我们应反思我国传统的雕塑艺术。虽然说表现意境采用二维、神似手法，但我认为雕刻一旦缺少三维的表现就会缺少特色。

三是我认为造型艺术源于现实，但又要高于现实，雕塑中的高于现实指应对现实的形态进行提炼、美化、规律化。在这一点上六朝时期的石刻艺术全做到了，是值得我国当代雕刻艺术家学习、研究的。

另外，人们总是认为中国造型艺术缺少力度，而非洲、欧洲国家的雕刻造型生动、有张力等。但我觉得在中国六朝时期的雕刻艺术以及中国的戏剧衣饰、脸谱、道具中，其造型、其色彩、其动势哪一点都不亚于非洲和西方的造型艺术。而且中国六朝时期的雕刻除了有三维的表现外，还具有在写实基础上的形象夸张和图案化、陈式化的造型。我们可以看一看南京六朝石刻中的麒麟、辟邪，其昂首挺胸的姿态，其胸、其脚、其脖子都是经夸张后的，不是平常形态，但又是美的。再看一看石兽伸出的舌头和睁大的眼睛，都是对正常结构形态的夸张。还有麒麟、辟邪一卷一卷的毛发都是有规律地弯曲，这显然是有组织的、理想化的、程式化的造型。倘若再放眼看一看，其他石刻一个个都是精气神十足，件件都可以成为国际上精美绝伦的雕刻精品。这是我国雕刻艺术的瑰宝，我们应从这些艺术品中吸取、营造丰富的艺术养分，建立对本民族优秀文化的自信心，创作出具有中国精神、中国力量的雕刻作品。

四、弘扬南京六朝时期的石刻艺术

自我国的唐代后，雕刻中都缺乏三维的体积，雕刻主题缺乏人体、动物的解剖等。一味地强调那些所谓神韵，其实是强词夺理。我现在所要说的则是我们曾经有过有三维、有神韵、有力度的雕刻，甚至还有解剖雏形雕刻，这些雕刻就是六朝石刻。

如果我们将古希腊的雕刻与我国六朝石刻放在一起比较一下，我认为中国六朝的石刻在神、形、气韵上哪一点都不弱于西方古代的雕刻。

这种有力感的三维雕刻在唐代以后就没有普及，没有延续，它不像书法、戏曲、诗词等等艺术的门类得到发扬光大。我不知其原因，但我猜想会不会与中国文化中的平面感、二维的观念有关？是否有这个原因我不敢肯定，但中国的文学艺术缺乏三维的立体描写是事实，二维的形式在强调表现意境为主的艺术形式中可以发扬光大，可雕刻不能呀！现在提倡弘扬中华民族的优秀文化，六朝石刻岂不是中华民族的优秀文化？

一位伟人曾说过，艺术水平的高低与生产力的发展不成正比，最优秀的雕刻、最动人的神话不是产生于生产力发达的现代社会，而是产生于生产力低下的古希腊时代。（大意）同样的现象也发生在生产力低下的中国六朝时期。

有人认为六朝时期的石刻与古罗马时期艺术品是人类艺术创作的两个巅峰。所以我认为有必要让人们了解、熟悉、认同六朝石刻的文化价值、艺术价值。要让人们知道，六朝石刻是与西方古希腊、古罗马时期最珍贵的艺术品具有同等文化价值的艺术瑰宝，是值得珍爱的。我们有必要让更多的人知道，我国曾有过非常了不起的艺术作品，它不是现在的一些毫无文化内蕴、毫无艺术价值的糟粕艺术可以比拟的。我极力主张要大力弘扬中华优秀的民族传统文化，主张宣传南京六朝时期的石刻艺术及其他优秀的民族艺术。

在中华民族的历史上曾经产生过许许多多灿烂辉煌的文化，就现在而言，在我国幅员辽阔的土地上，还有许多地方都有类似六朝石刻的珍品。仅就在南北朝时期，北至西安以南，西至四川、云南，东达沿海地区都是六朝宋、齐、梁、陈的疆土，诸如云南、重庆、贵州、广西、湖北、湖南、江西、广东、江苏、安徽、浙江、福建等地，在那里同样存有大量的石刻作品。

在江苏地区的六朝石刻，南京有21处，句容有1处，丹阳有1处。在我精力充沛之时，我还会去一些地方搜集这些稀有珍宝，我们每个人都应有为弘扬优秀的中华民族文化而呐喊的精神。作为中华儿女，应用最好的方法，将这些宝贝保护起来，让我们更好地传承优秀的中华民族文化，让世界对中华民族文化肃然起敬。

和谐的环境　儒雅的建筑

——清凉山崇正书院

狭义上的清凉山，即清凉山公园范围内的清凉山，而非指"南到新街口，北至鬼脸城，东到广州路，西至长江边"的广义上的清凉山，本文所述的清凉山即狭义上的清凉山。

无论是从学识还是从阅历上讲，我都没有能力说清楚清凉山文化的历史和诸多景区。我仅就自己熟悉的20世纪80年代后重新修建的崇正书院和兴建的李剑晨艺术馆谈谈自己的认识。

一、儒雅的崇正书院

崇正书院位于清凉山中部偏东的半山坡上。

崇正书院于明代嘉靖四十一年(1562年)由时任南京督学御史的耿定向创建，取名"崇正"，源于文天祥"天地有正气"一说。隆庆及万历年间后，书院逐渐废弃，由耿定向的学生焦竑改建为"耿公祠"。清代，耿公祠损坏后，改建为"云巢庵"。清中期毁于火灾，嘉庆年间修复后，复称"崇正书院"，并新筑"江光一线阁"。

1980年南京市政府拨款重新修建崇正书院，历时两年竣工。

重新修建崇正书院的工作由南京工学院建筑研究所(现东南大学建筑研究所)负责，中国科学院院士、建筑专家杨廷宝先生悉心指导设计，杨德安教授、陈宗钦教授等完成了设计。

杨廷宝先生指导重新修建崇正书院的设计工作，充分体现了其一贯的建筑设计思想。

2006年崇正书院被列入南京市文物保护单位，并对外开放。

二、重新修建后崇正书院的面貌

清凉山公园南大门后的右侧有一条向上的石阶小道，时隐时现，逶迤曲折，两旁八角金盘、梧桐、无患子伫立，湖石耸立、凉亭点缀，阳光下石阶光斑陆离。

沿石阶拾级而上至百余米高处右转，豁然开朗，出现一块百十平方米的广场，广场三面遍植树木。广场北侧就是崇正书院建筑群的一殿建筑，步入一殿要通过两层石阶的甬道，去书院甬道的起始处设立石狮两尊，植有两棵高大挺拔的马褂木，东西两侧簇拥八角金盘、南天竹、海桐、蜡梅、杜鹃等灌木。

重新修建的崇正书院仿南方的新中式民居，粉墙黛瓦，主立面朝南，匾额上书有“古崇正书院”，四根暗红色立柱镌刻“崇丘万物儒为道，正气千秋乐即诗”和“清凉读书共襄中国梦，崇正讲学同赞神州兴”的书作，嵌填金粉，格外醒目，表述了书院倡导的治学精神。

崇正书院坐落在一条南北长、东西窄的地块上，建筑布局坐北朝南，依山而建。书院设三个大殿、一幢阁楼、二进曲廊、三块院落，纵向地面，随坡截成三层，一层一个空间，一层一个景色，充分表现了崇正书院古朴儒雅、端庄肃穆、小中见大、简明现代的风格。

一殿大厅与二殿大厅之间有个约 30 m^2，呈扁形，在东西两廊之间呈对称、封闭式的向心庭院。庭院设两层地台，上层铺方青石，左右各立石灯一对。庭院中的草坪以麦冬、石楠组成数片，汀步曲径。龙柏、女贞、桂花、鸡爪槭、枇杷、马褂木、木本绣球伫立，海桐、紫薇、红花檵木、孝顺竹等点缀，院内青茵如毯，绿荫簇拥，显得端庄、怡静、雅致。

穿过小庭院，登上台阶进入二殿。二殿的大厅面积逾 100 m^2，有东西厢房，分别为“文轩馆”和“国学馆”，面积逾 50 m^2。

书院的一殿和二殿间以曲廊相连，自一殿的两侧经过曲廊进入二殿。廊道大多为方形或长方形的花窗，简洁大方，透过廊道的玻璃窗可以欣赏园中香花草木。

三殿前广场西侧为一座两层楼的建筑，二楼的门楣上悬挂着牌匾，上有“江光一线阁”五个敦朴的大字。一楼门前有一副对联：“高阁豁吟眸一线江光思万里，天风展怀抱九州胜景喜无边”。

三殿广场的东侧为一组小景：六角凉亭，湖石叠嶂。亭前有半月形水池，叠石临水，设亭柱、靠椅，挂落、藻井、亭顶脊戗、卵石铺地，其做工细致。有兴致越山穿洞，迂回盘旋，眼前一明一暗，又是一番情景。

绕过刻有“清凉胜境”的片石墙，有一长方形许愿池，水池宽大、深邃，布局开敞。绕水池而上，便为三殿“崇正讲堂”，也就是书院最大的建筑。参加设计的教授介绍，重新修建时将其由原址向北移了十余米，增大大厅前的空间尺度。整个正殿的大厅面积逾 100 m^2，正中为崇正大礼堂，左右分布接待厅、休息厅、会谈室、茶水间等。

三殿建筑与许愿池
（高祥生摄于2020年11月）

三殿居高临下，两侧有银杏、梧桐参天，栏下池水倒映，景色宜人。三殿面阔五间，建筑为单檐歇山顶，明窗黛瓦，飞檐翘角，梁脊高耸，卷棚敞轩，落地长窗，厅前石栏望柱，形态端庄。

三、 我对重新修建崇正书院的设计的认识

1. 依山而建，顺势而筑

崇正书院所在的平面形状呈长形，是一条南北长、东西窄的地块，且在清凉山偏东的半山坡上，于是修建、复建的崇正书院建筑布局即依山而建，层层递进，顺山势向上建造。

2. 融合环境，因地制宜

崇正书院的环境中种植的灌木、乔木都可以在清凉山山脉找到，高大的马褂木、梧桐、枫叶、桂花、香樟，低矮的八角金盘、八仙花、常春藤、小叶红柏，铺地的麦冬，在整个清凉山几乎随处可见，同时崇山书院的植物又极具文人气息、高贵品质，崇正书院仿佛在清凉山山体和植物的包裹之中，成为清凉山的一部分。

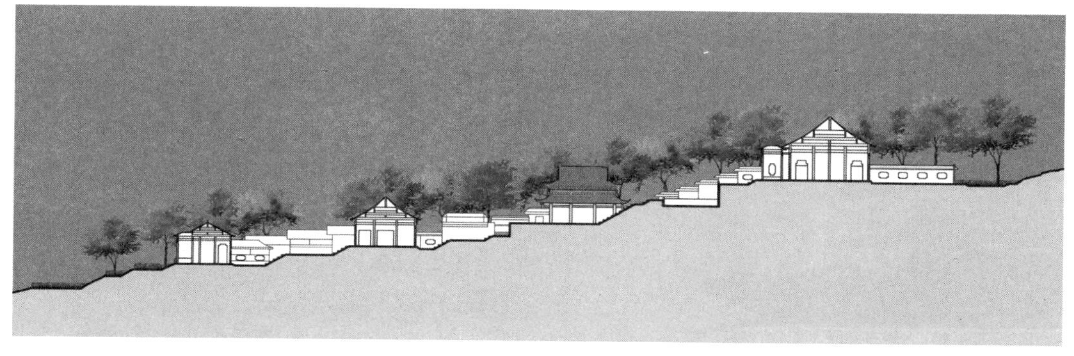

崇正书院南北向剖面示意图（高祥生工作室根据黎志涛教授手绘图纸结合现状绘制）

3. 低调谦和，尺度宜人

崇正书院除江光一线阁外基本是一层建筑，即使是三殿讲堂大厅也只是放大平面尺寸，加高单层的层高。崇正书院的建筑用材除室内地面使用浅灰色地砖外，自一殿广场至三殿广场建筑的立面、景墙的立面、室内广场的铺地使用的都是价格一般、色彩内敛的石材，在最大的三殿广场使用的毛石、片石、湖石、黄石、卵石等都是灰色的、小尺度的材料，甚至连植物也都是文雅的、谦和的，互为帮衬的。崇正书院的建筑、植物没有张扬的体量，其尺度是适宜的，甚至可用“增之一分则高、则宽，减之一分则低、则窄”的语言形容。

4. 中式现代，优秀范例

在杨廷宝先生设计或参与设计的一百多件建筑设计作品中，崇正书院和同时期的福建武夷山庄无疑都是中式的并具有现代气息的建筑。在崇正书院、武夷山庄建成后，后来又有了不计其数的各类现代中式建筑，其中有许多优秀的案例成为弘扬中国建筑文化的标志。我认为杨先生的中式现代建筑比例、尺度适宜，构件简洁、得体、恰当，形量亲切而独树一帜，具有原生态的中国味、地域味，是无人能及的。另外，参加重新修建崇正书院的设计的教授介绍，崇正书院有些木构件是由水泥制作后加饰暗红饰面的，这种做法在当时也是一种创新。我认为，杨老先生悉心指导设计的崇正书院是一种形似新中式建筑的典范，设计中体现了极为深厚的中国建筑文化底蕴和高超的专业水平。

第 三 编

03

社会工作

关于倡导汉母语学习的几点建议

2013 年我撰写了一篇倡导汉母语的文章。2014 年我以江苏省政府参事的身份与另一位参事向江苏省政府领导提交了《关于提倡汉母语学习的几点建议》，得到了江苏省政府领导的肯定。现在阅读 2013 年的这篇文章觉得仍有价值，希望朋友们，更希望青年学生了解我的思想认识。

数十年来，我国的经济发展乃至综合国力的提升都取得了举世瞩目的成就，强烈地影响着世界，吸引着世界。“汉语热”正在以前所未有的魅力席卷全球。世界上 100 多个国家的 2300 余所大学开设汉语课程，学习汉语的外国人有 3000 多万名。随着孔子学院的推广，近年来，汉语成了世界上学习人数增长最快的语言之一。然而，纵然“汉语热”在全球范围内持续升温，但却在自己的故乡受到了冷落。国民的汉语词汇量急剧减少，一些汉语知识分子沦落为不谙汉语的无根者，有的大学校长读错字，有的研究生只能写出残缺、破碎、毫无美感的句子，更有一些人故意读别字，写别字。同时我们发现国内的有些公共场所无论有无外国人，都会使用英文的指示说明和中英文组合广播，似乎不用英文就不国际化了……如此种种现象，不得不引起我们的忧虑与反思。

语言是交际的工具，更是文化的载体，母语教育对于培养一个人的民族情操具有重要的意义。在国际交流日益频繁的今天，我国一度大力倡导的英语教学有其合理性，而如果对其长久、过分地推崇则不免让人疑惑其中的必要性。现今的国际社会，语言文字的竞争是非常激烈的，对英语的过分强调已经对汉母语造成了威胁，这种“重英轻汉”的现象体现在社会生活的方方面面，渗透在教育、文化、学术研究等多个领域。一些晋级、升学、评定职称等都要进行英语考试，其实这种导向在有形和无形之中都过分强调了外语，轻视了母语的学习及思维的应用，忽视了专业的学习，这不仅会贻害专业的发展和人才的成长，更会造成诸多不良的后果。比如，在艺术设计类研究生的考试入学中，很多的学生在考研之前花了大量的精力学习英语，而相应地缩短专业课的学习深造时间，在入学之后又会进行较长时间的理论学习，大量的实践学习时间被英语挤占，由此往往导致了学校教育与社会应用的脱节。在一些跟英语应用不太相关的比如古汉语研究、艺术设计等专业上的科研工作者为了评定职称、进行科研项目也要付出极大的精力与时间来进行英语的学习，这不能不说是一个“本末倒置”的奇怪现象。在教育的内容与形式上，英语教育目前已由初中、小学的教育移到了如今的学前教育，有些家长甚至对孩子进行英语胎教，让这些连母语基础都没有打好的孩子过早地被浸泡在外来文字的氛围中，并不利于我国优秀的传统文化的继承与发扬，而一些不必要的英语教学科目在一定程度上侵占了中国的教育资源。

我国文化传承五千年，中国是四大文明古国中唯一一个文明没有中断的国家，诚如《中华世纪坛序》中所书“中华文化，源远流长；博大精深，卓越辉煌。信步三百米甬道，阅历五千年沧桑”，“文明圣火，千古未绝者，唯我无双”！以独特的方块汉字为代表的汉母语在世界各种民族语言中有独特的优势和魅力，表音、会意、象形。汉母语在我们中华民族文化生活中不仅仅是一种语言工具，更是我国民族文化的纽带和载体，它牵系着华夏儿女，不论是港澳台同胞还是分散在世界各地的华人华侨，汉母语总是埋藏在血肉里最深的“乡音”。尤其是在民族崛起的今天更应当认识到：国家的繁荣富强，依赖的不仅是经济的强盛，更是文化的强盛，汉母语是表现中华文化的最终载体。所以说，为了应对未来的发展，我们理应从思想上高度重视母语的教育、宣传。事实也证明，在与世界接轨和同其他国家的交往中，我们中华文化以及民族形象，是以其独有的品质和魅力为世界各国所敬仰和学习的。

母语是思想的家，也是民族文化天然的载体。强化母语教育，是民族固本强基的需要。中国人注定要生活在历史赐予我们的家中，人们及其母语拥有共同的命运。汉母语的危机是文化的危机、思想的危机，也是经济衰弱的一种表现，因为历史上曾经的“内忧”与“外患”等因素的影响出现了汉母语衰弱的局面。从晚清开始，汉语前后经历了五四白话文运动、汉字的拉丁化、语言的大众化、新中国成立后的繁体字简化，以及当前的网络语言和西方语言的冲击。除此之外，造成目前汉语地位下降的重要因素还来自部分西方国家对中华文化的敌视和打压，以及国人对母语运用的自信心的缺失与自觉意识的衰弱。语言作为一种民族凝聚力的表现，随着全球化进程推进中带来的语言文化的侵袭，为了保护本民族的语言，很多国家都已经采取了相应的措施。比如在亚洲，马来西亚取消了英语作为其官方语言的地位；在欧洲，波兰制定了一项法律，规定所有公司的推销广告和产品说明书都必须使用波兰语；在北美洲，加拿大为了保护其母语而甚至限制汉语在华人区的使用；法国和俄罗斯在这方面的努力无疑最引人注目，在法国，政府规定法产商品的商标必须使用法文，在俄罗斯，政府把保护母语纳入了国家安全战略，甚至颁布了一项行政命令，要求商店各类标识必须配有俄文翻译；美国近年来开始不断采取措施，强化对新移民的英语同化；等等。这些国家的一些保护措施给我国提供了可供参考的先例。同时，我国也有意识地做了一些相应的调整。例如，在教育体制内，国家制定了《完善中华优秀传统文化教育指导纲要》等文件，要求“在中小学德育、语文、历史、艺术、体育等课程标准修订中，增加中华优秀传统文化内容比重。地理、数学、物理、化学、生物等课程，应结合教学环节渗透中华优秀传统文化相关内容”。各地也以此为指导做出了相应的政策改革，调整了母语、英语课时与考核的比重，强化了母语教育，起到了传承和弘扬中华民族文化传统的作用。以北京为例，其2016年的高考改革方案就将英语的分值下调了50分，而相应地上调了语文的分值。

倡导母语学习，弘扬国学，维护民族优秀的传统文化是一件任重而道远的工作，需要从多个领域、多个方位同时进行，这些从来都不是一蹴而就的，它需要所有华夏儿女的配合与努力。为了更好地倡导汉母语的学习，我们提出以下几点建议。

一、 倡导母语学习的大舞台首先应搭建在教育这个平台上

加强母语文化建设，其一是要营造良好的母语生态环境。功利性的应试教育使得很多学校往往优先考虑升学率、招生率，而忽视了“师者传道授业”的本质，从书本到书本的知识灌输也忽略了语文作为一门人文学科的丰富内涵。现在很多孩子不喜爱传统文化，不读古文，不了解历史，有些甚至不了解本民族文化的基本常识，这很大程度上也是应试教育带来的不良影响。母语的教育要有优势，要能体现其特色，形成我国传统教育和现代教育相结合的结构模式，要重视对古典文学和文化的学习与继承，在课堂内外营造崇尚传统文化的氛围，保证学生有足够多的读书时间和精力。其二要坚持中华民族母语文化的主体性，强调“洋为中用”的理念，合理吸收和借鉴世界其他国家的母语教育经验，要端正观念和认识，确立母语的地位和价值，对一味学习他国而最终遗失本国优秀民族文化的情况引以为鉴。可以尝试在不同专业中进行区别对待，比如在艺术学这类更重视艺术性的专业，可以降低英语的门槛，而调高其专业门槛；而在英语类专业中，则可以适当调高，当前试着推行的一年多考也不失为一种极为有效的过渡方式。在英美两国，语言学习从来不是入学的门槛，但是依然非常流行，鼓励语言的自由学习一定是未来语言学习的方向，每个人都会掌握一门甚至多门语言，而且全凭自己的需求，而非国家强制了。

二、 要把强化母语文化学习上升到国家战略高度，引导全民族、全社会学习、传承中华民族优秀母语文化

倡兴母语文化学习更在于全社会共同的努力，其中既包括了舆论媒体的导向作用，也包括了由个体集合成的整体意识。现今社会，有的人在抱怨中国的社会风气退步了，

究其原因，一方面很大程度上源自优秀传统文化继承上的断层。作为一个有着悠久历史的文明古国,我国的国学中有着取之不尽的教育资源,其中的一些经典,蕴含着诸多做人、做事的道理，其所蕴含的“仁、智、礼、义、信”更是塑造人性、品格的起码道德要求。而舆论媒体一向具有“内聚人心”，引导社会风气的作用，从这个层面对传统优秀文化进行引导，能够形成较好的社会风气。比如这些年推出的类似《百家讲坛》《中国汉字听写大会》《中国成语大会》《汉字英雄》等节目为弘扬传统文化做了诸多基础工作。我国的媒体工作者应该以坚守弘扬优秀民族文化中的核心内容作为工作方向指导，而不是流于媚俗，生产出低俗的嘻哈文化产品。另一方面，造成当前汉语地位下降的因素还来自个体的意识观念。在我们现在的一些大学生中，民族文化的根底还太浅、太贫乏，同时整个社会又普遍趋于浮躁，对汉语的轻视和冷漠使得用方块汉字传承的中华民族几千年的文化正面临断链的危险。因此，倡兴国学的关键在于转变人们的意识观念，这需要外在因素的利导，更需要个人自身对民族传统根基的认同。

社稷千秋，祖宗百世，面对这“圣贤典籍，浩如烟海”的传统文化，我们只有尊重自己的语言，尊重自己的文化，才能赢得世界的尊重，才不会成为无根的浮萍。以汉母语为代表的中华文化是中华民族积淀了几千年的瑰宝，是我们的祖先留给我们最丰富的文化遗产。在民族复兴的今天，在我们敞开胸怀融入世界的过程中，我们不能“数典忘祖”，只有坚守住民族根本性的东西，国家的发展才会稳健，而这也是我们作为一个普通的中国人对国家发展最殷切的期盼！

关于弘扬江苏区域文化，建设文化强省的七点建议

江苏省委书记梁保华在2009年7月6日召开的全省文化建设工作会议中强调“建设文化强省”，并为建设文化强省提出了一系列重要指导方针。江苏省历来是我国的文化大省，江苏文化由历史文化、现代文化、自然文化等文化形态构成，其历史文化资源尤为丰富，是江苏文化竞争力的主导优势。因此，弘扬江苏历史文化，彰显江苏历史文化的魅力，能够极大地增强江苏人民的自豪感，加深其对家乡的热爱程度，为江苏的文化创新提供坚实的基础，促进江苏文化事业和文化产业的发展，加快江苏文化强省的建设步伐，同时也使全国、全世界人民更加全面、更加深入地认识江苏、了解江苏，更加关注江苏的发展。

一、 江苏的历史文化资源丰富、底蕴深厚

一个区域的历史文化，是一个由各地方的历史文化元素构成的总体。从1982年起，国务院先后三次批准并公布了99座国家历史文化名城。就江苏所属城市而言，有南京、苏州、扬州、镇江、常熟、徐州、淮安、无锡、南通九座城市入选国家历史文化名城。其中，南京有着近2500年的建城史，是著名的历史文化名城，是中国的四大古都之一；苏州是历史上的吴文化中心，有着浓郁的地域特色；徐州是两汉文化的集萃之地；扬州古迹、遗址、文物众多，是全国首批24座历史文化名城之一；淮安至今已有2200多年的历史，境内有著名的“下草湾文化”和“青莲岗文化”遗址，是一代伟人周恩来的故乡；无锡是一座具有3000年历史的江南名城，是吴文化的发源地之一，更是中国著名的鱼米之乡……这些地方交相辉映，资源丰富，内涵厚重，贯通一体，成为中华民族文化的重要组成部分。

（1）江苏历史上名人辈出。政治家、军事家有孙武、伍子胥、刘邦、项羽、韩信等，文学家有范仲淹、刘勰、吴敬梓、吴承恩等。出自江苏籍作者之手或与江苏有关的古典名著还有《水浒传》《西游记》《红楼梦》《儒林外史》等。近代和当代著名

的文化名人有柳亚子、朱自清、叶圣陶等。老一辈无产阶级革命家有周恩来、张太雷、瞿秋白等。

（2）古代诗词歌赋和文学作品中，历朝历代都有许多描写江苏、南京的佳句名篇。如唐代诗人李白的《长干行》《宿白鹭洲寄杨江宁》《金陵城西楼月下吟》《登金陵凤凰台》等，刘禹锡的《乌衣巷》《石头城》《金陵怀古》，宋代王安石的《桂枝香·金陵怀古》《江亭晚眺》，南唐后主李煜的词《浪淘沙》《望江南》等。另外，从战国时代起，古都南京便有“石头城”之称，《红楼梦》这部伟大作品，又名为《石头记》，也指的是南京。

（3）江苏的戏剧艺术源远流长，积淀丰厚。全省流传剧种有 20 多个。被称为“百戏之祖，百戏之师”的昆曲发源于江苏昆山。历经 200 余年至今不衰的苏州评弹发祥于苏州。此外，还有锡剧、淮剧、滑稽剧、淮海剧、木偶剧、扬剧、柳琴戏、梆子戏、僮子戏、跳马夫等，也是源于江苏，影响全国。

（4）江苏也是工艺美术大省，基础好、底子厚、门类全、精品多，有 23 大门类，5000 多个品种。全省共有 47 位国家级工艺大师，占全国工艺大师总数的五分之一。江苏的传统民间工艺品形式多样，许多艺技堪称一绝。我国“三大名锦”，江苏占其二，分别为南京云锦、苏州宋锦。宜兴紫砂陶瓷、扬州玉雕、苏州刺绣、南通鹞子、无锡泥人、扬州漆器、常州梳篦、南京雨花石、东海水晶、苏州桃花坞木刻年画、南通蓝印花布等手工艺品都展现江苏灿烂的传统文化。

（5）在绘画方面，江苏名人辈出。首先，清康熙、乾隆年间，在南京地区出现了一支引人注目的画派，世称“金陵画派”。著名画家有龚贤、樊圻、邹喆、蔡泽、李又李、武丹、高岑。清代还有著名的“扬州八怪”画派。其次，现代著名画家徐悲鸿、刘海粟、吴冠中、林敬之祖籍也是江苏。此外著名书画家还有傅抱石、李剑晨、钱松喦、亚明、林散之、萧娴、宋文治等。

（6）在建筑方面，值得提及的有苏州和扬州的私家园林。城镇中的明清建筑以及苏州园林享誉海内外。现存名园中拙政园、留园、网师园于 1997 年底被联合国教育、科学及文化组织列为“世界文化遗产”。另外，清代扬州曾有“园林甲天下”之誉，其中历史最悠久、最具艺术价值的古典园林是“个园”。江南小镇如周庄、同里、乌镇等闻名遐迩，至于南京的民国建筑，无论是数量还是风格都是全国首屈一指的。

（7）江苏省内现存的历史悠久的名胜古迹和旅游景点，更是数不胜数。

二、关于弘扬江苏历史文化的建议

综上所述，江苏省的历史文化底蕴是十分深厚的，不愧为历史文化大省。然而我认为，目前江苏省历史文化的继承和弘扬还应加大力度，因此我就当前本省弘扬历史文化工作提出以下建议：

（1）文化、宣传、教育、科研等部门应高度重视历史文化的宣传和知识普及工作。宣传部门可通过媒体大力宣传江苏各地的历史文化，如南京重点宣传六朝文化，苏州和无锡重点宣传吴文化，徐州重点宣传汉文化，南通重点宣传近代文化等，把宣传各地的历史文化当作重要工作来抓。

① 在省级报刊中可定期开设“江苏地方传统历史文化版”（如《光明日报》开设“国学版”），地方报中还可开设“各地方传统历史文化版”，专门介绍江苏省悠久的历史文化，介绍各地方的历史人物、文化名人、工艺美术品和大师，刊登江苏或各地方的诗词歌赋、书画作品等。

② 在电视、广播节目中，可以加入宣传江苏历史文化的讲座、专栏、知识竞赛等（这一举措可以借鉴中央电视台的《百家讲坛》《开心学国学》等节目）。在电影、戏剧、歌剧的创作中应增加反映江苏历史文化的内容（如南京市组织、编写、演出的《金陵神韵》）。宣传部门还可以组织出版江苏历史文化系列丛书。

③ 各地美术馆、博物馆等展览场所应鼓励、支持个人或集体举办反映江苏区域文化的各种书画展。

④ 利用我省旅游文化资源丰富的优势，在重视旅游文化产业的同时，应注重旅游与文化的对接，在旅游产业中加入文化元素，可利用报刊、电视、广播等媒体大力宣传江苏各旅游点的文化特色。

⑤ 扩大对外文化交流，可在外省、外国举办江苏历史文化周、艺术周、电影周、电视周、书画展和文物展等活动，通过表演、展览、出版、广播电视等多种形式，扩大江苏历史文化在海内外的影响。

（2）在教育方面，应加大力度对大、中、小学生进行江苏省历史文化知识普及，提高学生对中华民族文化认同感和人文修养。

① 在中小学教育中，可以在教科书中适度加入江苏省历史文化的内容，丰富传统文化的教育，例如介绍江苏省历史文化名人的生平及杰出贡献，介绍评弹、昆曲、白局、扬剧、淮剧等戏曲的基本知识，让学生了解江苏戏剧艺术的精髓和魅力。要让中小学生了解江苏绘画、工艺美术的种类、特点。让学生们从课本中领悟到江苏历史文化的深厚底蕴。我省可以学习和借鉴别的省组织编写、出版、应用传统文化教科书的经验，例如山东省的《传统文化》教科书共8册，供义务教育阶段1 ~ 8年级学生使用。

② 中小学校可多举办一些有关以江苏历史文化为主体的国学文化的比赛，以提高中小学生学习传统文化的积极性，促进素质教育全面开展。

③ 教育部门可以从各地名胜古迹中挑选最具教育意义的古迹作为传统文化教育基

地，也可以指定部分博物馆为中小学生进行传统文化教育的课堂。

④ 发挥江苏高校云集的优势，在大学教育中可以开设关于江苏历史文化教育的选修课和举办系列讲座，还可以开展关于宣传江苏文化的知识竞赛等。

（3）科技、文化、宣传、教育、住房和城乡建设等部门在确定年度科研项目中，可增加对江苏历史文化研究的课题。同时，相关主管部门还应鼓励、支持专业人员申报国家社科类中关于历史文化的科研选题。通过科研项目的立项和申报，鼓励、组织一批专业人员进一步发掘、整理江苏历史文化的资源。

（4）各地举办的主题性历史文化节，应加大民族优秀文化的含量。通过举办文化节，更多地宣传和弘扬江苏省的历史文化，可赋予文化节更多文化内涵，如昆山可以举办昆曲文化节，苏州可以举办园林文化节，南通可以举办风筝文化节，徐州可以举办两汉文化节，等等。

（5）江苏各市应建立反映当地历史文化的城市博物馆或专题博物馆，如中国南京云锦博物馆、南京市明城垣史博物馆，南通中国珠算博物馆、南通城市博物馆、南通风筝博物馆，苏州园林博物馆、中国昆曲博物馆、苏州民俗博物馆、苏州评弹博物馆、苏州丝绸博物馆、苏州戏曲博物馆、中国苏绣艺术博物馆，徐州博物馆，等等，以这些博物馆的建设加深市民对当地传统历史文化的了解。同时这些博物馆还应对市民免费开放，如南京的爱涛艺术馆，苏州的民俗博物馆、戏曲博物馆，等等。

（6）文艺界、工艺美术界和文物保护部门应积极组织对非物质文化遗产和文物建筑的项目申报。这种项目申报的道路可能比较漫长和艰辛。如南京云锦从 2004 年起便走上了漫长的申遗之路，2008 年 9 月经文化部批准，我省“南京云锦织造技艺”以独立项目向联合国教育、科学及文化组织申报“人类非物质文化遗产代表作名录”。同时，有关部门还应善于发现和保护有价值的非物质文化遗产和文物建筑、古迹等，以利于传统历史文化的保护和弘扬。原南京军区大礼堂是当年中国战区日军投降签字仪式的举行地，这里曾经险被拆除，后来经专家发现、鉴定后，呼吁有关部门应高度重视对此类重要文化遗产的保护，并建议将其作为爱国主义教育基地进行永久保存。最终受降签字遗址被列为省市级文物保护单位。这对提高全民的文物保护意识起到了重要的表率作用。此外，江苏省其他具有突出价值的民间传统文化、传统表演艺术、传统工艺、名胜古迹等也应该积极争取非物质遗产项目的申报。

（7）各级政府在城市建设中应保护好一批文物建筑和有价值的历史建筑，因为它们都是重要的文化资源。因此，在城市建设中应注意下列问题：

① 在城市建设的同时，应注意文化的传承。据了解，近二十年来，江苏省各城市对部分有价值的历史建筑拆除过多、过快，保护力度不够，因此今后在城市建设过程中，

规划部门、建设部门应广泛征求文物保护部门和历史学、建筑学等各行业专家的意见，经过各方的研讨和有关部门对历史建筑的认证之后再对城市进行适当的改造和建设，以避免对文物建筑及有价值的历史建筑的破坏。

② 对历史上已经毁坏了的重要的文物建筑，如南京的大报恩寺、胡家花园等，可采取重建、修建的措施。在重建、修建中，应强调保持原有建筑、建筑群的尺度、风格等，应该避免开发商因为商业利益对原有建筑面貌改造太多或在文物建筑改造中搭建商业性建筑。

③ 对年代久远即将毁坏的、有一定历史价值的建筑，应加以维修、加固。

④ 为了弘扬历史文化、振兴旅游事业而需要兴建的历史建筑，应在解决好民生问题的前提下，在城市规划和城市建设中作出安排，如各地历史上的名街、名宅、名园、名建筑等。

⑤ 在小城镇建设中（特别是对古镇、古村落的重建或改建中），从村镇规划到建筑设计，都应在满足现有的功能和符合实际施工状况的同时，大力提倡新建建筑在外形设计上继承当地传统建筑的风格。

关于如何弘扬江苏历史文化，把江苏文化做大、做强，首先要解决的是各主管部门领导的认识问题。只有各主管部门的领导充分认识到弘扬江苏优秀历史文化对建设江苏文化强省的重要意义，同时把它当作一件大事来抓，江苏才可能真正成为一个文化强省。同时，各主管部门应积极出台关于弘扬江苏优秀历史文化的具体政策、措施。另外，江苏省委、省政府还应把弘扬江苏优秀历史文化这项工作作为各主管部门领导的考核指标之一。只有在认识提高、措施落实的前提下，江苏的优秀历史文化才能在全国、全世界更加突显，江苏的经济才能更好、更快地发展。

用低碳理念控制建筑装饰装修全过程

【摘要】在我国，一方面经济在快速发展，人们的生活水平大幅度提高；另一方面，经济的发展又是以高昂的资源消耗和环境破坏为代价的。建筑装饰装修既与经济建设有关，与人们日常的生活起居、生产劳动息息相关，就也需要大力倡导低碳装饰装修的理念，并加以落实。本文研究如何用低碳理念控制建筑装饰装修的全过程，为实现我国建筑节能减排的方针政策，促进我国经济健康、可持续地发展，提供了一条解决思路。

【关键词】低碳 建筑装饰装修 节能减排

据相关报道，步入2011年，我国的建筑装饰装修行业，已发展成为有近18万家企业、1400多万从业人员、1.85万亿元年产值的庞大产业，年增长率将近20%，明显高于同时期其他行业的增长速度，更是远远高于我国GDP的增长速度。但是在该行业蓬勃崛起的背后，是巨大的能源消耗和碳排放量，是以高昂的环境透支为代价的。另据有关统计，我国建筑物总能耗占社会总能耗的25% ~ 28%，二氧化碳排放量占社会总排放量的40%左右。建筑的"节能""低碳"已然成为中国降低碳排放、发展低碳经济的重要内容，建筑的装饰装修应该参与到建筑的低碳化过程中来。

建筑装饰装修的低碳化是一个系统工程，贯穿于装饰装修的全过程，它包括设计、材料选购、现场施工、维护与更新、拆除与重新利用等环节。将低碳的理念渗透到上述各个环节中，控制碳排放总量，是有效实现建筑节能减排、全面发展低碳经济的重要手段。

一、在设计环节中确定低碳的目标

1. 设计理念：低碳化

低碳倡导的生产方式，是耗能低、污染轻、排放少、效率高的生产方式；低碳倡导的生活观念，是在对人类生存环境负面影响最小，甚至有助于改善人类生存环境的前提下，让人们的身心处于舒适状态。建筑装饰装修，是一种将生活观念付诸实践的生产方式，低碳化建筑装饰装修，可以概括为设计简约、选材环保、施工规范、管理高效、使用合理、维护科学和充分再利用。设计师是建筑装饰装修这一"活动"的策划人，要推行装饰装修低碳化，首先就要让设计师树立低碳观念。“碳”是可以量化的，低碳是可以设计的，因此一个负责任的设计师，可以从源头把关，一方面以简约、舒适、健康的理念定位装修风格，另一方面以绿色、生态、环保的理念选购材料，并能将低碳理念传递给客户，使之深入人心。

2. 风格定位：简约化

风格定位是将低碳的设计理念付诸实践的第一步，应以低碳为原则确定室内环境的整体风格。在我国 20 世纪末风靡一时的奢华尊贵的设计风格，是一种能耗高、排放高、极度浪费资源的设计手法，它与低碳的观念极大相悖。而当下流行的轻装修、重装饰不仅仅是一种设计潮流，更向人们传递出在保证室内环境的审美价值的同时，用合理的设计手法创造出经济、适用的室内空间的低碳价值观。具体来说就是减少室内空间固定界面上装修的内容，主要靠软装饰来营造空间氛围、定义环境格调。精简了装修的成分，装饰内容也应适度，冗余的装饰势必会耗费过多的环境资源，简约、适度传达的不仅仅是一种风格，更是一种低碳的生活态度。

3. 设计方案：节能化

（1）科学的空间利用

科学、合理地规划室内空间，使空间的利用率发挥到最大，并从长远角度考虑，适当增加可变性空间，如住宅设计中的支撑体空间、适应性空间等新的空间设计形式，为后期的空间转型提供可能，使空间利用达到可持续性，这是低碳化建筑、低碳化装饰装修的有效途径。我国国土资源绝对量丰富，相对量短缺，提倡紧凑型空间、可持续性空间，创造优质空间，摈弃奢侈空间和低效能空间，不仅可以从一定程度上减少国土资源的浪费，也控制了不必要的建材耗费。当今对建筑空间的改造中，最常遇到的就是空间功能的转变，我们应该在建筑设计初始就考虑业主长期使用的需求，尽可能地淡化空间形式对使用功能的约束，并尽量提供可变性空间，方便后期功能置换。

（2）低能耗的通风、采光

室内通风和光环境的低碳化对于降低建筑能耗有相当大的影响。设计时应保证室内有良好的自然通风，变空气的被动循环为主动循环，以最节能的方式清除室内有害气体和病毒等。采光方面应以科学方式计算同一空间不同时间的通光量，选购照度合适的节能型灯具并合理排布，利用门廊、天窗、天井等增加室内的自然光，尽可能以自然采光取代人工采光，多途径实现室内光环境低碳化。在灯具的选择上，由于传统灯具在使用过程中会产生出大量的碳，采用 LED 灯不失为实现建筑装饰装修低碳化的有效途径。LED 灯由于光谱中没有紫外线和红外线，既没有热量，也没有辐射，眩光小，冷光源，可以安全触摸，属于典型的绿色照明光源。LED 作为一种能够将电能转化为可见光的半导体，改变了白炽灯钨丝发光与节能灯三基色粉发光的原理，采用了电场发光。将LED灯与普通白炽灯、螺旋节能灯及T5三基色荧光灯进行对比，LED灯的节能优势非常明显：直径为5毫米的白光LED灯的光效为普通白炽灯的13倍，螺旋节能灯的2倍多，T5三基色荧光灯的1倍多；其使用寿命为普通白炽灯的50倍，螺旋节能灯的近13倍，T5三基色荧光灯的10倍。由于采取直流驱动，LED灯的功耗很低，一般来说LED灯消耗的电能不超过0.1瓦/小时，相同照明效果比传统光源节能80%以上。此外，LED灯不含铅、汞等污染元素，而且被完全封装在环氧树脂里面，较为坚固；LED灯体内没有松动的部分，使得其损坏的概率较低，同时LED灯的各种组装部件还可以回收再利用。

（3）节能的设施设备与技术

有关研究表明，在建筑的各项能耗中，建筑的使用能耗占据建筑总能耗的80%，远远超过建材能耗、施工能耗、拆除能耗和废旧建材处理能耗，是影响建筑能耗的第一大因素。所以，在现代建筑的使用中应尽可能采用可再生能源，利用计算机技术、自动控制技术等既满足人们对室内环境的需求，又能将使用能耗降到最低。诸如利用太阳能、地热等清洁能源创造良好的室内生态环境已成为当今建筑与装饰装修设计最为关注的技术内容，吸热玻璃、热反射玻璃、太阳能烟囱、热水系统、节水系统等科技手段越来越频繁地出现在现代建筑中。前期对建筑节能系统的适当投入，换来的是长期使用过程中的低能耗与洁净环境。

我国水资源严重匮乏，人均占有量只有世界平均水平的1/4，是全球13个人均水资源最贫乏的国家之一，水资源的保护关系到国家生存的根本。现在人们已经逐渐意识到水资源是可以反复利用的，大量的生活用水被集中到中水系统，经过科学处理后用于地下水回灌，工业冷却、洗涤、锅炉用水，以及城市绿地的灌溉等。建筑装饰装修设计可以引入这种城市循环用水的理念，设计科学的废水采集系统，如将洗浴、洗衣用水用于冲刷厕所，在建筑内部就能实现水的再利用。另外，选用节水型淋浴器、双键坐便器等节水设施可以直接减少水资源的浪费。电能耗费方面，人们在使用完电器后多半没有关闭总电源的习惯，加上现在的很多装饰装修设计为了追求空间视觉的美观而将开关面板做了隐蔽处理，这造成了大量的电器由于不能完全断电而耗费电能。故在进行装饰装修设计时可以有意识地将开关面板露明，培养人们的节电意识，体现低碳的设计理念，最终引导使用者实现低碳生活。

二、在材料选购中把好低碳装饰装修的关

1. 尽量使用当地的材料

装饰装修材料在生产阶段会产生二氧化碳，在材料的运输阶段，同样会产生大量的

碳排放。研究表明，建材在运输过程中的能耗主要由其种类和数量、生产地到达施工现场的距离、运输方式和运输工具等因素决定，通常可以达到建材生产能耗的5% ~ 10%。所以，在建筑装饰装修过程中过多地使用非本地产的材料，就在无形之中增加了碳排放。如果使用建筑装饰装修所在地或附近的材料作为原料，就会使产品运输产生的碳排放得到有效的控制。

2. 使用环保、绿色、可再生的材料

在建筑总能耗中，建材能耗所占的比例仅次于建筑的使用能耗，成为影响建筑产业低碳化的关键因素之一。选择绿色、环保、高质量的装饰装修材料，对实现建筑装饰装修低碳化可起到举足轻重的作用。我国许多建材企业正在逐步实现建材生产的清洁化和产品的生态化，其生产过程把控严格，明显减少了对传统能源和资源的消耗，并且无毒、无害，其在生产和使用过程中对人体及周围环境的危害被降到最低。此外，在建筑装饰装修中采用坚固、高品质的建材，减少后期维护，延长使用寿命，并有意识地选择再生周期短和可循环利用的材料，也是保护有限环境资源的重要手段。

现今，不少装饰装修企业意识到自身在国家实现低碳化生产中起到的作用，在工程中积极使用节能环保材料，以减少建筑装饰装修环节的碳排放。如在装饰装修中采用木塑复合材料和生态透水砖，就是一种以最少的资源消耗达到最理想的设计效果的有效手段。木塑复合材料是在塑料和木纤维（或者稻壳、麦秸、玉米秆、花生壳等天然纤维）中加入少量的化学添加剂和填料，经过专用配混设备加工制成的一种复合材料。木塑复合材料本身抗氧化性、持久性很好，稳定性强，且能重复使用和回收利用，可生物降解，能够避免造成环境污染，兼备塑料和木材的主要特点，可以在许多场合替代塑料和木材，能够有效地节省木材资源。生态透水砖的原料全是普通的沙子，与传统地砖相比，无须消耗宝贵的黏土资源和水泥；生产工艺上，生态砂透水砖常温下就可以固结成型，不需要耗费大量的煤炭等资源来完成烧结过程；从功能上看，生态砂透水砖就像海绵一样能迅速吸收水，并将水缓慢渗透到地下，渗出的水可以收集起来重复利用，也可以让它直接渗透到地下补充地下水，形成理想的水循环系统。

三、 在施工过程中落实低碳装饰装修的措施

在建筑装饰装修过程中，现场施工环节直接决定了前期建立的低碳理念是否能够得到有效的执行。加强施工管理，规范施工过程，是建筑装饰装修能够实现低碳化的重要举措之一。

1. 推行装配化施工

建筑装修的装配化施工即通过装饰部品、配件与设备在“后场”进行标准化生产，

并在“现场”机械化施工和装配运作，以机械化“干作业”操作方式，减少甚至取代繁重、复杂的“湿作业”工作方式。建筑装修装配化施工方式，可以使各生产要素组合起来，减少中间环节，优化资源配置。

根据有关报道，建筑垃圾现已占城市垃圾总量的30% ~ 40%，这给城市生态环境造成极大压力。其中装饰装修占了相当大的比重。而通过建筑装饰装修的装配化施工，可以大幅度减少由于现场手工操作而产生的大量的建筑垃圾。如再加上逐步实现的建筑设计、装修设计一体化，就可以大大减少资源、能源消耗和垃圾生成。譬如利用“盒子建筑”，从土建到建筑装修，整个生产过程要比常规建筑节约水泥22%，节约钢材20%。所以，通过装配化施工，可以降低建筑装饰材料的资源、能源消耗，减少建筑装饰装修过程中产生的垃圾污染、装饰噪音干扰、有害气体及灰尘的排放，达到碳减排的目标，并合理推动建筑装饰装修朝着低碳化的方向发展。而以集成的理念实行建筑装修模块化设计、工厂化生产、装配化施工，最终能成为实现建筑装饰装修低碳化的有力手段。

2. 提高施工工艺

在装饰装修过程中，装饰装修材料的运用以及装修的质量都与施工工艺有着密切的联系。采取科学、合理的施工工艺，一方面能够减少工程质量隐患，提升装饰装修效果，另一方面又能减少施工过程中装饰装修材料的损耗，提高材料的使用效率，而且还能减少施工过程中产生的环境污染。同时，在推行装饰装修工厂化、工业化的过程中，积极落实土建与装饰装修的一体化，施工与材料选购的集成化，以及设计内容的模块化、标准化的各种措施，是提高现代建筑装饰装修施工水平，达到在装饰装修环节减少碳排放的关键举措。

3. 规范施工管理

规范的施工管理不仅能够保证建筑装饰装修工程按时、保质完成，而且对减少施工环境污染也能够起到非常大的作用。规范的施工管理应该能够合理组织施工、保持施工现场井然有序。规范的施工组织能够统筹安排各施工工种，严格把控施工质量与进度。对施工现场的管理，具体来说包括现场的装修材料、施工工具以及工人日常用品等分类码放、摆放规范，施工区与生活区严格区分，杜绝脏乱；各类施工警示牌张贴整齐；始终保持室内空气的畅通，对垃圾进行妥善分类处理，保证不会对施工人员健康和环境产生影响等。同时，要对现场的先行成品进行保护，以免造成材料资源浪费。对于有大型生产工厂（基地）的装饰装修企业，可以做到统一加工、物流配送，相对会有效减少噪声、灰尘、垃圾等污染，以提高材料利用率，保护自然环境，控制碳排放总量。

四、以更新、再利用提升低碳装饰装修的价值

1. 材料、设施、设备的维护与更新

由于建筑装饰装修采用的材料、设施、设备，其使用寿命多低于建筑本身的使用寿命，所以在建筑的使用周期内，为保证其处于全部功能良好运转的状态，需要进行必要的装饰材料更新、设施维护和设备更换等。如果其使用寿命大大低于建筑使用寿命，或者人们的使用和维护方式不当，势必会造成频繁更换，不仅不利于建筑装饰装修低碳化，并会对使用者的身心造成一定的负面影响。当然，如果不顾这些材料、设施、设备与使用之间的关系，一味地追求高档次、高品质，在不必要的地方也采用高端的设施、设备，造成过高的投入，这与提倡的低碳设计理念也是不相符的。所以，在建筑装饰装修设计时应充分考虑建筑装饰装修所用的材料、设施、设备的寿命、更新及维护频率，与前期投入进行比较，计算出最科学、最节能的设计方案，有效降低建筑使用期间的碳排放量。

2. 装饰装修材料的拆除与再利用

在影响建筑装饰装修低碳化的因素中，降低建筑装饰装修材料在拆除和重新利用过程中所产生的碳排放量同样重要。拆除能耗主要与参与拆除作业的机器设备、施工工艺和拆除数量有关，台湾的研究成果表明，拆除阶段的能耗通常可以按施工过程能耗的90% 计算，也就是说，如果采用规范、高效、节能的施工方式，会相应减少其拆除过程中的碳排放量。不到使用年限的建筑装饰装修材料的提早拆除会引起资源的巨大浪费，据不完全统计，目前我国公共建筑装饰装修的使用年限相较于国外要低得多，虽然这也与我国建筑本身的使用寿命短有关，与城市规划、城市管理中的各种弊端有关，但如果我们在设法降低拆除能耗的同时，却不能避免对建筑装饰装修内容的频繁更替，就仍然不能从根本上解决对环境资源耗费的问题。所以应大力提倡延长建筑装饰装修使用寿命，避免资源的过度浪费。

拆除后的装饰装修材料可以分为需要加工处理的垃圾和可以回收再利用的材料。其中废旧建材少部分可以用作路基填料，而其余大部分需要运往处置地点进行消纳处理，其中的能耗主要产生于运往处置地点和二次加工的过程中。由于那些可回收再利用的材料在加工后会重新开始新的生命周期中，所以对不可回收材料的运输与降解处理，成为影响拆除阶段碳排放的关键因素。所以，在建筑装饰装修设计中就应考虑到未来对这些材料的拆除和再利用，以尽可能减少拆除过程中产生的建筑垃圾为原则，进行合理的材料分类，使之有利于不同利用价值材料的分类处理和回收。通过循环利用建筑材料，最终有效降低建筑装饰装修过程中的碳排放总量。

五、 结语

低碳理念实际奉行的是在保证人们的生活、生产质量不受影响的基础上，最大限度地降低能耗，进而保护生态环境的原则。具体到建筑装饰装修领域，就是用低碳的理念全程控制建筑装饰装修，实现设计、选材、施工、维护、更新、拆除与重新利用各环节的低碳化。只有这样才能做到建筑装饰装修的低碳化，才能在建筑低碳和全社会的低碳经济、低碳活动中作出应有的贡献。

参考文献：

［1］卢求．中国如何发展低碳建筑［J］．住宅产业，2010（1）：31-32.

［2］蔡向荣，王敏权，傅柏权．住宅建筑的碳排放量分析与节能减排措施［J］．防灾减灾工程学报，2010，30（S1）：428-431.

［3］庄贵阳．中国经济低碳发展的途径与潜力分析［J］．太平洋学报，2005，13（11）：79-87.

关于建立江苏省碳交易市场机制的建议

为了更好地落实江苏省委、省政府关于加快转变经济发展方式和发展低碳经济的战略目标，加快《江苏省“十二五”低碳经济发展规划》的实施，特提出关于建立江苏省碳交易市场机制的建议。

一、关于碳交易市场和机制

低碳经济对于现代社会的发展具有非常重要的意义，但如果没有市场机制的引入，仅仅通过行政措施或个人自觉行为是无法达到全面减排目标的。碳交易市场从资本层面入手，通过划分环境容量，对温室气体排放权进行限定，延伸出碳资产这一新型的资本类型。碳交易市场是未来世界低碳经济的重要组成部分。建立碳交易市场机制，可以借鉴欧盟的碳交易机制。2003 年欧盟通过了温室气体排放许可交易制度，即欧盟碳排放交易体系（EUETS），这是目前国际上最为完善的碳交易制度。欧盟现行的碳排放贸易体系基本上可以看作一个“限额—贸易”体系，即先确定温室气体的排放限额，然后根据额度的供求展开贸易，限额有余者是市场的供应者，而限额不足者则是需求者。而在关于限额的确定方面，欧盟排放贸易体系根据各国达成的减排目标，规定每个国家允许的碳排放量，然后分配给各个碳排放企业，其配额是根据历史排放量、预测排放量和部门排放标准等因素制定的。欧盟碳交易机制的建立避免了单纯地要求企业降低碳排放而导致企业将产能转移到经济落后的地区，从而形成“污染—治理”的恶性循环。

与欧洲企业相比，我省企业在通过改进自身条件达到减碳目标方面，具有很大的进步空间。因此通过建立碳交易市场机制，可以促使一些高碳排放企业通过提高技术水平达到碳减排目的。而关于限额的规定，也可以使企业通过购买碳排放指标的方式实现碳排放平衡，避免了高碳排放产能转移对环境所带来的恶性循环。

二、关于建立我省碳交易市场机制的建议

目前，江苏省的制造业占比大，高能耗的重化工产业占比大，碳排放总量大。既需

要通过调整产业结构、提高能源利用率、发展新能源等措施，有效地降低碳排放，同时还需要建立碳交易市场机制，通过经济利益的刺激，更快、更有效地达到减少碳排放总量的目的，从而更有利于推动我省低碳经济的发展。为此提出如下建议。

1. 明确相关部门负责对碳交易市场机制建立的促进工作

在省政府领导下，明确相关职能部门负责对碳交易市场机制建立的促进工作。

（1）政府部门联动，组成碳减排认定机构。建立、完善检测机构和监督部门，并落实相关制度，加大监理和执行力度。各地的碳排放任务下发后，要想准确了解其任务的执行情况，就必须要有专门的检测机构和监督部门，其检测机构能够对参与碳交易市场的各个地方的相关企业的碳排放量做出准确核算，以保证其数字的准确性。同时，监督部门依据相关制度，确保碳排放量的检测过程合乎规定，坚持“谁检测，谁负责”的原则，以及防止错报、漏报一些碳排放建筑企业。

而在碳排放的核算、检测、监察等工作上，则需要政府多个部门相互协助合作，实现跨部门联动，同时还需要有相关的碳减排认定机构进行具体的操作。

（2）职能部门根据碳排放的特点，确定建立碳交易的种类以及碳交易的主体。

（3）低碳交易是个复杂的课题，在机制的执行过程中需要面对很多新问题，因此相关职能部门要加大对低碳标准和碳交易市场机制的研究力度，在科研立项中，增加低碳课题的研究数量，围绕低碳的各个环节建立、完善相关的标准、规范，为碳交易市场的运作提供标准、规范支撑。

2. 以各地现在的碳排放为基础，对各地的碳排放情况进行研究总结，制定各地年度碳减排目标

（1）由有关职能部门制定相关的检查制度和标准，包括相关的碳排放企业认证标准以及碳排放标准，同时确定参与碳交易市场机制的各个地区的企业，并组织专门的检查和管理。

（2）相关职能部门应加强对地区碳排放环境容量的研究，并根据本省的经济发展情况和减排目标来确定碳排放总量。初始配额将分配给全省各个地区，由地方再分配给参与碳排放企业。初始配额可以根据每个地区的经济特征、历史排放量、预测排放量和部门排放标准等因素进行分配。

（3）职能部门应该动态地对排放配额重新审核认定，以便根据环保总量目标的落实情况和市场情况及时调整配额数量。

3. 制定碳交易的计算规则

在碳交易的计算规则上，建议按照目前国际通用的碳交易市场计算规则，以 1 吨二氧化碳作为一个单位。在指标方面，如在省内购买 1 个单位的碳减量，可认作本地区 0.5

个单位碳减量，通过这种方式，可以提高企业减排的积极性，以此减少全省碳减排的总量。

此外，对于企业碳排放超标部分的罚金要大于企业从碳交易市场上购买相应指标所需的金额，这样可以保证碳交易市场机制的顺利运行。

4. 公开、透明操作流程，全过程社会监督，做到公开、公平、公正

在“限额—贸易”体系下，要杜绝企业游说政府以获得额外配额，并将其进行交易以获利的情况发生。因此，江苏省如果要建立碳交易市场机制，就需要解决好如何建立一个透明、合理的配额分配机制，以及各地区之间配额的分配问题。因此必须做到如下几点：

（1）由有关部门及时发布相关碳交易信息，保持信息流畅和交易信息的透明度。

（2）由相关部门按时核算各地参与企业的碳排放量，然后对外公布其碳排放情况并开放碳交易市场，采取公开交易的方式，对于实际排放量低于核定标准量的企业，可以将剩余的碳排放指标放到碳交易市场进行挂牌销售，获得利润；对那些实际排放量超出核定标准量的企业，则需要通过在碳交易市场购买指标来完成任务。

（3）相关管理机构应以技术标准和规范为依据，加大碳交易市场的管理力度，促进碳交易市场健康发展。

5. 开放碳交易价格，形成市场化的定价机制

由于外部环境的不同，每年的碳排放总量以及分配给各地的碳排放指标也不尽相同，如果只是采取行政手段指导价格，难以及时反映市场情况。因此在碳排放指标的定价方面，宜采取市场自由定价的方式。

6. 建立网上交易平台，形成信息中心

首先，通过建立网上交易平台，可以及时发布相关信息，包括各地区及其所属企业的碳排放情况，通过信息公开，各方实现信息共享。

其次，买卖双方能够通过网上平台完成碳排放指标的交易，与实体交易平台相比，网上交易平台更加方便、快捷，同时要保证交易信息的及时更新。

7. 选择某个行业或部分企业进行试点

考虑到碳交易市场机制的建立和运行涉及面广，有很大难度，建议先选择某个行业或是选择一些重点企业进行试点，取得一定经验后再全面推广。

加强城市公共设施建设，提升城市人文品质

一、城市公共设施功能和分类

1. 城市公共设施的功能

城市公共设施是指由政府或社会组织提供的，为社会公众使用或享用，满足公众生理和心理需求的公共设备、设施或构筑物，其功能是满足城市公众的生活、交通、文化、审美、娱乐、休憩、安全和交往等各种需要。城市公共设施既是城市公众生活的需要，又是表现城市环境质量和人文品质的需要。一个城市公共设施建设水平体现了城市对市民的关爱程度，反映了城市的文化气质、适居质量和人文品质。城市公共设施建设与人们的户外活动关系密切，是丰富市民生活、完善城市服务功能和提高城市质量的重要组成部分，因此体现出城市特有的人文精神和艺术内涵。

2. 城市公共设施的分类

城市公共设施一般按使用功能分类，主要有八类。如下表所示。

城市公共设施按使用功能分类

公共设施类型	设施名称
交通设施	地铁入口处设施、地下通道相关设施、人行天桥、交通候车亭、机动车停车场、自行车停放架、护栏、护柱、止路障碍等
卫生设施	垃圾箱（站）、公共厕所、饮水器、洗手池等
休息设施	椅、凳、桌、棚、遮阳伞、亭、廊、架等
服务设施	邮筒、售货台、书报亭、治安亭、消防栓、自动取款机等
信息设施	广告牌、广告塔、招牌、标识牌、导游图栏、电子通信装置等
专用无障碍设施	公共交通的无障碍设施、公共卫生的无障碍设施等
游乐健身设施	儿童游戏设施、公共健身设施等
景观装饰设施	雕塑、壁画、花坛、花架、水景、地面铺装、装饰照明等

二、 我国城市公共设施的现状和问题

我国自改革开放以来，城市建设得到快速发展，人民生活水平得到了显著的提高。政府在加快城市建设步伐的同时也加大了对城市公共设施建设的投入。这些设施的设置较好地方便了城市公众的物质生活和精神生活，并使城市的品质得到提升。另外，近两年住房和城乡建设部先后发布了《城市道路交通设施设计规范》（GB 50688—2011）、《关于加强城市步行和自行车交通系统建设的指导意见》和《无障碍设计规范》（GB 50763—2012）等，从法规层面上促进了城市公共设施的建设。但是由于我国幅员辽阔，东西部城市、沿海和内陆城市的城市化水平不均衡，加上二十多年来城市建设的规模大、速度快，各种城市公共设施建设水平也不均衡，有的城市公共设施建设严重滞后，给城市的环境质量、人文品质带来了负面的影响。其中主要问题如下。

1. 部分公共设施缺失

目前，我国多数城市存在某些类型的公共设施缺失的问题，特别是中小城市。例如在城市环境中缺少为公众提供停留、休息、引导、卫生、售货等功能的设施；在城市公共建筑的室内空间缺少方便公众休息、引导、行走、卫生、寄存等的设施。有的城市环境中虽然也配置了一些公共设施，但其数量、种类与实际使用的人数、人流量是不相匹配的。至于一些满足特殊人群需要的无障碍设施，如无障碍停车位、无障碍公厕、自动升降平台等更是严重缺失……这些公共设施的缺失，给城市公众带来诸多的不便，影响了他们生活的质量。

因此，我们应认真地面对我国城市公共设施的现状，并给予足够的重视，进而对其分门别类地进行补缺，以满足现代城市公众的各种需求。

2. 公共设施功能粗糙

目前，我国城市中虽然也建造了不少公共设施，但在许多设施的设计和建造中对使用者的实际需求考虑不周。例如许多公共场所的无障碍卫生间是轮椅乘坐者无法达到的，即使能到达，有的无障碍卫生间也仅仅是设置了供残疾人使用的扶手，很少考虑便于其他行为不便者的使用。又比如城市户外公共环境中的休息座椅设计有许多是没有考虑使用者就坐时的实际高度的，有的休息座的座面甚至用了磨光石材，想必冬冷夏热的感觉一定会给就座者留下深刻的印象……

因此，城市公共设施的建设应充分考虑使用者的生理和心理需求、文化体验需求、形式审美需求，同时还应考虑不同人群对各种需求的适应性等。例如，户外休息设施应考虑遮阳、遮雨、触感好、视觉好、降噪、防尘及空间开放或私密等要求。目前，我国城市部分公共设施的功能粗糙反映了在城市建设和城市公共设施建设中缺少对细部的考虑，而对这些细部的设计正是体现出对人性的尊重和关怀。

3. 缺少人文关怀

城市公共设施中缺乏人文关怀是我国部分城市公共设施设计的一种通病，这种通病使人感到城市中似乎也有不少休闲设施和无障碍设施，但只要稍微留心看一下，这些设施不少是“不中用”的摆设。最典型的是城市道路中的盲道，因为没有形成从城市居民住家开始到城市各个区域场所都贯通的完整的无障碍体系，导致行动不便者无法出门，因此我国许多城市的盲道大都没有发挥盲道的作用。

在公共设施建设中人文关怀体现在注重使用者人性和情感的需求，特别是社会的弱势群体的需求。只有重视每个人的身心状况才能不辜负公共设施的“公共”称谓，体现出完整的无障碍的空间环境和城市的包容与公平。

4. 审美品质不高

城市公共设施以其靓丽和新颖的形式出现在城市空间中，许多城市公共设施可以成为城市视觉节点，成为城市景观的重要组成部分。但目前我国许多城市设施大多仅是满足使用功能，至于审美层次、文化层次的因素考虑较少。

城市公共设施既有使用功能，又有审美和表现文化特征的功能。事实上，城市公共设施的审美品质对于城市形象的影响巨大，一个功能合理且极具美感和文化内涵的公共设施，不但可以有效地提高其使用的频率，而且可以增进市民爱护公共设施、爱护公共环境的意识，增强市民对城市和文化内涵的认同感和归属感，进而提高城市的品质。

三、 加强城市公共设施建设

1. 基于提升城市品质的理念认识公共设施建设的重要意义

加强城市公共设施建设的首要工作就是要提高政府相关部门领导和技术人员对城市公共设施建设重要性的认识，要充分认识到加快城市公共设施建设是城市建设和城市化发展的一个重要内容。

目前，我国城市公共设施建设的水平参差不齐，上海、北京、重庆、广州、南京、深圳等大城市和沿海城市的城市公共设施建设取得较大的成绩，但许多中小城市的公共设施建设与城市建设相比是滞后的。另外，目前我国大城市的公共设施建设与欧美一些国家相比仍有较大的距离。城市公共设施建设水平反映了一个城市对人关怀的程度，它是现代城市文明的重要标志。因此，相关部门的领导和技术人员应明确公共设施建设具有的重要意义，同时深入研究、落实建设城市公共设施的各种措施。

2. 基于对人关怀的角度探索城市公共设施建设

（1）对人体工程学的考虑

人体工程学是专门研究人在生存过程中生理和心理适应度的一门学科，因此我们在城市公共设施建设中应该充分运用这些科学的知识进行设计。就公共设施设计而言，应以人为主体，运用人体测量，生理、心理测量等方法，研究人的生理结构和心理感受等与公共设施的有机协调的关系，从而使公共设施符合人体尺寸和使用力度的要求，由此取得最佳的使用效能，其目标是安全、健康、高效和舒适。因此要设计一个公共设施，就必须了解公共空间的状况，了解公共设施所具有的特点及服务对象，然后运用人体工程学确定设施的尺度大小、舒适性、协调性等，为公共设施设计提供最佳参数和科学依据。

（2）对公众行为方式的考虑

人的行为包括动机、情绪、态度、举动等，它是人的心理和生理的外在反映。要使城市公共设施适应人的需求，就应该分析城市公众生活中的生理和心理特征，考察人的行为规律及其特性，从而采取适宜的设计策略。比如在休息空间中的人们安然坐下休息，这是生理需求；同时每个人都拥有各自独立的空间，与其他人的空间隐约分开，从而满足了人对安全的心理需求；而休息区域通过地面材料或高差的变化，或者通过座位、绿化等形式的围合来达到空间的划分效果，从而满足人们对交往行为潜在的心理需求。只有同时考虑不同层面需求的公共设施设计，才能具有很好的使用价值、审美价值和文化价值。

3. 基于城市特征因素探索公共设施建设的文化性

城市公共设施在满足社会公众使用需要的同时，因其具有生动而鲜明的形态成为城市空间的视觉亮点，给人们留下深刻的印象。因此在公共设施建设中必须从城市设计和城市景观的角度，根据城市的空间尺寸、环境特点、地域文化和时代特征等因素表达出公共设施的城市文化。

城市公共设施的文化特征主要表现在时代性和地域性两个方面，无论是时代特征还是地域特征都是通过公共设施的设计形态进行表现。公共设施的形态又主要通过符合审美规律的设计方案体现。目前我国的城市设施设计应在表现时代文化的同时重视对地域文化的表达。我国各民族的地域风情、民俗习惯、气候特征、审美风格不尽相同，对城市环境设施的需求也就不同。例如国际化大都市，生活节奏快，公共设施更需要造型简洁，色彩明快，功能舒适，在形式上偏向国际化和前卫性。而历史古都，蕴含深厚的文化内涵，公共设施的设计则应该在满足功能的前提下更多地体现文化内涵，让市民时刻感受文化的品质。

4. 基于使用功效因素探索公共设施建设的合理性

（1）使用的公平性

城市的公共设施应该满足公众使用的公平性。它应更多地强调参与的均等和使用的公平，主要体现为公共设施不受性别、年龄、信仰背景、教育程度与生理差别等因素的限制，而被所有使用者公平地使用，这正是公共设施区别于私属性产品的地方。

公平性原则在设计中被表述为普适设计原则或广泛设计原则，在我国则较多地被称为"无障碍设计"或"通用设计"，自1967年以来，欧洲更多地使用"为所有人设计"的说法。如果将无障碍设计含义只简单地理解为公共设施中盲道、坡道等专供行为障碍者所使用的设施，那是很不全面的。无障碍设计原则应贯彻到所有的公共设施建设中，设计者应具体、深入、细致地体察不同性别、年龄、文化背景和生活习惯的使用者的行为差异与心理感受，而不仅仅是对行为障碍者、老年人、儿童或女性人群特殊关照。

无障碍设施建设是残疾人走出家门、参与社会生活的基本条件，也是方便老年人、妇女儿童和其他社会成员的重要措施；同时无障碍环境的建设也直接影响到城市的形象，乃至整个国家在国际上的形象。尽管在我们周围或多或少能看到一些无障碍环境设施，无障碍设施却没有得到广泛的推广，人们还没有认识到，无障碍设施和环境倡导作为一种通用的形式，应尽量以任何人皆可使用为原则，即不论小孩、大人、老人或任何残疾人皆能获益。

（2）使用的安全性

不论周围状况或使用者感官能力如何，公共设施的设计应有效地对使用者传达必要的资讯，并将危险及意外或不经意的动作所导致的不利后果降至最小。

比如儿童在广场中玩耍时不慎被某些公共设施伤害（如公共座椅的金属扶手等），那么，这种意外伤害的主要责任应被归咎于设计者。因为作为设置于公共环境中的公共设施，设计时必须考虑到参与者与使用者可能在使用过程中出现的任何行为。

公共设施是为人服务的，所以它自然会和人近距离地发生摩擦。安全性一直是十分受重视的问题，在国家颁布的《中华人民共和国国家赔偿法》等法律、法规中，对于公共设施的质量或管理不善所造成的人员伤亡事故，有关部门将要作出相应的赔偿，所以公共设施的后期维护工作十分重要。目前我国公共设施的专门管理部门不健全，今后应该对公共设施的设计、建造和后期的管理维护的整个生命周期形成协调统一的全局性规划。

（3）使用的舒适性

公共设施的设计应考虑使用者多种喜好及能力，不论使用者的经验、知识、语言能力或集中力如何，设施功能的应用方法都应容易被理解；不论使用者体型、姿势或移动能力如何，设施大小、形态应适当，而且该设施可以让使用者有效、舒适、便捷地操作。公共设施建设不仅考虑单个设施的舒适性，还应综合考虑不同设施综合使用的舒适性。公共设施诸如卫生设施、休息设施、专用无障碍设施、游乐健身设施等，它们相互之间及内部均存在着自然匹配及使用流程的关系。比如通常情况下，在公共休息区内，或在公共座椅的周围应设置垃圾桶，而垃圾桶的数量应与公共座椅的数量相匹配，太多会造成浪费，而太少则会发生随意丢弃垃圾的行为，导致环境脏乱；再如游乐健身设施周围相对集中的公共照明设施，起到了引导人群使用及保障安全的作用，而缺乏这种照明的公共设施场所在夜晚的使用率便相对较低。

（4）使用的可持续性

自 20 世纪 80 年代开始，生态环境问题逐步成为各国备受关注的焦点，在设计领域也逐渐出现了倡导环境保护的“绿色设计”，如公共设施的可长久使用，具有经济性，对人体及环境无害，贯彻绿色设计的“3R”原则，即减少（Reduce）、再利用（Reuse）、再循环（Recycle）等。公共设施同样应贯彻绿色设计原则，这绝不是设计几个分类垃圾桶所能解决的问题，它要求设计师在材料选择、设施结构、生产工艺，设施的使用与废弃物处理等各个环节必须通盘考虑节约资源与环境保护的原则。欧美国家的家庭垃圾处理是从住宅的厨房里就开始实行垃圾分类处理的，因此在后续的垃圾回收环节能真正贯彻执行垃圾的分类处理。而我国还很少有家庭从垃圾产生的源头出发分类，导致垃圾回收工作困难。

四、结语

如前所述，我国的城市公共设施建设虽然取得了一些成绩，但未能完全满足现代城市公众需求，且与西方发达城市相比还存在较大的距离。城市公共设施建设水平反映了城市对人的关爱程度，城市公共设施建设是城市化建设的一个重要内容，是现代文明城市的重要标志。提高管理者和设计者对城市公共设施的认识水平，落实具体的各项措施，从而加强我国城市公共设施建设，是提升我国城市品质的重要举措。

强化高校转型发展　培育社会应用人才

2016年伊始，各所高等院校围绕高等教育转型发展这一话题，对培养方式、学制建设、专业部署、课程设置、考试评价、就业指导以及践行社会主义核心价值观等方面进行了有益的探讨。在这样的大环境下，我结合工作实践和调研，对我省如何抢抓机遇，进一步强化高等院校社会应用型人才培养，提出如下建议。

一、大力宣贯转型发展，营造培养应用型人才环境

近年来人们发现，长期形成的高等教育结构不合理，跟不上社会经济发展的总体需求。它带来的后果是，不少大学毕业生的知识结构难以适应社会工作的需要，用人单位则较难找到合适的人才。

如何解决这对供需结构矛盾，建议省委、省政府，特别是教育主管部门首先要大力宣传高校教育转型发展的重要性与紧迫感。从全国看，江苏高校教育转型发展虽然取得较大成绩，但与转型发展成绩突出的省份相比还有一定差距，具体表现在在转型发展的观念还不够开放，高教界或本科院校中少数领导至今还存在“应用型人才培养是高职学院、中专学校或职业学校的事情”等想法或观念。我认为，高校教育转型发展成功与否，观念转换是第一位的，这一问题不解决，必将成为束缚我省快速培养应用型人才的瓶颈。

大力宣传高校教育转型发展，其重点就是从省教育主管到行政管理部门、从高校领导到每位教师都应明白，各类高校在培养少数学术型人才同时，更要把众多专业学科纳入应用型人才培养上来，并以此作为当前全省高教界重中之重。否则，没有应用型人才及时提供，没有一整套后续生源补充与人才培养计划，企业就没有后续职业技能人才的接班，企业的产业转型将难以持续。

二、紧贴社会人才需求，协同优化课程设置

从目前情况看，高校的一些专业建设和课程设置脱离了社会的生产实际。有两种情况：一是在许多高校中，后开设专业课程的，大多看先开设专业课程的，一般大学的专

业课程设置看名牌大学的专业课程设置，很少是针对社会生产的需求情况进行课程设置；二是有些学校的课程不是按社会、企业的需求设置，而是根据本学校、本专业已有教师的知识结构设置。这些不负责任的专业建设和课程设置，导致毕业生缺乏适应社会发展的能力或引领社会发展的动力，无法成为满足社会需求的人才。

高校教育转型发展，关键在于课程或专业如何进行设置安排。因此，首先，建议各高等院校在专业建设、课程设置上，要经常深入社会各阶层、企事业单位和科研第一线，特别是要建立多个实习基地，不间断地让教师、学生参加生产实践，了解、调研各类社会人才的需求与能力等方面情况，科学分析其必须具备哪些知识点，这些知识点需要什么样的课程设置，并统筹考虑各课程之间的相互关系，确保课程、专业设置的科学性、系统性和整体性，从而大胆地、果断地进行课程设置的改革。

其次，除社会主义核心价值观等塑造人生观、世界观的课程及其他必要的课程外，建议要大胆、大力度地减少与生产实践无关，或通过互联网等渠道就可以学习的理论课，把大量的教学时间运用在专业课程和专业实践上，为学生们提供多样化、高质量的教育服务。

再次，建议省教育主管部门组织教改巡视组，定期深入各高校调研课程设置和安排情况，督导高校改革、改进教学，并把这项工作作为学校领导班子年度考核内容之一。通过上下齐动，高等教育逐步形成课程、专业设置最优，教学实践最集中，人才培养最领先的新局面。

最后，依据对众多高校长期办学经验的分析，我认为，高校的应用型人才培养离不开企、事业单位和科研机构在人力、物力上的支持，仅仅依靠高校自身的条件是无法培养好应用型人才的。

建议省委、省政府出台相关政策文件，支持、鼓励企、事业单位和科研机构与高校联手，参与应用型人才培养；同时，调动企、事业单位和科研机构主动参与的积极性，对支持高等院校应用型人才培养工作的，在税收上给予适当的倾斜或减免。另外，我们还应该倡导学校与企业联合办学的思路，探讨企业技术人员到高校讲课、高校教师到企业办班的方法，并且鼓励和引导高等院校充分释放科技资源，积极参与创新创业，并与企、事业单位和科研机构一道面向市场筹集技术转让的资金，加速推动应用型人才培养。

三、 加强教师队伍建设，重点培养年轻教师

高校教改能否取得令人满意的成果，重点在师资，特别是年轻教师。目前，年轻的教师队伍中存在重理论轻实践的问题。年轻教师绝大多数来自大学培养的硕士或博士，他们在考研的准备过程中，耗费了大量的时间学习一些与实际联系不大的理论知识。在

研究生学习阶段，仍有一些课程是脱离社会生产实践的。博士生、硕士生毕业后，很多进入了高校担任教书育人的工作。为了较快获得职称晋升，又要忙于论文、项目获奖等工作，部分教师忽视了实践经验的补缺或积累，也导致教出的一些学生从书本来、到书本中去，教学没有尽量满足社会的实际需求。

从以上情况看出，高等院校在招生、专业建设、课程设置和教师晋级等导向上还存在一定的误区。对此，建议省教育主管部门和高等院校一要完善博士生、硕士生的招生条件，二要完善教师职称晋升的条件，将实践能力作为招生录取和职称晋升的条件之一。同时，结合实际情况，安排一定的时间、提供必要的物质条件，让年轻教师更多深入社会、深入企业、深入科研一线，进一步强化对他们的实践能力的培训。

同时，为进一步完善当前师资的结构，建议高等院校注意吸收企业一些有经验的专业人士来校任教。

四、 强化创新办学模式，评价考核奖优去劣

目前，各高等院校乃至各个专业仍然广泛沿用由学校统一的办学管理模式，这样不但带来了诸多的课程、专业设置等的不合理，在管理范围、管理权限上，诸如人、财、物等方面，也不能人尽其才、物尽其用。

建议强化高等院校的以专业群为核心的二级管理模式。在选好带头人的基础上，放宽专业建设的管理权限，在专业设置、课程安排、教师聘用、资金使用等方方面面放手放权。建议建立专业责任人的负责制，强化专业责任心和工作紧迫感。如高等院校应逐步实行按专业招生录取，并以社会的需求调节招收新生规模、额度等，激活各专业自身建设的热情，强化各专业的责任心，以提高各专业的品牌质量。

建议省教育主管部门创新高校招生和评价体系，进一步打通职业学校学生报考本科高校的渠道。目前，高校招生以高考总分为标准，高分学生进入本科类院校，低分学生则进入高职学院或中等专科学校。在这些低分学生中，有的是优等生而考试未取得好成绩的，也有的是文化成绩一般而应用能力极强的，社会上有许多应用型人才往往从他们中产生。

更好地打通职业学校学生报考本科高校的渠道，使高职学院或中等专科学校优秀学生通过考试选拔或放权给本科院校单招，能到更高的学府深造。这样会促使高校的学生组成结构和知识结构发生明显的变化，更加有利于应用型人才的培养。

同时，围绕教育供给侧结构性改革大局和方向，建议省教育主管部门认真梳理各高等院校学科、专业，从中选择数所院校作为试点，从专业建设、课程设置、教资培养、招生计划、聘用制度、职称评审、管理模式等方面入手，在政策上给予支持，在经费上

给予适当地投入。通过两三年的实施，让成功典型经验和做法迅速在各高等院校有计划地进行推广，把高校教育转型发展落到实处。

最后建议各高等院校要建立人事、教务和后勤等部门参与的监督保障奖惩机制，围绕各个学科、专业教学等计划或工作，在实施专业负责制的考核、评价工作上出新思维、新方法，督促和保障各专业出思路、出创新、出经验、出骨干、出人才。同时，对适应社会经济供给侧结构性调整改革，对培育应用型人才的优秀学科或品牌专业要重奖与大力扶持；对不适应改革新形势、教学不佳的学科或专业有必要下决心，大规模缩减招生总量和减小财政投入力度，或完全叫停。另外，结合聘用制、结合国家的相关法规和政策，建立合乎规范的教师退出程序，将平时考核和年终考核相结合，使合格者继续从教，不合格者则立即终止合约，劝其退出教师队伍。

（注：文中建议由郑家茂、高祥生撰写。）

关于提升城市外在形象的建议

（2013年10月）

南京将于2014年举办第二届夏季青年奥林匹克运动会，届时为了能够更好地展示南京的城市外在形象，特针对南京的城市色彩、区域绿化、街区建设、景点推广、户外设施、户外广告等方面提出以下几点建议。

1. 加强南京的城市色彩规划和管理

对于外地游客而言，来到南京之后，往往会对城市的建筑形态产生深刻的印象，而建筑色彩则是表现建筑外在形象的最直观因素。当前南京正处于经济快速发展阶段，兴建了大量的建筑，城市日新月异，但是没有统一的建筑色彩规范和监督管理，导致了建筑外立面色彩应用比较混乱，对南京外在形象的塑造造成了负面影响。这使得南京在外在色彩方面逐渐失去了特色，南京的城市风格特征也受到了很大的削弱，并成为南京市经济发展的隐忧。为了加强南京的城市色彩规划和管理，建议：

（1）首先要对南京城市进行色彩定位，并组织专业人员根据南京的城市特性、历史文化以及未来城市发展等因素，对南京的城市外在色彩进行分析研究和科学论证，并得出相关结论，制定南京的城市色彩规范。

由于南京拥有悠久的发展历史，文化底蕴深厚，是国内外知名的历史文化名城，同时南京又是长三角地区重要的产业城市和经济中心，并逐渐发展成为一座现代化都市，这种传统与现代的交融，决定了南京在进行城市外在色彩管理与建设的时候，有必要进行适当的划分，以确保城市色彩的合理性。

目前仙林已经在其所在区域建立了色彩规划，南京的其他地区也可以根据实际情况进行色彩规划。例如朝天宫、明孝陵、明故宫作为明代的宫廷建筑，其周边地区可以将黄色作为建筑主色调，而在民国建筑聚集区，则可以考虑将浅灰色作为建筑的主色调。

（2）色彩规划建立后，应加强建筑的色彩规范管理。对那些原本色彩外观较好、不影响市容市貌的建筑，其色彩可以基本保持不变。而对严重有损市容、色彩与周围整体色调不协调的建筑，则可以对其进行色彩方面的调整。

此外，为了保证城市色彩管理的延续性和有效性，除加强关于建筑色彩的审批外，还应建立相关的检测、监督机制，以保证南京的城市色彩体系不会受到破坏。

（3）目前南京的建筑外立面出新工程，其涂料色彩过于单一，不利于展示南京的外在城市形象。为了改变这种颜色单一的情况，同时也是为了协调南京城市色彩，可以根据不同区域的建筑色彩主色调，选择相适应的颜色。

2. 加强南京的绿化工程建设

目前南京城内各种道路的行道树品种已经有 60 多种，主要包括雪松、法国梧桐（通称，下同）、杨树、香樟、广玉兰、山核桃、水杉、枫香、洋槐等品种，此外还包括大量的草、花卉品种等。其中，雪松、法国梧桐、水杉已经成为南京绿化树木的标志性品种。为了进一步加强南京的绿化建设，提升南京城市形象，特提出如下建议：

（1）提高雪松、水杉等代表南京城市特色的树种的种植率。北京东路、中山北路、太平北路上的雪松、法国梧桐、水杉已经成了南京城市绿化的一道风景线。虽然雪松的形态使其不适合用作行道树，但是，由于其具有很好的尘埃吸附能力，所以可以将其种植在城市绿地、公园等地，在南京周边的苗圃中都种有大量的雪松，而且南京的气候、土壤也非常适合雪松的成长，其移植成活率高，而且雪松的种植成本低。此外，也可适当地种植水杉、法国梧桐等能够体现南京特色的树种。

（2）在绿化覆盖率方面，南京绿化率一直在全国处于领先地位。不过，随着南京经济的发展，土地供应紧张，市区的绿化发展开始受到了更多的空间限制。为了保持南京的绿化形象，需要保证并提高南京市区的城市绿化率。在这方面，可以借鉴国外的经验，例如以适当提高容积率为条件，鼓励开发商在建造房屋时预留更多的绿化空间。

另外，在提高南京中心城区绿化率方面，还可以考虑空间绿化的方法。虽然目前南京的屋顶绿化还比较少，但纵观南京的高楼建筑，其顶部建筑形式多为平台式，在屋顶绿化方面具有可操作性，因此南京在空间绿化方面潜力很大。

3. 加强对南京特色街区的建设

南京的夫子庙、湖南路、1912 街区、甘熙故居等地都是知名的特色街区，为了更好地体现出南京的城市外在形象，加强南京的特色街区建设，最重要的就是要凸显其特色文化。

以夫子庙为例，南京夫子庙历史悠久，在国内外都有着很高的知名度，作为古代贡院的所在地，夫子庙可以通过凸显其明清市井文化，强化其自身的文化特征。例如，湖南路是南京著名的商业街，商业文化氛围浓厚。在街区的设计方面，其设计风格偏向欧式，比较过时，缺乏商业感和时代感，同时也缺少南京本地特色。街道内部虽然有特色雕塑，入口处牌坊也较有特色，具备一定的文化气息，但仍然不足以体现南京特色。因此建议进一步突出南京特色，包括明清文化风格和民国文化风格，使其商业文化更具有南京文化特色。

甘熙故居作为南京市明清三大景观之一，其文化背景不言而喻，而结合其历史发展情况，利用民俗博物馆等各种文化推广方式，可以使其尽量表现出一种戏剧文化。

4. 加强南京市著名景点的推广

南京作为六朝古都，自古以来就留下了许多知名的景点，古时有南京四十八景，到了现代，随着南京的快速发展，在保留原有景点的基础上，南京又新增了大量的景点，这些景点对于提高南京的城市形象具有重要的作用，因此，在推广南京知名景点方面，提出如下建议：

（1）加强景点的管理工作。以南京的知名景区中山陵为例，目前中山陵的商业氛围比较浓厚，这对中山陵的文化气息产生了一定的破坏作用。虽然中山陵景区将主要商业点布置在检票口外，但是外面的商店还是有点儿多。尤其是每个商店都有超大型的广告牌，叫卖声不绝于耳。为了保证景区的特色，建议相关部门采取有效举措，规范商家行为和装修标准，并有针对性地安排店铺经营内容，增强该区域的文化氛围，进一步提升景区吸引力。

（2）利用户外广告、路牌标识等工具，加强对旅游景点的宣传推广，同时为前往旅游景点提供交通便利。目前南京已经布置了很多前往各个景点的路牌标识，这为游客前往各个景区提供了很大的便利。但在景区宣传力度方面还不够，因此可以利用城市户外广告对景区进行宣传，这种方式不仅可以缓解户外商业广告的泛滥对城市文化产生的冲击，同时还能够达到提高景区知名度、提升南京整体形象的目的。

5. 加强户外设施的布置和维护

城市户外设施都被布置在户外区域，而且是供游客使用的，因此其布置状况往往直接影响了游客对于南京的形象评价。

以南京新街口商业区为例，新街口垃圾箱的设置是比较到位的，数量足够，可识别性强，但外形不统一，无地方特色，部分地下通道处小型垃圾桶外侧有固体垃圾。因此建议将垃圾桶更换成统一的分类垃圾桶，以配合商业街的整体气氛，同时注意及时维护。

坐凳方面，建议对新街口坐凳旁的乔木加强管理维护，以保证遮阴效果，部分石质坐凳建议更换为木质，增强使用性。此外，沿路两侧可结合乔木合理设置坐凳，供游人休息。位于新街口莱迪广场的坐凳形式丰富多样，适用于较多人群，但部分采用石质，经太阳暴晒后影响使用。建议坐凳旁的乔木加强管理维护，保证遮阴效果，部分石质坐凳建议更换为木质，增强舒适性。

6. 加强对城市户外广告的管理

城市户外广告主要包括动态户外广告和静态户外广告两种，动态户外广告主要是指城市各种车辆的车身广告，而静态户外广告主要是指布置在城市之中的各种广告牌，如公交站台及路边广告栏等的广告。

不管是动态广告还是静态广告，它们对于南京的城市形象都会造成很大的影响。过多的广告对于城市的文化底蕴产生了很大的冲击，而其中一些制作粗糙的广告更是会对城市文化造成巨大的伤害。因此，要加强城市的外在形象建设，就必须要对户外广告进行有效的管理：

（1）依据现有法律、法规，进一步细化、深化关于户外广告的规定、措施。通过加强这方面的规范建设，可以更好地规范户外广告的使用。

（2）依据现有法规，加强对南京楼宇外立面广告、各种车身广告等公共区域广告的管理，对不符合城市外在形象要求的广告要严格予以控制。

为了能够在举行第二届夏季青年奥林匹克运动会的时候，更好地体现南京的形象，南京投入了大量的人力、物力，进行相关的城市更新、出新工程。而通过实施以上措施，不仅能够很好地表现出南京的文化特色，进一步提高南京的外在形象，同时还能够节省大量的资金投入，实用性非常高。

第四编

04

个人成长

我记忆中的余西镇

过去的事情记忆清晰，是因为它难忘；过去的事情记忆模糊了，但还要回想它，是因为它有意义。数十年前余西镇的人和事，在我记忆中有清晰的，也有不清晰的，但都有回想的意义。

一、 我与余西镇

我出生于通州的二甲镇，我母亲出生于通州的余西镇，二甲镇距余西镇约 2.5 km。母亲幼时，其父母双亡，后由二甲镇的曹家收养，叔叔曹筱晋、婶婶吴克勤对母亲关怀备至，数十年来母亲视叔叔、婶婶为亲父母，而我从小未曾见过外祖父、外祖母，也就将曹筱晋和吴克勤视作嫡亲外祖父、外祖母。外祖父、外祖母的故居在余西镇，按当地的习俗叫长辈前常加一些特征的词，故我就称曹筱晋、吴克勤为余西公公、余西奶奶。小时候能去的亲戚家不多，故常去余西镇，余西公公见我聪颖乖巧常夸我，并给我好吃的东西；再因余西镇离二甲镇不远，步行一会儿就到，所以我就成了余西公公、余西奶奶家的“常客”。

至今我仍时常想起余西镇镇头有座高桥，镇上有一条古老的街道，街里有一座牌坊。外祖父家有一个小院子，院子里有一棵高大的银杏树，有一群比我年长的学中医的大哥哥、大姐姐……

二、 余西镇的高桥

余西镇的高桥是指几十年前，镇的东南端架在通吕运河上的一座石桥。因经过余西镇的通吕运河段河面不宽，再加河岸两侧的房屋紧邻河道，桥梁无法建长，估计在 30 m，因盐运、客运量大，船只体量大，桥拱起的桥洞也须高大。这座桥的体量不大，桥身长度与高度比较接近，中间桥面至水面的距离估计应在 20 m 左右，所以感觉这座桥特别高，人们都称它为“高桥”或“余西高桥”。

儿时的夏日，总有胆大的小伙子看到桥下无船时跳水嬉戏。当初，我将这些小伙子

余西高桥（高祥生摄于 2020 年 10 月）

视为“英雄”，现在想想觉得很危险，因为“高桥”确实很高，只有“英雄”才能一跃而下。

高桥是二甲镇到达余西镇的必经之地，每当我推着自行车从高桥上经过时心里总有居高临下、威风凛凛的感觉。而从两端桥头下坡时总喜欢提早蹬上自行车，以感受从桥坡上驾车“滑翔”的快感。

悠悠岁月，通吕运河水缓缓而行，高桥下过往大小船只川流不息，高桥上人群、车辆南来北往。多少年来高桥不管是酷暑严寒，还是白天昼夜，都是默默地承受身上的压力，运载着两岸的福祉，推动余西镇的日新月异……高桥对余西镇人民具有无量的功德，余西高桥是伟大的，它应被载入余西镇发展的史册。

社会在发展，交通载体在变化，现在余西高桥已被拆除，取而代之的是钢结构的平桥。我无意对钢结构桥的功能、结构进行评价，我只是赞美过去高桥的形式与功能，因为高桥是我心中最低调、最完美的桥。余西的高桥在造型上既有南方的娇柔之美，又有北方的阳刚之气。

我成年后去过江南诸地，观赏过江南的各种小桥，我还是认为余西的高桥是最美的。上海朱家角的放生桥没有余西高桥高耸、气派；江苏周庄的双桥没有余西高桥便捷、笔直；浙江乌镇的三桥没有余西高桥坚实、稳固；等等。我赞扬余西高桥的美丽是因为余西的高桥一直承载着我儿时的美好记忆，承载着我对家乡深深的眷恋。

三、 余西镇的龙街

小时候听大人说，余西是一块龙地，龙地必然有龙的传人。就近现代而言，余西也是英才辈出，仅我知道的余西的英才就有曹大同、曹顶、曹文麟、朱理治、曹筱晋等，最近又听说共产党创始人之一的陈独秀的一位妻子潘兰珍也是余西人，还有我认识的曹卫星……这些余西名人、英才的资料在诸多文献中俯拾皆是，我再赘述有恐不完整或不准确。因此，我还是谈谈我记忆中的龙街为妥。

数十年来龙街基本上没有改造过，它是原汁原味的历史文化古街。龙街的建筑体量不大，形制不高，年代也不久远。整条街大多数是一层平房，少数二层楼房显得很突出。龙街的建筑和余西镇的其他建筑基本上都是硬山屋脊，两坡屋面，铺小青瓦，其中也有歇山屋脊的，但数量很少。从龙街建筑形式看，龙街应是在宋代以后建造的。

龙街的建筑样式无疑是南方的，与江南小镇旧城区的平房样式相似，这可能与余西场的原盐民为江南的移民有关，所以龙街虽地处苏北，但建筑还具有江南建筑的特点。

龙街的建筑、龙街的街道、龙街的街面尺度都不大，等级也不高，但在形制等级、空间尺度、用材规格、装饰纹样上相互都是协调的。

龙街不长也不宽，我记忆中三四十年前的龙街的两侧有各种店铺，有卖杂货的，有卖布匹的，有卖水产的，有卖中药的……似乎比现在的花式品种多，街上也比现在热闹。东西两侧店铺之间距离不大，两侧的店员相对喊话也能听得清清楚楚。龙街并不长，抽烟的人，从街头到街尾走完都不会抽完一根烟，龙街的街面是大块岩板与小块碎石片相间铺地，具有江南传统街道铺地的特色……龙街的建筑与吴家欣先生所著《余西古镇的历史与现状》一文中的“余西盐课司始建于明洪武二十五年（1392），官署设立，带来了一些配套机构设施……才够建起一个市镇的格局……”说法一致。

龙街的中部有一尊为褒扬郁氏美德，旌表节孝功绩的乾隆年间御赐并兴建的节孝牌坊。龙街节孝坊形式为单门，双柱，四层梁坊，双层顶盖，柱础设袷袍，节孝牌坊高约5 m，宽3 m，牌坊所有构件均为磨光灰色花岗岩。牌坊自乾隆二十六年建成至今260余年，历经沧桑，虽柱子等局部构件有风化现象，但总体构件基本完整，未见明显残缺，这对古建的保持、维修是有利的。节孝牌坊的体量、尺寸与龙街现在的空间尺度是协调的，节孝牌坊在龙街上是突显的，但又不过分夸张。所以无须对节孝牌坊做体量、形制上的调整，否则会改变龙街的整体空间尺度。

现在的龙街未曾做过大的改造，建筑、牌坊、街道都原汁原味地保留了原貌，真诚地希望倘若改造这条历史文化街道，应维护龙街原来的尺度、形态，特别是不能人为地调整原来的空间尺度、建筑形制，因为龙街现在的面貌在当今未改造过的历史遗产中是稀有的。

虽然龙街的建筑形制不高，倘若改造，形制不高就按不高的形制改造，不高的形制也需要做出不高的典范。

四、 余西公公家的银杏树

在龙街牌坊的一侧有条数十米长的小巷，走过小巷就是我余西公公家。60年以前，余西公公还没有去金沙组建南通县中医院，有一段时间他就是在余西家中行医的。

余西公公的家在一个小院中，小院朝东的房间是公公、奶奶等家人生活、会客的房间，家中除公公、奶奶之外还有大姨父李武俊、大姨曹育新、二姨父王兴相、二姨曹一新、三姨父钱元洪、三姨曹又新，奶奶的弟弟吴茂龙，姨妹、姨弟明明、华华和红卫。小院朝南的房间是公公和几个学徒行医的房间，我印象较深的学生有季光、曹允中、唐俊、邱祖萍、曹银等，小院的房子是旧的，朝南、朝东两排房子建筑面积加起来不到 200 m^2。两排房子都是硬山屋脊，铺小青瓦，地面是小青砖和绿草相间铺设。墙面的粉饰已陆续裂落，大都裸露出青砖的缝隙，有些缝隙中还爬着绿草……小院北侧的建筑和设施是简朴的，但小院的南边却打理得别有情趣。

小院的南边有一小花园、花园中种了菊花、月季、佩兰、凤仙，盆栽的有金丝竹、金橘……花的品种不多，但都很雅致，很有文化人的情趣。

小院的东南角有一棵年代久远的银杏树，虽然树的产权不属公公家，但树被栽在小院中，给我带来的视觉感受使我“日久生情”，并经久难忘。小院中的银杏树无疑是我童年、青年时期看到的最高大、最漂亮的树，小院中的银杏树在余西镇的大多位置都能看到。我曾多次与朋友讲过我余西公公家的小院前有一座清代的牌坊，小院中有一棵高大的银杏树，余西镇上都能看到……

银杏树对气候、土壤及环境的要求不高，它耐高温、耐寒冷，一年四季都生长得很好。每逢春天这银杏树就披上一层新装，一簇簇叶子，嫩绿嫩绿的。夏日，银杏树格外枝繁叶茂，它给半个小院遮阳、防暑。秋日，柠檬黄色的叶子中夹杂着若隐若现的小白果，美丽而诱人，这就是人们常说的白果，所以银杏树又叫白果树。秋日银杏叶逐渐地由绿色变成黄绿色、柠檬黄色、黄褐色……然后在秋风中抖落，像蝴蝶在小院的上空飘来飘去。冬天，大雪纷飞，银杏树披上一层银装，但屹然挺立，此时小院里的地上、窗台上都洒落了黄色的、褐色的仍然散发出淡淡香味的银杏叶。

听说银杏树的叶子可以做成银杏叶片中成药，银杏树的主干可以做砧板，银杏树的树材可以刻字、做雕刻，银杏树的一身都是宝，银杏树的一身都是奉献给社会的财富。

这些都三四十年前的事了，但我还是经常想起余西镇的旧貌，余西公公的小院，那棵英姿飒爽、硕果累累、令人魂牵梦萦的银杏树。我总是在想余西公公不就像一棵高大挺拔的银杏树吗？他将一生献给了通州、通余一带的黎民百姓，他嘉惠杏林，福佑乡里，他将一生献给了祖国的中医、中药事业，他功德无量。

现在银杏树已不在，余西公公也走了，但那种美好的回忆，那种无私奉献的精神永远留在人间，留在我心中。

我的家乡二甲镇

我的家乡在通州的二甲镇，三四十年前那里是一个美丽而又繁华的地方。我在那里生活了二十多年，也留下了美好的回忆。

一、二甲镇的历史

二甲镇位于江苏省南通市通州区的东南部，是长江北岸的一个老街。据说是因为保甲制度的推行，有了三甲、四甲、五甲等称呼的村镇，但又传说在唐末时这里出了一个殿试甲等第二的进士，故称此地为二甲。还有说法是，由于当地习惯以入海口用天干来计地域，此镇恰好是处在第二甲段，故取名二甲。

二甲镇所在的区域，在明代成化年间都是滩涂地，慢慢地这些滩涂逐渐转化为地势平坦的平原。后来，由于移民越来越多地在此处聚集，这片土地才逐渐被开发使用。其中，规模最大的一次移民是在清代，由于社会动荡而逃亡过来的人定居在这里之后，在这片土地上开始耕作，建立房屋和商铺，最终，这里一步步发展成为居住着几万人的小镇。听说，我的祖上就是那时从崇明岛搬过来的。

从地图上看，当时的二甲镇，坐落在黄海与长江的交汇处，与上海、苏州隔江相望。水路交通十分发达，这里水网密布，水道、河道交错纵横。尽管二甲镇地处江北地区，但在地理环境和南方文化的影响之下，二甲镇也逐渐形成了本地区的建筑风格，建筑看起来并不宏伟，基本上都是连成片的低矮建筑，以一层中式房屋为主，颇有江南气息。

二甲镇的商业，自唐宋时期初步形成，明代备具规模，到了清末、民国时期，便是异常鼎盛了。二甲镇共有三条主要的街道，分别是通海街、中心街和新市街。一条南北走向的主街道将整个镇子连接了起来，几十年前，在通海街的两侧，店铺林立，旅店、粮店、油坊鳞次栉比，酒家、盐行、布店错落别致。镇上最让人骄傲的是蓝印花布，它作为镇子的一种文化符号，有着青花瓷般的雅致沉稳和文静从容。

民国时期二甲镇被叫作“油米码头”，因为那时修的路比较少，交通大多是通过海和河进行的，由于附近的河岸密集，商业经济被带动起来，发展得也比较繁荣。密集的人群来来往往，商业繁荣发展，河畔、街道的古朴氛围充分与商业气息融合，别有一番风味，整个镇子繁华而不失美丽，独特而充满活力。

历史总是在进步的，时代更是日新月异，随着全国各地的经济发展，发达的地区总是吸引走一批又一批的人才。二甲镇也并不例外，人才的流失导致了镇子的衰败，公路、铁路交通的日益发达、便利，更使这个镇子的商业停滞，经济萎缩。

随着城市的发展，家乡的衰败似乎是不可避免的，然而我对此仍深感遗憾。二甲镇的衰弱，也用实际说明了工业文明会取代农业文明，说明了水上交通会被陆上交通取代。但在我心里，二甲镇仍然保留着那份独特的魅力。

二、 二甲镇的潘家河

二甲镇独特的平面布局散发着浓郁的江南韵味，街巷从前方绵延而来，在街道的尽头，却有着另一番景象。河流悠然流淌，河面泛着清澈的波光，宛如一面明镜，不时还有鱼儿们在水中上浮下沉，或是成群结队地觅食，或是独自逍遥，自由自在地游来游去，倒是为这座小镇带来了不少生机和活力。而这条河，就是伴我成长的潘家河。

之所以称之为“潘家河”，是因为河流西岸住着一户姓潘的人家，人们日常就这样叫了起来。潘家河呈东西走向，南北方向均有支流，河面宽度大约有四五十米，窄的地方有二十多米，长度是比较长的，可能有四五百米。这里没有吸引眼球的特色景点，其景色和电影《柳堡的故事》里的环境很是贴近：春天的芦叶，密布河的两岸，间有穿插的杨柳，便形成了景致的节点，这种景致也算是风雅非凡。

从六七岁记事时起，我就和潘家河有了切不断的联系。我家与潘家河之间，有一条一米左右宽度的小道连接着，走过去几分钟就到了。那时候我们家吃水用水，都是我每天早上起来，提起家里的两个水桶，来来回回提水，去装满家里的水缸，然后用来烧饭做菜。我家的衣服都是由妈妈和妹妹去河边洗刷，有时我也会去。

在这里，我第一次学会了游泳。最开始是我叔祖父带我去河边，他会扶着我先慢慢游一游，一两次之后，他就会放开手，让我自己试着游一下，就这样来来回回几次，我慢慢地就学会了游泳，之后熟练了，换几口气自己就可以在河里扑通两下。而且，在当时，我还是幼儿园班里最早学会游泳的人。我还记得，自己那时参加了南通区的民兵游泳比赛，那时候我不懂游泳有蛙泳、仰泳、蝶泳等泳姿，虽然没有取得什么名次，但是收获也是很多的。除此之外，我还在这个河里捞鱼摸虾，摸螺蛳、捞河蚌，现在想想，我小时候的大多数活动都是围绕着潘家河而展开的，可以说，这条河陪伴着我的幼年和少年时期，给我带来了许多快乐。

这条河里也培育有很多鱼儿，是各家各户根据家里情况拿出一定的份子钱，然后买鱼苗在里面进行养殖的。平时常有三三两两的大人和小孩，拿着竹竿在这里钓鱼。

每年镇上人们最高兴的时候，就是中秋时节和春节前，会有专业的人士前来捕鱼，规模很是盛大。镇上会组织一些渔民或是捕捞队的人拉网捕鱼，从河东头到河西头起网，那时青鱼、白鲢、鲫鱼等各种各样的鱼会跃出水面。小孩子们又蹦又跳，手舞足蹈，欢呼雀跃，很是高兴。经过一番功夫的打捞，网兜里面满满的全是活蹦乱跳的鱼儿，基本各式各样的大鱼小鱼都被打捞上来了，不过太小的鱼基本上都放生了，以便鱼苗继续生长，等着下一年收成。

还有一种情景，就是大概出动七八只船，渔民利用鱼鹰进行捕鱼。我还清楚地记得，小时候在这里，我观看了鱼鹰抓鱼整个过程。鱼鹰，它通身的羽毛是黑色的，它的嘴大、扁而长，呈锥状，上颚有锋利的锐钩，下喉有囊，可以自由收缩。它不仅善于潜水，飞行能力也很强。鱼鹰捕鱼的时候，会将头与颈伸得又长又直，借助翅膀进行划水，在水中上下翻飞，时而冒出水面，时而扎入水中，它在水里叼鱼的速度也很快，不一会儿一条大鱼就被鱼鹰咬着浮出了水面。

渔民正是利用它的“大嘴”进行捕鱼的。一般在鱼鹰捕鱼之前，渔民都会在鱼鹰的脖子部位系上一根绳子，刚好卡在鱼鹰喉囊的下面，这样就算鱼鹰叼到了大鱼，由于这根绳子的存在，鱼鹰也无法吞咽所捕到的大鱼，鱼鹰吃不到这些叼上来的鱼，咽不下去，便会将其吐出来。这些大鱼就随之掉入水里，之后鱼鹰张嘴去叼新的鱼，就这样，循环往复。为了奖励鱼鹰的辛苦劳作，渔民会将打捞的一些小鱼小虾喂给它，而那些大鱼，就会被渔民打捞整理好，最后带回岸边。打捞上来的鱼，会根据各家各户的份子钱多少以及对河道的日常维护与贡献进行分配。我家最后也可以得到不错的分成。

其实，这条河并不是全镇人都在用的，主要是周围居住的人家对这里依赖比较多，日常也都在这里淘米、洗菜、洗衣服，受益很大。我还记得，尤其是夏天晚上的时候，我坐在家门口，就能看到许多在河边洗衣服的女孩子，洗完衣服，她们会从我家门前走过。虽然那时候人们淘米、洗菜等活动都是通过这条河进行的，但是河里的生态很好，虽然不至于清澈见底，但是也没有受很大污染。记得幼时距离河边不远的地方，有一个用木头做的“水桥板”，人们在这里淘米洗菜、洗衣浆裳，陪伴着我和镇上的许多人历经四季的变化，不过现在已经没有了。

就这样，在潘家河，我知道了鱼鹰怎么抓鱼，渔民怎么拉网捕鱼，我还学会了用番茄花钓甲鱼，用小鲫鱼肉钓大青鱼，钓各种各样的鱼……就在这里，我学会很多很多东西。这条河，丰富了我的幼年生活，有了它，我的童年生活变得多姿多彩，这里也给我留下了很多美好的回忆，对我的成长很有帮助。

三、二甲镇的通海街

通海街，是二甲镇的三条主要街道之一，名字中带着“海”字，也代表着它与海之间那千丝万缕的关系。通海街是南北走向的，它的南端尽头是海界河，是南通、海门的联通河道之一，它和北端的通吕运河互通有无，进行物资、材料的运输，发展成为二甲镇的交通枢纽，可见其地理位置非同一般。整个通海街有四五百米长的样子，并不是很宽，街道地面铺满了近似馒头大小的石头，这条路我走了将近二十年，走了成千上万次。

道路两旁都是临街的商铺，房屋建筑都是一层的有着坡顶样式的中式房子，两层的房子很少见。这些房子的坡顶，有一些坡面很长，延伸至道路上，因此设有很多栏道。一条街的两侧，店铺林立。从南往北走，在我印象中，有陈家的邮局，张家、严家的米店，曹家的铁店，毛家的布店，曹家的银匠店，有徐家的油坊，潘家的磨坊，孙家的石牌坊，沈家的丝线店，姜家的酱园店……在店铺的后面，还有很多房屋，而这种房屋的排布形式近似于前店铺后宅院，宅院很大，后面还有房屋、田地、池塘等。

我记得，街道的最南端是蓝印花布店的染坊，我从小就是睡着蓝印花布的床单，枕着蓝印花布的枕头，家里人也都穿着蓝印花布的服饰。蓝印花布染坊的面积很大，在那时虽然是带有私人性质的工坊，但规模也是可观的。江南乌镇的蓝印花布历史比南通的早，所以说，我们家乡的蓝印花布虽然早时是在苏南区的，但也是南方文化对这一地区影响的产物。可以说，通海街是江北蓝印花布的发祥地，也是南通蓝印花布的源头所在。

在我记忆中，街的南面有一户姓丁的，是做官的大户人家，家里面有一个大庭院，庭院周边围过大开间的堂户，很是宽敞，我从小跟着母亲扫盲识字，或是参加政府的各种运动动员，都是在这里。

这条街上我印象深的还有孙家的贞节石牌坊，石牌坊形制不高，门口有两个硕大的石狮子。小时候我们经常在这边玩，一些力气大点儿的孩子就能搬动石狮子，孩子们经常通过搬动石狮子的移迹和幅度的大小，来衡量各自的力气怎么样。那时候，我们没什么可玩的，经常玩的就是石牌坊的那些石狮子，我后来回去看的时候，石狮子不见了，石构件也不见了，很可惜。

这条街的北面还有一个姓施的大户，据说是清中期的时候，他家曾经出过武状元，有较高的社会地位，也颇有地方势力。我听说，他们家曾与张謇家有过矛盾，两家还打过官司，具体原因我不是很清楚，但是施家的实力与张家相比也是不相上下。

这条街上还住着我的中学语文老师周镜如，与我家相距很近；还有一个叫孙应杰的学长，也是住在这条街上，小时候经常带着我玩，他后来是南通市政协副秘书长；还有很多我的好朋友，比如朱家的老四，比我大十五天，从幼儿时期开始，我们就经常一起学习和画画……

其实，在通海街上，我最难忘的一部分，当数这里的饮食。我印象最深的是朱家的蟹黄包子，它馅多，皮薄，汤多，味鲜，味道好极了，这是我记忆中最好吃的包子，也是我记忆中最为深刻的味道，不曾淡去。再回忆便是兰家的干板饼，我没有听过其他地方有这个叫法或是吃法。兰家的干板饼是薄薄的，表面有一层芝麻，它有很多层，集香、硬、脆于一体，劲道极了，后来就再也没有吃到过。

另外我很喜欢的一个食物是卤肉，尤其是街上卖的卤猪肝和猪头肉，做猪头肉的大厨大家都叫他“小红狗”，街上的人来到店里买东西时，都必买“小红狗”猪头肉。我觉得那是极好吃的，又鲜又嫩，可以说是人间美味。在通海街的最北面，我记得小时候那里有一个食品坊，坊里做的月饼，是广式月饼，全是手工制作的，做出来的月饼很香，一点儿也不油腻，到现在也很难再吃到那个味道了。

其实，对二甲镇的记忆中，这些美食就占据了一大部分，是这些美食在我内心深处打下了烙印。人走过世界的各个地方之后，最不能忘怀的，那就是家乡的饮食，家乡的菜，家乡的味道。是的，在我心里，仍然清晰地记得那时候自己吃到的菜，品尝过的味道，我认为那时候吃的东西是最好的，至今再也吃不到那种味道了。

这条街上，曾走过志趣相投的同学和玩伴，走过那些我始终未敢忘却的老师——我的启蒙老师周镜如，文学造诣深厚的沈应杰，与我切磋一路走到今天的朱德荣，还有许多繁荣了二甲镇的行商旅客……

我的家乡，是我生长的地方。如果说，是我没有忘记二甲镇，不如说，是我深深怀念这里的乡情和美食——专属童年的味觉记忆。我的记忆是有味道的，而曾经的味道也是我最美好的记忆，也许只有味觉产生的记忆，才是根深蒂固的，是最好的，是最让人难以忘怀的。

高祥生及其一起工作的朋友

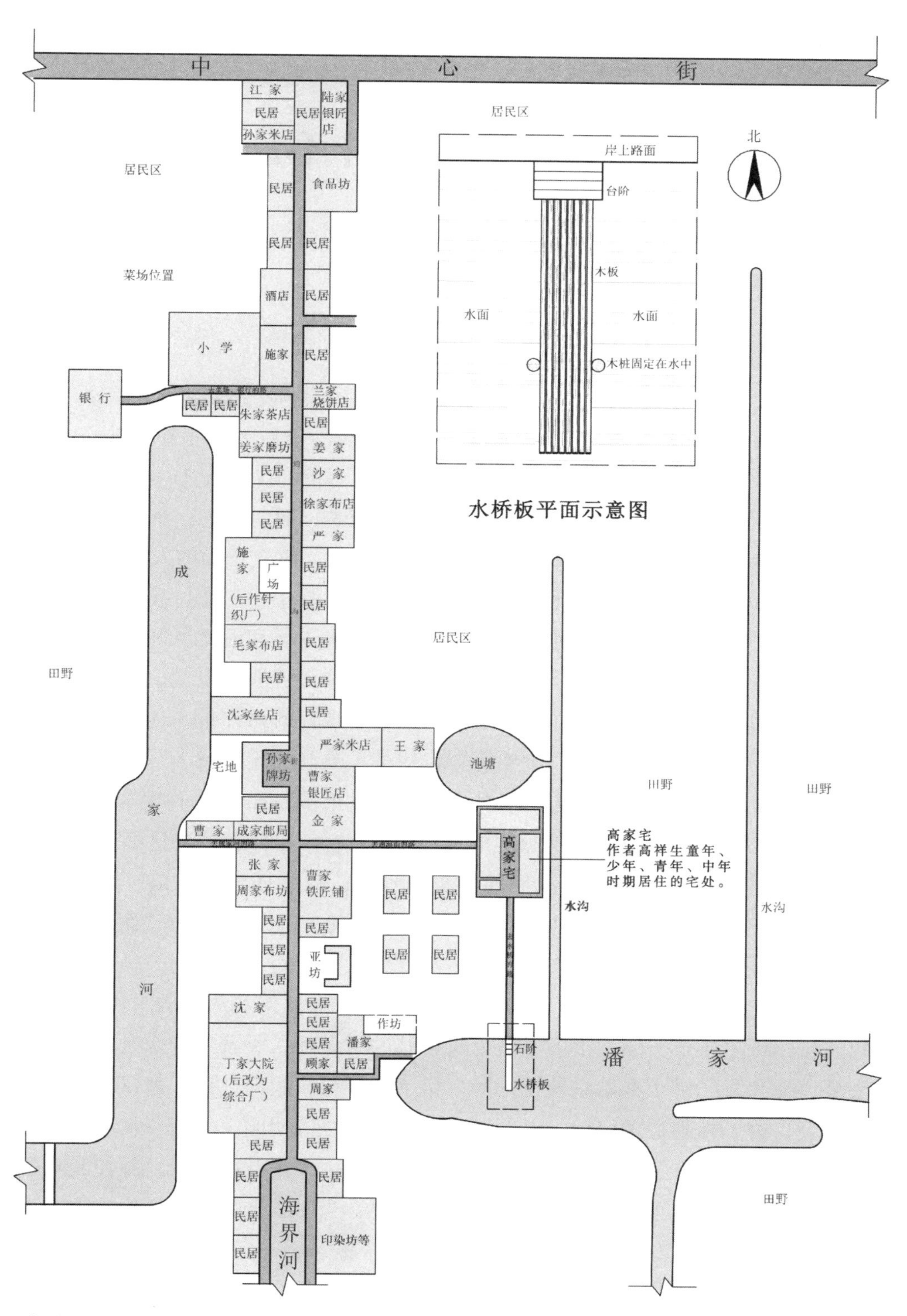

二十世纪五六十年代通海街及潘家河示意图（高祥生作草图、吴怡康作示意图）

师恩绵长，终身不忘

——致我读初中时的老师

人的成长大多有启蒙老师，我也有，而且不是某一个老师，是一批老师。这一批老师，不在小学，不在大学，而是在我上初中时的南通县中学。这些老师业务精湛、品格高尚，他们热爱教育事业，关爱学生，为祖国培养了一批又一批的优秀人才。

我上初中虽然已是六十多年前的事，但我没有淡忘，我时常想，如果没有这些老师的教育，就很难建构我的知识体系，奠定我的专业基础，树立正确的人生观。

我是 20 世纪 60 年代初进南通县中学（以下简称“县中”）的，我忘不了进南通县中学上学时首先接触的吴镜人老师，他是我们初一的班主任和语文老师。那时吴老师的年龄应在三十岁左右，个子高挑，清瘦的脸上架着一副最普通的眼镜。吴老师喜欢现代诗歌，也喜欢朗诵现代诗歌，朗诵时他很有激情。用现在的话评价，他是十分前卫的。我是从吴老师那里知道了什么是“阶梯诗”，知道了苏联的现代诗人马雅可夫斯基，知道了中国的现代诗人贺敬之。我忘不了吴老师在课堂上侧身昂头，手掌向上，目视窗外的远方，旁若无人，虔诚地朗诵贺敬之的《回延安》：“心口呀莫要这么厉害地跳，灰尘呀莫把我眼睛挡住了……”，“几回回梦里回延安，双手搂定宝塔山。千声万声呼唤你——母亲延安就在这里！”我也忘不了吴老师朗诵的《雷锋之歌》：“面对整个世界，我在注视。从过去，到未来，我在倾听……八万里风云变幻的天空啊……”至今吴老师的声音仿佛还在我的耳边，让我难以忘怀，吴老师的“诗情”对我后来的写作产生了影响。

我的初二班主任是一位三十多岁名为黄石弢的男老师，听着口音像是启海人。黄老师头头是道地和我们讲了秦始皇统一六国，讲了陈胜吴广起义，讲了楚汉之争，讲了唐宋元明兴衰，讲了林则徐虎门销烟、八国联军侵华火烧圆明园，等等。使我在少年时期就对中国历史的脉络有了大概的了解，激发了我热爱中华民族的情感，并使我对研究中国历史产生了兴趣。甚至影响了我报考大学的志愿，当时我选择的是历史专业，但因为其他原因我读了建筑学专业。

陈炳南老师担任过我们班初二下学期的班主任，是我在县中接触最多的老师。陈老师是一位多才多艺的老师，在文艺方面他几乎无所不能。他教过我们体育、美术、音乐，也为我们“开小灶”教过书法。陈老师的身材不高，但充满活力，他教我们跳高时，大家都会赞叹陈老师的弹跳力好、爆发力强。他曾自信地说，全南通县能跳得比自己身高高的就他一个。陈老师教我们班音乐，他讲话总带着苏州口音，但教唱歌时一点儿也听不出，他的音色是浑厚的，发音像是一个男中音歌者，是他声情并茂地教会我们唱《我爱祖国的蓝天》：“我爱祖国的蓝天，晴空万里，阳光灿烂，白云为我铺大道，东风送我飞向前，金色的朝霞在我身边飞舞……”这首歌是我中学时学会的，也是我至今还能唱的歌。我在向陈老师学习素描时，陈老师强调了画几何形体的重要性，并讲述了如何画鸡蛋的明暗调子等，谈及色彩时陈老师还绘声绘色地向我们介绍了颜文梁先生的色彩理论和表现阳光下的店铺的作品。陈老师谈起颜先生时，语气中充满了对颜先生的敬重之意。现在想想，那时才是20世纪60年代初，美术专业人员中知道颜先生色彩理论的人很少。

我跟陈老师学过书法，陈老师教书法很规范、严格。陈老师给“开小灶”的学生很少，同学中张宏程写得好，陈老师也常表扬他。我们主要是临摹欧阳询的字帖，陈老师认为欧阳询的字是大方儒雅的，从欧体入门既不泥古也不浮华。我当时学得很认真，可惜没有坚持下去，但我对书法基础知识的了解来自于陈老师。

我们班的数学老师先后由甘祖荫老师、张士达老师、金包兰老师担任，甘老师是初一时教我们数学的老师，虽然是教中学的低年级，但他的教学水平很高，上课时神采飞扬，教我们时是一位帅哥，数学概念的诸多表达都很清楚，听说甘老师后来担任了县中数学教研室的主任。张士达老师教我们初二数学，教我们正数负数的概念。我从他那里理解正负数，再延伸到“正能量”和“负能量”。他个子不高，是一位稳重且和气的老师，脸上总是挂着笑容。我对他印象最深的是一件课堂上的事情。记得有一次，他让数学课代表曹启君指出负数时，曹启君表示“正是负数”。张老师不悦地问：“到底是正数还是负数？”师生二人“杠”了一会——估计是学生的“正是负数”让张老师听成了“正数负数”，这让我从此记住了“正数”和“负数”的概念。在初中的最后一位数学老师叫作金包兰，教我们时估计是大学刚毕业，上课似乎有些“胆怯”，每讲述一段数学概念时，她总会问学生：“啊是？”那时她年轻靓丽，是位美女老师。我不觉得她当时的教学水平有多高，但我感觉她很低调，很善良。同学们也都不“欺生”，我们都很善良。当时我们发现甘老师有时进来听金老师讲课，课后还和金老师讲了什么。现在看来，这就是县中的老教师帮带新教师的方法。我很认同这种方法，后来我当了教师，并在教学管理中也提倡了这种老教师带新教师的“传帮带”的方法。

我们班的体育老师主要有两位，一位是季俊德老师，另一位是施汉林老师。因为季老师教我们的时间长，所以我对于季老师的印象较深。季老师的篮球技术很好，有同学说他是从“省二队”来的。我不知道“省二队”是什么级别的专业队伍，现在细细想来应该是省青年队吧。不管什么队，在我的心目中季老师就是篮球专家。他教我们打篮球的示范动作很美，可以用“飘逸”“帅气”来形容。他的动作不比现在的姚明、易建联等篮球明星差。我记得上篮球课时，季老师用启东话喊着“中锋（指篮球队员陈立君）上篮、大步上篮”“大个子（指高学礼）抢篮板”……我们班是初二四班，在全校初中部的篮球比赛中总能获得冠军，无疑是与季老师的教学、训练有关。我至今还思念季老师还因为季老师教会了我们养生保健的“床上八段锦”和“杨氏简易太极拳”，虽然这都是 20 世纪 60 年代初的事了，但如今我常看到网上一些“名家”教的健康按摩和太极拳的方法，可以肯定地讲都没有季老师教得全面。虽然我只学了太极拳的“三脚猫”，但我还教了不少“学生”，其“宗师”还是季老师。想在想来县中的体育教学不仅是为了竞赛，更注重的是强身健体。

我在初中时学的外语是俄语，教俄语的是一位叫高深的女教师，喊起来比我的姓名少一个“祥”字，所以一见面我就记住了这位女老师。因我俄语成绩不好，老师经常喊我去办公室指出我作业中的错误，每次找我都会认真地用红笔画出我错误的位置，并写出正确的写法。高老师的谈话既认真，又让人如沐春风。我经常写错作业，高老师每次都会将错的细致地改过来，然后当面教我怎么改。每次从高老师的办公室出来，她都会微笑地叮嘱我：“下次不要这样错。”高老师白净的脸上架着一副眼镜，镜片后总是微笑的眼神，这种微笑是对学生的一种关爱和信任。高老师还是没让我学好俄语，但使我明白了“有教无类”和“诲人不倦”的道理。数十年后我也当了教师，在教学中也会遇到一些难教的学生，当我想要责怪他们时，总会想起高深老师对我的教学态度。

专门教我们音乐的是一位名为叶端（名字是否这样写我不敢肯定，但发音应不错）的女老师，她的身材小巧，站在风琴前时，身姿挺拔，很有歌唱家的“范儿”。当她弹起风琴，发出“啊啊，唔……”“啊啊……”时，学生们立马就知道她是科班毕业的。大家都不敢相信这是由一个小个子女教师发出的声音，声音是那么清脆、明亮、甜美。叶老师介绍自己是唱女低音的，我记得，她教过我们民族唱法和西洋唱法。多少年后我认识了一些歌唱家，有唱中音的，也有唱低音的。我总是炫耀地跟她们讲：“我中学的音乐老师，唱得像你一样好。”

南通县中学的高水平教学，不仅表现在教师队伍的质量上，同时也包括教学设施和教学环境的建设方面。在那时南通县中学已经有了物理实验室和图书资料室，并配了专职管仪器的陈老师和专职管图书的吴老师，这在二十世纪六七十年代前的县级中学应该是一流。除了教我们的这些老师，还有很多没教过我的高水平老师，像是教语文的徐应佩老师、陈易老师、张允中老师和教化学的杨鑫生老师等都是顶呱呱的。

是这些老师的教育和南通县中学的教学环境奠定了我一辈子的知识基础。时间过去六十年了，他们能否还记得一个叫高祥生的矮小男生？这不重要，重要的是我没有忘记这些老师，我会记住他们的谆谆教诲，英姿勃发、才华横溢的形象，我会记住他们给予的知识和展现品格，因为有了他们的辛勤劳动，有了他们的奉献，我们才能健康成长、创造人生价值。

我感恩南通县中学的这些老师，祝愿他们身体健康、幸福长寿！

一颗陨落的星星

——我的中学语文老师周镜如

我现在在建筑设计和装饰设计中的一些理念，有一些与周镜如老师当时的教导有关，他的思想和理念浸透在我学业的多个方面，对我世界观的形成也起到了一定的作用。

一、 班上来了位满脸络腮胡子的老师

我是从1968年开始读高中的，学校坐落在江苏南通的二甲镇。当时在江苏南通读高中实行的是推荐和选拔相结合的政策，因此我有幸成为特殊时期极少数高中生中的一分子。那段时间全国的教育基本上处于停滞状态，中共九大召开之后，学校的主要任务是进行反修防修教育，组织学生挖地道和参加学工学农的社会实践，对文化课的安排很少。

周老师原先是在外地工作的，为了方便照顾家庭，就申请调到了镇子上的二甲中学。“这个人看上去很是不起眼的”，这是我初见他时，他给我留下的印象，不到40岁的年纪，平平相貌却透射着高傲的文气，身材中等却总是直挺着躯干走路。周老师留着满脸的络腮大胡子，调皮的同学总爱谑称他是“络腮胡子”。在校园里或是在街上遇见周老师时，他总是双眼直直地注视着前方，微微抬着头，即使遇见了熟人，也是极少打招呼的，一副不苟言笑的神情。

在这个特殊的大环境下，各地学校的教材都是统一简编的，有关艺术性和文学性的基础理论十分浅薄。周老师却别具心裁，教我们学习基本语法的课程时，会专门挑选一些报纸中的段落，指出其中所存在的一些问题，来指导我们学习。周老师还找来毛主席、鲁迅、茅盾等语言大师的作品作为我们的教材，让我们通过大量的学习，从中汲取作品的知识和营养。我觉得周老师这样的教学方式方法是很科学的，是充满正能量的。

其实，周老师也是一位有故事的人。曾经他写的一篇文章被县里的有关领导改了两个字，周老师竟然乘船往返五十多公里，问询对方有关改字一事的缘由，那时对方也是名大学生，两人在改字这个问题上互不相让，通过这件事我觉得我的语文老师是一个非

常较真的人，也是一个坚守真理的人。

周老师的一大爱好是下象棋，让我意外的是，下的竟然是盲棋。街上的、镇子上的下棋好的人，大多和周老师切磋交流过，相比之下周老师的胜率很高。了解过后，我又觉得周老师是一个心思缜密，同时还身怀绝技，又很有神秘感的人。

周老师原先是从事文艺评论的，特殊时期里于此方面略有建树的文人皆是倒了霉的，但周老师却表现出一种文人固有的傲骨，一种宁折不屈的精神，这无疑又给我留下了一个清高、多才的印象，我对他的敬意也油然而生。在这段时日子里，我收获了颇多的文化知识，这完全得益于班上来的这位满脸络腮胡子的老师。

二、满地烟头的宿舍

我经常去周老师的宿舍，说是宿舍，倒不如说是书房，是办公室。教师宿舍被安排在学校的东南方，每间宿舍就是一个十多平方米的隔间，他的房间里有书桌、凳子和床，还有几个塞得满满的书柜。世界名著在书柜上赫然占据着大大的一部分，我的目光被深深地吸引了，狂扫着《古代汉语》《战争与和平》《巴黎圣母院》《修辞学发凡》（第三版）……有的尽管是“禁书”，也被稳妥地放在那，当然还有毛主席的诗词文选，也有鲁迅及其他名人的书。放在现在读者读读这些书，也是大有裨益的，但在当时，却与社会环境格格不入。

每次走进他的宿舍，那整整一墙的书籍总是一次又一次地震撼着我，吸引着我。后来，我与周老师说自己对其中的一些书感兴趣，于是周老师就将《古代汉语》《修辞学发凡》（第三版）等书借给了我。这些书不但满足了我求知的渴望，同时也使我萌发了一个念头——日后我一定要拥有这样的一面书墙。就这样，在周老师日复一日的教导之下，我养成了酷爱看书的习惯，这样的习惯为我未来的人生打下了良好的基础。

时间雕刻了我的心灵，与周老师相处得久了，我发现，从最开始对他满是好奇，对他所讲的知识充满兴趣，到之后对他感到震撼，最后是对他由衷敬仰。经过一次次的交流、学习和畅谈，慢慢地，我们的师生关系更加亲近，从谈论美丑到文艺批判，周老师时时熏陶和谆谆教导，我后来能够从事美学工作多得益于此。

周老师的烟瘾是很大的，在做学问和研究时，也是一根接着一根抽，屋子里满地都是长短不一的烟蒂，虽然看起来比较乱，但是他不喜欢别人来帮他打扫清理，他认为那样挺好的，打扫是不太必要的。由此可见，周老师也是一位专修学术而不拘小节的人。但是有许多同学对周老师不了解，反而因为这个都对周老师敬而远之，而我却从老师那里学习收获了很多，我甚至还把整个屋里呛鼻子的烟味当成是周老师文学才华的四溢。

在高中的学习时间里，通过周老师的指导，加上自己阅览了很多专业书籍，我掌握了基本的语法规则，之后的文学创作更是因此受益匪浅。通过对现实主义美学思想进行解读剖析，我认识到现实主义的重要性和现实主义美学的真谛。如今在指导研究生写论文时，我也会讲道，我是一个坚持现实主义美学观的人。

现在回想起来，我曾经热烈期盼拥有的那面书墙，自己如今也拥有了。后来，我将自己编写的图书，捐出五千册给了学校，这个从无到有，从有到无的过程，也让我有了很多思考。

三、 我的坊间课堂

其实，周老师不仅是我的任课老师，也是我的邻居。我家和周老师的家相距很近，之间有大概三四分钟的路程。但我们两家都位于学校的东南面，来去学校需要穿过大街小巷，大约要花费两个小时，走三四公里的路。也正是由于这样，我们基本上都是早出晚归的，在路上花费的这段时间，也被周老师充分利用起来，从东西文化说到文学评论，还有很多关于毛主席、马克思和恩格斯的文艺理论，不知不觉中我学到了很多知识。

这样说起来，周老师对我的教导，除了在学校课堂上，还有很大一部分是在坊间进行的，也可以说是“开小灶”补课。与其他同学相比，我与周老师的相处密度较高，久而久之，我们两人的关系也愈发密切，近乎朋友。平时我除了画画，就是和周老师聊天，周老师会和我说很多他的思想和观点。

我记得那时候，周老师谈到了古代小说，主要讲了古代的四大名著。其中，周老师最推崇的是《红楼梦》，他认为《红楼梦》塑造的人物形象是四大名著中最多、最为丰满的，里面形形色色的人物之间的关系，也是学习处理好家庭矛盾的教材。周老师是十分注重故事情节的，他提到里面有冲突因素的情境和故事情节，认为只有在冲突的情境下，才能更好地表现和丰富人物的性格特点与形象。对比《西游记》，在出现矛盾和冲突的时候，会出现不同的神仙，而神仙就是解决各种矛盾和问题的方法。《红楼梦》和其他小说一样，各个人物都是按照故事情节的发展进行的，故事的推进很有章程，人物形象的塑造也很丰富。

周老师也和我讲了很多中西文化之间的比较，主要是提到了林黛玉和安娜·卡列尼娜，这两个人都很美，她们的形象一个是抽象的，一个是具体的；一个是神话，一个是现实。周老师认为，书中通过对安娜·卡列尼娜的服饰、语言等进行描写，将她的美很细致、清晰地传达出来了。书中对安娜·卡列尼娜参加一个舞会的描写是，“穿了一件黑丝绒的敞胸连衫裙，露出她那像老象牙雕成的丰满的肩膀和胸脯，以及圆圆的胳膊和短小的手。她整件衣裳都镶满威尼斯花边。她的头上，在她天然的乌黑头发中间插着一束小小的紫罗兰，而在钉有白色花边的黑腰带上也插着同样的花束……在她仿佛象牙雕成的健美的脖子上挂着一串珍珠”，呈现给我们一个美丽、高贵、优雅而又魅力无限的上层贵妇，而林黛玉的形象实际上是具有平面感的，她的每次出场多是感觉上的描写，例如，书中在林黛玉出场时，只写道“两弯似蹙非蹙罥烟眉，一双似喜非喜含情目。态生两靥之愁，娇袭一身之病。泪光点点，娇喘微微。闲静时如姣花照水，行动处似弱柳扶风”。却没说她的具体特征，所以说林黛玉的倾国倾城之美，到底是什么样子的，我们只能去想象。一百个人读了《红楼梦》，就有一百个林黛玉的形象。所以说，中西文化之间的巨大差异，就是一个是想象的、凌空的，而另一个是具体的、具象的。周老师也提到了《三国演义》里的众多豪杰智士，都是个性各异、出类拔萃的人才等。

周老师讲到《水浒传》里面的江湖好汉，偷鸡的巧术，摸狗的妙趣，官场民间的关门过节，各尽鲜活精灵，个性率真。我记得，他认为鲁智深拳打镇关西这段故事的描写很有特色，《水浒传》虽然是中国的小说，但是有西方的元素在，书中对三拳的描写很形象，紧扣心弦。文中对第一拳的描述是“扑的只一拳，正打在鼻子上，打得鲜血迸流，鼻子歪在半边，却似开了个油酱铺，咸的、酸的、辣的一发都滚出来”。被打的郑屠还接着应了声“打得好！”这让鲁智深更是气不打一处来，便“提起拳头来，就眼眶际眉梢只一拳，打得眼棱缝裂，乌珠迸出，也似开了个彩帛铺，红的、黑的、紫的都绽将出来”。郑屠怕了，接着便求饶了，但是鲁智深却偏不饶他，“又只一拳，太阳上正着，却似做了一个全堂水陆的道场，磬儿、钹儿、铙儿一齐响。鲁达看时只见郑屠挺在地上，口里只有出的气，没有了入的气，动弹不得”。

随后，鲁智深假意道：“你这厮诈死，洒家再打！”只见面皮渐渐地变了。鲁智深寻思道：“俺只指望痛打这厮一顿，不想三拳真个打死了他。洒家须吃官司，又没人送饭，不如及早撒开。”拔步便走，回头指着郑屠尸道：“你诈死，洒家和你慢慢理会！”之后鲁智深便一头骂，一头大踏步地扬长而去。这些描写充分表现出鲁智深这个人粗中有细的形象。书中对于“三拳”的描写，真切有力，具有西方文学写人的方法，也可以从文字中看出这一拳比一拳打得厉害，细细品读，又让人惊心动魄，回味无穷。

除此以外，周老师也和我讲了他的文艺思想和理论。我们国家最早的文艺理论权威周老师是不推崇的，相反，他很推崇苏联的车尔尼雪夫斯基，为此，老师还特意把车尔尼雪夫斯基的《怎么办？》一书借给我看。这本书中提到了美的差异性，简单理解就是，比如说玄武湖很美，在什么时候美？是在你还未见到的时候，那种想见却未见到，心中充满想象和朦胧感的时候。我很佩服周老师的一点还在于，他很推崇毛主席，认为毛主席所说的“中国人民站起来了！”这句话中的“了”字用得很好，虽然“了”字是助词词性，但是没有其他人能将“了”字用得如此之妙。

很幸运，我并没有荒废这段特殊的时间，相反还学到了很多。周老师孜孜不倦地教导我，传授了我很多知识，就这样，我到现在也一直对文学保持着热爱之心。

四、 闪闪发光的星星陨落了

大学毕业后我留在学校做一名教师，每年有时间我都会去看望我的老师。后来，我听说他得了肺癌，再见他时，他已经进入肺癌晚期了。他躺在病房的床上，人虽然很瘦弱但看起来很有精神，见到我来了，他也很高兴，还是像往常一样健谈，保持着同过去一样乐观的样子，脸上时时带着笑容。他很是乐观，还安慰我说很快就会好的，好像得病的是别人。

后来，老师的情绪有些许低落，低声说道："我上有老下有小，我没想到我最终的结局是让父母白发人送黑发人，我就这样去，心有不甘啊。"我知道他才四十几岁，他的儿子、女儿都还没有考大学，家中的老人也还健在，我能感受到他内心的痛苦和无奈，但安慰的话却千斤重，不知如何说出口，我只能沉默着。

那时正是春节前夕，窗外可以看见万家灯火，家家户户都喜气洋洋。只见他撑着身子站在窗口，喃喃自语："看万家灯火，我充满着生的渴望。"我心头一阵酸楚，已然无法继续听下去了，转身离开时，脚步也显得十分沉重，眼眶里早已噙满泪水，不知不觉便顺着脸颊流下……

五十多年来，每当想起周老师，我都在想，若是周老师可以活到今天，凭借他在文艺学界的地位，以及他颇多的著作与文章，他的社会声望将会更加响亮，但是他没有，一般人都不知道他。倘若他能够活得更久，倘若他能够继续进行教学和研究，他的学术著作与成果也将更丰富，知道他的人将会更多。想到这里，我都会为此感到无尽的惋惜，因此也就产生了更多的思念。

这么多年以来，我一直遵循和秉承着的观点，还是当年周老师教导我的。至今回想起和周老师一起度过的那些年，我仍觉得这是我记忆中的珍宝。周老师虽然平凡，但他是闪耀的，在我心中是闪闪发光的。

夜幕降临，天空一片蓝黑色，我抬头望去，满天繁星。一颗彗星划过天空，很快消失在眼前，很明亮，也很通透。

与鞋匠朋友的对话

1970 年，我刚刚从高中毕业。通过课余时间的自学，我开始涉猎油画，并自觉取得了一定的成绩。在当地镇上的街头，很多张贴的画作以及墙上的壁画都是由我完成的。就水平而言，我认为它们不逊于现在街头的一些广告画，相较于我现在的水平，当时的作品更具技巧。

那时大部分大画都在街头，通常有两层楼高左右，而有些甚至更高更宽。我老家的二甲镇主干道上有一个宣传台，面前是个三岔路口，路口处有我画的大画作品，我对此仍然记忆犹新。我非常乐意从事这样的工作，有两个原因：一是颜料和材料都由公家提供，我只负责画画；二是我的绘画水平正处于提高阶段，这是一次很好的锻炼机会，并且可以获得可观的回报。那时，这些画所带来的报酬对我来说是相当丰厚的——每天五毛钱。我几乎是满额工作，一个月的工资接近 15 块钱。现在很难想象五毛钱一天的工资意味着什么，但对于那个时代的生活水平来说，10块钱足够维持一个月的开销。通过这种对比，可能更容易理解。

我记得我画过的作品中有一幅朝东的大画，高度超过两层楼。即使在当时没有安全绳保护的情况下，我依然全神贯注地绘画，爬上爬下也没有感到疲惫。不到半小时，我身上的工作服已经被五彩斑斓的颜料染得五颜六色。我每天画图长达十个小时，但我享受在其中。这幅画是我在暑假期间完成的，正值大家放假，街上热闹非凡，路人们或多或少都会注意到我，并向我投来赞赏的目光，那时我只有 19 岁。我全神贯注地作画，没注意到自己成了镇上的“名人”。人们见到我时，笑眯眯地和我打招呼和聊天，我才意识到这么多人注意到了我。后来许多宣传的标语的大字也是由我完成的。到现在过去了这么久，还有很多人对我有印象——那个画《列宁在十月》的大画的小伙子。

在画画的脚手架下边，我初小的同学在那有个补鞋摊子，他是一名鞋匠，每次我在上面画画，他就在底下开补鞋摊子。我画累了就下来和他聊聊天，休息一下。他开头就是问我一天拿多少钱，我如实告诉他：“五毛钱一天。”在我看来已经很不错了，但是他说了些耐人寻味的话，令我至今都难以忘怀："你的名气比我大，你做的事情技术水平比我高，但是你挣的钱没我多。"听到这话我开始愣了一下，想想这是事实，但又想了想，我还是继续做这种我喜欢的事情，即使挣钱不多，我是不会放弃对艺术的追求。在这之后我还是一直画画，画了很长一段时间。

现在想来，每个人的追求不一样，便会选择不同的路，我也很庆幸当时在艺术真谛这条路上坚定不移地探索。

“四五事件”前后的选择

有些事，人们经历得多了之后，慢慢地也就放下了，但有些事，尽管只是人生中的一刹，却让人刻骨铭心，久久难以忘怀。在我的记忆中，“四五事件”那一段特别的时光，对我有着不一样的意义，也是我人生的一大转折点。

一、 我的第一个选择

为什么我会做出这样的选择？我明明知道不会有好的结果，我明明早已料定自己也改变不了什么，但我仍然选择参与其中，仍然选择这样去做，我想，只能是因为我内心深处那积蓄已久的深厚情谊在驱使着我，是我的情感在支配着我，同时基于我的个人良知和道德品性，我选择这样去做，从未后悔。

1976 年 1 月 8 日，周恩来总理逝世，全国人民无限悲痛，广大人民群众以各种方式来表达和寄托自己的哀思，但是“四人帮”一伙人却倒行逆施，竭力压制群众的悼念活动。4 月 5 日，“四五事件”爆发。那时全国群众利用清明节缅怀先烈的传统习俗，自发地聚集在天安门广场，在人民英雄纪念碑前敬献花圈、花篮，张贴传单，发表演说，朗诵诗词，以抒发对周总理的悼念之情，同时痛斥“四人帮”。这次运动是一次具有里程碑意义的历史事件。

事实上，早在 3 月份的时候，南京大学的师生就已经率先在全国发起了反对“四人帮”、悼念周总理的活动，这个活动被称为“三二九南京事件”，也是“四五事件”的先声。南京是最早出现公开抗议活动的城市，在很大程度上也影响到了全国，之后，在杭州、郑州、太原等地也相继爆发了声势浩大的群众运动，这也体现了全国人民群众投身抗议示威活动的决心。

4 月初，我和好几位同学也参与到了这次的事件中，我们将“十个为什么”的大字报贴在学校的东大门，随后这些大字报被传到了鼓楼广场，当时那里是南京的政治中心广场，不过才两天时间，这些大字报就被传遍整个华东地区，如此一来也惊动了上面的领导。很快上级下发了相关文件，将“三二九南京事件”定性为反革命活动。

不能忘却的学生时代

省委那边说要去南京工学院彻查此事，当时南京工学院的一个书记，初步建议采取比较保守的做法，他认为虽然这个事件被定性为反革命的，但是不能把这群孩子定性为反革命，毕竟孩子们也还不懂事，最后就采取了较为保守的解决方法。就这样，我们所有参与的人都接受了隔离审查，因为我当时是十几人中的骨干成员，所以我也就成了重点的审查对象。审查期间，我们被当作反革命分子来对待，每天都要接受批判，三天两头要写检查，就这样过了好几个月。在形式上看起来是对我们进行了处理，不过实际上也是对我们的一种保护。

其实我在那个时候，除了写大字报之外，还写了一些“反动标语”，一共二十来条，我一个人就写了八条，负责审查的人问我为什么，其实我也说不太清楚，反正我的大字写得好，便都写了。当时还对“文化大革命”时期的积极分子进行了追查，追查到我的时候，因为我年纪还小，没能够满足抓捕进行刑事处罚的条件，所以就没有再查我。之后虽然我因这件事又被拎了出来，但是也以我年岁小为由头，将我放了。

在审查期间，我总是被问之前消息是从哪里得来的，我的回答始终如一，那就是我从大街上听来的。因为那时的我是名学生，他们觉得肯定是有人在幕后指使我这样做的，但是，为了不牵连任何老师和学生，我就坚持回答是从大街上听来的，没有指向任何人，所以他们也无从查起。当时有一位负责审查的人是我的朋友，原来是位部长，后来做了我们学校的副校长，和我关系很好。他当时还说，“高祥生品性很好，从来不乱咬人”。

到了 10 月，“三二九南京事件”被平反，省委将它定性为革命行为，接着对我们的审查也都结束了，我们还被赋予了英雄称号。学校的态度也发生了转变，最开始悼念周恩来的那份沉重心情，之后又被镇压下去，到这时又可以彻底将情感释放出来。那个时候，全国上下的老百姓，包括我们学校的领导，在悼念周恩来这个问题上，基本上保持统一观念，认为悼念周恩来是对的。

我的一位朋友曾经跟我说：“你要知道，人的肩膀上还长着个脑袋。”当时我就回答说："人除了肩膀上有个脑袋之外，我们的胸膛里还有一颗心。"在当时的情况看来，我始终认为这样的安排还好，因为我早已做好面对各种处理结果的心理准备，因为我身边的好朋友被抓过，加上自己以前的经历，结合政治斗争的残酷性，我是清楚地知道事情的深浅的。

那时的我，基于个人情感的角度出发，自然而然地觉得应该为逝去的伟大总理做点什么，虽然最后被隔离审查，但是我为自己当时做出的选择，为自己能参与这个事件，能用自己的方式表达出我的情感而格外自豪。

二、 我的第二个选择

我们一生会经历很多事情，也面临着许多的矛盾与纠葛，需要不停地做出选择，直到今天，我都为我所做出的"做"与"不做"的选择而庆幸。这次，我选择了"不做"，这是我经过理性的思考过后，得出的理性选择，我也欣然接受这样选择所得到的结果。

"四五事件"翻篇之后，有一个七百多人的团代会，我在大会上作报告。在团员改选时，我竟获得了满票，成了团代会的代表。后来，我听说学校要提拔我去省里面工作，但是我想着，我本身是从事学术艺术的，我的正义个性让我对一些丑陋的事情很排斥，自己也总是会感情用事，这是政治上的大忌，加上自身的能力有限，不太适合参与政治工作，所以思来想去，我决定继续搞艺术，团委宣传部有时候需要我协助完成一些工作，我也同意了，我认为自己的选择是正确的。

后来也有一行人来找过我，说我是当时事件的骨干，大家都宣称我是英雄，认为我对政治问题也很敏感，询问我是否可以参加一些相关活动。我回答说，其实在那些事件中，我们作为一个中国人，大家都是有这样的情怀在的，没有什么英雄不英雄的，也没有什么觉悟的高低之分，只不过是在当时的特殊环境下，我的感情因素发挥了主要作用，我认为我有义务去做些事情。现在我主要是想埋头苦干，专注教学，所以就拒绝了，之后我也没再参加过其他政治活动。

因为我经历得多了，事事都看得明白些。大大小小的是是非非，我很少参与，但不代表我不懂，所以说，任何事还是要审慎、认真对待的。现在再看这件事情，这些老干部是受委屈的。那个时候，大家都还是孩子，也不懂事，根本谈不上什么反革命，只是当时的社会环境使然。不过现在他们都是国家的公务员，是政治上很有建树的社会工作人员。

后来在学校团委工作的领导要调迁，大家都和我说："当时搞审查的就是这些人，当初是他整你们的，还是你们班上的宣传队队长，你应该去检举揭发他。"这个观点我并不赞同，因为我认为，做审查是他们当时的工作任务，是无奈的，也是有压力的，并不是故意要针对谁的，不涉及个人纠葛，所以没有必要去揭发他。后来，这位领导升迁去了省里，他之后知道了这件事，很感谢我，见到我也主动打招呼。我心里是想，冤冤相报何时了，过去的事情就过去了，不再提了。

在做选择时，一个人除了要有情感外，还要有理性。后面的选择，是理性选择的结果。前面的选择，只谈情感，是情感在驱动着我，我要为悼念周恩来发声，所以前面事情的结局，是我情感支配下的结果。之后，是出于我个人理性的认知，综合了自身能力和个人性格，我不愿意卷入政治里的是是非非，我这辈子立志把学问搞好，做出属于自己的东西。总的来看，我的第二个选择比第一个选择更加明智，更加理性，更加正确。

最后，我还是当了一名教师，这一做就是几十年，从1977年到现在，我写了该写的书，画了该画的画，拍了该拍的照片，完成了该完成的文章，我想，这才是最好的选择，这也是最好的结果。

匠人们的整体观

不同的工匠，身处不同的岗位，从事着不同的劳动，但有一点是相同的，那就是在无数匠人们坚守下一以贯之的智慧——整体观。

曾经听一位朋友讲过这样一件趣事：有位理发师在理发时没有看清客人两边头发的长短，拿起“推子”就往上推，结果两边头发被剪得高低不一。情急之下，他又将低的一边往上推，而再向上推时又没看两边头发的高低，结果原来低的一边被推得比高的一边高了……就这样不断地向上推，头发越来越少，直至所剩无几，于是理发师干脆给客人理了个光头。这故事是否属实无法也无须考证，但它说明了在造型设计中要控制长短高低，大小方圆，应上下比照，左顾右盼，充分体现了造型设计中整体观的重要性。

整体观，不仅仅局限于发型和造型设计，即使是在一位木匠手中，这一理念也被展现得淋漓尽致。木工是一种技术，更是一门艺术，其中的很多思路都是极具智慧的。最简单地说，做建筑设计也好，绘画也好，起初都是要敲定画出大的框架，只有大的东西定下来了，小的东西才能逐步深入。木匠在打家具时，首先会遵照设计图纸，利用工具进行测量，之后开始用锯子将木料锯开，再用斧子砍出毛料进一步修理，然后用刨子将其刨平，刨出光料，最后用锥子锥出细部，用凿子进行雕花，这一系列流程也恰好说明了打家具应按照由大到小、由粗到细的操作程序进行，而且这个程序是有序的，也是造型制作整体性的体现。

其实这与绘画、设计都是差不多的。我学过苏联契斯恰科夫美术教学体系中画明暗素描的方法：画面的感觉应像大雾天出太阳时看物象一样，先是模糊的，然后逐步画清楚，而不能一开始就将一个局部先画得很清楚，使它在视觉上“跳出”画面。而且在绘画的过程中，必须要做到整体思考、整体表现，强调绘画中任何时候将画笔停下来画面效果都是完整的，画面的秩序就像一个操练的团体，一个人走几步，另一个人也应走几步。绘画时，当画上部时，应看看下部，画暗部时，应看看亮部，从而决定怎么画，使画面始终都是整体的，这套方法对于表现明暗形体是较为严格的，也是比较科学的。所以说，契斯恰科夫美术教学体系的整体感适合表现明确的时间、地点、人物的场景。

后来，我想了解中国画的学习方法，大多人都推荐我从临摹《芥子园画谱》开始。

按《芥子园画谱》的学习方法就是一个叶、一个枝、一棵树逐个练习，一块石头、一汪水面、一片云彩分开练习，然后一件件组装起来。因此，《芥子园画谱》一草一木组装的整体效果更适合表现一种意境、一种思想，在意境和思想的统一中表现形态的整体感，这与西方绘画体现的整体感完全不同。

随后我又看了一些中国画里的人物画，印象最深的是唐代阎立本的《步辇图》。该图画的是几个宫女用步辇抬着肥肥大大的唐太宗，图中唐太宗的身体比抬他的宫女大许多。后来我又注意到了顾闳中的《韩熙载夜宴图》，图中韩熙载和群臣的身体比周围的侍女、歌伎的身体大得多……由此，我明白了中国画中人物的大小关系是按地位高低区分的，也体会到中国画的整体关系是一种意象的整体感、气场的整体感。我明白了绘画不必纠结特定的方法，关键是要对物象有全面控制的能力，也就是有对整体的表现能力，这个能力体现在画家与设计师对画面的表现之中。

与工程设计中的整体观联系起来，我认为应做到心中有把握全局的整体观，也应有顾闳中笔下表现总体场面和意象的能力。在做建筑工程设计时，刚开始都会画泡泡图，通过用圆圈和直线来表明它们互相之间、动与静之间、功能之间等关系，而后才会开始画细节部分。其实，这就是一种从大到小、从整体到局部的思维方式。我主持过宁启铁路、连镇铁路、南沿江铁路三条铁路的二十多个车站、数百幢建筑、数十个广场的形象优化设计，其地域广阔，内容复杂，这就更要有总体控制的观念，有对整体形态把握的能力。在南京南站装饰装修的总体设计中，作为车站形象的总控者，我注重用整体统一的方法，将许多形象的色彩、宽度协调统一，高度调整恰当，从商铺形态到广告色彩，从入口总台的样式到卫生间的灯光照度，我都是从整体把握协调，然后具体落实的。

实际上，我们设计师与裁缝是差不多的。裁缝有很多种，有专门做中式服装的，也有专门做西装的，还有做中山装的，也有什么都做的。举一个典型的例子，就是杨廷宝，他亲自主持或参加设计的工程项目有一百多项，有完全中式的设计，比如祈年殿、原国民党中央党史史料陈列馆；有中西合璧的设计，像中山陵音乐台、大华电影院，都做得很好。

在国外，芬兰设计师阿尔瓦·阿尔托很有自己的设计风格，只要看一眼建筑，看到窗户与外界是完美连接的，你就可以判断出来那是他的作品，知道那是阿尔托设计的柱子，他一辈子就做这样风格的建筑。阿尔托也是有森林情结的，一看是背靠森林的建筑，那么这也是阿尔托的作品。正如贝聿铭设计的建筑，已经形成了其独有的标签，就是大量“三角形”构造、“玻璃”材质等，这类建筑看一眼就知道是他的作品。这样的设计师有很多，他们有自己的设计特色，所有的设计作品都彰显着他的设计理念与风格，即便是外行人来看，也能够马上知道是谁的设计，如此一来，有了自己的特色，以一种风格贯之，手法也愈加娴熟，我认为这种特征就是个人的风格，而风格就是将一种形态反复运用后形成的整体感觉。

但是在中国，不可能做单纯一样的设计，现在人们在装修时常要求体现中而新、中西合璧等特点，这与国外有很大的不同。有次我和一位著名的建筑师讨论建筑样式的时候，我主张在中国这样的特定环境下，社会是需要设计师的，那么设计师就应该像裁缝一样，中装能做好，西装能做好，中山装也能做好。但是这样的话，如果不讲风格，什么都做，其所探索的更多是形式上的，只能从比例等方面进行研究，也难以被外行看出究竟是谁的作品。

通过学习美术史、建筑史，我明白虽然东、西方艺术和建筑的表现方法、表现程序及欣赏的侧重点各不相同，但整体的思维、整体的理念、整体的表现都是应该共同遵循的原则。比如，古典主义建筑以柱础的半径作母度，确定建筑的柱式和造型的长短高低，以局部与整体的倍数关系构成建筑的形态，协调局部与整体、局部与局部的关系，这也是西方大多数建筑整体设计的原则。

我也认为，在建筑风格、装饰风格上，反复运用某种固定的设计语言，并被受众者接受就形成了特定的风格，也进一步说明了风格的表达必然是固定的，同时也必然是整体的。所以，我认为无论什么风格、什么样式，其整体的感觉都是必需的。

我们要适应环境，环境是什么样子的，我们就要依照着环境进行设计，兼顾整体性。形式是为内容而服务的，这是我一直以来坚持的原则。

我遇到了恩师李剑晨先生

——为纪念李剑晨先生123周年诞辰而写

自我上幼儿园至今，凡教过我的人，我都称他（她）为老师，而让我尊称为恩师的，也就一两位。东南大学建筑学院（原南京工学院建筑系）的李剑晨先生就是其中一位。

我自小喜爱画画，中学以后更是成了学校画黑板报的“能手”。也许是一种“机遇”或“缘分”，中学时我从朋友处借到过李剑晨先生撰写的《水彩画技法》一书，爱不释手，数年才还。1973年我有报考大学的机遇，当时是文理科都考，录取三分之一的考生，我自己觉得考得比较好，也就填报了两所大学的中国历史专业。在录取前，招生组的老师就找我谈话，话题的主要内容是我是否愿意报南京工学院建筑系。他告诉我：“如果你喜欢画画可以改报建筑系，听说你当过美工，美术大师李剑晨教授就在建筑系教美术。”我思考后表示愿意改报南京工学院，从此我与南京工学院，现在的东南大学结下“情缘”，与李剑晨教授结下了“情缘”。

李先生曾为我和学姐方老师摆好静物，教我们如何画金属瓶

我在南京工学院建筑系学习期间，美术课的成绩一直名列前茅。毕业前，系领导找我谈话：“现在建筑系的美术教研室李先生等老师提出，教美术的老师年龄都大了，大家都希望增加一位既懂建筑又擅长美术的年轻教师，不知您是否愿意在学校工作？”我思考后表示同意，几经周折我就留在了李剑晨先生主持的美术教研室与几位老教师共事了。

在从教不久，李剑晨先生等提出让我去南京艺术学院进修。结业后，李剑晨先生、崔豫章先生、梁蕴才先生又继续指导我和学姐方晓珊老师在美术教研室内研习水彩技法。这时我已成为李先生等名家名副其实的“入室弟子”。

我刚到美术教研室上班，李先生等又支持我尽早参加美术教学，因此我在学校参加教学的教龄比同时期年轻教师早，教过的学生多。我对教学工作以及一些杂事都很认真、负责，所以老先生们都认可我。

南京工学院建筑系美术教研室是李先生在20世纪40年代初创建的。我到美术教研室时，丁良先生协助李先生主持工作。时隔两年后在李先生的提议下，就由我协助丁老师负责教研室工作，再隔两年又由我全面主持教研室工作。促进这种结果的都是李先生、梁先生、丁先生的意见。应该说我一路走来都是顺风顺水，其后面就是李剑晨先生和丁良先生、梁蕴才先生等先生的关心、支持和帮助。

在这期间，我记得最清楚的有两件事。一是在我被确认全面负责美术教研室工作后，李先生仅用两天时间即将他的主任办公桌让给了我。匆忙之下，先生的办公桌里还留有部分工作日记（后我交给李先生）。二是在我全面负责美术教研室工作后不久，对教学的问题，提出一些教学改革的看法，有部分老教师不赞同，并向李先生表达了他们不同的看法，也算是去李先生处"告状"，希望得到李先生的支持。李先生听完"告状"后问："小高的意见如何？"当他得知我的意见后当即表明："小高的意见就是我的意见，我听小高的。"于是教研室的老师就调侃说："'老皇帝'（指李先生）支持'小皇帝'（指我），大家就听'小皇帝'的吧。"这时我感受到什么是"扶上马，送一程"了。

那是20世纪80年代中期，在当时的南京工学院中，由三十岁刚出头的青年教师全面负责一个教研室工作的，应该是极少的。

就这样，我在李先生等老先生的扶持下"领导"了一些比我父母年龄还大的我的老师，一干就是十多年。我处理老教师退休、职称评定、教学改革、教学评比工作都是取得较好的效果，现在想来，如果没有李先生等老先生的支持，我是很难做好这些工作的。

时过境迁，物是人非，如今的我也存在如何交班，如何扶新人上马的问题。在我的面前，李先生就是一个标杆，我将以李先生为榜样做好扶新人上马的工作。

高祥生与李剑晨教授和学友储小平、吴昊

艺术大师李剑晨先生的水彩画

——为纪念李剑晨先生123周年诞辰而写

一、 李剑晨先生水彩画中的中国情

李剑晨先生在近一个世纪的艺术耕耘中，始终在探索一条洋为中用、古为今用的艺术道路。在李先生的水彩画作品中，特别是20世纪50年代以后的水彩画作品，虽然有题材的不同，有形式的差异，但都洋溢着强烈的民族感情、浓郁的时代精神和鲜明的个人风格。

李先生水彩画的意向明确，构图新颖而稳健，设色富丽而淳朴，画面沉着而灵动。李先生的水彩画有情有义、有规有矩，画面中的主次关系、远近层次、色彩冷暖处理合情合理。

李先生的作品借助西方水彩画的造型方法，表现中国人喜闻乐见的画面，是“洋为中用”的典范。李先生早期水彩画的构图、造型、色彩、用笔受西方绘画的影响大一些，如在汲县的作品《静物（一）》《故宫秋色》和新中国成立后20世纪50年代初的作品《晨》中写实的成分多，其画面的层次感、色彩感都是写实的。而他1958年完成的《春之花》和1959年完成的《波斯角》，强调了花卉的艳丽、生动的成分，这时的《春之花》与西方绘画中的写实花卉画比较，很显然李先生的静物花卉已呈现出东方绘画中的意境取向。

《故宫秋色》

之所以说李先生的水彩画作品与外国的水彩画作品不同，是因为外国的水彩画是使用造型的方法、色彩的理论、透视的规律、形式美的法则表现一个特定的物象，力求做到此时、此地、此物的准确性。而李先生是在掌握西方造型方法、色彩理论、

构图规律、形式美法则的基础上，通过大量的写生积累了无数的现实题材，并将它们归纳成最有形态特征，最具形式美，最具规律性，最具典型性，最适合水彩表现的图形，强化自己心中感觉的意象，表现出心中的感受，并将其通过水彩画的形式传达给观赏者。在这过程中绘画者应该强化自己对客观对象的感觉，弱化一些无关紧要的物象。甚至为了强化画面的感觉，可以采取能表现这种意境的物象，必要时可移入别处的景物，剔除客观现实中存在的景物。总之，此时画面中所有的景物、构图、色彩都在强化"意境"或者"主题"，这就是我理解的李先生所说的"以心交心"。

如果将李先生的水彩画与西方一流的水彩画放在一起，并用西化绘画的造型因素评价，李先生的水彩画的造型能力一点儿都不弱于西方的一流的水彩画家。同时如果将李先生的水彩画放在任何一批水彩画中，都能一眼看出这是李先生的水彩画，这是为什么呢？因为李先生的水彩画具有中国人的审美情趣，具有中国绘画的用色、用笔的特色，具有中国绘画中的取景、构图的方法。

那么李先生如何解释中国水彩艺术特色、中国的审美情趣呢？ 1978 年我陪李先生去桂林写生。在阳朔的山坡上，李先生说："一般画家画风景都是在外面看着景，用手画画。我除了用眼睛看，用手画外，更多的是用心体验。"后来他又多次告诉我："艺术功能的解释有上百种，我理解的艺术功能就是'以心交心'。"他以画梅花为例说明："西方人画梅花要强调此时、此地、此景，我们中国人画梅花就可以将梅花山的梅花与玄武湖的梅花组合在一起。主要是借鉴梅花的形态、色彩，通过笔墨色彩表达心中的情感……"这些理论无疑是与中国艺术中意境的理论是完全一致的。

这些年我认识到表现"意境"，必须做到两点：一是对中国艺术文化的深入了解和认同，二是对西方艺术的造型方法的娴熟掌握。

就这两点而言李先生都做到了，李先生一生都坚持中国画、西洋画同时画。现在我们欣赏李先生的水彩画（特别是 20 世纪 80 年代后的水彩画），其中国画的感觉很浓，同时中国画中又渗透着西洋画的色彩、结构、明暗等元素。但归根结底，李先生的水彩画具有中国艺术的情趣，画中的意境是水彩画的灵魂。

李先生发展了源于西方的水彩画艺术，使其成为具有中国民族风格的画种，被西方誉为中国水彩画之父，李先生还将西方画中的色彩糅合至图画创作中，创作了一大批构图独特、色彩冲击力极强的中国画作品。为了说明我的这些观点，我们可以欣赏一下李先生的部分水彩画作品：

李先生水彩画彩图链接

《水乡》（1959 年）

《水乡》表现的是一个典型的水乡景观：河畔小筑，绿荫缤纷，拱桥横跨，粉墙斑驳，蓝天望水，春意盎然，小船推波缓行，这天、这水、这树、这建筑、这水波倒影都是程式化的表现形式，都是中国人心中的江南水乡。

《青岛之晨》表现的是夏日的海滨，泳者成群，远处有建筑与海水相拥。有妇女纳凉，携女小憩，绿叶成簇，栏杆伫立，环境有趣，恬静温馨，生机勃勃。所有这些景物都是典型化的，构成的画面就是中国人心中的海滨浴场。

《青岛之晨》

《浓夏》（1963 年南京玄武湖）

表现的主体是青岛水族馆晨曦中的山边、绿荫、海水，远山、天空都蒙上了一层淡淡的冷灰色，天快拂晓，海滨的一切都是寂静的。

青岛的早晨，海风吹拂，海浪拍打着礁石、护堤，观海和拾贝的人已在晨风中忙碌，采用写实的手法，表现出中国人对海滨早晨儒雅的、惬意的感受。

在《浓夏》中李先生用水彩画的笔触画出了阔叶树、针叶树、灌木、乔木的特征，远处的天空、山体、佛塔衬托着树丛、路面，表现了阳光照射的方向。画面表现了夏日南京玄武湖的景色。

天空、湖水同染一色，礁石远山衬托芦苇，疏密有致，天然成趣。

李先生在作画中对色彩浓淡和水分的控制似神来之笔，非大师难为。整体感受，天然成趣，很有中国画大写意的韵味。

《盛唐文物》表现的主体石窟、佛像位于画面的左侧，画面中的人物很好地平衡了构图。使用不透明色沉淀的方法，强化了石窟的沧桑感。画面中渗透着先生热爱祖国历史文化的情怀。

为了撰写本文，我仅选择了李先生的部分水彩画作品，但也足以看到李先生作品所表现的中国意境。

《盛唐文物》

二、 李剑晨先生水彩画的表现方法

李先生晚年的风景水彩画作品大多是用一种创作的方法表现客观物象。李先生常用蓝色的圆珠笔在笔记本上进行勾线写生。画面上偶尔也涂些明暗，写一些色彩的名称，诸如山头为褐色，山上绿树为淡绿，江水/水面为淡蓝色，等等。然后回到室内进行创作，速度很快。李先生对画面的整体色调形象的布置、局部的处理、水彩技法的运用，都非常熟练了。

李先生将西洋画的明暗规律、色彩规律、透视规律烂熟于心，并形成类似“芥子园”画谱程式，又高于“芥子园”程式化的表现方法。李先生曾与我说道：“苏东坡诗中的景色可以将杭州的景搬到海南，绘画为什么不可以？这样处理不要拘泥这一地、一物，围绕情感，根据图面效果可以挪动、组合。当然这种功力是建立在高深的艺术造诣、大量的写实基础和对画面整体控制能力上的。”

我观赏过李先生教案中的标图步骤，发现李先生对形象规律的掌握、总结等早已炉火纯青。李先生多次与我讲过外国人不会这样，李先生的这套水彩画写生创作的思路和表现方法与中国绘画的创作思路和表现方法很相似。李先生多次讲过：“艺术是什么？艺术就是以心交心。别人用眼看世界，我用眼睛看世界，用心画世界。”“用心”“用情”“用意”正是中国艺术的本质，只是李先生借用的是外国的水彩画这种形式表现中国人喜闻乐见的事物。

李先生晚年的水彩画很多用的是水分润泽的湿画法，用笔洒脱，很像中国绘画中的大写意，也很符合中国人的审美趣味。李先生的水彩画确实具有中国的民族特色，而这种特征表达很雅致，很能让中国人“喜闻乐见”。

1978年我随李先生去桂林写生、创作。在阳朔的某一天，天公不作美，下雨了，先生和我都不外出，随后先生就在旅馆作画了。李先生掏出随身携带的笔记本，按照笔记本上的蓝色圆珠笔的底稿，创作水彩画了。笔记本上的底稿描绘了阳朔漓江的山头，山下的翠竹，漓江的江面，江上的船只……底稿上的景物都注写了许多文字，诸如山头褐色，远山淡绿色，翠竹翠绿色，等等。李先生笑着说：“在这里画多好，多安静。”我看李先生画到快完成时，他停下来，告诉我他画画都是在快完成时停下来，摆几天，再看看。那时要是有什么不足之处，通常更能看得清楚。李先生认真地告诉我这是“收笔”。收笔工作很重要，不足之处可修改、弥补、强调。

李先生在水彩画中表现的场面与环境中的场景是有差别的，画中的场景都是经过他眼睛“过滤”“筛选”，经过“心理选择”“培育”过的典型场景。而最终的表现场景实际上就是先生心中的场景，这种场景的表现一定会有典型的成分。其实中国画作者也都是如此。

李先生的画面构图是经过规划处理的，在明暗上有的是周边暗，中间亮；有的是周边亮，中间暗；有的是上边暗，下边亮；有的是下边暗，上边亮。而画面的色调上也是经过组织处理的，最终形成一套程式化的构图形式。

这种程式化的主次处理、远近表达、明暗关系、构图形式、色彩组织、用笔方法等一系列的画面表现形式都是有规律的，这种规律的掌握、表现，源于李先生对大量写生图例的总结和梳理，烂熟于心。否则无法做到对画面形体表现形式，用笔、用色、用水以及时间的把握。我可以想象在这期间工作量的巨大。

三、 李剑晨先生对水彩画技法的研究

我去国外参观、学习，每到一个城市我都会寻找该城市主要的美术馆、博物馆，都想在其中寻找展览的水彩画作品，但我很少能找到。包括我到英国伦敦参观学习时，特意到李先生当年常去的伦敦泰特美术馆参观，想看一看李先生在回忆中常提到的这个美术馆藏有的泰纳、康斯坦布尔的水彩画。但很失望，现在的泰特美术馆已经找不到李先生提到的这些水彩画了。

现在我能找到的国外水彩画都还是一些水彩画的印刷品，而且大多是 20 世纪以前的。对于外国水彩画作品的普及情况我无法作全面的了解，但可以肯定，水彩画没有油画、雕塑那么普及。究其原因，我认为主要是写实的水彩画成画很困难。

在十八九世纪以前，英国有一批优秀的水彩画家如泰纳、康斯坦布尔、吉尔丁等，为了表现英国地域的广博，创作了很多写实的水彩画。抽象的水彩画相对好一些，如西班牙达列的水彩画，这是由水彩画所用材料决定的。水彩颜料由甘油、蒸馏水、树脂黏合剂等混合制成，除土质颜料外，大多为透明或半透明，颜料用水调配后可涂抹于特制的水彩纸上。水彩画作画时除了需要表现绘画的形态特征外，还要注意水彩画成图时的颜色的水分多少、水彩纸的吸色情况、调制后的颜色与颜色如何附着，是第一遍干后叠加，还是趁颜色未干时接着画。倘若颜色与颜色叠加的时间不当，画面必然出现突兀斑点，甚至产生难堪的画面。

而油画大多为不透明的，使用亚麻仁油、核桃油等调制，覆盖力强，且湿时、干时变化很少，便于长时间在画上涂抹、修改。

虽然水粉画、丙烯画等也不宜反复修改，但要比水彩画好得多。

但水彩画水色交融、轻快明朗的效果是油画、水粉画等画种无法替代的。这是矛盾的事，而解决这一矛盾的关键就是了解、熟悉、掌握水彩画的特点以及水彩画的表现技法。

水的文化是中华民族文化的重要组成部分，从民族的情趣、喜好上讲，水彩画的感觉容易被中国人接受、喜爱，在中国绘画中水墨画、彩墨画都有水韵的成分。

解决水彩画普及和发展的关键问题，就是要了解水彩画的表现技法，进而才能快速地普及和发展水彩画。解决这个问题的关键人物就是李剑晨先生。虽然说西方国家在公元十四五世纪就有了水彩画，十四世纪德国的丢勒有《一片草坪》这样成熟的水彩画问世，但大多是用了水彩画的干画叠加方法，少有水色交融的画作。

李剑晨先生在20世纪20年代初期就钟爱水彩，并师从捷克斯洛伐克籍画家齐提尔。20世纪20年代中期李先生在河南省立第五师范学校和省立女子师范学校任教，教余时间，先生反复探索了水彩画的技法，并作了大量的作品和笔记。

对此我们可以看一下《李剑晨艺术生涯》（王振宇著）一书中描述的李剑晨先生20世纪30年代在河南省立女子师范学校教美术的经历："这三年多最大的收获，就是对水彩画进行了系统的研究，解决了色彩、水分和时间的问题，创造出了许多具有中国特色的水彩画技法，如干画法、湿画法、浸纸、磨光、染纸、点彩法等，这就形成了后来出版的《水彩画技法》的理论基础。"在此，我想向读者提醒两点：一是李先生完成对水彩画技法的研究是在20世纪30年代中期，二是李先生强调他所研究的水彩画技法是具有中国特色的。

"我把这个水彩画研究，作为一个很有步骤的计划来搞。第一步，把水彩画分成两个大类，一种就是用湿的方法来做，一种是用干的方法来做。湿的方法，就是把纸浸到水里，浸两三点钟，拿毛巾把水吸到半湿的程度，在上面作画，再继续着第二遍色、第三遍色，就把这张画完成了。干画法，就是画一层，干一层，干了以后再画一层，我一般是用这种三次着色来完成这一张画的。

"第一次着色是薄薄的颜色，全画面都要画到的，天哪，山呀，水呀，所看到的东西都要画到；第二遍着色，就是只画最重要的部分的明暗关系，体积、质量都搞出来，是局部的；第二遍着色就是重要的地方点一点，很重的地方加重，这张画就完成了。

"我把作水彩画分成这种步骤，第一遍着色全画面什么都画；第二遍着色把主体的地方再画一画；第三遍着色就是作为最末的修整完成，该洗掉的洗掉，该加重的加重，就是完成阶段。我的水彩画画法，就把它固定为这个方法。

"方法的问题解决了，接着我就研究色彩的问题。我想，必须好好地来配色。我把红橙黄绿青蓝紫等十二种颜色都挤到盒子里，排好队，再分别用红黄蓝这三原色，与这十二种颜色各配一遍，一样的明暗关系，同样的水分，都配一遍之后，就可以得到几十种颜色。

"我再用二次色，如红黄配起来是一种橙黄，与之几十种颜色再配一遍，就得到三次色，这个样子一直配下去了，我可以得到两三百种颜色。在这两三百种颜色中，我熟悉得很。所以，在最暗的地方，也就是画水彩画最难解决的暗部问题，若用颜色用多了它就成灰的了，用颜色少了它不暗。为解决这个问题，我就用适量的颜色，把它分成红灰、绿灰、蓝灰、紫灰，先把它变成一种灰色，再加上其他颜色，就变成一种突出的颜色了，这个色彩也就完整了。我有了配色的力量，画画就方便得多了。

“可是，我这个画的色彩呀，觉得还是不明快。不明快的原因，我一想是一个水分的问题。水用得多一点，这个颜色就漂亮了。如红的颜色加一点紫的颜色，成一种紫红色，再加上水分，就变成一种非常漂亮的颜色了。水分充分，色彩就漂亮，水分不足，颜色化不开，色彩就不明快，搞出来就是灰秃秃的。理解了这个问题，我就着手研究这个水分的问题。部位大就多用水，地方小，就少用水，到了用水的时候，用多少颜色，使颜色不失其明度。天和地这是画面上最大的一部分，要多用水，画出来，天空的蓝色漂亮得很，大地用黄色加上紫色，画出来的大地也觉得很漂亮，这就不是灰秃秃的了。由于水跟颜色配合得很好，水分充足，所以，一画出来，色彩明度高，特别透明，觉得色彩特别漂亮，也就解决了这个问题。

“这里还要注意的一个问题，就是时间的问题。第一遍颜色还未干时，什么时候加第二遍颜色，水分更要注意，应该是笔头上含的色多水少，就不至于润起来，若把这一点忽略了，那画是要失败的。

“由于色彩、水分、时间、技法都解决了，那么，我掌握水彩画就很自由了。这项研究，大致有三年之久。由于从理论到实践都把这几个问题解决了，能够完全自由地合成一种调子，如红调子、绿调子、蓝调子、黄调子等。所以，我作水彩画就是失败也不会失败得很厉害，往往一画就是成功的。”

…………

这些都是李先生在20世纪30年代中期对水彩画技法研究的成果，也是20世纪50年代上海人民美术出版社出版的《水彩画技法》一书中的核心内容。这本书再版十三次，印刷三十多万册，影响了中国，影响了东南亚，影响了欧美，影响了几代艺术爱好者。他对水彩画在中国的普及工作远超其他艺术家。关于李先生在《水彩画技法》中提出的“水彩画”三要素即“色彩”“水分”“时间”的技法理论，我从现有翻译的国外书籍中未曾找到这些论述。这个理论即是李先生首创，而这首创的理论，简练地写明水彩画技法基本特点和技法要素，色彩、水分、时间至今都是国内外水彩技法的核心要素。

我关注过中国水彩画发展状况，在二十世纪五六十年代我们能看到的中国水彩画作品都只是少量的印刷品，原因较多，较重要的因素是水彩画的要求太多、太高，但经过李先生的梳理后，水彩画的技法就容易掌握了。画水彩画的人多了，作品也多了。

中国的水彩画作品在美术展览中的占比，要比外国水彩画在美术展览中的占比要高，这有中国文化的因素，但无可否认也与李先生在水彩画的普及和发展中做的重要解释、宣传有关。我经常对自己发问，如果没有李先生对水彩画的研究成果，中国的水彩画会是什么状况？

人物简介

高祥生，生于1950年，东南大学建筑学院教授、博士生导师，教育部专家库成员、科技部专家库成员，北京大学中文核心期刊评委，中国建筑文化研究会陈设艺术专业委员会主任，江苏省人民政府原参事，中国室内装饰协会行业发展战略委员会副主任，南京市室内设计学会理事长。

高祥生长期从事建筑、美术和室内外环境艺术的教育和创作工作。高祥生主编或合编的著作主要有《钢笔画技法》（南京工学院出版社，1988年），《国外现代建筑表现图技法》（中国文联出版公司，1989年），《国外钢笔画技法》（江苏美术出版社，1991年），《小居室室内设计》（江苏美术出版社，1990年），《居室美：装潢篇》（江苏科学技术出版社，1998年），《现代建筑楼梯设计精选》（江苏科学技术出版社，2000年），《设计与估价》（江苏科学技术出版社，2001年），《室内设计师手册》（上、下）（中国建筑工业出版社，2001年），《装饰构造图集》（江苏科学技术出版社，2001年），《住宅室外环境设计》（东南大学出版社，2001年），《建筑环境更新设计》（中国建筑工业出版社，2002年），《现代建筑入口、门头设计精选》（江苏科学技术出版社，2002年），《现代建筑门、窗设计精选》（江苏科学技术出版社，2002年），《现代建筑环境小品设计精选》（江苏科学技术出版社，2002年），《现代建筑墙体、隔断、柱式设计精选》（江苏科学技术出版社，2002年），《装饰设计制图与识图》（中国建筑工业出版社，2002年），《西方古典建筑样式》（江苏科学技术出版社，2003年），《室内陈设设计》（江苏科学技术出版社，2004年），《全国二级建造师执业资格考试（装饰装修工程管理与实务）应试辅导与模拟题》（人民交通出版社，2005年），《高级室内装饰设计师》（机械工业出版社，2006年），《室内建筑师辞典》（人民交通出版社，2008年），《室内设计概论》（辽宁美术出版社，2009年），《装饰材料与构造》（南京师范大学出版社，2011年），《室内装饰装修构造图集》（中国建筑工业出版社，2011年），《<房屋建筑室内装饰装修制图标准>实施指南》（中国建筑工业出版社，2011年），《室内设计实务》（南京师范大学出版社，2014年），《装饰设计制图与识图（第二版）》（中国建筑工业出版社，2015年）等40多本图书。

高祥生发表的主要论文有《室内效果图的色彩问题》《谈建筑美术教学改革中的若干问题》《建筑设计中室内设计的早期介入》《城市空间中的景观小品》《居室室内设

计中的健康观》《室内陈设品布置中的视知觉因素》《谈室内陈设设计中的视觉问题》《室内异形空间的优化设计》《室内空间中隔断的围合度》《谈室内柱子的装饰形态设计》《室内空间中材料肌理的表现方法》《室内环境中的细部设计》《场所精神的营造——谈室内专业的独立价值》《以陈设设计提升室内环境品质》《用低碳理念控制建筑装饰装修全过程》等40余篇。

高祥生理论联系实际，主持过南京饭店辅楼室内设计（1986年）、通州市城市标志设计（1999年）、江苏省政协礼堂（老楼）室内设计（1999年）、安徽青阳九华西街景观改造（1998年）、江苏省东郊国宾馆的修改设计（2005年）、江苏省工艺美术馆室内设计（2005年）、鄂豫皖革命纪念馆环境设计（2006年）、南京火车站商铺等服务设施设计（2008年）、无锡永乐浴场室内设计（2009年）、山东德州减河景观带设计（2010年）、山东德州观光塔设计（2010年）、南京德基广场二期八层室内设计方案（2010年）等数百余项室内设计工程和景观设计工程；完成南京南站、南京站、安徽池州站、合肥南站等室内环境设计，宁启铁路、连镇铁路、南沿江城际铁路等铁路环境优化设计方案。

高祥生曾应邀主持过中央电视台教育频道的室内设计讲座，并多次在数十所高等院校以及江苏南京等各地级的电视台、电台做过艺术设计专题讲座；在南京市、海口市、深圳市、苏州市、合肥市、南昌市等地分别对室内建筑设计师、装饰工程项目经理做过多场专题讲座；在国家哲学社会科学基金项目"当代中国中产阶层社会态度研究"（批准号04BSH013)作为第三负责人，江苏省社会科学基金重点项目"江苏发展道路与发展特色的现代发展理论思考"（批准号18-2）作为第二负责人，完成省级科技项目"未来居室环境的心理探要""低技术建造的旧房改造""ALC板的装饰构造"等多项研究。

高祥生获2003年江苏省室内设计双年展银奖；2004年"华耐杯"中国室内设计大奖赛优秀奖一枚（第一获奖人），佳作奖三枚（第一获奖人）；2004年中国室内设计双年展铜奖一枚（第一获奖人）和优秀奖四枚（第一获奖人）；2005年江苏省室内设计双年展特等奖一枚，二等奖一枚；2007年江苏省室内设计双年展特等奖一枚，二等奖一枚；2009年江苏省第七届室内装饰设计大奖赛一等奖一枚，优秀奖一枚。高祥生所著《西方古典建筑样式》获2004年华东地区科技出版社优秀科技图书二等奖，所著《室内陈设设计》获2005年华东地区科技出版社优秀科技图书二等奖。

高祥生主持完成住房和城乡建设部的行业标准《房屋建筑室内装饰装修制图标准》（JGJ/T 244—2011)和《住宅室内装饰装修设计规范》（JGJ 367—2015)的编制；参加国家技术标准图集（木结构建筑）的编制；主持完成江苏省住房和城乡建设厅下达的七部标准及规定《建筑装饰装修制图标准》（DGJ 32/J20—2006)（现已废止）、《江苏省建筑装饰装修工程设计文件编制深度规定》（2007年版）、《建筑墙体、柱子装饰构造》（苏J/T 29—2007)、《室内照明装饰构造》（苏J34—2009)、《住房室内装修构造》（苏J41—2010)、《公共建筑室内装饰装修构造》（苏J49—2013)、《建筑装饰装修制图标准》（DGJ32/TJ 20—2015）（现已废止）的编制；编制完成江苏省住房和城乡建设厅标准《住宅室内装饰装修设计深度图样》（苏J55—2020）。

2004年9月，中国建筑装饰协会成立20年之际，高祥生被授予"全国有成就资深室内建筑师"这一协会最高荣誉称号。2004年12月，在中国建筑师学会室内设计分会成立15年之际，高祥生被授予"中国有成就的资深室内建筑师"这一学会最高荣誉称号。2008年12月11日，在中国室内装饰协会成立20周年庆典活动上，高祥生获"中国室内设计杰出成就奖"。2013年12月5日，在中国室内装饰协会成立25周年的纪念大会上，高祥生获得"室内设计杰出成就奖"。2017年9月，在中国室内装饰协会举办的2017中国室内设计周上，高祥生入选"中国室内设计TOP100"榜单。